21世纪本科院校土木建筑类创新型应用人才培养规划教材

结构抗震设计(第2版)

主　编　祝英杰
副主编　谷　伟
参　编　高立堂　隋杰英

北京大学出版社
PEKING UNIVERSITY PRESS

内 容 简 介

本书根据《建筑抗震设计规范》(GB 50011—2010)编写，主要阐述建筑结构及梁式桥结构抗震设计的基本原理和实用方法。全书共9章，主要内容包括：结构抗震设计引论，建筑场地、地基与基础，结构抗震设计计算原理，多层和高层混凝土结构建筑抗震设计，多层砌体结构建筑抗震设计，多层和高层钢结构建筑抗震设计，单层工业厂房抗震设计，结构隔震及减震设计，混凝土结构梁式桥抗震设计。

本书既可作为高等院校土木工程专业的教材，也可作为从事土木工程结构、桥梁结构设计与施工技术人员的参考用书。

图书在版编目(CIP)数据

结构抗震设计/祝英杰主编 . —2 版 . —北京：北京大学出版社，2014.8
(21 世纪本科院校土木建筑类创新型应用人才培养规划教材)
ISBN 978-7-301-24679-5

Ⅰ.①结… Ⅱ.①祝… Ⅲ.①建筑结构—防震设计—高等学校—教材 Ⅳ.①TU352.104

中国版本图书馆 CIP 数据核字(2014)第 197595 号

书　　　名：结构抗震设计(第 2 版)
著作责任者：祝英杰　主编
策 划 编 辑：卢　东　吴　迪
责 任 编 辑：伍大维
标 准 书 号：ISBN 978-7-301-24679-5/TU・0426
出 版 发 行：北京大学出版社
地　　　址：北京市海淀区成府路 205 号　　100871
网　　　址：http://www.pup.cn　　新浪官方微博:@北京大学出版社
电 子 邮 箱：编辑部 pup6@pup.cn　总编室 zpup@pup.cn
电　　　话：邮购部 010-62752015　发行部 010-62750672　编辑部 010-62750667
印 刷 者：北京虎彩文化传播有限公司
经 销 者：新华书店
　　　　　　787 毫米×1092 毫米　16 开本　18.5 印张　432 千字
　　　　　　2009 年 10 月第 1 版
　　　　　　2014 年 8 月第 2 版　2024 年 1 月第 8 次印刷
定　　　价：42.00 元

第2版前言

我国是地震多发国家，破坏性地震造成建筑结构、桥梁结构的损坏，人员的伤亡及经济损失都是巨大的。因此，建筑结构及桥梁结构抗震是结构设计的重要内容。本书以《建筑抗震设计规范》（GB 50011—2010）及《公路桥梁抗震设计细则》（JTG/T B02—01—2008)为依据进行编写，吸收了国内外最新结构抗震方面的研究成果，更新了设计理念，改善了设计方法，增补了许多新内容。本书吸取我国汶川特大地震的震害经验教训，对灾区设防烈度进行了变更，增加了部分条款的修订。通过本书的学习将有助于学生及相关设计人员熟悉和掌握新规范内容，为结构抗震设计奠定良好的基础。

结构抗震设计是高等院校土木工程专业的一门主要专业基础课，属于必修课程。本书结合作者多年的教学和科研实践，重点突出创新型应用本科教学的特点，整合抗震设计的概念、原理、方法、内涵，将抗震概念设计、抗震计算和验算及抗震构造措施三方面内容有机地统一起来，力争使本书内容精练，浅显易懂，实用性强。本书分别介绍了地震特性及震害、抗震设防要求、抗震概念设计、场地类别、地基与基础的抗震、地震反应分析、地震作用的计算，还包括多层和高层混凝土结构、多层砌体结构、多层和高层钢结构、单层工业厂房结构及混凝土结构梁式桥实用抗震设计方法等内容。本书系统地介绍了非弹性地震反应时程分析方法及静力弹塑分析方法，还介绍了结构隔震与减震设计的基本概念、原理及方法。为指导学生学习和掌握每章内容，书中各章开头给出了教学目标与要求，以及导入案例。每章后都有思考题及习题，并附有习题参考答案。

本书在总结编者教学经验及科研成果的基础上，突出以下几个方面。

（1）建筑抗震概念设计、抗震计算和验算及抗震构造措施三大模块的统一性，并在各章内容编写上着重将抗震概念设计、抗震计算和验算、抗震构造措施三者的内涵依次编排，每章引入了背景知识，增强了教材内容的结构系统性，便于教学，也有利于学生学习并掌握。

（2）将同类教材中比较零散的单自由度和多自由度体系的弹性地震反应分析、地震作用计算方法、建筑抗震验算等内容整合为"结构抗震设计计算原理"的范畴，增强了教材内容的层次性和知识的条理性。

（3）以《建筑抗震设计规范》为主线，纳入了《建筑抗震设计规范局部修订》的主要内容及汶川特大地震的典型震害，并加入新的技术内容，如建筑抗震性能化设计、pushover法、配筋混凝土小型砌块结构体系的抗震设计等。

（4）为便于学生掌握每章的重点、难点，在各章思考题及习题的设计上，采用问答题、选择题、计算题等多种题型。

本书以满足新形势下土木工程专业创新应用型人才的培养要求为基本出发点，充分考虑了与其他课程内容的统一协调，以基本概念、基本原理和实用方法为重点，以少而精为编写原则叙述结构抗震的基本知识。

　　全书共分 9 章，第 1、2、3、4、5 章由祝英杰编写，第 6 章由高立堂编写，第 7 章由隋杰英编写，第 8、9 章由谷伟编写。全书由祝英杰任主编并统稿，由谷伟任副主编。

　　由于编者水平有限，书中难免存在不当之处，敬请读者批评指正。

编　　者

2014 年 4 月

目　　录

第1章
结构抗震设计引论

教学目标与要求：熟悉地震特性及震害现象；掌握地震震级、地震烈度、基本烈度、设防烈度的概念及区别；深刻领会三水准设防目标及两阶段设计方法；掌握建筑物抗震设防分类及其设防标准；理解和掌握建筑抗震概念设计的概念内涵；了解建筑抗震性能化设计一般原则。

导入案例：2008 年 5 月 12 日，我国汶川发生了 8.0 级特大地震(5·12 特大地震)，此次地震造成了震中及附近地区的许多房屋建筑、道路、桥梁的严重损坏，造成救援困难，并引发山体滑坡、形成堰塞湖等灾害。地震为什么会造成房屋的开裂、倾斜或倒塌和道路、桥梁的破坏？为什么会造成山体崩裂、滑坡等自然灾害？地震具有怎样的特性？又该怎样设防？我们可以通过本章的学习得到了解。

1.1 地震特性

地震(earthquake)是来自地球内部构造运动的一种自然现象，它的产生原因与其内部构造及人类活动有关。每次地震的强弱程度(震级)与其释放的地震能大小有关，且释放的地震能以不同的地震波传播，并引起地面上结构的振动。地震对地面上结构的破坏程度(烈度)与地震的震级大小、发生的部位深浅以及距离震中的远近(震中距)有关。

1.1.1 地震分类

1. 地震按其成因分类

诱发地震：由于人工爆破、矿山开采及兴建水库等工程活动所引发的地震。影响范围较小，地震强度一般不大。

火山地震：由于活动的火山喷发，岩浆猛烈冲出地面引起的地震。主要发生在有火山的地域，我国很少见。

构造地震：地球内部由地壳、地幔及地核 3 圈层构成(图 1.1)。其中地壳是地球外表面的一层很薄的外壳，它由各种不均匀岩石及土组成，其厚度全球各处不一，最厚处可达 70km，最薄处约为 5km。地幔是地壳下深度范围约为 2895km 的部分，由密度较大的超基岩组成；地核是地幔下界面(称为古登堡界面)至地心的部分，地核半径约为 3500km，分内核和外核。从地下 2900～5000km 深处范围，称作外核，5000km 以下的深部范围称作内核。地球内部各部分的密度、温度及压力随深度的增加而增大。

根据板块构造学说，地球表层主要由 6 个巨大板块组成：美洲板块、非洲板块、亚欧板块、印度洋板块、太平洋板块、南极洲板块(图 1.2)。板块表面岩石层厚度约为 70～100km，板块之间的相对运动使板块边界地区的岩层发生变形而产生应力，当应力积累超过岩体抵抗它的承载极限时，岩体即会发生突然断裂或错动(图 1.3)，释放应变能，因此引发的地震称为构造地震。构造地震发生次数多，影响范围广，是地震工程的主要研究对象。

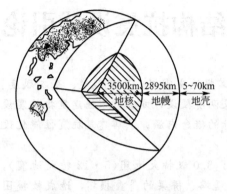

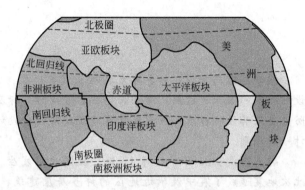

图 1.1　地球内部构造示意　　　　　图 1.2　地球表层主要板块分布

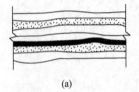 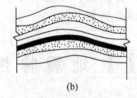 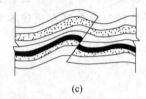

(a)　　　　　　　　　(b)　　　　　　　　　(c)

图 1.3　构造板块之间岩层的破坏过程

(a) 无地震时状态；(b) 地震前受力弯曲变形；(c) 地震发生时产生断裂及滑移

2. 地震按震源的深度分类

浅源地震：震源深度在 70km 以内的地震。

中源地震：震源深度在 70～300km 范围以内的地震。

深源地震：震源深度超过 300km 的地震。

3. 地震按震级大小分类

无感地震：震级小于 3 级，人们感觉不到的地震。

有感地震：震级 3 级到小于 4.5 级，人们可以感觉到的地震。

中强地震：震级 4.5 级到小于 6 级的地震。

强烈地震：震级 6 级到小于 7 级的地震。

大地震：震级 7 级到小于 8 级的地震。

特大地震：震级 8 级及 8 级以上的地震。

一般 5 级及 5 级以上的地震属于破坏性地震。目前，世界上已记录到的最大的地震震级为 9.0 级，于 2011 年发生在日本本岛附近海域。

1.1.2　地震波

地震发生时，地球内岩体断裂、错动滑移产生的振动，即地震动，每次地震所释放出的变形能以波动能的形式通过地球介质从震源向四周传播，这就是"地震波"。地震波是一种弹性波，它包括体波和面波。

（1）体波：在地球内部传播的波称为体波。体波有纵波和横波两种形式。纵波是压缩波（P 波），其介质质点运动方向与波的前进方向相同。纵波周期短、振幅较小，传播速度最快，能引起地面上下颠簸；横波是剪切波（S 波），其介质质点运动方向与波的前进方向垂直。横波周期长、振幅较大，传播速度次于纵波，能引起地面左右摇晃（图 1.4）。

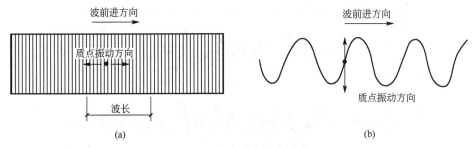

图 1.4 体波质点振动形式

（a）纵波或压缩波；（b）横波或剪切波

（2）面波：沿地球表面传播的波称作面波。面波有瑞雷波（R 波）和乐夫波（L 波）两种形式。瑞雷波传播时，质点在波的前进方向与地表法向组成的平面内作逆向的椭圆运动（图 1.5），会引起地面晃动；乐夫波传播时，质点在与波的前进方向垂直的水平方向作蛇形运动。面波速度最慢，周期长、振幅大，比体波衰减慢。

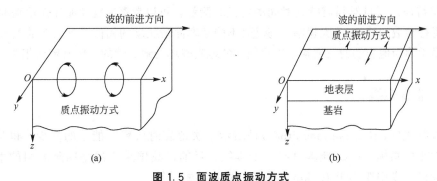

图 1.5 面波质点振动方式

（a）瑞雷波；（b）乐夫波

综上所述，地震时纵波最先到达，横波次之，面波最慢；就振幅而言，则后者最大。当横波和面波都到达时振动最为强烈，因此横波和面波是引起地表和建筑物破坏的主要原因。由于地震波在传播的过程中逐渐衰减，随震中距的增加，地面振动逐渐减弱，地震的破坏作用也逐渐减轻。

1.1.3 地震动

每次地震发生时，由于地震波的传播而引起的地面运动，称为地震动。地震动的指标参数（位移、速度、加速度）可以用仪器记录下来。人们可以根据强震记录的加速度了解和研究地震动的特征，利用加速度记录，可以对建筑结构进行直接动力时程分析以及绘制地震反应谱曲线；对加速度记录进行积分，可以得到地面运动的速度和位移(图1.6)。一般而言，一点处的地震动在空间具有6个方向的分量(3个平动分量和3个转动分量)，目前，一般只能获得平动分量的记录。

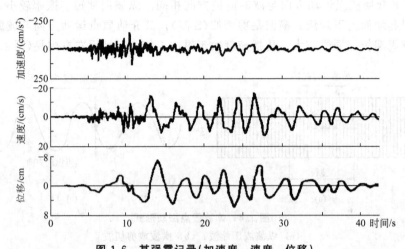

图1.6 某强震记录(加速度、速度、位移)

实际上，地震动是多种地震波综合作用的结果。因此，地震动的记录信号是不规则的。但通过分析，我们可以采用几个有限的要素来反映不规则的地震波。例如，通过最大振幅，可以定量反映地震动的强度特性；通过对地震记录的频谱分析，可以揭示地震动的周期分布特征；通过对强震持续时间的定义和测量，可以考察地震动循环作用程度的强弱。地震动指标参数的峰值(最大振幅)、频谱(不同频率简谐振动的幅值与其频率的关系)和持续时间，通常称为地震动的三要素。工程结构的地震破坏与地震动的三要素密切相关。

1.1.4　地震震级

地震震级(earthquake magnitude)是表示一次地震时所释放能量的多少，也是表示地震强度大小的指标。一次地震只有一个震级。目前，我国采用的是国际通用的里氏震级 M，并考虑了震中距小于100km的影响，即按下式计算：

$$M=\lg A+R(\Delta) \tag{1-1}$$

式中　A——地震记录图上量得的以 μm 为单位的最大水平位移(振幅)；

　　　$R(\Delta)$——随震中距而变化的起算函数。

震级 M 与地震释放的能量(地震能)E(单位 erg，$1erg=10^{-7}J$)之间的关系为

$$\lg E=1.5M+11.8 \tag{1-2}$$

式(1-2)表明，震级 M 每增加一级，地震所释放的能量 E 约增加32倍。

1.1.5　地震烈度

地震烈度(earthquake intensity)是指某一地区的地面和各类建筑物遭受一次地震影响的平均强弱程度。距离震中的远近不同，地震的影响程度不同，即烈度不同。一般而言，

震中附近地区烈度高；距离震中越远的地区烈度越低。根据震级可以粗略地估计震中区烈度的大小，即

$$I_0 = \frac{3}{2}(M-1) \tag{1-3}$$

式中　I_0——震中区烈度；

　　　M——地震震级，通常称为里氏震级。

为评定地震烈度，需要建立一个标准，这个标准称为地震烈度表。世界各国的地震烈度表不尽相同。如日本采用 8 度地震烈度表，欧洲一些国家采用 10 度地震烈度表；我国采用的是 12 度的地震烈度表，也是绝大多数国家所采用的标准，该地震烈度表见附录 A。

按照地震烈度表中的标准可以对受一次地震影响的地区评定出相应的烈度。具有相同烈度的地区的外包线，称为等烈度线（或等震线）。等烈度线的形状与地震时岩层断裂取向、地形、土质等条件有关，多数近似呈椭圆形。一般情况下，等烈度线的度数随震中距的增大而减小，但有时也会出现局部高一度或低一度的异常区。

震中烈度与地震震级大小之间的大致对应关系如表 1-1 所示。

表 1-1　震中烈度与地震震级的对应关系

地震震级	2 级	3 级	4 级	5 级	6 级	7 级	8 级	＞8 级
震中烈度	1～2	3	4～5	6～7	7～8	9～10	11	12

1.1.6　基本烈度

基本烈度是指一个地区在一定时期（我国取 50 年）内在一般场地条件下，按一定的超越概率（我国取 10%）可能遭遇到的最大地震烈度。可以取为抗震设防的烈度。

目前，我国已将国土划分为由不同基本烈度所覆盖的区域，这一工作称为地震区划。随着研究工作的不断深入，地震区划将给出相应的震动参数，如地震动的幅值等。

1.2　地震震害综述

1.2.1　地震活动带

地震的发生与地球板块地质构造密切相关，板块之间的岩层中已有断裂存在的区域，致使岩石的强度较低，容易发生错动或产生新的断裂，这些容易发生地震的板块间区域称为地震活动带（简称地震带）。对世界各国强烈地震的记录统计分析表明，全球地震分布主要发生在以下两大地震活动带上（图 1.7）。

（1）环太平洋地震活动带：包括南北美洲太平洋沿岸和阿留申群岛、俄罗斯堪察加半岛，经千岛群岛、日本列岛南下经我国台湾，再到菲律宾、新几内亚和新西兰的区域。全球地震约 80% 的浅源地震及 90% 的中源地震发生在这一地带。

（2）喜马拉雅地中海地震活动带：从印度尼西亚西部经缅甸至我国横断山脉、喜马拉

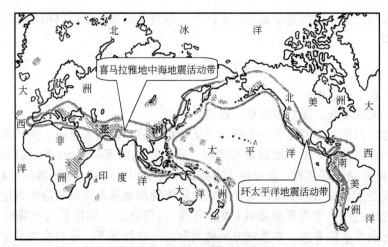

图 1.7　全球两大主要地震带分布

雅山脉，越过帕米尔高原，经中亚细亚到达地中海及其沿岸地区。全球大陆地震的90％发生在这一地域。

我国位于两大地震带的交汇区域，地震情况比较复杂，地震区域分布广泛。我国主要有两条地震带。

(1) 南北地震带：北起贺兰山，向南经六盘山、穿越秦岭沿川西至云南省东北，纵贯南北，宽度不一，构造复杂。我国四川汶川地区位于该地震带上。

(2) 东西地震带：主要包含两条构造带，一条是沿陕西、山西、河北北部向东延伸，直至辽宁北部的千山一带；另一条是起自帕米尔高原经昆仑山、秦岭，直到大别山区。

据此，我国大致划分为6个地震活动区：①台湾及其附近海域；②喜马拉雅山脉活动区；③南北地震带；④天山地震活动区；⑤华北地震活动区；⑥东南沿海地震活动区。

从历史上看，全国除个别省份外，绝大部分地区都发生过较强烈的破坏性(震级大于5级)地震。据统计，1900—1980年间，我国发生6级以上地震607次，8级以上强震8次，死亡约146万人。2008年5月12日我国四川汶川发生里氏8.0级特大地震，造成6.9万余人死亡，3.7万余人受伤，1.8万余人失踪。强烈地震不仅造成大量人员伤亡，而且还使许多建筑物、桥梁、道路遭到破坏，引发火灾、水灾等次生灾害，给人类带来了巨大灾难。

1.2.2　地震引起的破坏形式

在地震带区域发生的破坏性地震，所造成的破坏形式包括地表破坏、建筑物破坏及次生灾害。

1. 地表破坏

地表破坏包括地裂缝(图1.8)、地面下沉、平移、喷水冒砂和滑坡等形式。

地裂缝分为构造裂缝和非构造裂缝。构造裂缝是地震断裂带在地表的反映，其走向

图 1.8　汶川地震的道路裂缝破坏

与地下断裂带一致，特点是规模大，裂缝带长达几千米甚至几十千米，带宽可达数米；非构造裂缝（又称重力式裂缝）是受地形、地貌、土质等条件影响所致，其规模小，大多沿河岸边、陡坡边缘等形成。当地裂缝通过建筑物时，会造成建筑物开裂或倒塌。

地面下沉多发生在软弱土层分布地区和矿业采空区。地面的不均匀沉陷容易引起建筑物的开裂甚至倒塌。

地下水位较高的地区，地震波的作用使地下水压急剧增高，地下水可经地裂缝或其他通道喷出地面。当地表土层含有砂层或粉土层时，会造成砂土液化甚至喷水冒砂现象，砂土液化可以造成建筑物整体倾斜或倒塌、埋地管网的严重破坏。

在河岸、山崖、丘陵地区，地震时极易诱发滑坡或泥石流。大的滑坡可切断交通、冲垮房屋或桥梁。

2. 建筑及桥梁结构的破坏

据历史地震资料表明，建筑物的破坏（图1.9）一部分是由上述地表破坏引起，属于静力破坏；而大部分则是由于地震作用引起的动力破坏。因此，对结构物动力破坏机理的分析，是结构抗震研究的重点和结构抗震设计的基础。建筑物的破坏主要有以下几点。

图1.9 汶川地震的建筑物倒塌破坏

（1）结构承载力不足或变形过大而造成的破坏。地震时，地震作用（地震惯性力）附加于建筑物或构筑物上，使其内力和位移增大，往往改变受力形式，导致结构构件的抗剪、抗弯、抗压等强度不足或结构变形过大而受到破坏，如墙体开裂、混凝土压酥、房屋倒塌等。

（2）结构丧失整体性而引起的破坏。结构构件的共同工作保证了结构的整体性。在强烈地震时，部分结构构件材料进入弹塑性变形阶段。若节点强度不足、延性不够、主要竖向承重构件失稳等就会使结构丧失整体性，造成局部或整体倒塌破坏。

（3）地基失效引起的破坏。在可液化地基区域，当强烈地震作用时，由于地基产生液化现象而使其承载力下降或消失，引起整个建筑物倾斜、倒塌而破坏（图1.10）。

（4）梁式桥的结构破坏。这种现象一般为桥梁的支承桥柱破坏或两端支承长度不足而引起上部结构塌落破坏，如四川汶川地震引起的公路桥梁破坏（图1.11）。

图1.10 地基液化导致建筑物倾斜

图1.11 汶川地震引起的公路桥梁破坏

3. 次生灾害

由于地震而引发的水坝、煤气和输油气管道、供电线路的破坏，以及易燃、易爆、有毒物质容器的破坏、山体滑坡(图1.12)、堰塞湖等，可造成水灾、火灾、环境污染等次生

图1.12 汶川地震时山体崩裂滑坡

灾害。例如，1995年日本的阪神大地震震后火灾多达500多处，使震中区的木结构房屋几乎全部烧毁。在海洋区域发生的强烈地震还可能引起海啸，也会对海边建筑物造成巨大破坏和引起人员伤亡。如2005年在印度尼西亚附近印度洋海域发生的强震所引发的海啸，造成了周边国家的十几万人死亡和巨大的经济损失。我国四川汶川特大地震形成了300多处堰塞湖，最大的是唐家山堰塞湖，堰塞坝体高达750多米，由于及时采取措施，而未造成溃坝的次生灾害。

1.3 建筑结构的抗震设防

1.3.1 抗震设防的目标

抗震设防是指对建筑物或构筑物进行抗震设计，以达到结构抗震的作用和目标。抗震设防的目标就是在一定的经济条件下，最大限度地减轻建筑物的地震破坏，保障人民生命财产的安全。目前，许多国家的抗震设计规范都趋向于以"小震不坏，中震可修，大震不倒"作为建筑抗震设计的基本准则。

根据大量数据分析，我国地震烈度的概率分布基本符合极值Ⅲ型分布。我国对小震、中震、大震的3个概率水准做了具体规定。根据分析，当设计基准期取为50年时，概率密度曲线的峰值烈度对应的超越概率(超过该烈度的概率)为63.2%，将这一峰值烈度定义为小震烈度，又称众值烈度或多遇地震烈度，为第一水准烈度，对应的地震称为多遇地震；当超越概率为10%时所对应的地震烈度，称为中震烈度，我国地震区划规定的各地基本烈度可取为中震烈度，即为抗震设防烈度(seismic precautionary intensity，为按国家规定的权限批准作为一个地区抗震设防依据的地震烈度)，也就是第二水准烈度，由此可确定与其对应的设计基本地震加速度值(即按设计基准期50年、超越概率10%而形成的地震加速度设计值)，抗震设防烈度与设计基本地震加速度值之间的对应关系如表1-2所示；当超越概率为2%~3%时所对应的地震烈度，称为大震烈度，又称罕遇地震烈度，为第三水准烈度，对应的地震即称为罕遇地震。根据我国对地震危险性的统计分析得知：基本烈度比众值烈度高约1.55度，而罕遇地震烈度比基本烈度高约1度。

表 1-2 抗震设防烈度与设计基本地震加速度值的对应关系

设 防 烈 度	6 度	7 度	8 度	9 度
设计基本地震加速度值	0.05g	0.10(0.15)g	0.20(0.30)g	0.40g

注：g 为重力加速度。

例如，当设防烈度为 8 度时，其多遇烈度为 6.45 度，罕遇烈度为 9 度。地震烈度的概率密度函数曲线的基本形状及 3 种烈度的关系如图 1.13 所示，其具体形状参数由设定的分析年限和具体地区决定。

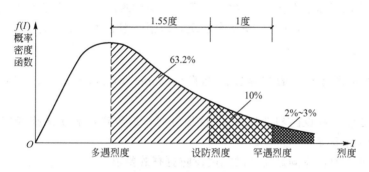

图 1.13 三种烈度的关系

国家标准《建筑抗震设计规范》(GB 50011—2010)规定，设防烈度为 6 度及 6 度以上地区必须进行抗震设计，并提出三水准抗震设防目标。

第一水准：当建筑物遭受低于本地区设防烈度的多遇地震影响时，一般不受损坏或不需修理即可继续使用(小震不坏)。

第二水准：当建筑物遭受相当于本地区设防烈度的地震影响时，可能损坏，但经一般修理或不需修理仍可继续使用(中震可修)。

第三水准：当建筑物遭受高于本地区设防烈度的罕遇地震影响时，不致倒塌或发生危及生命的严重破坏(大震不倒)。

汶川大地震表明，严格按照现行抗震规范进行设计、施工和使用的建筑，在遭遇比当地设防烈度高 1 度的地震作用下，没有出现倒塌破坏，有效地保护了人民的生命安全。说明我国在 1976 年唐山大地震后，做出房屋从 6 度开始抗震设防和按高于设防烈度一度的"大震"不倒塌的设防目标进行抗震设计是正确的。

此外，《建筑抗震设计规范》(GB 50011—2010)对主要城市和地区的抗震设防烈度、设计基本地震加速度值给出了具体规定，同时指出了相应的设计地震分组(见附录 B)，《建筑抗震设计规范局部修订》对汶川特大地震影响的四川、甘肃、陕西等个别地区的设防烈度进行了修改。这样划分能更好地体现震级和震中距的影响，使对地震作用的计算更为合理。

1.3.2 建筑物抗震设防分类及设防标准

由于建筑物功能特性不同，地震破坏所造成的社会和经济后果也是不同的。对于不同用途的建筑物，应当采用不同的抗震设防标准。《建筑抗震设计规范》(GB 50011—2010)要求所有建筑应按国家标准《建筑工程抗震设防分类标准》(GB 50223—2008)确定其抗震设防类别及抗震设防标准。

1. 抗震设防分类

建筑根据其使用功能的重要性划分为甲类、乙类、丙类及丁类 4 个抗震设防分类。

(1) 甲类建筑（特殊设防）：指重大建筑工程和地震时可能发生严重次生灾害的建筑。该类建筑的破坏后果严重。

(2) 乙类建筑（重点设防）：指地震时使用功能不能中断或需尽快恢复的建筑。例如，城市生命线工程一般包括供水、供电、交通、通信、医疗救护、供气、供热等系统。

(3) 丙类建筑（标准设防）：指除甲、乙、丁类建筑之外的一般工业与民用建筑。

(4) 丁类建筑（适度设防）：指次要建筑，包括一般仓库、辅助建筑等。

2. 建筑物设防标准

各抗震设防类别建筑的抗震设防标准（seismic precautionary criterion）应满足下列要求。

(1) 甲类建筑，在设防烈度为 6～8 度地区时，地震作用和抗震措施应按本区设防烈度提高一度的标准确定。

(2) 当为 9 度时，应满足比 9 度抗震设防更高的要求。

(3) 乙类建筑在设防烈度为 6～8 度地区时，地震作用应按该地区设防烈度进行抗震计算，抗震措施应符合本区设防烈度提高一度的要求。

(4) 丙类建筑的地震作用和抗震措施应满足本地区抗震设防烈度的要求。

(5) 丁类建筑按本区抗震设防烈度进行抗震计算，抗震措施可适当降低要求，但不低于设防烈度为 6 度时的要求。

1.3.3 抗震设计方法

为实现上述三水准的抗震设防目标，我国建筑抗震设计规范采用两个阶段设计方法：

(1) 第一阶段设计：当遭遇第一水准烈度时，结构处于弹性变形阶段。按与设防烈度对应的多遇地震烈度的地震作用效应和其他荷载效应组合，进行验算结构构件的承载能力和结构的弹性变形，从而满足第一水准和第二水准的要求，并通过概念设计和抗震构造措施来满足第三水准的要求。

(2) 第二阶段设计：当遭遇第三水准烈度时，结构处于非弹性变形阶段。还应按与设防烈度对应的罕遇烈度的地震作用效应进行弹塑性层间位移验算，并采取相应的抗震构造措施满足第三水准的要求。

对于大多数比较规则的建筑结构，一般可只进行第一阶段的设计，而对于一些有特殊要求的建筑或不规则的结构，除进行第一阶段设计之外，还应进行第二阶段设计。

1.4 建筑抗震概念设计

由于地震动的随机性和建筑物自身特性的不确定性，使地震造成的破坏程度很难准确预测。因此，进行结构抗震设计时应多因素综合考虑。建筑抗震设计应包括三个层面的内容和要求：抗震概念设计，抗震计算和验算，抗震构造措施。

抗震概念设计(seismic concept design of buildings)是指根据地震灾害和工程经验等所形成的总体设计准则、设计思想进行建筑和结构的总体布置、确定细部构造的设计过程，对从根本上消除建筑中的抗震薄弱环节、构造良好的结构抗震性能具有重要的决定作用；抗震计算和验算为抗震设计提供定量手段；抗震构造措施(details of seismic design)可以保证结构的整体性、加强局部薄弱环节以及保证抗震计算结果的有效性。抗震构造措施是指根据抗震概念设计原则，一般不需要计算而对结构和非结构各部分必须采取的各种细部要求。上述抗震设计 3 个层面的内容是一个不可分割的整体，忽视任何一部分，都可能导致抗震设计的失败。关于抗震计算和验算、抗震构造措施将在后续章节中论述，本节先讨论概念设计的有关问题。建筑抗震概念设计主要包括：注意选择有利场地，合理选用建筑体型，采用合理抗震结构体系，进行合理的结构布置，保证非结构构件安全，采用隔震、消能技术，确保材料和施工质量等。

1.4.1 确定建筑抗震设防类别及相应设防标准

划分不同的抗震设防类别并采取不同的设计要求，是在我国现有技术和经济条件下减轻地震灾害的重要对策之一。不同的建筑应该采用不同的抗震设防标准，对拟建的建筑首先要确定其属于哪一抗震设防的类别(4 类之一)，从而确定其抗震设防标准。据此对建筑物进行抗震计算及采取相应的抗震构造措施，才能保证抗震设计的统一性。

1.4.2 选择有利场地

大量震害表明，建筑场地的地质状况、地形地貌对建筑物震害有很大影响。因此，选择建筑场地时，应根据工程需要，掌握地震活动情况、工程地质和地震地质的有关资料，对抗震有利、不利和危险地段做出综合评价。对不利地段，应提出避开要求；当无法避开时应采取有效设防措施。对危险地段，严禁建造甲、乙类的建筑，不应建造丙类的建筑。《建筑抗震设计规范》(GB 50011—2010)对有利、一般、不利和危险地段的划分如表 1-3 所示。

表 1-3 有利、一般、不利和危险地段的划分

类别	地质、地形、地貌
有利地段	稳定基岩、坚硬土，开阔、平坦、密实、均匀的中硬土等
一般地段	不属于有利、不利和危险的地段
不利地段	软弱土，条状突出的山嘴，液化土，高耸孤立的山丘，陡坡，陡坎，河岸和边坡的边缘，平面分布上的成因、岩性、状态明显不均匀的土层(含故河道、疏松的断层破碎带、暗埋的塘浜沟谷及半填半挖地基)，高含水量的可塑黄土，地表存在结构性裂缝等
危险地段	地震时可能发生滑坡、崩塌、地陷、地裂、泥石流等及发震断裂带上可能发生地表位错的部位

1.4.3　合理选用建筑结构体型

在建筑设计和结构设计阶段，建筑物的平面、竖向布置宜规则、对称；质量、侧向刚度及承载力应避免突变。结构对称，有利于减轻结构的地震扭转效应。形状规则的建筑物，地震时各部分的振动易协调一致，减小应力集中的可能性，有利于抗震。

质量和刚度及承载力均匀，一方面是指在结构平面方向，应尽量使结构刚度中心(抗侧力中心)和质量中心(地震作用中心)重合，否则对平面、竖向不规则的结构类型(表1-4和表1-5)，扭转效应会使远离刚度中心的构件产生严重的震害；另一方面是指沿结构立面高度方向，结构质量、侧向刚度及承载力不宜突变，即竖向抗侧力构件的截面尺寸和材料强度宜自下而上逐渐变化，避免变形集中的薄弱层出现，这样才对结构抗震有利。对于因建筑或工艺要求所必需的体型复杂的结构，可通过设置防震缝使其规则化，但应注意使设缝后形成的每个单元的自振周期避开场地土的卓越周期。

表1-4　平面不规则的结构类型

不规则类型	定义和参考指标
扭转不规则	在具有偶然偏心的规定水平力作用下，楼层两端抗侧力构件弹性水平位移(或层间位移)的最大值与平均值的比值大于1.2
凹凸不规则	结构平面凹进的一侧尺寸，大于相应投影方向总尺寸的30%
楼板局部不连续	楼板的尺寸和平面刚度急剧变化，例如，有效楼板宽度小于该楼板典型宽度的50%，或开洞面积大于该楼板面积的30%，或有较大的楼层错层

表1-5　竖向不规则的结构类型

不规则类型	定义和参考指标
侧向刚度不规则	该层的侧向刚度小于相邻上一层的70%，或小于其上相邻3个楼层侧向刚度平均值的80%；除顶层外，局部收进的水平向尺寸大于相邻下一层的25%
竖向抗侧力构件不连续	竖向抗侧力构件(如柱、抗震墙、抗震支撑)的内力由水平转换构件(如梁、桁架)向下传递
楼层承载力突变	抗侧力结构的层间受剪承载力小于相邻上一楼层的80%

对不规则的建筑方案应按规定采取加强措施；对特别不规则的建筑方案应进行专门研究和论证，采取特别的加强措施。

1.4.4　采用合理抗震结构体系

抗震结构体系一般要求如下。

(1) 计算简图明确，地震作用传递路径清晰合理。

(2) 结构的整体性好，构件之间连接、锚固可靠。多、高层的混凝土楼、屋盖宜优先采用现浇混凝土板。当采用混凝土预制装配式楼、屋盖时，应从楼盖体系和构造上采取措施确保各预制板之间连接的整体性。

（3）结构应具有必要的承载能力和一定限度的延性。所谓延性，就是在结构承载能力无明显降低(大于承载能力85%)的前提下，结构具有的塑性变形的能力。一般由延性系数(延性比)β表示，即构件或结构的极限变形δ_u与屈服变形δ_y之比，$\beta=\delta_u/\delta_y$。在结构抗震设计中，宜采用塑性耗能机理，使结构可以利用一定限度的塑性变形来耗散地震时输入结构的能量，有利于抗御结构倒塌破坏。不宜采用弹性耗能机理，因为这样不经济也不合理。不同的结构体系，可以通过不同的设计和抗震构造措施来增强结构与构件的延性。如钢筋混凝土框架结构体系可以设计成"强柱弱梁"、"强剪弱弯"、"强节点弱构件"、"强锚固"等，地震时梁产生较大弯曲变形。对砌体结构可以采用配筋墙体、构造柱-圈梁体系；对混凝土小型砌块结构体系，则采用配筋砌体、芯柱-构造柱-圈梁体系等措施增加结构延性。

（4）设计多道防线，避免因部分结构或构件失效而直接导致整个结构体系破坏。因此，可以采用超静定结构、设置人工塑性铰、利用框架的填充墙、设置耗能装置等。不同的方法对结构的自振特性(阻尼、周期等)影响不同，应注意避免出现共振。

（5）避免产生过大的应力集中或塑性变形，对可能出现的薄弱部位，宜采取有效措施加以改善。

1.4.5 保证非结构构件安全

非结构构件一般包括女儿墙、填充墙、玻璃幕墙、石板幕墙、吊顶、屋顶电信塔、饰面装置等。非结构构件的存在，将影响结构的自振特性，同时，地震时它们一般会先期破坏。因此，应特别注意非结构构件与主体结构之间应有可靠的连接或锚固，避免地震时脱落伤人，并且应与主体结构变形协调。

1.4.6 采用隔震、消能减震技术

对抗震安全性和使用功能有较高要求或专门要求的建筑结构，可以采用隔震设计或消能减震设计。结构隔震设计是指在建筑结构的基础、底部或下部与上部结构之间设置橡胶隔震支座和阻尼装置等部件组成具有整体复位功能的隔震层，以延长整个结构体系的自震周期，减小输入上部结构的水平地震作用；结构消能减震设计是指在建筑结构中设置消能器，通过消能器的相对变形和相对速度提供附加阻尼，以消耗输入结构的地震能。建筑结构的隔震设计和消能减震设计，尚应符合相关专门标准的规定，也可按建筑抗震性能化目标设计。

1.4.7 结构材料和施工质量

结构抗震设计目标的实现，与结构的材料选用和施工质量密切相关，应予以重视。抗震结构对材料和施工质量的具体要求应在设计文件上注明，如所用材料强度等级的最低限制、钢筋的抗震性能指标要求、抗震构造措施的施工要求等，并在施工过程中加强管理监督，保证按其执行。

1.5 建筑抗震性能化设计

抗震性能化设计是以现有的抗震科学水平和经济条件为前提,并根据实际需要和可能,具有明确针对性地选定针对整个结构、结构局部部位或关键部位、结构的关键部件、重要构件或次要构件等的震后预期性能目标进行抗震设计的一种方法。一般应首先根据其抗震设防类别、设防烈度、场地条件、结构类型和不规则性,附属设施功能要求、投资大小、震后损失和修复难易程度等,对选定的抗震性能目标提出技术和经济可行性综合分析和论证。

1.5.1 建筑结构损坏与预期性能

建筑结构遭遇多遇地震、设防地震、罕遇地震等水准的地震影响时,其可能的震后损坏状态及预期性能类别如表1-6和表1-7所示。

表1-6 建筑结构损坏状态

名称	破坏描述	继续使用的可能性	变形参考值
基本完好(含完好)	承重构件完好;个别非承重构件轻微损坏;附属构件有不同程度破坏	一般不需修理即可继续使用	$<[\Delta u_e]$
轻微损坏	个别承重构件轻微裂缝;个别非承重构件明显破坏;附属构件有不同程度破坏	不需修理或需稍加修理,仍可继续使用	$1.5\sim2[\Delta u_e]$
中等破坏	多数承重构件轻微裂缝,部分明显裂缝;个别非承重构件严重破坏	需一般修理,采取安全措施后可适当使用	$3\sim4[\Delta u_e]$
严重破坏	多数承重构件严重破坏或部分倒塌	应排险大修,局部拆除	$<0.9[\Delta u_p]$
倒塌	多数承重构件倒塌	需拆除	$>[\Delta u_p]$

表1-7 建筑结构预期性能

地震水准	性能1	性能2	性能3	性能4
多遇地震	完好	完好	完好	完好
设防地震	完好,正常使用	基本完好,检修后继续使用	轻微损坏,简单修理后继续使用	轻微至中等损坏,变形$<2.5[\Delta u_e]$
罕遇地震	基本完好,检修后继续使用	轻微至中等破坏,修复后继续使用	其破坏需加固后继续使用	接近严重破坏,大修后继续使用

1.5.2　抗震性能化设计的内容和要求

（1）地震动水准的确定。对设计使用年限 50 年的结构，可选定多遇地震、设防地震和罕遇地震的地震作用。对设计使用年限超过 50 年的结构，宜考虑实际需要和可能，经专门研究后对地震作用做适当调整。

（2）不同地震动水准下的预期损坏状态或使用功能的确定。一般情况，可参照《建筑地震破坏等级划分标准》选定，应高于一般情况的设防目标。

（3）为实现预期性能的具体指标的确定。应选定分别提高结构或其关键部位的抗震承载力、结构变形能力或同时提高抗震承载力和变形能力的具体指标。宜明确在预期的不同地震动水准下对结构不同部位的水平、竖向构件承载能力的要求（如不发生脆性剪切破坏、形成塑性铰、达到屈服值或保持弹性等），以及相应的构件延性构造的高、中或低要求。当构件的承载力明显提高时，相应的延性构造可适当降低。

1.5.3　结构及其构件在不同性能目标时的抗震计算要求

（1）考虑不同地震动水准的地震作用取值的不确定性，结构设计计算应留有一定的余地。

（2）分析模型应正确、合理反映地震作用传递途径和楼盖在地震中基本上能整体或分块处于弹性工作状态。

（3）弹性分析可以采用线性方法，弹塑性分析可根据结构性能目标预期进入弹塑性状态程度的不同，分别采用增加阻尼的等效线性化方法、静力或动力非线性分析方法。

（4）结构非线性分析模型可对多遇地震下的弹性分析模型有适当简化，但二者的线性分析结果应基本一致，应计入重力二阶效应、合理确定弹塑性参数，应依据构件的实际截面、配筋等计算实际承载力，可通过与理想弹性假定计算结果的对比分析，着重发现构件可能破坏的部位及其弹塑性变形的程度。

（5）结构及其构件抗震性能化设计参考目标和计算方法，参见《建筑抗震设计规范》（GB 50011—2010）附录 M。

背 景 知 识

目前，全世界发生的地震绝大多数是震源深度小于 70km 的浅源地震。地球内岩体断裂错动并引起周围介质剧烈振动的部位称为震源。震源深度是指震源到震中的垂直距离。

地震发生时是以地震序列的形式出现。在一定时间内，发生在同一震源区的一系列大小不同的地震，称为地震序列，一般包括前震、主震及余震。主震前在同一震区发生的较小地震称为前震。一个地震序列中最强的地震称为主震。主震后在同一震区陆续发生的较小地震称为余震。

关于构造地震产生的原因，目前其理论依据主要是板块构造理论。由于板块（六大板块）之间的运动、挤压，使板块之间的薄弱岩层发生滑移、断裂而产生地震。地震多发生在板块交界地带。

《建筑抗震设计规范》（GB 50011—2010）适用于抗震设防烈度为 6、7、8、9 度地区的建筑工程的抗震设计及隔震、消能减震设计，其调整了建筑的抗震设防分类，将抗震设防目标设定为"小震不坏，中震可修，大震不倒"，并采用 3 个概率水准和两阶段设计来体现；提出了按基本地震加速度进行抗震设计的要求，将原规范的设计近、远震改为设计地震分组；修改了建筑场地划分、液化判别、地震影响系数和扭转效应计算的规定；强调通过抗震概念设计并协调抗震计算和构造措施的 3 个方面内容来实现抗震设计的目标。目前建筑隔震和消能减震技术比较成熟，可以应用于有条件的特殊房屋结构中。但设计规范的科学依据只能是现有的经验和资料，目前对地震规律性的认识还很不足，随着科学水平的提高，设计规范会有相应的突破。

本 章 小 结

本章为工程结构抗震设计的引论，主要介绍了地震特性及震害现象。地震可以按成因、震源深度及震级大小进行分类，构造地震是最为普遍的地震类型，其发生的原因是地球表面板块运动、在板块之间薄弱区域造成断裂或滑移所致。地震震级、地震烈度、基本烈度及设防烈度的概念之间既存在联系，又互有区别。我国现行建筑抗震设计规范根据建筑物使用功能不同，对建筑物抗震设防类别及其设防标准进行了划分，并提出建筑物按三水准设防及两阶段设计的基本要求。本章最后介绍了建筑抗震概念设计的重要性及其概念内涵，提出了建筑抗震性能化设计的原则。

思考题及习题

1.1　我国为什么要进行抗震设防？抗震设防类别及标准是什么？

1.2　地震是如何进行分类的？构造地震发生的原因是什么？

1.3　地震烈度、基本烈度及设防烈度的区别是什么？

1.4　地震震级与地震烈度二者有何联系和区别？

1.5　什么是小震、中震、大震？它们之间的关系如何？

1.6　抗震设计一般包括哪几个层面的内容？它们之间的关系如何？

1.7　通过设计如何实现"三水准"目标？

1.8　建筑抗震设防烈度是根据（　　）确定的。

A. 多遇地震烈度　　　　　　　　　　B. 罕遇地震烈度

C. 基本烈度或中震烈度　　　　　　　D. 震级

1.9　抗震概念设计的范畴是（　　）。

A. 房屋的高宽比限制　　　　　　　　B. 抗震结构体系的确定

C. 保证女儿墙与主体结构的连接　　　D. 构件截面尺寸的确定

E. 选择有利场地

1.10 《建筑抗震设计规范》(GB 50011—2010)适用于抗震设防烈度(　　)的地区。

A. 6～8 度　　　　　　　　　　　　B. 7～9 度

C. 6～9 度　　　　　　　　　　　　D. 7～10 度

1.11 下列关于设防烈度的说法中，不正确的是(　　)。

A. 设防烈度并非是基本烈度

B. 设防烈度大都是基本烈度

C. 设防烈度是该地区今后一段时间内，可能遭受的最大的地震产生的烈度

D. 设防烈度不能根据建筑物的重要性随意提高

1.12 通常生命线系统的建筑，包括医疗、广播、通信、交通、供电、供气、消防、粮食等建筑，在抗震规范中列为(　　)。

A. 甲类建筑　　　　　　　　　　　B. 乙类建筑

C. 丙类建筑　　　　　　　　　　　D. 丁类建筑

1.13 延性结构的设计原则为(　　)。

A. 小震不坏，中震可修，大震不倒

B. 强柱弱梁，强剪弱弯，强节点，强锚固

C. 进行弹性地震反应时程分析，发现承载力不足时，修改截面配筋

D. 进行弹塑性地震反应时程分析，发现薄弱层、薄弱构件时进行设计

1.14 "小震不坏，中震可修，大震不倒"是抗震设防的标准，所谓小震指的是(　　)。

A. 6 度或 7 度的地震

B. 50 年设计基准期内，超越概率大于 10% 的地震

C. 50 年设计基准期内，超越概率大于 63.2% 的地震

D. 6 度以下的地震

1.15 为了实现三水准的抗震设防要求，对一般钢筋混凝土高层建筑所采用的两个阶段设计步骤，以下描述正确的是(　　)。

A. 初步设计和施工图设计

B. 多遇地震作用下的承载力与变形验算，通过概念设计和构造措施满足"大震不倒"的要求

C. 弹性阶段设计与塑性阶段设计

D. 除进行多遇地震作用下的承载力设计与变形验算外，并宜进行罕遇地震作用下的薄弱层弹塑性变形验算

第2章
建筑场地、地基与基础

教学目标与要求：掌握建筑场地类别的划分标准及其影响因素，熟悉建筑场地卓越周期的概念，掌握地基、基础抗震验算的原则以及天然地基抗震承载力验算的方法，了解地基土液化的概念和液化的判别方法及防止地基液化的措施。

导入案例：1964年日本新潟地震中，某公寓住宅群普遍发生倾斜，最严重的倾角竟达80°之多；1995年阪神大地震中，日本神户建设在山坡、斜坡及填海场地上的房屋破坏严重。为什么会产生上述现象呢？这是由于地基土在强震下发生了液化、塌陷、变形等现象，导致上部结构倾斜、不均匀沉降等。可见场地地基条件对抗震影响很大，应给予足够的重视。

2.1 建筑场地

2.1.1 场地土类型

建筑场地(site)是指建筑物所在地，在平面上大体相当于厂区、住宅小区、自然村的范围。

场地土是指场地范围内的地基土。研究表明，场地土质坚硬程度不同对场地地震动的大小有明显影响。场地土的地震剪切波速是场地土的重要地震动参数，剪切波速的大小反映了场地土的坚硬程度即"土层刚度"。因此，《建筑抗震设计规范》(GB 50011—2010)根据场地土层剪切波速大小及范围，将场地土划分为5种类型，如表2-1所示。

表2-1 土的类型划分和剪切波速范围

土的类型	岩土名称和性状	土层剪切波速范围/(m/s)
岩石	坚硬、较硬且完整的岩石	$v_s > 800$
坚硬土或软质岩石	破碎和较破碎的岩石或软和较软的岩石，密实的碎石土	$800 \geqslant v_s > 500$
中硬土	中密、稍密的碎石土，密实、中密的砾、粗、中砂，$f_{ak} > 150\text{kPa}$ 的黏性土和粉土，坚硬黄土	$500 \geqslant v_s > 250$
中软土	稍密的砾、粗、中砂，除松散外的细、粉砂，$f_{ak} \leqslant 150\text{kPa}$ 的黏性土和粉土，$f_{ak} > 130\text{kPa}$ 的填土，可塑新黄土	$250 \geqslant v_s > 150$
软弱土	淤泥和淤泥质土，松散的砂，新近沉积的黏性土和粉土，$f_{ak} \leqslant 130\text{kPa}$ 的填土，流塑黄土	$v_s \leqslant 150$

注：f_{ak}为由荷载试验等方法得到的地基承载力特征值(kPa)；v_s为岩土剪切波速。

2.1.2 场地类别

1. 覆盖层厚度

场地覆盖层厚度，原意是指从地表面至地下基岩面的距离。从理论上讲，当相邻的两土层中的下层剪切波速比上层剪切波速大很多时，下层可以看作基岩，下层顶面至地表的距离则看作覆盖层厚度。覆盖层厚度的大小直接影响场地的周期和加速度。《建筑抗震设计规范》(GB 50011—2010)中按如下原则确定场地覆盖层厚度 d_{0s}。

(1) 一般情况下，按地面至剪切波速大于 500m/s 且其下卧各岩土的剪切波速均不小于 500m/s 的土层顶面的距离确定。

(2) 当地面 5m 以下存在剪切波速大于相邻上层土剪切波速 2.5 倍的土层，且其下卧岩土层的剪切波速均不小于 400m/s 时，可按地面至该土层顶面的距离确定。

(3) 剪切波速大于 500m/s 的孤石、透镜体，应视同周围土层。

(4) 土层中的火山岩硬夹层，应视为刚体，其厚度应从覆盖土层中扣除。

2. 土层的等效剪切波速

土层的等效剪切波速 v_{se} 反映各土层的平均刚度。可以按下列公式计算：

$$v_{se} = d_0/t \qquad (2-1)$$

$$t = \sum_{i=1}^{n}(d_i/v_{si}) \qquad (2-2)$$

式中　v_{se}——土层等效剪切波速(m/s)；

　　　d_0——计算深度(m)，取覆盖层厚度和 20m 两者较小值；

　　　t——剪切波在地面至计算深度之间的传播时间(s)；

　　　d_i——计算深度范围内第 i 土层的厚度(m)；

　　　v_{si}——计算深度范围内第 i 土层的实测剪切波速(m/s)；

　　　n——计算深度范围内土层的分层数。

对于不超过 10 层并且高度不超过 30m 的丙类建筑和丁类建筑，如果无实测剪切波速时，可根据岩土名称和性状，按表 2-1 划分场地土的类型，再利用当地经验在表 2-1 剪切波速范围内估计出各土层的剪切波速 v_{si}。

3. 场地类别

建筑场地的类别是场地条件的基本表征，场地条件对地震的影响已被大量地震观测记录所证实。研究表明，两个场地条件是影响场地地震动的主要因素：场地的土层刚度和场地覆盖层厚度。场地的土层刚度可通过土层等效剪切波速来反映。抗震设计规范根据场地土层的等效剪切波速和覆盖层厚度将建筑场地划分为 4 类场地，其中 I 类又分为 I₀ 和 I₁ 两个亚类，如表 2-2 所示。建筑场地划分的目的，是在地震作用计算时根据不同的场地条件，可以采用合理的计算参数。

表 2-2　各类建筑场地的覆盖层厚度　　　　　　单位：m

岩石的剪切波速或土的等效剪切波速/(m/s)	场地类别				
	I_0	I_1	II	III	IV
$v_s > 800$	0	—	—	—	—

（续）

岩石的剪切波速或土的等效剪切波速 /(m/s)	场地类别				
	I_0	I_1	II	III	IV
$800 \geqslant v_s > 500$	—	0	—	—	—
$500 \geqslant v_{se} > 250$	—	<5	$\geqslant 5$	—	—
$250 \geqslant v_{se} > 150$	—	<3	3～50	>50	—
$v_{se} \leqslant 150$		<3	3～15	>15～80	>80

【例2-1】某拟建高层住宅的场地钻孔地质资料见表2-3。试判别该场地类别。

表2-3 场地钻孔资料汇总

土层底部深度/m	土层厚度/m	岩土名称	剪切波速/(m/s)
3.0	3.0	可塑性黄土	180
4.5	1.5	黏性土	210
5.9	1.4	中砂	310
7.7	1.8	砾砂	510

【解】（1）确定土层计算深度。因为地表下5.9m以下土层的剪切波速 $v_s = 510\text{m/s} > 500\text{m/s}$，故场地覆盖层厚度 $d_{0s} = 5.9\text{m}$，又 $d_{0s} < 20\text{m}$，所以土层计算深度 $d_0 = 5.9\text{m}$。

（2）计算等效剪切波速。

按式（2-1）、式（2-2）有

$$t = \sum_{i=1}^{n} \frac{d_i}{v_{si}} = \left(\frac{3.0}{180} + \frac{1.5}{210} + \frac{1.4}{310} \right) \text{s} = 0.024\text{s}$$

$$v_{se} = \frac{d}{t} = \frac{5.9}{0.024}\text{m/s} = 245.8\text{m/s}$$

（3）确定场地类别。查表2-2，$v_{se} = 245.8\text{m/s}$ 位于150～250m/s之间，且覆盖层厚度 $50\text{m} > d_{0s} > 3\text{m}$，因此，该场地为II类场地。

2.1.3 场地卓越周期

场地卓越周期或固有周期是场地的重要地震动参数之一，它的长短随场地土类型、地质构造、震级、震源深度、震中距大小等多种因素而变化。场地卓越周期可根据剪切波重复反射理论按下式计算：

$$T = \frac{4d_0}{v_{se}} \tag{2-3}$$

式中各符号含义同式（2-1）。

卓越周期长，则场地土软；反之卓越周期短，则场地土就硬。

震害表明，当建筑物的自振周期与场地卓越周期相等或相近时，建筑物与场地发生共振，则建筑物的震害往往趋于严重。因此，抗震设计中应使两者的周期值避开，避免这一现象的发生。

2.2 地基与基础的抗震验算

2.2.1 抗震验算的一般原则

大量震害表明，只有少数建筑物是由于地基失效而导致上部结构破坏，而这类地基大都为液化地基、软土地基和严重不均匀地基。大多数的地基具有较好抗震能力，极少发现因地基承载力不足而产生震害。根据房屋震害统计分析，《建筑抗震设计规范》规定，下列建筑可不进行天然地基及基础的抗震承载力验算。

(1) 砌体房屋。

(2) 地基主要受力层范围内不存在软弱黏性土层的下列建筑：①一般的单层厂房和单层空旷房屋；②不超过8层且高度在24m以下的一般民用框架房屋；③基础荷载与②项相当的多层框架厂房。这里，软弱黏性土层指设防烈度为7度、8度和9度时，地基承载力特征值分别小于80kPa、100kPa和120kPa的土层。

(3) 抗震规范中规定可不进行上部结构抗震验算的建筑。

除上述规定之外的地基与基础都应进行抗震验算。

2.2.2 天然地基基础抗震验算

1. 地基抗震承载力

地基抗震承载力的计算，采用地基静承载力特征值乘以抗震承载力调整系数的方法。我国建筑抗震设计规范规定，在进行天然地基基础抗震验算时，地基抗震承载力按下式计算：

$$f_{aE} = \zeta_a f_a \qquad (2-4)$$

式中 f_{aE}——调整以后的地基抗震承载力；

ζ_a——地基土抗震承载力调整系数，按表2-4采用；

f_a——深度、宽度修正后的地基承载力特征值，按国家标准《建筑地基基础设计规范》(GB 50007—2011)采用。

表2-4 地基土抗震承载力调整系数

岩土名称和性状	ζ_a
岩石，密实的碎石土，密实的砾、粗、中砂，$f_{ak} \geqslant 300$kPa 的黏性土和粉土	1.5
中密、稍密的碎石土，中密和稍密的砾、粗、中砂，密实和中密的细、粉砂，150kPa$\leqslant f_{ak} < 300$kPa 的黏性土和粉土，坚硬黄土	1.3
稍密的细、粉砂，100kPa$\leqslant f_{ak} < 150$kPa 的黏性土和粉土，可塑黄土	1.1
淤泥，淤泥质土，松散的砂，杂填土，新近堆积黄土及流塑黄土	1.0

2. 天然地基抗震承载力验算

验算天然地基地震作用下的竖向承载力时，按地震作用效应标准组合的基础底面平均压力和边缘最大压力应符合下列各式要求：

$$p \leqslant f_{aE} \tag{2-5}$$

$$p_{max} \leqslant 1.2 f_{aE} \tag{2-6}$$

式中　　p——地震作用效应标准组合的基础底面平均压力，$p = (p_{max} + p_{min})/2$；

p_{max}、p_{min}——分别为地震作用效应标准组合的基础边缘的最大压力和最小压力。

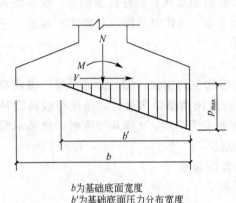

b为基础底面宽度
b'为基础底面压力分布宽度

图 2.1　基底压力分布

高宽比值大于 4 的高层建筑，在地震作用下基础底面不宜出现拉应力；其他建筑，基础底面与地基土之间零应力区面积应不超过基础底面面积的 15%；对矩形底面基础，应力区关系则有 $b' \geqslant 0.85b$（图 2.1）。

3. 基础的抗震承载力验算

在建筑抗震设计中，房屋结构的基础一般埋入地面以下，受到的地震作用影响较小。因此，可不进行抗震承载力验算。但基础的设计，可按上部结构传下来的有地震作用组合和无地震作用组合的最不利内力进行设计。

2.3 地基土的液化

2.3.1　地基土液化概述

由饱和松散的砂土或粉土颗粒组成的土层，在强烈地震下，土颗粒局部或全部处于悬浮状态，土体的抗剪强度等于零，形成了性质类似"液体"的现象，称为地基土的液化。液化机理为：地震时，饱和的砂土或粉土颗粒在强烈振动下发生相对位移，使颗粒结构密实，颗粒间孔隙水来不及排泄而受到挤压，则孔隙水压力急剧增加。当孔隙水压力增加到与剪切面上的法向压应力接近或相等时，砂土或粉土受到的有效压应力趋于零，从而土颗粒上浮形成"液化"现象。

液化可引起地面喷水冒砂、地基不均匀沉降、地裂或土体滑移，从而造成建筑物开裂、倾斜或倒塌。如 1964 年美国阿拉斯加地震和日本新潟地震，都出现了由于大范围沙土地基液化而造成的建筑物大量严重倾斜或倒塌破坏。

2.3.2　液化的判别

我国学者在总结国内外大量震害资料的基础上，经过长期研究和验证，提出了较为系统而实用的地基土液化两步判别方法，即初步判别法和标准贯入判别法。

1. 第一步：初步判别法

抗震设计规范规定，对饱和状态的砂土或粉土(不含黄土)，当抗震设防烈度为6度时，一般情况下可不进行液化判别和处理；烈度为7度及7度以上设防地区，应进行液化判别。当符合下列条件之一时，可初步判别为不液化或可以不考虑液化影响：

(1) 地质年代为第四纪晚更新世(Q_3)及其以前且设防烈度为7度、8度时。

(2) 粉土的黏粒(粒径小于0.005mm的颗粒)含量百分率，当设防烈度为7度、8度、9度时分别不小于10%、13%和16%。

(3) 天然地基的建筑，当上覆非液化土层厚度和地下水位深度符合下列条件之一时：

$$d_u > d_0 + d_b - 2 \qquad (2-7)$$

$$d_w > d_0 + d_b - 3 \qquad (2-8)$$

$$d_u + d_w > 1.5d_0 + 2d_b - 4.5 \qquad (2-9)$$

式中　d_u——上覆非液化土层厚度(m)，计算宜将淤泥和淤泥质土层扣除；

　　　d_w——地下水位深度(m)，宜按设计基准期内年平均最高水位采用，也可按近期内年最高水位采用；

　　　d_0——液化土特征深度(m)，可按表2-5采用；

　　　d_b——基础埋置深度(m)，不超过2m时应采用2m。

表 2-5　液化土特征深度　　　　单位：m

饱和土类别	设 防 烈 度		
	7 度	8 度	9 度
粉　　土	6	7	8
砂　　土	7	8	9

2. 第二步：标准贯入试验判别法

当上述所有条件均不能满足时，地基土存在液化可能。此时，应进行第二步判别，即采用标准贯入试验法判别土层是否可能发生液化。

(1) 进行标准贯入试验。标准贯入试验的设备，主要由标准贯入器、触探杆、穿心锤(标准质量为63.5kg)三部分组成(图2.2)。试验时，先用钻具钻至试验土层标高以上15cm处，再将标准贯入器打至标高位置，然后，在锤落距为76cm的条件下，连续打入30cm，记录所需锤击数为$N_{63.5}$。

(2) 液化判别。根据判别深度的不同，可以考虑两种情况：

一般情况下，应判别地面下20m深度范围内的液化。当饱和状态的砂土或粉土的实测标准贯入锤击数(未经杆长修正)小于液化判别标准贯入锤击数临界值，即满足式(2-10)的条件，

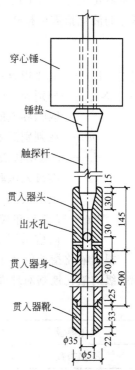

图 2.2　标准贯入试验设备示意图

则应判为液化土：

$$N_{63.5} < N_{cr} = N_0 \beta \left[\ln (0.6d_s + 15) - 0.1d_w \right] \sqrt{\frac{3}{\rho_c}} \qquad (2-10)$$

$$(d_s \leqslant 20)$$

式中　　N_{cr}——液化判别标准贯入锤击数临界值；

N_0——液化判别标准贯入锤击数基准值，按表 2-6 采用；

d_s——饱和土标准贯入点深度（m）；

ρ_c——黏粒含量百分率，当小于 3 或为砂土时，应采用 3；

β——调整系数，设计地震第一组取 0.80，第二组取 0.95，第三组取 1.05。

表 2-6　液化判别标准贯入锤击数基准值 N_0

设计基本地震加速度	0.10g	0.15g	0.20g	0.30g	0.4g
液化判别标准贯入锤击数基准值 N_0	7	10	12	16	19

由式（2-10）可见，地基土液化判别的临界值 N_{cr} 的确定，主要考虑了土层所处位置、地下水位深度、饱和土的黏粒含量，以及地震烈度等影响土层液化的要素。

2.3.3　液化地基的评价

当经过上述两步判别后，证实地基土确实存在液化的可能趋势，应进一步定量分析，评价液化土可能造成的危害程度。这一工作，通常是通过计算地基液化指数来实现的。地基土的液化指数可按式（2-11）确定：

$$I_{lE} = \sum_{i=1}^{n} \left(1 - \frac{N_i}{N_{cri}} \right) d_i W_i \qquad (2-11)$$

式中　　I_{lE}——液化指数；

N_i、N_{cri}——分别为 i 点标准贯入锤击数的实测值和临界值，当实测值大于临界值时，应取临界值的数值；

n——在判别深度范围内每一个钻孔标准贯入试验点的总数；

d_i——i 点所代表的土层厚度（m），可采用与该标准贯入试验点相邻的上、下两标准贯入试验点深度差的一半，但上界不高于地下水位深度，下界不深于液化土层底面的深度；

W_i——i 土层单位土层厚度的层位影响权函数值（m^{-1}）：当该层中点深度大于 5m 时应采用 10，等于 20m 时应采用零值，5～20m 时应按线性内插法取值。

根据液化指数的大小，可将液化地基划分为 3 个等级，如表 2-7 所示。强震时，不同等级的液化地基对地面和建筑物可能造成的危害也不同，如表 2-8 所示。

表 2-7　液化等级与液化指数的对应关系

液化等级	轻微	中等	严重
液化指数	$0 < I_{lE} \leqslant 6$	$6 < I_{lE} \leqslant 18$	$I_{lE} > 18$

表 2-8 不同液化等级的地基土可能震害

液化等级	地面喷水冒砂情况	对建筑物的危害情况
轻微	地面无喷水冒砂,或仅在洼地、河边有零星的喷水冒砂点	危害性小,一般不至引起明显的震害
中等	喷水冒砂可能性大,从轻微到严重均有,多数属中等	危害性较大,可造成不均匀沉陷和开裂,有时不均匀沉陷可能达到 200mm
严重	一般喷水冒砂都很严重,地面变形很明显	危害性大,不均匀沉陷可能大于 200mm,高重心结构可能产生不容许的倾斜

对地基抗液化处理应注意以下方面。

(1)采用桩基时,桩端伸入液化深度以下稳定土层中的长度(不包括桩尖部分)应按计算确定,且对碎石土,砾、粗、中砂,坚硬黏性土和密实粉土应不小于 0.8m,对其他非岩石土尚不宜小于 1.5m。

(2)采用深基础时,基础底面应埋入液化深度以下的稳定土层中,其深度应不小于 0.5m。

(3)采用加密法(如振冲、振动加密、挤密碎石桩、强夯)对可液化地基进行加固时,应处理至液化深度下界,且处理后土层的标准贯入锤击数实测值不宜小于式(2-10)或式(2-11)中的液化判别标准贯入锤击数临界值。

(4)当直接位于基底下的可液化土层较薄时,可采用非液化土替换全部液化土层。

(5)采用加密法或换土法处理时,在基础边缘以外的处理宽度,应超过基础底面下处理深度的 1/2,且不小于基础宽度的 1/5。

地基抗液化措施如表 2-9 所示。

表 2-9 地基抗液化措施

建筑类别	液 化 等 级		
	轻 微	中 等	严 重
乙类	部分消除液化沉陷,或对基础和上部结构进行处理	全部消除液化沉陷,或部分消除液化沉陷且对基础和上部结构进行处理	全部消除液化沉陷
丙类	对基础和上部结构进行处理,亦可不采取措施	对基础和上部结构进行处理,或采用更高要求的措施	全部消除液化沉陷,或部分消除液化沉陷且对基础和上部结构进行处理
丁类	可不采取措施	可不采取措施	对基础和上部结构进行处理,或采用其他经济的措施

背 景 知 识

地震造成建筑结构的破坏,除地震动直接引起结构破坏外,还有场地条件的原因,如地震引起地表裂缝、地基土的不均匀沉陷、滑坡和粉、砂土液化等。《建筑抗震设计规范》

(GB 50011—2010)根据天然地基的土层等效剪切波速和场地覆盖层厚度，把建筑场地土及建筑场地分别划分为 4 类，不同类别的场地具有不同的设计特征周期。

在天然地基抗震验算中，对地基土承载力特征值调整系数的规定，主要参考国内外资料和相关规范，考虑了地基土在有限次循环动力作用下强度较静强度提高和在地震作用下结构可靠度容许有一定程度降低这两个因素。地基基础的抗震验算采用了"拟静力法"，此法假定地震作用如同静力，然后在这种静力作用下验算地基和基础的承载力和稳定性。

对饱和砂土和粉土(不含黄土)的地基土，除 6 度设防区之外，都要求进行液化判别，主要采用初步判别和标准贯入试验判别两步判别法。经判别可能发生液化的地基通常采用全部消除地基液化和部分消除地基液化的措施处理。

本 章 小 结

本章主要介绍建筑场地的场地土类别，建筑场地类别及划分方法，等效剪切波速度及计算方法。场地土与建筑场地之间，既有联系又有区别。部分建筑地基与基础若符合建筑抗震设计规范中可以不进行抗震验算条件要求的，不必进行抗震验算，否则需要进行抗震验算。地基液化的判别方法分两个步骤，第一是初步判别，若不满足第一步的条件，则进行第二步的判别，即标准贯入试验判别。对经判别可能发生液化的地基要进行处理，本章介绍了地基处理的一般方法。

思考题及习题

2.1　什么是土层等效剪切波速？如何计算？

2.2　什么是场地覆盖层厚度？如何确定？

2.3　建筑场地和场地土两者有何区别？如何分类？

2.4　什么是场地的卓越周期？有何意义？

2.5　哪些建筑物可不进行天然地基及基础的抗震承载力验算？

2.6　什么是地基土的液化？会造成那些危害？

2.7　如何判别地基土的液化？

2.8　地基土液化程度如何评价？

2.9　建筑物应如何进行选择地址的考虑？

2.10　按表 2-10 所列某建筑场地的地质钻孔资料，试确定该场地的类别。

表 2-10　地质钻孔资料

土层厚度/m	岩土名称	土层剪切波速/(m/s)	土层厚度/m	岩土名称	土层剪切波速/(m/s)
3.00	杂填土	160	8.6	卵石	280
5.00	粉土	180	6.5	砾岩	520
5.5	砂土	220			

2.11 选择建筑物场地时，首先应知道该场地的地址、地形、地貌对建筑抗震是否有利、不利和危险，下列叙述正确的是（　　）。

A. 坚硬土、液化土、地震时可能滑坡的地段分别是对建筑抗震有利、不利和危险地段

B. 坚硬土、密实均匀的中硬土、液化土分别是对建筑抗震有利、不利和危险地段

C. 密实的中硬土、软弱土、半填半挖地基分别是对建筑抗震有利、不利和危险地段

D. 坚硬土、地震时可能发生崩塌部位、地震时可能发生地裂的部位分别是对建筑抗震有利、不利和危险地段

2.12 划分有利、不利、危险地段的因素似乎有：Ⅰ地质，Ⅱ地形，Ⅲ地貌，Ⅳ场地覆盖层厚度，Ⅴ建筑物的重要性，Ⅵ基础类型，其中正确的答案是（　　）。

A. Ⅰ、Ⅱ、Ⅲ
B. Ⅳ、Ⅴ、Ⅵ
C. Ⅰ、Ⅳ、Ⅴ
D. Ⅱ、Ⅴ、Ⅵ

2.13 下列措施中，（　　）不能减轻液化对建筑物的影响。

A. 选择合适的基础埋深

B. 调整基础底面积

C. 加强基础强度

D. 减轻荷载、增强上部结构的整体刚度和均匀对称性

第**3**章
结构抗震设计计算原理

教学目标与要求：熟悉结构动力特性对结构动力反应的影响，掌握单自由度体系和多自由度体系抗震计算原理和方法。熟练掌握地震作用的基本概念和计算、振型分解反应谱法、底部剪力法的应用。掌握建筑结构抗震验算的一般原则和要求，了解结构非弹性分析基本方法。

导入案例：当向前行驶的公共汽车突然刹车时，车上的人会因为惯性而向前倾，在车上的人看来仿佛有一股力量将他们向前推，即为惯性力；地震时，由于地面运动，在房屋结构上也会产生水平及竖向惯性力——地震作用，传统的惯性力可以利用牛顿定律来求解，那么地震惯性力(地震作用)又将如何计算？计算地震作用的目的又是什么？我们可以通过本章的学习得以了解。

3.1 计 算 概 述

建筑结构的抗震计算是抗震设计的重要内容，其包括地震作用的计算、地震反应的计算分析以及抗震验算。

3.1.1 地震作用

地震发生时使原来处于静止的建筑受到动力作用，并产生强迫振动。我们将地震时由地面运动加速度振动在结构上产生的惯性力称为结构的地震作用(earthquake action)。地震作用的大小随时间而变化，其方向也是随机不确定的。在《建筑抗震设计规范》(GB 50011—2010)中，采用最大惯性力作为地震作用，而且根据地震引起建筑物主要的振动方向，将地震作用划分为水平地震作用和竖向地震作用。其中水平地震作用的方向包括 X、Y 两个主轴方向及斜向主轴方向(与水平 X 方向夹角大于 15°时)的平动方向(特殊情况还要考虑扭转方向)，也称为结构的抗震主轴方向(参见 3.10.1 小节)。结构的自震特性(自振频率、阻尼等)及地震作用的计算或验算都是按结构抗震主轴方向进行。地震作用的大小与地面运动加速度、结构的自身特性等有关。

3.1.2 结构地震反应

结构地震反应(又称地震作用效应)是指地震时地面振动使建筑结构产生的内力、变形、位移及结构运动速度、加速度等的统称。可分类称为地震内力反应、地震位移反应、地震加速度反应等。结构地震反应是一种动力反应，其大小与地面运动加速度、结构自身特性等有关，一般根据结构动力学理论进行求解。

3.1.3　计算简图及结构自由度

1. 计算简图

与结构静力分析方法相似，进行结构地震反应分析时，首先要确定结构动力计算简图。结构的惯性力是结构动力计算的关键。结构惯性与结构质量有关。计算简图中的结构质量的模拟有两种，一种是连续化分布，另一种是集中分布。工程上常用集中分布质量的模型进行动力计算，该方法计算简便，精度可靠。因此，结构动力计算简图通常是一个具有若干个集中质量的竖向悬臂杆(葫芦串)模型(图3.1)。根据集中质量的数量多少，结构可分为单质点体系和多质点体系。采用集中质量方法确定计算简图时，需要确定结构质量的集中位置，对多、高层建筑可取结构楼层标高处，其质量等于该楼层上、下各半的区域质量(楼盖、墙体等)之和，即每个质点的质量 m_i 应根据重力荷载代表值(标准值)G_i(参见3.3节)确定($m_i=G_i/g$，g 为重力加速度)；对单层单跨或多跨工业厂房，屋盖结构是主要质量，可集中于各跨屋盖标高处；当结构无明显主要质量时(如烟囱)，可将结构分成若干区域，而将各区域的质量集中于质心处(图3.2)。

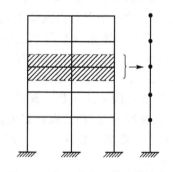
图3.1　多层建筑及其计算简图

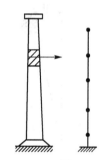
图3.2　烟囱及其计算简图

2. 结构自由度

计算简图中各质点可以运动的独立参数称为结构体系的自由度。空间中一个自由质点可有3个独立的平动位移(忽略转动)，因此它具有3个平动自由度。若限制质点在平面内运动，则一个质点有两个自由度。根据结构自由度的数量多少，可分为单自由度体系和多自由度体系。结构体系中的质点数和自由度数可以相同，也可以不同。

3.2 单自由度弹性体系的水平地震反应分析

3.2.1　单自由度弹性体系计算简图

工程上某些建筑结构的质量分布可以简化为单质点体系，如图3.3(a)所示的等高单层厂房，其质量绝大部分都集中在屋盖，可将该结构质量集中至屋盖标高处，将柱视为一无质量但有刚度的弹性杆，形成一个单质点弹性体系等高单层厂房计算简图。若忽略杆的轴向变形，当体系只做水平振动时，质点只有一个自由度，故为单自由度体系。质量大部分集中在塔顶水箱处的水塔也可按一个单自由度体系计算简图[图 3.3(b)]进行地震反应分析。

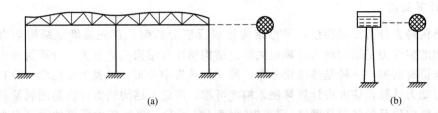

(a)   (b)

图 3.3   单质点弹性体系

（a）等高单层厂房及其计算简图；（b）水塔及其计算简图

3.2.2   运动方程的建立

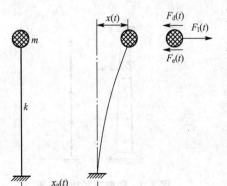

图 3.4   水平地震作用下单自由体系的振动

为了研究单质点弹性体系的水平地震反应，根据结构的计算简图进行受力分析，从而建立体系在水平地震作用下的运动方程（动力平衡方程）。图 3.4 所示为一个单自由度体系在水平地震作用下的计算简图。体系具有集中质量 m，由刚度系数为 k 的弹性直杆支承。设地震时地面水平运动的位移为 $x_g(t)$，质点相对地面的水平位移为 $x(t)$，它们皆为时间 t 的函数，则质点的相对速度为 $\dot{x}(t)$、加速度为 $\ddot{x}(t)$。取质点为隔离体，其上作用有 3 种力，即质点惯性力 F_I、阻尼力 F_d 和弹性恢复力 F_e。

惯性力是质点的质量 m 与绝对加速度 $[\ddot{x}_g(t) + \ddot{x}(t)]$ 的乘积，但方向与质点加速度方向相反，即

$$F_I(t) = -m[\ddot{x}_g(t) + \ddot{x}(t)] \tag{3-1}$$

阻尼力是造成结构震动衰减的力，它是由结构材料内摩擦、节点连接件摩擦、周围介质等对结构运动的阻碍造成的。工程中通常采用黏滞阻尼理论进行计算，即假定阻尼力与质点的相对速度 $\dot{x}(t)$ 成正比，而方向相反，即

$$F_d(t) = -c\dot{x}(t) \tag{3-2}$$

式中 c——阻尼系数。

弹性恢复力是使质点从振动位置恢复到平衡位置的力，它由弹性支承杆水平方向变形引起，其大小与质点的相对位移 $x(t)$ 成正比，但方向相反，即

$$F_e(t) = -kx(t) \tag{3-3}$$

式中 k——弹性支承杆的侧移刚度系数，即质点产生单位水平位移时在质点上所需施加的水平力。

根据达朗贝尔原理，在任一时刻 t，质点在主动惯性力、阻尼力及弹性恢复力三者作

用下保持动力平衡。于是运动平衡方程为

$$F_{\mathrm{I}}(t)+F_d(t)+F_e(t)=0 \tag{3-4}$$

将式(3-1)、式(3-2)、式(3-3)代入式(3-4)并整理得

$$m\ddot{x}(t)+c\dot{x}(t)+kx(t)=-m\ddot{x}_g(t) \tag{3-5}$$

为便于求解方程,将式(3-5)两边同除以 m,并引入参数 ω、ζ 后得

$$\ddot{x}(t)+2\zeta\omega\dot{x}(t)+\omega^2 x(t)=-\ddot{x}_g(t) \tag{3-6}$$

式中　ω——结构振动圆频率,$\omega=\sqrt{k/m}$;

　　　ζ——结构的阻尼比,$\zeta=c/(2m\omega)$。

式(3-6)就是所建立的单自由度体系的有阻尼的运动方程,是一个常系数二阶非齐次线性微分方程。

3.2.3 运动方程的求解

线性常微分方程式(3-6)的通解等于齐次解和特解之和。齐次解代表体系的自由振动位移反应,特解代表体系在地震作用下的强迫振动位移反应。因此,相应的地震位移反应由下式计算:

体系的地震位移反应=自由振动位移反应+强迫振动位移反应 (3-7)

1. 方程的齐次解——自由振动位移反应

令式(3-6)右端项为零,可求得体系的有阻尼自由振动位移反应,即

$$\ddot{x}(t)+2\zeta\omega\dot{x}(t)+\omega^2 x(t)=0 \tag{3-8}$$

根据特征方程的解可知,当 $\zeta>1$ 时,为过阻尼状态,体系不振动,工程中很少存在;当 $\zeta<1$ 时,为欠阻尼状态,体系产生振动;当 $\zeta=1$ 时为临界阻尼状态,此时体系也不发生振动。因此根据结构动力学可得到体系欠阻尼状态下的自由振动位移反应为

$$x(t)=e^{-\zeta\omega t}\left[x_0\cos\omega_d t+\frac{\dot{x}_0+\zeta\omega x_0}{\omega_d}\sin\omega_d t\right] \tag{3-9}$$

式中　x_0、$\dot{x}_0$——分别为 $t=0$ 时的初位移和初速度;

　　　ω_d——有阻尼体系的自由振动频率,$\omega_d=\omega\sqrt{1-\zeta^2}$。

一般建筑结构的阻尼很小,其范围约为 $\zeta=(0.01\sim0.1)$,因此工程实际计算时取 $\omega_d\approx\omega$。

当 $\zeta=0$ 时,为无阻尼状态,体系的自由振动为简谐振动。自由振动位移反应为

$$x(t)=x_0\cos\omega t+\frac{\dot{x}_0}{\omega}\sin\omega t \tag{3-10}$$

体系的振动周期为

$$T=\frac{2\pi}{\omega}=2\pi\sqrt{\frac{m}{k}} \tag{3-11}$$

因为质量 m 和刚度 k 是结构体系固有的,因此无阻尼体系自振频率 ω 和周期 T 也是体系固有的,又称为固有频率和固有周期。

2. 方程的特解——一般强迫振动位移反应

式(3-6)中 $\ddot{x}_g(t)$ 为地面水平地震动加速度,在工程设计上一般取实测地震加速度记

录。由于地震动的随机性，对强迫振动反应不可能求得具体的解析表达式，只能利用数值积分的方法求出数值解。在动力学中，一般有阻尼强迫振动位移反应由杜哈梅(Duhamel)积分给出：

$$x(t) = -\frac{1}{\omega_d}\int_0^t \ddot{x}_g(\tau)e^{-\zeta\omega(t-\tau)}\sin\omega_d(t-\tau)d\tau \qquad (3-12)$$

因此一般建筑的水平地震位移反应可取为

$$x(t) = -\frac{1}{\omega}\int_0^t \ddot{x}_g(\tau)e^{-\zeta\omega(t-\tau)}\sin\omega(t-\tau)d\tau \qquad (3-13)$$

3. 方程的通解

根据式(3-7)，将式(3-9)与式(3-12)取和，即为常微分方程的通解。当结构体系初位移和初速度为零时，则体系自由振动反应为零；当结构体系初位移或初速度为零时，由于体系有阻尼，体系的自由振动也会很快衰减，一般可不考虑，而仅取强迫振动位移反应作为单自由度体系水平地震位移反应。

3.3 单自由度弹性体系水平地震作用的计算及反应谱法

3.3.1 水平地震作用

水平地震作用就是地震时结构质点上受到的水平方向的最大惯性力，即

$$F = F_I\big|_{max} = m\,|\ddot{x}_g(t)+\ddot{x}(t)|_{max} = |kx(t)+c\dot{x}(t)|_{max} \qquad (3-14)$$

在结构抗震设计中，建筑物的阻尼力很小，另外，惯性力最大时的加速度最大而速度最小($\dot{x}\to0$)，为简化计算，将式(3-13)代入式(3-14)，则最大惯性力为

$$F \approx |kx(t)|_{max} = |m\omega^2 x(t)|_{max}$$

$$= m\omega\left|\int_0^t \ddot{x}_g(\tau)e^{-\zeta\omega(t-\tau)}\sin\omega(t-\tau)d\tau\right|_{max} = mS_a \qquad (3-15)$$

式中 S_a——质点振动加速度最大绝对值，即

$$S_a = |\ddot{x}_g(t)+\ddot{x}(t)|_{max} = \omega\left|\int_0^t \ddot{x}_g(\tau)e^{-\zeta\omega(t-\tau)}\sin\omega(t-\tau)d\tau\right|_{max} \qquad (3-16)$$

3.3.2 地震反应谱

地震反应谱是指单自由度体系最大地震反应与体系自振周期 T 之间的关系曲线，根据地震反应内容的不同，可分为位移反应谱、速度反应谱及加速度反应谱。在结构抗震设计中，通常采用加速度反应谱，简称地震反应谱 $S_a(T)$。体系的自振周期为 $T=\frac{2\pi}{\omega}$，由式(3-16)得地震反应谱曲线方程为

$$S_a(T) = |\ddot{x}_g(t)+\ddot{x}(t)|_{max} = \omega\left|\int_0^t \ddot{x}_g(\tau)e^{-\zeta\omega(t-\tau)}\sin\omega(t-\tau)d\tau\right|_{max}$$

$$= \frac{2\pi}{T} \left| \int_0^t \ddot{x}_g(\tau) e^{-\zeta\omega(t-\tau)} \sin\frac{2\pi}{T}(t-\tau)d\tau \right|_{\max} \quad (3-17)$$

3.3.3 地震作用计算的设计反应谱

由地震反应谱可计算单自由度体系水平地震作用为

$$F = mS_a(T) \quad (3-18)$$

然而，地震反应谱除受结构体系阻尼比的影响外，还受地震动的振幅、频谱等的影响。由于地震的随机性，不同的地震记录，地震反应谱会不同，即使在同一地点、同一烈度，每次地震记录也不一样，地震反应谱也不同。所以，不能用某一次的地震反应谱作为设计地震反应谱。因此，为满足一般建筑的抗震设计要求，应根据大量强震记录计算出每条记录的反应谱曲线，并按形状因素进行分类，然后通过统计分析，求出最有代表性的平均曲线，称为标准反应谱曲线，以此作为设计反应谱曲线。

为方便计算，将式(3-18)作如下变换：

$$F = mS_a(T) = mg\frac{|\ddot{x}_g(t)|_{\max}}{g} \cdot \frac{S_a(T)}{|\ddot{x}_g(t)|_{\max}} = G_E k\beta = \alpha G_E \quad (3-19)$$

式中 G_E——体系质点的重力荷载代表值；

       g——重力加速度；

$|\ddot{x}_g(t)|_{\max}$——地面运动加速度最大绝对值；

       k——地震系数；

       β——动力系数；

       α——地震影响系数。

下面讨论式(3-19)中各参数的确定。

1. 地震系数

地震系数 k 是地面运动加速度最大绝对值与重力加速度之比值，即

$$k = \frac{|\ddot{x}_g(t)|_{\max}}{g} \quad (3-20)$$

通过地震系数可将地震动振幅对地震反应谱的影响分离出来。一般而言，地面运动加速度峰值越大，地震烈度越高，即地震系数与地震烈度之间有一定的对应关系。大量统计分析表明，烈度每增加一度，地震系数 k 值大致增加一倍。《建筑抗震设计规范》(GB 50011—2010)中采用的地震系数与基本烈度的对应关系如表 3-1 所示。

表 3-1   地震系数与基本烈度的关系

基本烈度	6 度	7 度	8 度	9 度
地震系数 k	0.05	0.10(0.15)	0.20(0.30)	0.40

注：括号中数值(按左右次序)分别对应于设计基本地震加速度为 $0.15g$ 和 $0.30g$ 的地区。

2. 动力系数

动力系数 β 是体系地震反应与地面加速度最大绝对值之比值，含义为质点最大加速度比地面最大加速度放大的倍数，可表示为

$$\beta = \frac{S_a(T)}{|\ddot{x}_g(t)|_{\max}} \qquad (3-21)$$

将式(3-17)代入式(3-21)得

$$\beta = \frac{2\pi}{T} \cdot \frac{1}{|\ddot{x}_g(t)|_{\max}} \int_0^t \ddot{x}_g(\tau) e^{-\zeta\omega(t-\tau)} \sin\frac{2\pi}{T}(t-\tau) d\tau |_{\max} \qquad (3-22)$$

由式(3-22)可看出，影响 β 的主要因素有：①地面运动加速度 $\ddot{x}_g(t)$ 的特征；②结构体系的自振周期 T；③结构阻尼比 ζ。β 实质上对应了规则化的地震反应谱。因为当 $|\ddot{x}_g(t)|_{\max}$ 增大或减小，地震反应也相应增大或减小。因此，其值变化规律与地震烈度无关。可利用不同烈度的地震记录进行计算和统计，得出 β 的变化规律。当地面运动加速度记录 $\ddot{x}_g(t)$ 和结构阻尼比 ζ 给定时，对每一给定的周期 T，可按式(3-21)计算出与之相应的动力系数 β 值，从而可以得到 $\beta-T$ 函数关系曲线，这条曲线称为动力系数反应谱曲线。实质上，β 谱曲线是一种加速度反应谱曲线。它也反映了地震时地面运动的频谱特性，对不同自振周期的建筑结构有不同的地震动力作用效应。研究表明，阻尼比 ζ、场地条件、震级、震中距等对 β 谱曲线的特性形状有影响。图 3.5 所示为根据 1940 年 El-Centro 地震地面加速度记录绘制的 β 谱曲线。由图可以看出，当 ζ 值减小，β 值就增大；不同的 ζ 对应的谱曲线，当自振周期 T 接近场地特征周期 T_g（又称卓越周期）时均达到最大峰值；当 $T<T_g$ 时，β 值随周期的增大而迅速增加，当 $T>T_g$ 时，β 值随周期的增大而逐渐减小，并趋于平缓。

图 3.6 所示为不同场地土条件下的 β 谱曲线，由图可知，对于土质松软的场地，β 谱曲线的峰值位置对应于较长周期，而对于土质坚硬的场地，则对应于较短周期。

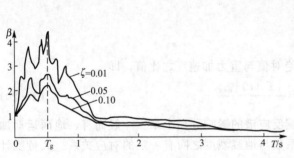

图 3.5　阻尼比对 β 谱曲线的影响

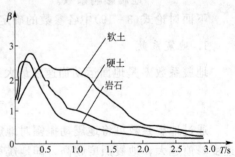

图 3.6　场地土类型对 β 谱曲线的影响

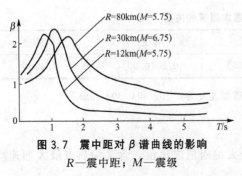

图 3.7　震中距对 β 谱曲线的影响
R—震中距；M—震级

图 3.7 所示为相同地震烈度下不同震中距时的 β 谱曲线，图中表明，震中距大时 β 谱曲线的峰值位置对应于较长周期，震中距小时则对应于较短周期。因此，同等烈度下位于震中距较远地区的自振周期较长的高柔结构受到的地震破坏，将比震中附近自振周期较短的高柔结构受到的破坏更严重，而自振周期较短的刚性结构破坏情况则正相反。

3. 地震影响系数及设计反应谱

由式(3-19)可知，$F=mS_a(T)=mgk\beta=\alpha G_E$，$S_a(T)=g\alpha$，$\alpha=k\beta$，$\alpha$ 为地震影响系数。由此单自由度弹性体系的水平地震作用可直接按式(3-23)计算：

$$F=\alpha G_E \qquad (3-23)$$

由表 3-1 可知，不同地震基本烈度下的地震系数为一具体数值，因此，α 的物理含义与 β 相同，通过地震系数 k 与动力系数 β 的乘积，便可得到计算地震作用的设计反应谱 $\alpha-T$ 曲线。

地震的随机性使每次的地震加速度记录的反应谱曲线各不相同。因此，为了满足房屋建筑的抗震设计要求，将大量强震记录按场地、震中距进行分类，并考虑结构阻尼比的影响，然后对每种分类进行统计分析，求出平均 β 谱曲线，然后根据 $\alpha=k\beta$ 的关系，将 β 谱曲线转换为 α 谱曲线，作为抗震设计用标准反应谱曲线。我国建筑抗震设计规范中采用的设计反应谱 $\alpha-T$ 曲线就是根据上述方法得出的，如图 3.8 所示。

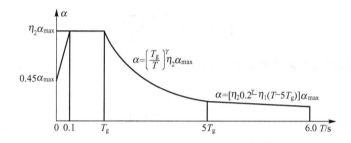

图 3.8 单自由度地震影响系数 α 谱曲线

图 3.8 中的 α 曲线由 4 部分构成：

(1) 直线上升段($0\leqslant T<0.1\text{s}$)；

(2) 直线水平段($0.1\text{s}\leqslant T\leqslant T_g$)；

(3) 曲线下降段($T_g<T\leqslant 5T_g$)；

(4) 直线下降段($5T_g<T<6.0\text{s}$)。

α 曲线中各参数的含义分别是：T 为结构自振周期；$\alpha_{\max}$ 为水平地震影响系数最大值，按表 3-2 采用；T_g 为场地特征周期（设计特征周期）(design characteristic period of ground motion)，与场地条件有关，可根据场地类别和设计地震分组按表 3-3 选用；η_2 为阻尼调整系数，按式(3-24)计算，当计算值小于 0.55 时，取 0.55，其一般计算公式为

表 3-2 水平地震影响系数最大值 $\alpha_{\max}$

地 震 影 响	设 防 烈 度			
	6 度	7 度	8 度	9 度
多遇地震	0.04	0.08 (0.12)	0.16 (0.24)	0.32
设防地震	0.12	0.23 (0.34)	0.45 (0.68)	0.90
罕遇地震	0.28	0.50 (0.72)	0.90 (1.20)	1.40

注：括号中数值（按左右次序）分别用于设计基本地震加速度为 $0.15g$ 和 $0.30g$ 的地区。

表 3-3　特征周期值 T_g　　　　　　　　　　　单位：s

设计地震分组	场地类别				
	I_0	I_1	II	III	IV
第一组	0.20	0.25	0.35	0.45	0.65
第二组	0.25	0.30	0.40	0.55	0.75
第三组	0.30	0.35	0.45	0.65	0.90

注：计算罕遇地震作用时，特征周期应增加 0.05s。

$$\eta_2 = 1 + \frac{0.05 - \zeta}{0.08 + 1.6\zeta} \tag{3-24}$$

式中　ζ——结构阻尼比，一般情况下，对钢筋混凝土结构取 $\zeta = 0.05$，此时，$\eta_2 = 1.0$；
对钢结构取 $\zeta = 0.02$。

此外，η_1 为直线下降段斜率调整系数，按下式计算，计算值小于 0 时取 0：

$$\eta_1 = 0.02 + \frac{0.05 - \zeta}{4 + 32\zeta} \tag{3-25}$$

γ 为曲线下降段的衰减指数，按下式计算：

$$\gamma = 0.9 + \frac{0.05 - \zeta}{0.3 + 6\zeta} \tag{3-26}$$

补充说明：表 3-2 中给出的水平地震影响系数最大值 $\alpha_{\max}$ 是根据结构阻尼比 $\zeta = 0.05$ 制定。由 $\alpha = k\beta$，可得 $\alpha_{\max} = k\beta_{\max}$。根据统计分析表明，在相同阻尼比情况下，动力系数 $\beta_{\max}$ 的离散性不大。为简化计算，抗震设计规范中取 $\beta_{\max} = 2.25$（对应 $\zeta = 0.05$），当结构自振周期 $T = 0$ 时，结构为刚体，此时，$\alpha \approx 0.45\alpha_{\max}$。

4. 重力荷载代表值

建筑物的某质点重力荷载代表值 G_E 的确定，应根据结构计算简图中划定的计算范围，取计算范围内的结构和构件的自重标准值和各可变荷载组合值之和。各可变荷载的组合值系数按表 3-4 采用。地震时，结构上的可变荷载往往达不到标准值水平，计算重力荷载代表值时可以将其折减。由于重力荷载代表值是按荷载标准值确定的，因此按式(3-23)计算出的地震作用也是标准值。对 G_E 的计算公式如下：

$$G_E = G_k + \sum \psi_i Q_{ki} \tag{3-27}$$

式中　G_E——体系质点重力荷载代表值；

　　　G_k——结构或构件的永久荷载标准值；

　　　Q_{ki}——结构或构件第 i 个可变荷载标准值；

　　　ψ_i——第 i 个可变荷载的组合值系数，按表 3-4 采用。

表 3 - 4 可变荷载组合值系数 ψ_l

可变荷载种类		组合值系数
雪荷载		0.5
屋面积灰荷载		0.5
屋面活荷载		—
按实际情况计算的楼面活荷载		1.0
按等效均布荷载计算的楼面活荷载	藏书库、档案库	0.8
	其他民用建筑	0.5
吊车悬吊物重力	硬钩吊车	0.3
	软钩吊车	—

3.3.4 地震作用的计算方法

根据抗震设计反应谱，可以比较容易地确定结构上所受的地震作用，计算步骤如下：

(1) 根据计算简图确定结构的重力荷载代表值 G_E 和自振周期 T。

(2) 根据结构所在地区的设防烈度、场地类别及设计地震分组，按表 3 - 2 和表 3 - 3 确定反应谱的水平地震影响系数最大值 α_{max} 和特征周期 T_g。

(3) 根据结构的自振周期，按图 3.8 中相应的区段确定地震影响系数 α。

(4) 按式(3 - 23)计算出水平地震作用 F 值。

【例 3 - 1】 某一单层单跨钢筋混凝土框架结构如图 3.9(a)所示，跨度为 12m，柱距 4.5m，共 4 根柱子，柱高 5m，屋盖自重标准值为 850kN，屋面雪荷载标准值为 200kN，设屋盖刚度无限大，忽略柱自重。每个柱侧移刚度为 $k_1 = k_2 = k_3 = k_4 = 3.0 \times 10^3$ kN/m，结构阻尼比为 $\zeta = 0.05$，该地区抗震设防烈度为 8 度，I_1 亚类场地，设计地震分组为第二组，设计基本地震加速度为 0.20g。求该抗震主轴方向多遇地震时的水平地震作用。

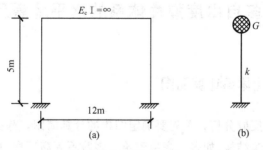

图 3.9 例 3 - 1 图

(a) 单层单跨框架结构；(b) 计算简图

【解】 (注意单位要统一)

(1) 确定计算简图。因为厂房的质量集中在屋盖，所以结构计算时可以简化为单质点体系，计算简图如图 3.9(b)所示。水平地震作用为 $F = \alpha G_E$。

（2）确定重力荷载代表值 G_E 及自振周期 T。

查表 3-4 可知雪荷载组合系数 $\psi_i = 0.5$，由式（3-27）得

$$G_E = G_k + \sum \psi_i Q_{ki} = (850 + 200 \times 0.5)kN = 950 \text{ kN}$$

质点集中质量：

$$m = \frac{G_E}{g} = \frac{950kN}{9.8m/s^2} = 96.94 \times 10^3 \text{ kg}$$

柱抗侧移刚度为两柱抗侧移刚度之和：

$$k = k_1 + k_2 + k_3 + k_4 = 4 \times 3.0 \times 10^3 kN/m = 12 \times 10^6 \text{ N/m}$$

结构的自振周期为：

$$T = 2\pi \sqrt{\frac{m}{k}} = 2\pi \sqrt{\frac{96.94 \times 10^3}{12 \times 10^6}} \text{ s} = 0.564 \text{ s}$$

（3）确定地震影响系数最大值 α_{max} 和特征周期 T_g。

由第 1 章中表 1-2 可知，设计基本地震加速度为 $0.20g$ 所对应的抗震设防烈度为 8 度。则由表 3-2 查得，在多遇地震时，$\alpha_{max} = 0.16$。查表 3-3 得，在 I 类场地、设计地震分组为第二组时，特征周期 $T_g = 0.30s$。

（4）计算地震影响系数 α（思考如何利用反应谱确定）。

由图 3.8 可知，因 $T_g < T < 5T_g$，所以 α 处于反应谱曲线下降段，即

$$\alpha = \left(\frac{T_g}{T}\right)^\gamma \eta_2 \alpha_{max}$$

当阻尼比 $\zeta = 0.05$ 时，由式（3-24）和式（3-26）可得 $\eta_2 = 1.0$，$\gamma = 0.9$，则

$$\alpha = \left(\frac{T_g}{T}\right)^\gamma \eta_2 \alpha_{max} = \left(\frac{0.30}{0.564}\right)^{0.9} \times 1.0 \times 0.16 = 0.09$$

（5）计算水平地震作用。

$$F = \alpha G_E = 0.09 \times 950kN = 85.5 \text{ kN}$$

3.4 多自由度弹性体系的水平地震反应分析

3.4.1 多自由度弹性体系计算简图

进行建筑结构地震反应分析，首先要确定结构的计算简图，除少数结构可以简化成单质点体系外，大多数建筑结构（如多、高层建筑，多跨不等高厂房）质量比较分散，则应简化为多质点体系进行分析。图 3.10(a)所示为一多层钢筋混凝土框架房屋，计算简图为一串有多质点的悬臂杆体系。其中质量 m_i 为第 i 层楼（屋）盖及其上、下各一半层高范围内的全部质量（根据重力荷载代表值确定），并集中在楼面标高处。固端位置一般取至基础顶面或室外地面下 $0.5m$ 处。一般讲，n 层房屋可简化成 n 个质点的多自由度弹性体系，如果只考虑质点水平方向震动，则体系有多少个质点就有多少个自由度。

3.4.2 多自由度弹性体系的运动方程

根据计算简图[图 3.10(b)]，在地震水平振动激励下，多自由度弹性体系的位移状态将发生变化，如图 3.11 所示。运动方程的建立可参见单自由度体系，其步骤如下。

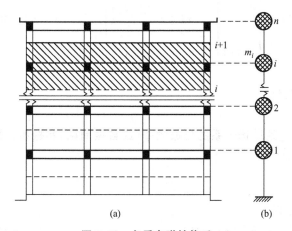

图 3.10 多质点弹性体系

（a）多层房屋；（b）计算简图

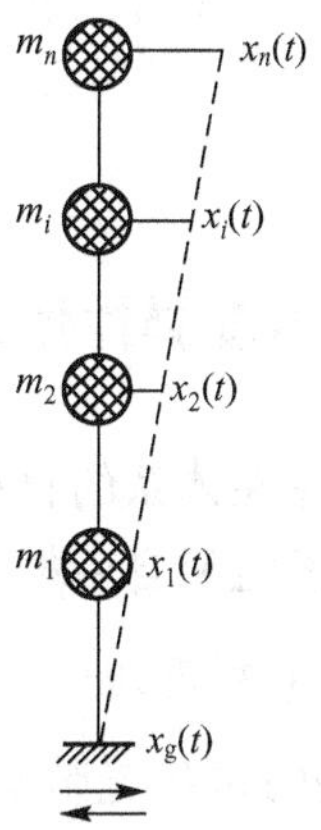

图 3.11 多质点弹性体系水平振动

(1) 计算各质点的水平惯性力。

(2) 计算各质点的弹性恢复力。

(3) 计算各质点的阻尼力。

(4) 写出各质点的动力平衡方程，最后以矩阵形式写出整个体系的运动方程。

因此，多自由度弹性体系的一般运动方程以矩阵形式表示为

$$[M]\{\ddot{x}\}+[C]\{\dot{x}\}+[K]\{x\}=-[M]\{I\}\ddot{x}_g \qquad (3-28)$$

式中 $[M]$、$[C]$、$[K]$——分别为体系的质量矩阵、阻尼矩阵、刚度矩阵，具体表达式见式(3-29)，$[M]$为对角矩阵，$[K]$为对称矩阵；

$\{x\}$、$\{\dot{x}\}$、$\{\ddot{x}\}$——分别为质点运动的位移列向量、速度列向量、加速度列向量，具体表达式见式(3-30)；

$\{I\}$——单位列向量，$\{I\}=[1,1,\cdots,1]^T$；

n——体系自由度数；

$\{\ddot{x}_g\}$——地面水平运动加速度列向量。

质量矩阵、阻尼矩阵和刚度矩阵的表达式为

$$[M]=\begin{pmatrix} m_1 & & & 0 \\ & m_2 & & \\ & & \ddots & \\ 0 & & & m_n \end{pmatrix},\quad [C]=\begin{pmatrix} c_{11} & c_{12} & \cdots & c_{1n} \\ c_{21} & c_{22} & \cdots & c_{2n} \\ \vdots & \vdots & & \vdots \\ c_{n1} & c_{n2} & \cdots & c_{nn} \end{pmatrix},\quad [K]=\begin{pmatrix} k_{11} & k_{12} & \cdots & k_{1n} \\ k_{21} & k_{22} & \cdots & k_{2n} \\ \vdots & \vdots & & \vdots \\ k_{n1} & k_{n2} & \cdots & k_{nn} \end{pmatrix}$$

$$(3-29)$$

式中 m_i——集中质量，$m_i=G_i/g$；

k_{ij}——刚度系数，对应当 j 自由度产生单位位移，其余自由度不动时，在 i 自由度

上需要施加的力；

c_{ij}——阻尼系数，对应当 j 自由度产生单位速度，其余自由度不动时，在 i 自由度上产生的阻尼力。

位移列向量、速度列向量和加速度列向量表达式为

$$\{x\}=\begin{Bmatrix} x_1(t) \\ x_2(t) \\ \vdots \\ x_n(t) \end{Bmatrix}, \quad \{\dot{x}\}=\begin{Bmatrix} \dot{x}_1(t) \\ \dot{x}_2(t) \\ \vdots \\ \dot{x}_n(t) \end{Bmatrix}, \quad \{\ddot{x}\}=\begin{Bmatrix} \ddot{x}_1(t) \\ \ddot{x}_2(t) \\ \vdots \\ \ddot{x}_n(t) \end{Bmatrix} \tag{3-30}$$

3.4.3 多自由度弹性体系的自振特性

多自由度弹性体系的自振特性主要包括结构体系的自振频率（或自振周期）和振型，需要根据体系的无阻尼自由振动方程求得。

1. 自振频率及周期

由式(3-28)可得无阻尼自由振动方程为

$$[M]\{\ddot{x}\}+[K]\{x\}=\{0\} \tag{3-31}$$

设方程解的形式为

$$\{x\}=\{X\}\sin(\omega t+\varphi) \tag{3-32}$$

式中　$\{X\}$——各质点振幅向量，$\{X\}=(X_1, X_2, \cdots, X_n)^{\mathrm{T}}$；

　　　ω——体系自振频率；

　　　φ——相位角。

将式(3-32)对时间 t 二次微分，得

$$\{\ddot{x}\}=-\omega^2\{X\}\sin(\omega t+\varphi) \tag{3-33}$$

将式(3-32)、式(3-33)代入式(3-31)，得

$$([K]-\omega^2[M])\{X\}=\{0\} \tag{3-34}$$

因为振动过程中 $\{X\}\neq 0$，所以式(3-34)的系数行列式必须为零，即

$$|[K]-\omega^2[M]|=0 \tag{3-35}$$

式(3-35)称为体系的频率方程或特征方程。式(3-35)可进一步写为

$$\begin{vmatrix} k_{11}-\omega^2 m_1 & k_{12} & \cdots & k_{1n} \\ k_{21} & k_{22}-\omega^2 m_2 & \cdots & k_{2n} \\ \vdots & \vdots & & \vdots \\ k_{n1} & k_{n2} & \cdots & k_{nn}-\omega^2 m_n \end{vmatrix}=0 \tag{3-36}$$

将行列式展开，可得关于 ω^2 的 n 次代数方程。求解代数方程可得 n 个根，将其从小到大排列得到体系的自振（圆）频率为 ω_1、ω_2、$\cdots$、ω_n。其中，最小自振频率 ω_1 称为第一频率或基本频率。ω_j 称为第 j 阶自振频率。有 n 个自由度的体系，就有 n 个自振频率，即有 n 种自由振动方式或振型。

对应于体系的各阶自振频率 ω_1、ω_2、$\cdots$、ω_n 的周期分别为 $T_1=2\pi/\omega_1$、$T_2=2\pi/\omega_2$、$\cdots$、$T_n=2\pi/\omega_n$。其中 $T_1=2\pi/\omega_1$ 为结构体系的基本周期。

2. 振型

将上述解得的频率逐一代入振幅方程式(3-34)，便可求出对应于每一阶自振频率下各质点的相对振幅比值，由此得到的体系变形曲线图，称为该阶频率下的振型或主振型。与 ω_1 对应的振型称为第一阶振型或基本振型；与 ω_j 对应的振型称为第 j 阶振型，有 n 个自振频率，就有 n 个振型。体系的第 i 阶振型可用振型列向量表示：

$$\{X\}_j = \begin{Bmatrix} X_{j1} \\ X_{j2} \\ \vdots \\ X_{jn} \end{Bmatrix} \tag{3-37}$$

式中　$\{X\}_j$——振型列向量；

　　　X_{ji}——当体系按频率 ω_j 振动时，质点 i 的相对水平位移幅值，工程上可取 $X_{ji} = X_i/X_1$；

　　　X_i——对应于 ω_j 的第 i 质点的振幅，$i=1, 2, \cdots, n$。

3. 振型的正交性

振型的正交性含义是：振型关于质量矩阵和刚度矩阵两方面的正交性，振型之间彼此独立。正交性的表达式如下：

(1) 振型是关于质量矩阵正交的，即

$$\{X\}_j^T [M] \{X\}_k = 0 \quad (j \neq k) \tag{3-38}$$

(2) 振型是关于刚度矩阵正交的，即

$$\{X\}_j^T [K] \{X\}_k = 0 \quad (j \neq k) \tag{3-39}$$

振型的正交性证明如下：

将体系振幅方程式(3-34)改写为

$$[K]\{X\} = \omega^2 [M]\{X\} \tag{3-40}$$

上式对体系任意第 j 阶和第 k 阶频率和振型均成立，即

$$[K]\{X\}_j = \omega_j^2 [M]\{X\}_j \tag{3-41}$$

$$[K]\{X\}_k = \omega_k^2 [M]\{X\}_k \tag{3-42}$$

对式(3-41)两边左乘 $\{X\}_k^T$，并对式(3-42)两边左乘 $\{X\}_j^T$，得

$$\{X\}_k^T [K]\{X\}_j = \omega_j^2 \{X\}_k^T [M]\{X\}_j \tag{3-43}$$

$$\{X\}_j^T [K]\{X\}_k = \omega_k^2 \{X\}_j^T [M]\{X\}_k \tag{3-44}$$

将式(3-43)两边转置，并注意到刚度矩阵和质量矩阵的对称性可得

$$\{X\}_j^T [K]\{X\}_k = \omega_j^2 \{X\}_j^T [M]\{X\}_k \tag{3-45}$$

将式(3-45)与式(3-44)相减得

$$(\omega_j^2 - \omega_k^2)\{X\}_j^T [M]\{X\}_k = 0 \tag{3-46}$$

如果 $j \neq k$，则 $\omega_j \neq \omega_k$，必有关于质量矩阵正交性成立，即

$$\{X\}_j^T [M]\{X\}_k = 0 \quad (j \neq k) \tag{3-47}$$

将式(3-47)代入式(3-44)则可得关于刚度矩阵正交性成立：

$$\{X\}_j^T [K]\{X\}_k = 0 \quad (j \neq k) \tag{3-48}$$

【例3-2】　某二层全现浇混凝土框架结构，结构剖面如图3.12(a)所示。楼盖及屋盖

水平刚度无限大，集中于楼盖及屋盖处的重力荷载代表值分别为 $G_1 = 1000\text{kN}$，$G_2 = 500\text{kN}$；沿一抗震主轴方向的各楼层侧移刚度分别为 $k_1 = 4.2 \times 10^4\text{kN/m}$，$k_2 = 2.1 \times 10^4\text{kN/m}$，求该结构在该抗震主轴方向的自振频率和振型（手算）。

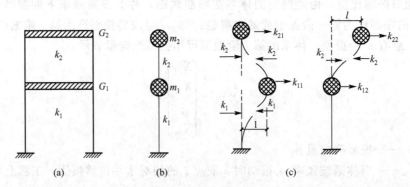

图 3.12　例 3-2 图

（a）二层框架；（b）计算简图；（c）刚度系数计算

【解】（注意单位要统一）

（1）确定计算简图如图 3.12(b)所示。

（2）求质量矩阵。各楼层集中质量分别为

$$m_1 = \frac{G_1}{g} = \frac{1000 \times 10^3\text{N}}{9.8\text{m/s}^2} = 102 \times 10^3\text{kg}$$

$$m_2 = \frac{G_2}{g} = \frac{500 \times 10^3\text{N}}{9.8\text{m/s}^2} = 51 \times 10^3\text{kg}$$

结构的质量矩阵为

$$[M] = \begin{pmatrix} m_1 & 0 \\ 0 & m_2 \end{pmatrix} = \begin{pmatrix} 102 & 0 \\ 0 & 51 \end{pmatrix} \times 10^3\text{kg}$$

（3）求刚度矩阵。各质点处刚度系数计算如下：

$$k_{11} = k_1 + k_2 = 6.3 \times 10^4\text{kN/m}$$

$$k_{12} = k_{21} = -k_2 = -2.1 \times 10^4\text{kN/m}$$

$$k_{22} = k_2 = 2.1 \times 10^4\text{kN/m}$$

刚度矩阵为

$$[K] = \begin{pmatrix} k_{11} & k_{12} \\ k_{21} & k_{22} \end{pmatrix} = \begin{pmatrix} 6.3 & -2.1 \\ -2.1 & 2.1 \end{pmatrix} \times 10^4\text{kN/m}$$

（4）求结构的自振频率。由式(3-35)可得

$$\begin{vmatrix} 6.3 \times 10^4 - 102\omega^2 & -2.1 \times 10^4 \\ -2.1 \times 10^4 & 2.1 \times 10^4 - 51\omega^2 \end{vmatrix} = 0$$

展开后得

$$\omega^4 - 1029\omega^2 + 17 \times 10^4 = 0$$

解得

$$\omega_1^2 = 207, \quad \omega_2^2 = 822$$

结构的自振频率为

$$\omega_1 = 14.39\text{rad/s}, \quad \omega_2 = 28.67\text{rad/s}$$

（5）求振型。由式（3－34）可得对应于第一阶频率 ω_1（基本频率）的振幅方程为

$$\begin{pmatrix} k_{11}-m_1\omega_1^2 & k_{12} \\ k_{21} & k_{22}-m_2\omega_1^2 \end{pmatrix}\begin{pmatrix} X_{11} \\ X_{12} \end{pmatrix}=\{0\}$$

展开得第一阶振型幅值的相对比值为

$$\frac{X_{11}}{X_{12}}=\frac{k_{12}}{m_1\omega_1^2-k_{11}}=\frac{-2.1\times10^4}{102\times207-6.3\times10^4}=\frac{1}{1.99}$$

同理可得第二阶振型幅值的相对比值为

$$\frac{X_{21}}{X_{22}}=\frac{k_{12}}{m_1\omega_2^2-k_{11}}=\frac{-2.1\times10^4}{102\times822-6.3\times10^4}=\frac{1}{-0.99}$$

因此第一阶振型、第二阶振型分别为

$$\{X\}_1=\begin{pmatrix} X_{11} \\ X_{12} \end{pmatrix}=\begin{pmatrix} 1 \\ 1.99 \end{pmatrix},\quad \{X\}_2=\begin{pmatrix} X_{21} \\ X_{22} \end{pmatrix}=\begin{pmatrix} 1 \\ -0.99 \end{pmatrix}$$

振型图如图 3.13 所示。

多自由度体系的振型通常采用电子计算机计算（电算）。

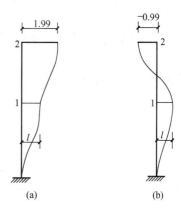

图 3.13　例 3－2 中振型

（a）第一振型；（b）第二振型

3.4.4　地震反应分析的振型分解法

振型分解法是求解多自由度弹性体系动力反应的一种重要方法。

1. 前提条件

运用振型分解法的前提条件是：振型关于质量矩阵和刚度矩阵的正交性是无条件的。一般振型关于阻尼矩阵不具有正交性，因此，必须假定体系的阻尼矩阵$[C]$也满足正交性：

$$\{X\}_j^T[C]\{X\}_k=0\quad(j\neq k) \tag{3-49}$$

在分析中，阻尼矩阵通常采用瑞雷（Rayleigh）阻尼矩阵形式，将阻尼矩阵表示为质量矩阵与刚度矩阵的线性组合，即

$$[C]=a[M]+b[K] \tag{3-50}$$

式中　a、b——均为比例常数。

2. 振型分解法

振型分解法的思路是：利用振型的正交性，将耦联的多自由度运动微分方程分解为若干个彼此独立的单自由度微分方程，再根据单自由度体系结果分别得出各个独立方程的解，然后再将各个独立解组合叠加，得到总的地震反应。

推导过程如下：

由振型正交性可知，振型是相互独立的向量，根据线性代数理论，n 维向量 $\{x\}$ 可以表示为 n 个独立向量的线性组合，即

$$\{x\}=[X]\{q\} \tag{3-51}$$

式中　$\{q\}$——广义坐标向量，$\{q\}=(q_1(t),\ q_2(t),\ \cdots,\ q_n(t))^T$；

　　　$[X]$——振型矩阵，$[X]=(\{X\}_1,\ \{X\}_2,\ \cdots,\ \{X\}_n)$。

将式（3－51）代入式（3－28）得

$$[M][X]\{\ddot{q}\}+[C][X]\{\dot{q}\}+[K][X]\{q\}=-[M]\{I\}\ddot{x}_g \tag{3-52}$$

将式(3-52)两边左乘$\{X\}_j^T$，得

$$\{X\}_j^T[M][X]\{\ddot{q}\}+\{X\}_j^T[C][X]\{\dot{q}\}+\{X\}_j^T[K][X]\{q\}=-\{X\}_j^T[M]\{I\}\ddot{x}_g$$

$$(3-53)$$

将上式展开相乘后，根据振型正交性，除第 j 项外，其他各项均为零。因此，式(3-53)可简化为

$$\{X\}_j^T[M]\{X\}_j\ddot{q}_j(t)+\{X\}_j^T[C]\{X\}_j\dot{q}_j(t)+\{X\}_j^T[K]\{X\}^jq_j(t)=-\{X\}_j^T[M]\{I\}\ddot{x}_g$$

$$(3-54)$$

将上式两边同除以$\{X\}_j^T[M]\{X\}_j$，并令

$$2\omega_j\zeta_j=\frac{\{X\}_j^T[C]\{X\}_j}{\{X\}_j^T[M]\{X\}_j}\qquad(3-55)$$

$$\gamma_j=\frac{\{X\}_j^T[M]\{I\}}{\{X\}_j^T[M]\{X\}_j}=\frac{\sum_{i=1}^{n}m_iX_{ji}}{\sum_{i=1}^{n}m_iX_{ji}^2}\qquad(3-56)$$

再将式(3-41)两边左乘$\{X\}_j^T$

$$\{X\}_j^T[K]\{X\}_j=\omega_j^2\{X\}_j^T[M]\{X\}_j\qquad(3-57)$$

得

$$\omega_j^2=\frac{\{X\}_j^T[K]\{X\}_j}{\{X\}_j^T[M]\{X\}_j}\qquad(3-58)$$

则式(3-54)变为如下独立形式：

$$\ddot{q}_j(t)+2\omega_j\zeta_j\dot{q}_j(t)+\omega_j^2q_j(t)=-\gamma_j\ddot{x}_g\qquad(3-59)$$

式中 γ_j——第 j 阶振型参与系数；

ζ_j——第 j 阶振型阻尼比。

式(3-50)中的系数 a、b 通常由试验根据第一、二阶振型和阻尼比，按下式计算：

$$a=\frac{2\omega_1\omega_2(\zeta_1\omega_2-\zeta_2\omega_1)}{\omega_2^2-\omega_1^2}\qquad(3-60)$$

$$b=\frac{2(\zeta_2\omega_2-\zeta_1\omega_1)}{\omega_2^2-\omega_1^2}\qquad(3-61)$$

式(3-59)即相当于自振频率为 ω_j、阻尼比为 ζ_j 的单自由度弹性体系运动方程。因此，原来 n 个自由度体系的 n 维耦联运动方程(取 $i=1$，2，$\cdots$，n)，可以被分解为 n 个彼此独立的关于广义坐标 $q_j(t)$ 的单自由度体系运动方程，第 j 方程的自振频率和阻尼比即是原来多自由度体系的第 j 阶频率和阻尼比。对每一个独立的单自由度方程求解，可分别求出各阶广义坐标 $q_1(t)$、$q_2(t)$、$\cdots$、$q_n(t)$。则由杜哈梅积分可得式(3-59)的解为

$$q_j(t)=-\frac{\gamma_j}{\omega}\int_0^t\ddot{x}_g(\tau)e^{-\zeta\omega(t-\tau)}\sin\omega(t-\tau)d\tau=\gamma_j\Delta_j(t)\qquad(3-62)$$

求得各阶广义坐标后，即可按式(3-51)进行组合，求出体系各质点位移。第 i 质点的位移为

$$x_i(t)=X_{1i}q_1(t)+X_{2i}q_2(t)+\cdots+X_{ji}q_j(t)+\cdots+X_{ni}q_n(t)$$

$$=\sum_{j=1}^{n}X_{ji}q_j(t)=\sum_{j=1}^{n}\gamma_j\Delta_j(t)X_{ji}\qquad(3-63)$$

式(3-63)表明，多自由度体系的地震反应可以通过分解为各阶振型的地震反应求解，

故称为振型分解法。按振型分解法计算结构地震反应时，通常不需要计算全部振型。理论分析表明，低阶振型对结构地震反应的贡献最大，高阶振型对地震反应的贡献很小。

3.5 多自由度弹性体系水平地震作用的计算

工程上，多自由度弹性体系水平地震作用的计算一般采用振型分解反应谱法，在一定条件下还可以采用简化的振型分解反应谱法——底部剪力法。这两种方法也是《建筑抗震设计规范》中采用的方法。

3.5.1 振型分解反应谱法

振型分解反应谱法的主要思路是：利用振型分解法的概念，将多自由度体系分解成若干个单自由度体系的组合，然后引用单自由度体系的反应谱理论来计算各振型的地震作用。该方法简便实用，并通常采用电算。

1. 水平地震作用的计算

根据单自由度体系的反应谱理论，由式(3-15)、式(3-19)可知，单自由度体系的最大水平惯性力——水平地震作用为

$$F=\left|m\omega^2 x(t)\right|_{\max}=\alpha G_{\mathrm{E}} \tag{3-64}$$

对多自由度体系，第 j 阶振型质点 i 的地震作用可以写为

$$F_{ji}=\left|m_i\omega_j^2 x_{ji}(t)\right|_{\max} \tag{3-65}$$

由振型分解法可知：

$$x_{ji}(t)=X_{ji}q_j(t) \tag{3-66}$$

将式(3-66)代入式(3-65)，则有

$$\begin{aligned}F_{ji}&=\left|m_i\omega_j^2 x_{ji}(t)\right|_{\max}=\left|m_i\omega_j^2 X_{ji}q_j(t)\right|_{\max}\\&=\gamma_j X_{ji}\left|m_i\omega_j^2\Delta_j(t)\right|_{\max}\\&=\gamma_j X_{ji}\alpha_j G_i \quad(i,j=1,2,\cdots,n)\end{aligned} \tag{3-67}$$

式中 F_{ji}——第 j 阶振型质点 i 的水平地震作用；

α_j——与第 j 阶振型自振周期 T_j 相应的地震影响系数，按图3.8所示确定；

G_i——质点 i 的重力荷载代表值，按式(3-27)确定；

γ_j——第 j 阶振型参与系数，按式(3-56)计算，即

$$\gamma_j=\frac{\sum_{i=1}^n m_i X_{ji}}{\sum_{i=1}^n m_i X_{ji}^2}=\frac{\sum_{i=1}^n G_i X_{ji}}{\sum_{i=1}^n G_i X_{ji}^2},\quad \text{且}\quad \sum_{j=1}^n \gamma_j\{X\}_j=\{I\}$$

X_{ji}——第 j 阶振型质点 i 的相对水平振幅。

由式(3-67)计算结构上的地震作用时，要求必须按振型分别计算与其对应的体系上各个质点上的水平地震作用及地震反应。

2. 地震作用效应的组合

按上述方法求出相应于各阶振型 j 各质点 i 的水平地震作用 F_{ji} 后，即可利用一般结构

力学方法计算相应于各阶振型时结构的弯矩、剪力、轴力等内力反应及位移反应等地震作用效应，用 S_j 表示第 j 阶振型地震作用 F_{ji} 的作用效应。但结构受地震作用时，各阶振型的地震作用效应一般不会同时发生，因此，应根据随机振动理论进行振型组合。我国抗震规范给出了计算结构地震作用效应的"平方和开方"方法(SRSS法)，当相邻振型的周期比小于 0.85 时，应按式（3-68）计算（否则按 CQC 方法计算，见 3.7.3 节），即

$$S_{Ek} = \sqrt{\sum S_j^2} \qquad (3-68)$$

式中 S_{Ek}——水平地震作用标准值的效应；

       S_j——第 j 阶振型水平地震作用标准值的效应，一般考虑前 2~3 阶振型，即可满足工程上的精度要求；当结构基本周期 $T_1 > 1.5$s 时或建筑高宽比值大于 5 时，可适当增加振型个数。

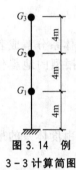

图 3.14 例 3-3 计算简图

【例 3-3】 一现浇钢筋混凝土框架办公楼，计算简图如图 3.14 所示，层数为 3 层，层高均为 4m，经计算得集中于各楼层标高处的重力荷载代表值分别为 $G_1 = 345$kN，$G_2 = 360$kN，$G_3 = 340$kN；沿一抗震主轴方向的各层侧移刚度分别为 $k_1 = 12500$kN/m，$k_2 = 9900$kN/m，$k_3 = 9800$kN/m；体系的前 3 阶自振频率分别为 $\omega_1 = 15.90$rad/s，$\omega_2 = 41.10$rad/s，$\omega_3 = 62.22$rad/s。体系的前 3 阶振型分别为

$$\{X\}_1 = \begin{pmatrix} 0.402 \\ 0.987 \\ 1.0 \end{pmatrix}, \quad \{X\}_2 = \begin{pmatrix} -0.682 \\ -0.604 \\ 1.0 \end{pmatrix}, \quad \{X\}_3 = \begin{pmatrix} 2.352 \\ -2.452 \\ 1.0 \end{pmatrix}$$

结构阻尼比 $\zeta = 0.05$，I_1 亚类场地，设计地震分组为第一组，抗震设防烈度为 8 度(设计基本加速度为 $0.20g$)。试按振型分解反应谱法计算该结构沿该抗震主轴方向，在多遇地震时的层间地震剪力及顶点位移，并绘出层间地震剪力图。

【解】 1) 水平地震作用的计算

(1) 求地震影响系数。

根据已知条件，由表 3-3 及表 3-2 分别查得 $T_g = 0.25$s 及 $\alpha_{max} = 0.16$。

当阻尼比 $\zeta = 0.05$ 时，由式(3-24)及式(3-26)得 $\eta_2 = 1.0$，$\gamma = 0.9$。

由已知的自振频率，可求出自振周期为

$$T_1 = \frac{2\pi}{\omega_1} = \frac{2\pi}{15.90}\text{s} = 0.395\text{s}$$

$$T_2 = \frac{2\pi}{\omega_2} = \frac{2\pi}{41.10}\text{s} = 0.153\text{s}$$

$$T_3 = \frac{2\pi}{\omega_3} = \frac{2\pi}{62.22}\text{s} = 0.101\text{s}$$

因 $T_g < T_1 < 5T_g$，所以 $\alpha_1 = \left(\dfrac{T_g}{T_1}\right)^{\gamma} \eta_2 \alpha_{max} = \left(\dfrac{0.25}{0.395}\right)^{0.9} \times 1.0 \times 0.16 = 0.106$。

由于 $0.1\text{s} < T_2 < T_g$，$0.1\text{s} < T_3 < T_g$，所以 $\alpha_2 = \alpha_3 = \eta_2 \alpha_{max} = 0.16$。

(2) 求振型参与系数 γ_j。

$$\gamma_1 = \frac{\sum\limits_{i=1}^{3} G_i X_{1i}}{\sum\limits_{i=1}^{3} G_i X_{1i}^2} = \frac{345 \times 0.402 + 360 \times 0.987 + 340 \times 1.0}{345 \times 0.402^2 + 360 \times 0.987^2 + 340 \times 1^2} = 1.117$$

$$\gamma_2 = \frac{\sum\limits_{i=1}^{3} G_i X_{2i}}{\sum\limits_{i=1}^{3} G_i X_{2i}^2} = \frac{345 \times (-0.682) + 360 \times (-0.604) + 340 \times 1.0}{345 \times (-0.682)^2 + 360 \times (-0.604)^2 + 340 \times 1^2} = -0.178$$

$$\gamma_3 = \frac{\sum\limits_{i=1}^{3} G_i X_{3i}}{\sum\limits_{i=1}^{3} G_i X_{3i}^2} = \frac{345 \times 2.352 + 360 \times (-2.452) + 340 \times 1.0}{345 \times 2.352^2 + 360 \times (-2.452)^2 + 340 \times 1^2} = 0.061$$

(3) 计算各阶振型下的水平地震作用 F_{ji}。

第一阶振型时各质点地震作用 F_{1i} 为

$$F_{11} = \alpha_1 \gamma_1 X_{11} G_1 = 0.106 \times 1.117 \times 0.402 \times 345\text{kN} = 16.42\text{kN}$$
$$F_{12} = \alpha_1 \gamma_1 X_{12} G_2 = 0.106 \times 1.117 \times 0.987 \times 360\text{kN} = 42.07\text{kN}$$
$$F_{13} = \alpha_1 \gamma_1 X_{13} G_3 = 0.106 \times 1.117 \times 1.0 \times 340\text{kN} = 40.26\text{kN}$$

第二阶振型时各质点地震作用 F_{2i} 为

$$F_{21} = \alpha_2 \gamma_2 X_{21} G_1 = 0.16 \times (-0.178) \times (-0.682) \times 345\text{kN} = 6.70\text{kN}$$
$$F_{22} = \alpha_2 \gamma_2 X_{22} G_2 = 0.16 \times (-0.178) \times (-0.604) \times 360\text{kN} = 6.19\text{kN}$$
$$F_{23} = \alpha_2 \gamma_2 X_{23} G_3 = 0.16 \times (-0.178) \times 1.0 \times 340\text{kN} = -9.68\text{kN}$$

第三阶振型时各质点地震作用 F_{3i} 为

$$F_{31} = \alpha_3 \gamma_3 X_{31} G_1 = 0.16 \times 0.061 \times 2.352 \times 345\text{kN} = 7.92\text{kN}$$
$$F_{32} = \alpha_3 \gamma_3 X_{32} G_2 = 0.16 \times 0.061 \times (-2.452) \times 360\text{kN} = -8.62\text{kN}$$
$$F_{33} = \alpha_3 \gamma_3 X_{33} G_3 = 0.16 \times 0.061 \times 1.0 \times 340\text{kN} = 3.32\text{kN}$$

2) 各层间地震剪力的计算

由静力平衡可得各阶振型下的楼层地震剪力,然后根据"平方和开方"方法(SRSS法)可求得各层间地震剪力为

$$V_1 = \sqrt{\sum V_{j1}^2} = \sqrt{(F_{11} + F_{12} + F_{13})^2 + (F_{21} + F_{22} + F_{23})^2 + (F_{31} + F_{32} + F_{33})^2}$$
$$= \sqrt{(16.42 + 42.07 + 40.26)^2 + (6.70 + 6.19 - 9.68)^2 + (7.92 - 8.62 + 3.32)^2}\ \text{kN}$$
$$= \sqrt{98.75^2 + 3.21^2 + 2.62^2}\ \text{kN}$$
$$= 99.33\text{kN}$$

$$V_2 = \sqrt{\sum V_{j2}^2} = \sqrt{(F_{12} + F_{13})^2 + (F_{22} + F_{23})^2 + (F_{32} + F_{33})^2}$$
$$= \sqrt{(42.07 + 40.26)^2 + (6.19 - 9.68)^2 + (-8.62 + 3.32)^2}\ \text{kN}$$
$$= 82.57\text{kN}$$

$$V_3 = \sqrt{\sum V_{j3}^2} = \sqrt{F_{13}^2 + F_{23}^2 + F_{33}^2}$$
$$= \sqrt{40.26^2 + (-9.68)^2 + 3.32^2}\ \text{kN} = 41.54\text{kN}$$

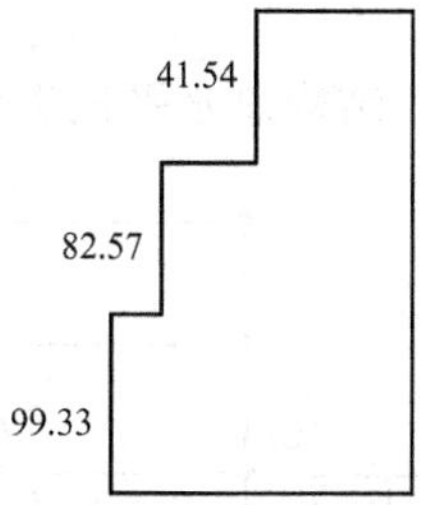

各层间地震剪力图如图 3.15 所示。

图 3.15 各层间地震剪力
(单位为 kN)

（图中标注：41.54，82.57，99.33）

3) 结构顶点位移的计算

(1) 各阶振型下的弹性顶点位移。

$$U_{13} = \frac{F_{11} + F_{12} + F_{13}}{k_1} + \frac{F_{12} + F_{13}}{k_2} + \frac{F_{13}}{k_3} = \left(\frac{98.75}{12500} + \frac{82.33}{9900} + \frac{40.26}{9800}\right)\text{m} = 0.0203\text{m}$$

$$U_{23} = \frac{F_{21} + F_{22} + F_{23}}{k_1} + \frac{F_{22} + F_{23}}{k_2} + \frac{F_{23}}{k_3} = \left[\frac{3.21}{12500} + \frac{(-3.49)}{9900} + \frac{(-9.68)}{9800}\right]\text{m} = -0.0011\text{m}$$

$$U_{33}=\frac{F_{31}+F_{32}+F_{33}}{k_1}+\frac{F_{32}+F_{33}}{k_2}+\frac{F_{33}}{k_3}=\left[\frac{2.62}{12500}+\frac{(-5.3)}{9900}+\frac{3.32}{9800}\right]m=0.000013m$$

（2）结构顶点位移。

根据"平方和开方"方法（SRSS 法）可求得结构顶点位移为

$$U_3=\sqrt{\sum U_{j2}^2}=\sqrt{U_{13}^2+U_{23}^2+U_{33}^2}$$
$$=\sqrt{0.0203^2+(-0.0011)^2+0.000013^2}\,m=0.0203m$$

3.5.2 底部剪力法

底部剪力法的思路是：首先计算出作用于结构总的地震作用，即底部的剪力；然后将总的地震作用按照一定规律分配到各个质点上，从而得到各个质点的水平地震作用；最后按结构力学方法计算出各层地震剪力及位移。主要优点是不需要进行烦琐的频率和振型分析计算。

1. 水平地震作用的计算

底部剪力法是一种近似方法，具有一定的适用条件，通常采用手算。抗震设计规范规定采用底部剪力法须满足下列条件。

（1）高度不超过 40m、以剪切变形为主且质量和刚度沿高度分布比较均匀的结构。

（2）可近似于单质点体系的结构。

满足上述条件的结构振型具有以下特点。

（1）结构各楼层可仅取一个水平自由度。

（2）体系地震位移反应以基本振型为主。

（3）体系基本振型接近于倒三角形分布。

如图 3.16 所示，体系任意质点的第一折振型即基本振型的振幅与其高度成正比，即

$$X_{1i}=CH_i \tag{3-69}$$

式中　C——比例系数。

将上式代入式（3-67），则体系任意质点上的地震作用为

$$F_i=\gamma_1 X_{1i}\alpha_1 G_i=\alpha_1\gamma_1 CG_iH_i \tag{3-70}$$

结构总水平地震作用标准值（底部剪力）为

$$F_{Ek}=\sum_{i=1}^{n}F_i=\alpha_1\gamma_1 C\sum_{i=1}^{n}G_iH_i \tag{3-71}$$

由式（3-71）得

$$\alpha_1\gamma_1 C=\frac{F_{Ek}}{\sum_{i=1}^{n}G_iH_i} \tag{3-72}$$

将上式代入式（3-70），可得各质点地震作用 F_i 的计算式为

$$F_i=\frac{G_iH_i}{\sum_{j=1}^{n}G_jH_j}F_{Ek}\quad(i=1,2,\cdots,n) \tag{3-73}$$

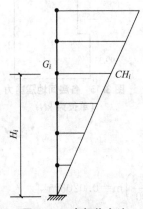
图 3.16　底部剪力法计算简图

式中　F_{Ek}——结构总水平地震作用标准值（底部剪力）；
　　　F_i——质点 i 的地震作用标准值；

G_i、G_j——分别为集中于质点 i、j 的重力荷载代表值,按式(3-27)确定;

H_i、H_j——分别为质点 i、j 的计算高度。

为简化计算,根据底部剪力相等的原则,将多质点体系等效为一个与其基本周期相同的单质点体系,即可按单自由度体系公式(3-19)计算底部剪力值 F_{Ek},即

$$F_{Ek} = \alpha_1 G_{eq} \tag{3-74}$$

$$G_{eq} = \lambda \sum_{i=1}^{i} G_i \tag{3-75}$$

式中 α_1——相应于结构基本自振周期的水平地震影响系数,按图3.8所示确定;

G_{eq}——结构等效总重力荷载;

λ——等效系数,对单质点体系取 $\lambda=1$,对多质点体系一般取 $\lambda=0.8\sim0.9$,抗震规范取 $\lambda=0.85$。

2. 底部剪力法的应用修正

1) 高阶振型的影响

式(3-73)所描述的地震作用计算公式仅考虑了第一阶振型的影响。实际上,当结构基本周期较长($T_1 > 1.4T_g$)时,高阶振型对地震作用的影响将不能忽略。分析表明,对于周期较长的多层结构,按式(3-73)计算的结构顶部质点的地震作用偏小,为此,需要对式(3-73)进行修正。抗震规范给出如下方法修正。

(1) 保持底部剪力 F_{Ek} 不变,仍按式(3-74)计算。

(2) 当结构基本周期 $T_1 > 1.4T_g$ 时,如图3.17所示,在主体结构顶部质点上附加一个地震作用 ΔF_n:

$$\Delta F_n = \delta_n F_{Ek} \tag{3-76}$$

则各质点上的地震作用为

$$F_i = \frac{G_i H_i}{\sum_{j=1}^{n} G_j H_j}(1-\delta_n)F_{Ek} \quad (i=1,2,\cdots,n) \tag{3-77}$$

式中 δ_n——顶部附加地震作用系数,对于多层钢筋混凝土房屋和钢结构房屋按表3-5采用,其他房屋可不考虑;

ΔF_n——顶部附加水平地震作用。

表3-5 顶部附加地震作用系数 δ_n

T_g/s	$T_1 > 1.4T_g$	$T_1 \leqslant 1.4T_g$
$\leqslant 0.35$	$0.08T_1 + 0.07$	
$0.35\sim0.55$	$0.08T_1 + 0.01$	不考虑
> 0.55	$0.08T_1 - 0.02$	

2) 鞭梢效应

震害表明,建筑物上局部突出屋面的屋顶间、女儿墙、烟囱等附属结构往往破坏较为严重。其原因是突出屋面部分的质量、刚度与下层相比突然变小,而使突出屋面部分的振幅急剧增大所致。这一现象称为鞭梢效应。当采用底部剪力法对具有突出屋面的屋顶间、女儿墙、烟囱等多层结构进行抗震计算时,修正方法如下。

(1) 将房屋顶层局部突出部分作为体系的一个质点集中于突出部分的顶层标高处,该

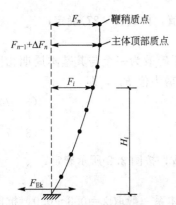

图 3.17 考虑高阶振型影响及鞭梢效应时水平地震作用计算简图

质点上的地震作用乘以增大系数 3，不应向下传递，仅用于突出部分结构的计算。

（2）当同时考虑高阶振型影响时，附加地震作用 ΔF_n 应置于主体结构的屋面质点处，而不应置于局部突出部分的质点处，如图 3.17 所示。

【例 3-4】 某四层建筑钢筋混凝土框架结构，层高均为 4.0m，重力荷载代表值 $G_1=450\text{kN}$，$G_2=G_3=440\text{kN}$，$G_4=380\text{kN}$。经计算该体系的基本自振周期为 $T_1=0.383\text{s}$，$\zeta=0.05$，I_1 亚类建筑场地，设计地震分组为第一组，抗震设防烈度为 8 度，设计基本地震加速度分组为第一组（0.2g），试用底部剪力法计算该主轴方向框架结构在多遇地震时的最大底部剪力及层间剪力。

【解】 （1）计算地震影响系数。

查表 3-2 得知，抗震设防烈度为 8 度（设计基本加速度 0.2g），在多遇地震时，$\alpha_{\max}=0.16$；由表 3-3 查得 I_1 类场地，设计地震分组为第一组时，$T_g=0.25\text{s}$。当阻尼比 $\zeta=0.05$ 时，由式（3-26）计算可得 $\gamma=0.9$，由式（3-24）得 $\eta_2=1.0$。

因为 $T_g<T_1<5T_g$，故

$$\alpha_1=\left(\frac{T_g}{T_1}\right)^{\gamma}\eta_2\alpha_{\max}=\left(\frac{0.25}{0.383}\right)^{0.9}\times1.0\times0.16=0.109$$

（2）计算结构等效总重力荷载。

$$G_{eq}=\lambda\sum_{i=1}^{n}G_i=0.85\sum_{i=1}^{4}G_i=0.85\times(450+440+440+380)\text{kN}=1453.5\text{kN}$$

（3）计算底部总剪力。

$$F_{Ek}=\alpha_1 G_{eq}=0.109\times1453.5\text{kN}=158.43\text{kN}$$

（4）计算各质点的水平地震作用。

因 $T_1=0.383\text{s}>1.4T_g=0.35\text{s}$，所以需要考虑高阶振型影响的顶部附加地震作用。由表 3-5 得

$$\delta_n=0.08T_1+0.07=0.101$$

$$\Delta F_n=\delta_n F_{Ek}=0.101\times158.43\text{kN}=16\text{kN}$$

$$(1-\delta_n)F_{Ek}=(1-0.101)\times158.43\text{kN}=142.43\text{kN}$$

又已知 $H_1=4\text{m}$，$H_2=8\text{m}$，$H_3=12\text{m}$，$H_4=16\text{m}$，则由式（3-77）得

$$F_1=\frac{G_1H_1}{\sum\limits_{j=1}^{4}G_jH_j}(1-\delta_n)F_{Ek}=\frac{450\times4}{450\times4+440\times8+440\times12+380\times16}\times$$

$$(1-0.101)\times158.43\text{kN}=15.37\text{kN}$$

$$F_2=\frac{G_2H_2}{\sum\limits_{j=1}^{4}G_jH_j}(1-\delta_n)F_{Ek}=\frac{440\times8}{450\times4+440\times8+440\times12+380\times16}\times$$

$$(1-0.101)\times158.43\text{kN}=30.06\text{kN}$$

$$F_3 = \frac{G_3 H_3}{\sum\limits_{j=1}^{4} G_j H_j}(1-\delta_n)F_{Ek} = \frac{440 \times 12}{450 \times 4 + 440 \times 8 + 440 \times 12 + 380 \times 16} \times$$

$$(1-0.101) \times 158.43\text{kN} = 45.09\text{kN}$$

$$F_4 = \frac{G_4 H_4}{\sum\limits_{j=1}^{4} G_j H_j}(1-\delta_n)F_{Ek} = \frac{380 \times 16}{450 \times 4 + 440 \times 8 + 440 \times 12 + 380 \times 16} \times$$

$$(1-0.101) \times 158.43\text{kN} = 51.92\text{kN}$$

（5）层间地震剪力的计算。

求出地震作用后，根据静力平衡关系计算出各层间地震剪力分别为

$$V_1 = F_{Ek} = 158.43\text{kN}$$

$$V_2 = F_2 + F_3 + F_4 + \Delta F_n = (30.06 + 45.09 + 51.92 + 16)\text{kN} = 143.07\text{kN}$$

$$V_3 = F_3 + F_4 + \Delta F_n = (45.09 + 51.92 + 16)\text{kN} = 113.01\text{kN}$$

$$V_4 = F_4 + \Delta F_n = (51.92 + 16)\text{kN} = 67.92\text{kN}$$

地震作用及层间剪力如图 3.18 所示。

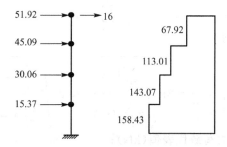

图 3.18 例 3-4 地震作用及层间剪力（单位为 kN）

3.6 结构基本周期的近似计算

用底部剪力法计算地震作用时需要计算的结构基本周期 T_1，工程上通常采用近似计算的方法得到。常用的结构基本周期的近似计算方法有能量法、等效质量法及顶点位移法，本节主要介绍能量法和顶点位移法。

3.6.1 能量法

能量法就是根据结构体系的能量守恒原理确定结构基本周期的近似方法，又称瑞利法。设一多质点弹性体系，对应于质点 m_i 的重力荷载代表值为 $G_i = m_i g$。用能量法计算结构体系基本周期的精确程度取决于假定的第一阶振型与实际振型的近似程度，根据瑞利理论，沿振动方向施加等于体系荷重的静力作用，由此产生的变形曲线作为体系的第一阶振型可得到满意的结果。如图 3.19 所示，假设各质点的

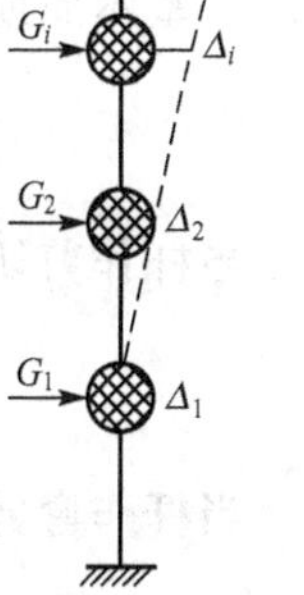

图 3.19 按能量法计算基本周期的计算简图

重力荷载代表值 G_i 水平作用于相应的质点上所产生的弹性变形曲线为基本振型,与 G_i 对应的最大水平位移为 Δ_i。因此,在振动过程中,各质点的瞬时水平位移为

$$x_i(t) = \Delta_i \sin(\omega_1 t + \varphi_1) \qquad (3-78)$$

瞬时速度为

$$\dot{x}_i(t) = \omega_1 \Delta_i \cos(\omega_1 t + \varphi_1) \qquad (3-79)$$

当体系各质点水平位移同时达到最大时,动能为零,而变形位能 U 达到最大值,即

$$U_{\max} = \frac{1}{2} \sum_{i=1}^{n} G_i \Delta_i \qquad (3-80)$$

当体系各质点同时恢复经过静平衡位置时,变形位能为零,体系动能 T 达到最大值,即

$$T_{\max} = \frac{1}{2} \sum_{i=1}^{n} m_i (\omega_1 \Delta_i)^2 = \frac{\omega_1^2}{2g} \sum_{i=1}^{n} G \Delta_i^2 \qquad (3-81)$$

根据能量守恒原理,由 $T_{\max} = U_{\max}$ 得到体系基本频率为

$$\omega_1 = \sqrt{\frac{g \sum_{i=1}^{n} G_i \Delta_i}{\sum_{i=1}^{n} G_i \Delta_i^2}} \qquad (3-82)$$

结构体系的基本周期为

$$T_1 = \frac{2\pi}{\omega_1} = 2\pi \sqrt{\frac{\sum_{i=1}^{n} G_i \Delta_i^2}{g \sum_{i=1}^{n} G_i \Delta_i}} \approx 2 \sqrt{\frac{\sum_{i=1}^{n} G_i \Delta_i^2}{\sum_{i=1}^{n} G_i \Delta_i}} \qquad (3-83)$$

式中 G_i——质点 i 的重力荷载代表值(kN);

Δ_i——在各假设水平荷载 G_i 同时作用下,质点 i 处的最大水平弹性位移(m)。

3.6.2 顶点位移法

顶点位移法的思路是:将一质量均匀分布的悬臂结构体系的基本周期用在重力荷载代表值水平作用下所产生的水平顶点位移来表示。顶点位移可以通过将各质点重力荷载代表值水平作用于体系各质点上,然后根据各楼层刚度,按静力方法求出。

设杆沿高度均匀分布的质量密度为 $\overline{m}$,其重力荷载分布为 $q = \overline{m}g$,当杆作弯曲型振动时,基本周期为

$$T_{b1} = 1.78 \sqrt{\frac{\overline{m} H^4}{sEI}} = 1.6 \sqrt{\Delta_b} \qquad (3-84)$$

当杆作剪切型振动时,基本周期为

$$T_{s1} = 1.28 \sqrt{\frac{\xi q H^2}{GA}} = 1.8 \sqrt{\Delta_s} \qquad (3-85)$$

当杆作弯剪型振动时,基本周期为

$$T_{bs1} = 1.7 \sqrt{\Delta_{bs}} \qquad (3-86)$$

式中 EI——杆的抗弯刚度;

GA——杆的抗剪刚度；

ξ——剪应力分布不均匀系数；

H——悬臂杆结构的高度(m)；

Δ_b、Δ_s、Δ_{bs}——分别为弯曲振动、剪切振动和弯剪振动结构体系的顶点位移(m)；

T_{b1}、T_{s1}、T_{bs1}——分别为弯曲振动、剪切振动和弯剪振动结构体系的自振基本周期(s)。

3.6.3 基本周期的修正

上述按能量法和顶点位移法计算结构基本周期时，只考虑了主体承重构件的刚度(如框架梁、柱、抗震墙)，而没有考虑非承重构件的刚度影响，这使理论计算的周期偏长。当采用反应谱理论计算地震作用时，会使地震作用偏小而不安全。因此，为使计算结果更符合实际，应对理论计算式进行折减，对式(3-83)和式(3-86)分别乘以折减系数，即

$$T_1 = 2\psi_T \sqrt{\frac{\sum_{i=1}^{n} G_i \Delta_i^2}{\sum_{i=1}^{n} G_i \Delta_i}} \tag{3-87}$$

$$T_1 = 1.7\psi_T \sqrt{\Delta_{bs}} \tag{3-88}$$

式中 ψ_T——考虑填充墙影响的周期折减系数，框架结构 $\psi_T = (0.6 \sim 0.7)$，框架-抗震墙结构 $\psi_T = (0.7 \sim 0.8)$，抗震墙结构 $\psi_T = 1.0$。

【例3-5】 钢筋混凝土3层框架(图3.20)，各层高均为5m，各楼层重力荷载代表值分别为 $G_1 = G_2 = 1100$kN，$G_3 = 900$kN；楼板平面内刚度无限大，各楼层抗侧移刚度分别为 $D_1 = D_2 = 4.6 \times 10^4$kN/m，$D_3 = 3.9 \times 10^4$kN/m。试分别按能量法和顶点位移法计算结构基本周期(取填充墙影响折减系数为0.7)。

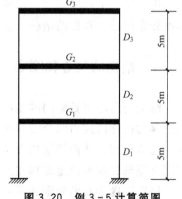

图3.20 例3-5计算简图

【解】 (1)计算简图如图3.20所示。

(2)计算结构的侧移。

将各楼层重力荷载代表值水平作用于结构各楼层处，用静力法计算各楼层剪力及相应侧移，计算结果列于表3-6。

表3-6 楼层剪力及侧移计算

层数	楼层重力荷载代表值(G_i)/kN	楼层剪力($V_i = \sum_{i=1}^{3} G_i$)/kN	楼层侧移刚度(D_i)/(kN/m)	层间侧移($\delta_i = V_i/D_i$)/m	楼层侧移($\Delta_i = \sum_{i=1}^{3} \delta_i$)/m
3	900	900	39000	0.0231	0.1340
2	1100	2000	46000	0.0435	0.1109
1	1100	3100	46000	0.0674	0.0674

(3)按能量法计算基本周期。由式(3-87)得

$$T_1 = 2\psi_T \sqrt{\dfrac{\sum\limits_{i=1}^{n} G_i \Delta_i^2}{\sum\limits_{i=1}^{n} G_i \Delta_i}}$$

$$= 2 \times 0.7 \times \sqrt{\dfrac{900 \times 0.1340^2 + 1100 \times 0.1109^2 + 1100 \times 0.0674^2}{900 \times 0.1340 + 1100 \times 0.1109 + 1100 \times 0.0674}}\,\text{s} = 0.463\text{s}$$

（4）按顶点位移法计算基本周期。由式(3-88)得

$$T_1 = 1.7\psi_T \sqrt{\Delta_{\text{bs}}} = 1.7 \times 0.7 \times \sqrt{0.1340}\,\text{s} = 0.435\text{s}$$

3.7 结构平动扭转耦合振动时地震作用的计算

前面几节讨论的水平地震作用的计算方法主要适用于结构平面布置规则、质量和刚度沿高度分布均匀的结构体系，即每一楼层简化为一个自由度的质点。而实际上，当结构布置不能满足简单、均匀、规则、对称的要求时，结构在地震作用下不仅发生平移振动，还会发生扭转振动，使建筑物的震害更加严重。引起扭转振动的原因主要有两个：一是外因，即地震时地面运动存在转动分量或地面各点的运动存在相位差，即使对称结构也难免发生扭转振动；二是内因，即结构本身不对称，结构平面的质量中心和刚度中心不重合，使结构产生水平扭转振动。因此，《建筑抗震设计规范》(GB 50011—2010)规定：质量和刚度分布明显不对称的结构，应计入双向水平地震作用下的扭转影响。

3.7.1 结构的质心和刚心

结构的质心就是结构的重心，也是水平地震作用下惯性力的合力作用点；刚心则是结构抗侧力构件恢复力的合力作用点。当结构的质心和刚心不重合，在结构平面内必将存在一个扭转力矩，从而使结构发生平动的同时，还将围绕刚心发生扭转振动。因此，考虑平扭耦合振动时需要确定结构楼层的质量中心和刚度中心的位置。

楼层刚度中心的确定如下：图 3.21(a)所示为一砖混结构单层房屋的平面图，其中的纵墙、横墙分别为两个主轴方向的抗侧力构件。对于框架结构，则其纵、横向平面框架（由梁、柱、楼板构成）为结构的抗侧力构件。

图 3.21(b)所示为该房屋刚心的计算简图。假定该房屋的屋盖为刚性屋盖，则当屋盖沿横向(y 方向)平移单位距离时，在每个横向(y 方向)抗侧力构件中都将产生恢复力，其大小与该抗侧力构件的抗侧移刚度成正比。同理可得，当屋盖沿纵向(x 方向)平移单位距离时，在纵向(x 方向)的每个抗侧力构件中产生的恢复力大小与该抗侧力构件的抗侧移刚度成正比。由此，恢复力的合力位置坐标即刚度中心为

$$x_c = \dfrac{\sum\limits_{j=1}^{n} k_{yj} x_j}{\sum\limits_{j=1}^{n} k_{yj}}, \quad y_c = \dfrac{\sum\limits_{i=1}^{n} k_{xi} y_i}{\sum\limits_{i=1}^{n} k_{xi}} \tag{3-89}$$

式中　k_{yj}——平行于 y 轴的第 j 片抗侧力构件的抗侧移刚度；

　　　k_{xi}——平行于 x 轴的第 i 片抗侧力构件的抗侧移刚度；

x_j、y_i——分别为坐标原点至第 j 片及第 i 片抗侧力构件的中心距离。

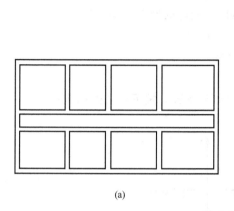 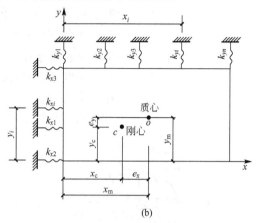

图 3.21　刚心与质心

（a）房屋平面图；（b）计算简图

楼层质量中心的确定可参见材料力学中的公式计算如下：

$$x_m = \dfrac{\sum\limits_{j=1}^{n} m_{yj} x_j}{\sum\limits_{j=1}^{n} m_{yj}}, \quad y_m = \dfrac{\sum\limits_{i=1}^{n} m_{xi} y_i}{\sum\limits_{i=1}^{n} m_{xi}} \tag{3-90}$$

式中　m_{yj}——该层平行于 y 轴的第 j 片抗侧力构件及其所从属面积内的墙体、楼盖质量；

　　　m_{xi}——该层平行于 x 轴的第 i 片抗侧力构件及其所从属面积内的墙体、楼盖质量；

　$x_i y_i$——分别为坐标原点至第 j 片及第 i 片抗侧力构件的中心距离。

结构平面上的刚心和质心的双向偏心距分别为

$$e_x = x_m - x_c \tag{3-91}$$

$$e_y = y_m - y_c \tag{3-92}$$

3.7.2　平扭耦合振动时地震作用的计算

当考虑平扭耦合振动时，应按扭转耦联振型分解法计算地震作用及其效应。假定楼盖平面内刚度为无限大，将质量分别就近集中到各楼板平面上，则扭转耦联时的结构计算简图可简化为图 3.22(a)所示的串联刚片系，而不是仅考虑平移振动时的串联质点系。

设每层刚片具有 3 个自由度，即 x、y 两主轴方向的平移和平面内的转角 φ。当结构具有 n 层时，则结构共有 $3n$ 个自由度。自由振动时，任一振型 j 在任意 i 具有 3 个振型位移，即两个正交的水平位移 X_{ji}、Y_{ji} 和一个转角位移 φ_{ji}。按扭转耦联振型分解反应谱法计算时，第 j 阶振型第 i 层的水平地震作用[图 3.22(b)]标准值由下列公式计算：

$$\left.\begin{aligned} F_{xji} &= \alpha_j \gamma_{tj} X_{ji} G_i \\ F_{yji} &= \alpha_j \gamma_{tj} Y_{ji} G_i \\ F_{tji} &= \alpha_j \gamma_{tj} r_i^2 \varphi_{ji} G_i \end{aligned}\right\} \quad (i=1,2,\cdots,n;\ j=1,2,\cdots,m) \tag{3-93}$$

式中　F_{xji}、F_{yji}、F_{tji}——分别为第 j 阶振型第 i 层的 x 方向、y 方向和转角方向的地震作用标准值；

$\quad\quad X_{ji}$、Y_{ji}——分别为第 j 阶振型第 i 层质心在 x、y 方向的水平相对位移；

$\quad\quad\quad \varphi_{ji}$——第 j 阶振型第 i 层的相对扭转角；

$\quad\quad\quad \alpha_j$——与第 j 阶振型自振周期 T_j 相应的地震影响系数；

$\quad\quad\quad r_i$——第 i 层转动半径，$r_i = \sqrt{J_i/m_i}$；

$\quad\quad\quad J_i$——第 i 层绕质心的转动惯量；

$\quad\quad\quad m_i$——第 i 层的质量；

$\quad\quad\quad \gamma_{tj}$——计入扭转的第 j 阶振型参与系数，按下列公式确定：

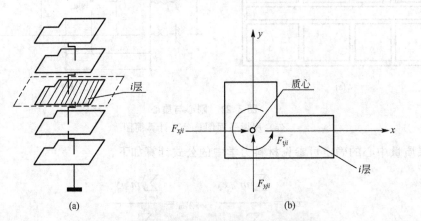

图 3.22　平扭耦合串联刚片模型及其地震作用

（a）串联刚片模型；（b）刚片上质心处地震作用

当仅取 x 方向地震作用时

$$\gamma_{tj} = \gamma_{xj} = \frac{\sum\limits_{i=1}^{n} X_{ji}G_i}{\sum\limits_{i=1}^{n}(X_{ji}^2 + Y_{ji}^2 + \varphi_{ji}^2 r_i^2)G_i} \qquad (3-94)$$

当仅取 y 方向地震作用时

$$\gamma_{tj} = \gamma_{yj} = \frac{\sum\limits_{i=1}^{n} Y_{ji}G_i}{\sum\limits_{i=1}^{n}(X_{ji}^2 + Y_{ji}^2 + \varphi_{ji}^2 r_i^2)G_i} \qquad (3-95)$$

当取与 x 方向斜交的地震作用时

$$\gamma_{tj} = \gamma_{xj}\cos\theta + \gamma_{yj}\sin\theta \qquad (3-96)$$

式中　θ——地震作用方向与 x 方向的夹角。

3.7.3　平扭耦合地震作用效应的组合

根据式（3-93）可分别求出对应于任意阶振型的最大地震作用之后，通常需要进行振型组合求结构总的地震反应。对于多层偏心结构房屋，地震时的平扭耦联振动，各阶振型的频率比较接近，必须考虑频率振型之间的相关性，同时，振型的个数应取多一些，否则将出现较大误差。因此，可采用完全二次振型组合法（CQC 法）计算地震作用效应。当计算单向水平地震作用的扭转效应时，有关数值按下式确定：

$$S_{Ek} = \sqrt{\sum_{j=1}^{m}\sum_{k=1}^{m}\rho_{jk}S_jS_k} \qquad (3-97)$$

$$\rho_{jk} = \frac{8\zeta_j\zeta_k(1+\lambda_T)\lambda_T^{1.5}}{(1-\lambda_T^2)^2+4\zeta_j\zeta_k(1+\lambda_T)^2\lambda_T} \qquad (3-98)$$

式中　S_{Ek}——地震作用标准值的扭转效应；

　S_j、S_k——分别为第 j、k 阶振型地震作用标准值的效应；

　ζ_j、ζ_k——分别为第 j、k 阶振型的阻尼比；

　m——振型组合系数，可取 9～15 个振型；

　ρ_{jk}——第 j 阶振型与第 k 阶振型的耦联系数；

　λ_T——第 k 阶振型与第 j 阶振型的自振周期比。

当计算双向水平地震作用的扭转效应时，按下式中较大值确定：

$$S_{Ek} = \sqrt{S_x^2+(0.85S_y)^2} \qquad (3-99)$$

或

$$S_{Ek} = \sqrt{S_y^2+(0.85S_x)^2} \qquad (3-100)$$

式中　S_x、S_y——分别为 x 方向、y 方向单向水平地震作用按式（3-97）计算的扭转效应。

根据计算分析，考虑地震作用扭转效应的多层、高层建筑，其地震作用效应的组合振型个数，一般需要取到前 9 个（阶）。当结果基本周期等于或大于 2s 时，则应取至前 15 个。

表 3-7 给出了 ρ_{jk} 与 λ_T 的数值关系（取 $\zeta=0.05$），从表中可以看出，ρ_{jk} 随两个振型周期比 λ_T 的减小而迅速衰减，当 $\lambda_T < 0.7$ 时，两个振型的相关性很小，可忽略不计；当 $\lambda_T \geqslant 0.7$ 时，振型相关性比较大，应予以考虑。

表 3-7　ρ_{jk} 与 λ_T 的数值关系（取 $\zeta=0.05$）

λ_T	0.4	0.5	0.6	0.7	0.8	0.9	0.95	1.0
ρ_{jk}	0.010	0.018	0.035	0.071	0.165	0.472	0.791	1.000

3.8　竖向地震作用的计算

地震时，地面的竖直方向振动使建筑物产生竖向地震作用。震害调查表明，在高烈度区，竖向地震作用对高层建筑、高耸结构（如烟囱）以及大跨度结构等的破坏较为严重。因为竖向地震作用使高层建筑、高耸结构产生上下拉应力，从而使自重产生的压应力减小，发生受拉破坏，使大跨结构增加竖向荷载而使结构发生强度破坏或失稳破坏等。因此，《建筑抗震设计规范》（GB 50011—2010）规定：设防烈度为 8 度和 9 度区的大跨度结构、长悬臂结构，以及设防烈度为 9 度区的高层建筑，除计算水平地震作用之外，还应计算竖向地震作用。

3.8.1 高层建筑及高耸结构的竖向地震作用计算

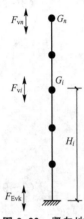

图 3.23 竖向地震作用计算简图

根据大量强震记录统计分析，竖向地震反应谱曲线的变化规律与水平地震反应谱曲线的变化规律基本相同，竖向地震动加速度峰值约为水平地震动加速度峰值的 $1/2 \sim 2/3$，因此，可近似取竖向地震影响系数最大值为水平地震影响系数最大值的 65%。此外，高层建筑及高耸结构的竖向振型规律与水平地震作用的底部剪力法要求的振型特点基本一致，且高层建筑及高耸结构竖向基本周期较短，一般为 $0.1 \sim 0.2\mathrm{s}$，处于竖向地震影响系数曲线的水平段，因此，竖向地震影响系数可取最大值。

综上所述，可以采用类似于水平地震作用的底部剪力法，计算高层建筑及高耸结构的竖向地震作用。即首先确定结构底部总竖向地震作用，然后计算作用在结构各质点上的竖向地震作用(图 3.23)。计算公式如下：

$$F_{Evk} = \alpha_{vmax} G_{eq} \qquad (3-101)$$

$$F_{vi} = \frac{G_i H_i}{\sum_{j=1}^{n} G_j H_j} F_{Evk} \qquad (3-102)$$

式中 F_{Evk}——结构总竖向地震作用标准值；

F_{vi}——质点 i 的竖向地震作用标准值；

α_{vmax}——竖向地震影响系数最大值，可取水平地震影响系数最大值的 65%，即 $\alpha_{vmax} = 0.65\alpha_{max}$；

G_{eq}——结构等效总重力荷载，按式(3-75)计算，其中取 $\lambda = 0.75$。

由式(3-102)计算出各楼层质点的竖向地震作用之后，可进一步确定楼层的竖向地震作用效应，这时可按各构件承受的重力荷载代表值的比例分配，并宜乘以 1.5 的增大系数。

3.8.2 大跨度结构的竖向地震作用计算

大量分析表明，对平板型网架、大跨度屋盖、长悬臂结构等大跨度结构的各主要构件，竖向地震作用内力与重力荷载的内力比值彼此相差一般不大，因而可以认为竖向地震作用的分布与重力荷载的分布相同，其大小可按下式计算：

$$F_{vi} = \xi_v G_i \qquad (3-103)$$

式中 F_{vi}——结构或构件的竖向地震作用标准值；

G_i——结构或构件的重力荷载代表值；

ξ_v——竖向地震作用系数，对于平板型网架和跨度大于 24m 屋架按表 3-8 采用；对于长悬臂和其他大跨度结构，8 度时取 $\xi_v = 0.1$，9 度时取 $\xi_v = 0.2$。

表 3-8 竖向地震作用系数 ξ_v

结构类别	设防烈度	场地类别		
		Ⅰ	Ⅱ	Ⅲ、Ⅳ
平板型网架、钢屋架	8	可不计算(0.10)	0.08(0.12)	0.10(0.15)
	9	0.15	0.15	0.20
钢筋混凝土屋架	8	0.10(0.15)	0.13(0.19)	0.13(0.19)
	9	0.20	0.25	0.25

注：括号中数值分别用于设计基本加速度为 0.15g 和 0.30g 的地区。

3.9 结构非弹性地震反应分析方法简介

3.9.1 非弹性地震反应分析的目的

我国抗震设防目标为"小震不坏，中震可修，大震不倒"。"小震不坏"可以通过振型分解反应谱法或底部剪力法计算多遇地震作用下的结构内力和弹性变形，并满足规定的限值来保证。当遭遇罕遇地震作用时，结构将进入非弹性状态，"大震不倒"需要通过弹塑性分析方法计算罕遇地震作用下的结构弹塑性变形，并满足规定的限值来保证。《建筑抗震设计规范》(GB 50011—2010)规定：特别不规则的建筑、甲类建筑及表 3-11 所列高度范围的高层建筑，应采用时程分析法进行多遇地震下的补充计算，以及某些特殊结构在罕遇地震作用的弹塑性变形的计算。进而可以研究防止结构破坏倒塌的条件及措施，保证结构设计的安全性和经济性。

3.9.2 非弹性地震反应分析的方法

前面介绍的振型分解法或振型分解反应谱法以及底部剪力法仅限于计算结构在地震作用下的弹性地震反应。当结构处于开裂或屈服状态，则结构进入非弹性阶段，其刚度矩阵不再保持常量，上述方法不再适用。此时，可根据结构的特点和设计要求分别采用弹性或弹塑性时程分析方法、静力弹塑性分析方法或简化计算方法进行非弹性地震反应分析。

1. 弹塑性时程分析法

1) 计算模型

进行弹塑性时程分析首先要建立结构动力计算模型。动力计算模型需要考虑节点质量及其引起的动力效应，并且，动力计算的工作量比静力计算的工作量大。因此动力计算模型可根据结构实际进行必要的离散简化，形成自由度较少的模型。常用的结构动力计算模型有层间模型、杆系模型及有限元模型。

(1) 层间模型。层间模型是将建筑楼层作为基本单元，假定楼板平面内刚度无限大，以楼层位置集中离散质量，建立层间刚度。当只考虑单方向层间剪力与层间位移、不考虑出平面的自由度建立层间刚度矩阵,这种层间模型称为层间剪切模型,其自由度总数等于建筑总楼层数,可用于框架结构、砌体结构;当需要考虑层间弯矩与层间转角时,应建立层间剪力、层间弯矩与层间位移、层间转角的刚度矩阵,这种模型称为层间弯剪模型;对于平面布置沿高度分布变化较大的结构,应建立层间剪力、层间扭矩与层间位移、扭层间转角的刚度矩阵,考虑结构在地震作用下的弯扭耦联震动,这种模型称为层间剪扭模型。我国抗震设计规范指出,规则结构可以采用层间弯剪模型计算其在罕遇烈度下的弹塑性变形。

(2)杆系模型。杆系模型就是假定楼板在其自身平面内为绝对刚性,将梁、柱离散为杆元形成的整个结构的计算模型。如果杆元为带刚域的平面杆元(每个节点自由度为3),则形成的模型为平面杆系模型;如果杆元为带刚域的空间杆元(每个节点自由度为6),则形成的模型为空间杆系模型。杆系模型一般适合于框架结构。如果将抗震墙、楼电梯筒离散为薄壁杆元,则杆系模型可以用于框架-抗震墙结构或框架-筒体结构,此外,杆系模型还可用于平面或空间桁架问题。《建筑抗震设计规范》(GB 50011—2010)规定,规则结构可以使用平面杆系模型计算罕遇烈度下的弹塑性变形,对不规则结构应采用空间杆系模型。

杆系模型的优点是可以用结构构件自然组成模型,构件之间的连接可以是刚性的,也可以是弹性的,构件本身的力学性能指标参数可由试验确定。但该模型的缺点是对抗震墙、筒体非线性性能模拟较差,对弹性楼板或楼盖开洞复杂问题的模拟存在较大误差。

(3)有限元模型。上述层间模型和杆系模型,也可以看成是有限元模型。这两种模型的共同假设为楼盖平面内的刚性无限大,使楼层基本自由度数目大大减小,从而使问题得以简化,有利于提高计算效率。但是,对于弹性楼板连接问题、多塔楼问题、柔性楼盖问题等,就不能再沿用这一假设。因此,应该采用杆元、壳元、墙元、梁元、实体元、接触单元等单元模型,建立整个结构的有限单元计算模型,以适用于复杂结构动力或静力分析,这种模型称为有限元模型。有限元模型对一维、二维和三维问题都是有效的。目前,通用结构有限元分析软件得到广泛应用,如 ANSYS、SAP2000、MARC 等。图 3.24 所示为大型结构有限元分析软件 ANSYS 中的单元库内提供的部分单元模型。

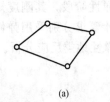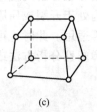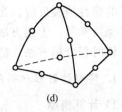

(a)   (b)   (c)   (d)

图 3.24　ANSYS 单元库中的部分单元

(a) 4 节点壳单元;(b) 4 节点四面体单元;(c) 8 节点六面体单元;(d) 10 节点四面体曲面单元

2)结构恢复力模型

地震作用特性表现为多频率短周期的地面往复运动。结构或构件在低周期反复试验荷载作用下,内力和变形之间的关系可以较为精确地描述地震作用的特性,内力和变形的关系曲线称为滞回曲线(图3.25),其外轮廓线称为滞回骨架曲线。滞回骨架曲线的形状即滞回环的形状可以反映出结构或构件在地震作用下的破坏特征，同时还可以看出剪切力对其形状影响的程度。一般来说，滞回曲线的"捏合"现象越明显，说明剪切力对其影响越大。常见的滞回环有 4 种形态(图 3.26)。

梭形：滞回环饱满，力与位移关系基本无滑移影响，表明受弯、压弯构件发生了弯曲破坏特征。

弓形：力和位移关系带有一定滑移，有"捏合"现象，表明有一定剪力影响的弯曲破坏特征。

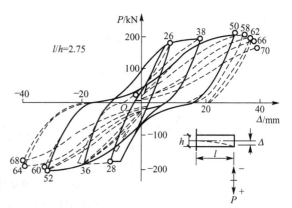

图 3.25　钢筋混凝土悬臂梁的试验滞回曲线

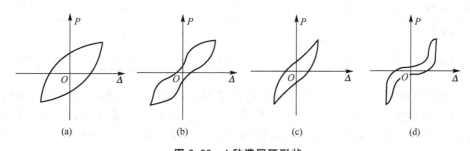

图 3.26　4 种滞回环形状
(a) 梭形；(b) 弓形；(c) 反 S 形；(d) Z 形

反 S 形：有较大的滑移影响。表明框架结构、梁柱节点等具有较大剪力影响的弯曲破坏特征。

Z 形：滑移变形很大。表明发生剪切滑移、锚固钢筋滑移、具有一定延性的剪切破坏特征。

描述结构或构件力-变形滞回关系骨架曲线的数学模型称为恢复力模型。为使计算简便，恢复力模型可以将试验滞回骨架曲线简化为由一定规则的折线组成。折线型模型包括双折线型模型、三折线型模型、刚度退化双折线型模型、刚度退化三折线型模型、剪切滑移型模型等。对混凝土结构可以采用双折线型模型、刚度退化三折线型模型；对钢结构通常采用双折线型模型、剪切滑移型模型等。图 3.27 所示为钢筋混凝土构件常用的两种恢复力模型，可根据构件实际情况选用。

3）地震波的选取及调整

(1) 地震波的选取：时程分析法是采用地震波作为输入外荷载的。选取地震波是进行结构弹塑性地震反应时程分析的重要内容。选取地震波的目的，是要找出适合于拟建工程场地、抗震设防烈度的地震波，使结构弹塑性地震反应时程分析具有较强的针对性和准确性，为改进结构的抗震设计提供依据。《建筑抗震设计规范》（GB 50011—2010）规定，采用时程分析法时，应按建筑场地类别和设计地震分组选用不少于二组的实际强震记录和一组人工模拟的加速度时程曲线，其平均地震影响系数曲线应与振型分解反应谱法所采用的地震影响系数曲线在统计意义上相符。时程分析所用地震加速度的最大值可按表 3-9 采用。

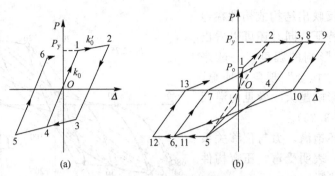

图 3.27　恢复力模型

（a）双折线型；（b）刚度退化三折线型

表 3-9　时程分析所用地震加速度时程曲线的最大值　　　　单位：cm/s²

地震影响	6 度	7 度	8 度	9 度
多遇地震	18	35(55)	70(110)	140
罕遇地震	125	220(310)	400(510)	620

（2）地震波的调整：时程分析法中所选的实际地震波和人工模拟地震波与结构抗震设计要求的地震波，一般存在差异，不能直接采用。因此，需要经过调整后才能应用。调整地震波的方法是，修改地震加速度幅值以实现不同设防烈度（震级）的要求；改变时间步长以改变频率范围；通过截断或重复地震记录以改变地震波的持续时间。具体方法如下。

① 地震加速度的调整：

$$a_d(t_i) = \frac{a_{d\,max}}{a_c} a_c(t_i) \tag{3-104}$$

式中　$a_{d\,max}$——设计所需最大地震加速度，按表 3-9 采用；

$a_d(t_i)$——调整后的地震加速度记录值；

a_c、$a_c(t_i)$——分别为所选地震加速度记录的最大值和记录值；

t_i——与 $a_c(t_i)$ 对应的记录点时间(s)，$i=1,2,\cdots,n$（n 为记录点个数）。

② 时间步长 Δt 的调整：

$$\Delta t = \frac{T_g}{T_c} \Delta t_i \tag{3-105}$$

式中　T_g——建筑场地特征周期，按表 3-3 采用；

T_c——所选地震记录的特征周期；

Δt——调整后地震记录的时间步长(s)；

Δt_i——所选地震记录的时间步长(s)，取相邻两个加速度记录的时间差值，即 $\Delta t_i = t_i - t_{i-1}$。

时间步长越小，计算精度越高，计算所需时间越长；时间步长越大，计算精度越低。因此，一般结构要求 $\Delta t \leqslant 0.1 T_1$，其中 T_1 为结构基本周期。

持续时间的要求：为保证结构的非弹性工作过程得以充分展开，要求输入地震加速度的持续时间一般不短于结构基本周期 T_1 的 5~10 倍。

4) 时程分析法

由式(3-27)可得多自由度非弹性体系的运动方程为

$$[M]\{\ddot{x}\}+[C]\{\dot{x}\}+[K(t)]\{x\}=-[M]\{I\}\ddot{x}_g(t) \qquad (3-106)$$

在时间增量 Δt 内,式(3-106)中各参量增量分别为 Δx、$\Delta \dot{x}$、$\Delta \ddot{x}$、$\Delta \ddot{x}_g$,并假定在 Δt 内结构的阻尼、刚度为常量。则增量运动方程为

$$[M]\{\Delta \ddot{x}\}+[C]\{\Delta \dot{x}\}+[K(t)]\{\Delta x\}=-[M]\{I\}\Delta \ddot{x}_g \qquad (3-107)$$

上述方程的数值计算方法可以采用线性加速度法、Newmark-β 方法、Wilson-θ 方法等。现以线性加速度法为例说明时程分析法的基本概念。

假定结构质点加速度在 Δt 内按线性规律变化,相应速度、位移的变化如下:

$$\dddot{x}_i=\frac{\Delta \ddot{x}}{\Delta t}=常量 \qquad (3-108)$$

$$\Delta \dot{x}=\ddot{x}_i\Delta t+\frac{\dddot{x}}{2}\Delta t^2 \qquad (3-109)$$

$$\Delta x=\frac{\dot{x}_i}{1!}\Delta t+\frac{\ddot{x}_i}{2!}\Delta t^2+\frac{\dddot{x}_i}{3!}\Delta t^3 \qquad (3-110)$$

将式(3-108)代入式(3-110)得

$$\Delta x=\frac{\dot{x}_i}{1!}\Delta t+\frac{\ddot{x}_i}{2!}\Delta t^2+\frac{\Delta \ddot{x}_i}{6}\Delta t^2 \qquad (3-111)$$

将式(3-108)代入式(3-109)得

$$\Delta \dot{x}=\ddot{x}_i\Delta t+\frac{\Delta \ddot{x}}{2}\Delta t \qquad (3-112)$$

由式(3-111)可得

$$\Delta \ddot{x}=\frac{6\Delta x}{\Delta t^2}-\frac{6}{\Delta t}\dot{x}_i-3\ddot{x}_i \qquad (3-113)$$

将式(3-113)代入式(3-112)得

$$\Delta \dot{x}=\frac{3\Delta x}{\Delta t}-3\dot{x}_i-\frac{1}{2}\ddot{x}_i\Delta t \qquad (3-114)$$

将式(3-113)和式(3-114)代入式(3-107)得拟恢复力方程为

$$[K_i^*]\{\Delta x\}=\{\Delta F_i^*\} \qquad (3-115)$$

$$[K_i^*]=[K_i]+\frac{6[M]}{\Delta t^2}+\frac{3[C]}{\Delta t} \qquad (3-116)$$

式中

$$\{\Delta F_i^*\}=-[M]\left(\Delta \ddot{x}_g-\frac{6\dot{x}_i}{\Delta t}-3\ddot{x}_i\right)+[C]\left(3\dot{x}_i+\frac{\ddot{x}_i}{2}\Delta t\right) \qquad (3-117)$$

由式(3-115)求出 Δx 后,代入式(3-113)和式(3-114)求出速度和加速度增量,将其与第 i 时刻结构地震反应进行累加,便可得到第 $i+1$ 时刻的位移、速度和加速度等结构动力反应。然后以此作为下一时间步的初始值,根据情况调整下一加载步内的阻尼和刚度参数,继续按照上述方法进行计算。如此反复,可以计算出结构在地震输入下的地震反应历程。

2. 静力弹塑性分析方法

结构静力弹塑性分析方法,又称推覆分析法或 push-over 法:在结构计算模型上施

加某种侧向水平荷载(如倒三角形或分布荷载),将荷载逐级增加,计算每级荷载下的结构反应并记录每级荷载下开裂、屈服、塑性铰形成以及各种结构构件的破坏行为,并根据抗震要求对结构抗震性能进行评估。

采用推覆分析法评估结构的抗震能力,通常需要进行一系列结构参数调整和迭代计算。在迭代过程中,如发现结构的缺陷或不足,可以在下次迭代前改进,直至使设计达到预定的结构性能指标,体现了基于结构性能的抗震设计理念。一般用建筑物顶部位移幅值、谱位移幅值等限定值作为结构性能预定指标。目前,国际上已经有一些软件具有推覆分析功能,如 ETABS、SAP2000、ANSYS 等。

用推覆分析法进行结构抗震能力评估主要包括两部分内容:首先,通过计算建立结构在侧向水平荷载作用下荷载-位移曲线,以表现该荷载作用下结构的抗震能力;然后,根据荷载-位移曲线和抗震设计性能指标要求,对结构的抗震能力进行评估。一般方法步骤如下。

1) 建立荷载-位移曲线

(1) 建立结构的计算模型。

(2) 确定侧向水平荷载分布形式,按三角形分布或均匀分布,也可按基本振型分布。

(3) 逐级增加侧向荷载,当开裂或屈服时,应修正相应的构件刚度和计算模型,并计算出每级荷载下的内力、弹性、塑性变形,重复进行,直至结构性能达到预定指标。

(4) 根据计算的荷载和位移控制点,绘制荷载-位移曲线,并可以根据能量法将其简化为双线型或三线型的简化图。

2) 进行结构抗震能力的评估

将上述荷载-位移曲线与地震反应谱放在相同条件下进行比较,一般包括三方面工作。

(1) 将荷载-位移曲线简化图转换为结构承载力谱(seismic capacity spectrum),又称供给谱。

(2) 将抗震规范给出的加速度反应谱转换为地震需求谱(seismic demand spectrum),也称 ADRS 谱。

(3) 将承载力谱和地震需求谱绘制在同一 ADRS 谱内,两图的交点为性能点,如果性能点存在并满足预定指标要求,则结构满足抗震能力;否则,如果该点不存在或该点不满足预定指标标准,则说明应修改结构设计及计算模型,修改后继续按上述步骤重复进行,直至满足抗震设计要求。

3. 简化计算方法

计算结构弹塑性层间位移 Δu_p 时,可以采用弹塑性时程分析法或静力弹塑性分析法,但是上述方法计算比较复杂。因此,《建筑抗震设计规范》(GB 50011—2010)建议,对不超过 12 层且层刚度无突变的钢筋混凝土框架结构、单层钢筋混凝土柱厂房可采用简化计算方法计算。结构弹塑性层间位移 Δu_p 的简化计算方法如下:

1) 计算结构楼层屈服强度系数 $\xi_y(i)$

根据楼层屈服强度系数沿结构高度的分布情况,可以确定结构薄弱层的位置。因此,首先要计算楼层屈服强度系数,其计算式为

$$\xi_y(i) = \frac{V_y(i)}{V_e(i)} \qquad (3-118)$$

式中 $\xi_y(i)$——结构第 i 层的楼层屈服强度系数;

$V_y(i)$——按构件实际配筋和材料强度标准值计算的楼层实际抗剪承载力；

$V_e(i)$——罕遇地震作用下第 i 楼层的弹性地震剪力。

其次，框架结构楼层屈服强度系数分布情况，可由参数 $\alpha(i)$ 进行判别：

$$\alpha(i)=\frac{2\xi_y(i)}{[\xi_y(i-1)+\xi_y(i+1)]} \tag{3-119}$$

且

$$\xi_y(0)=\xi_y(2)$$
$$\xi_y(n+1)=\xi_y(n-1)$$

2）确定结构薄弱层的位置

结构薄弱层是指在地震作用下，发生塑性变形集中的楼层，可能是某一个楼层，也可能是某几个楼层。楼层屈服强度系数反映了结构楼层的实际抗剪承载力与该楼层所受弹性地震剪力的相对比值关系，$\xi_y(i)$ 为最小或相对较小的楼层一般为薄弱层，地震作用下将率先屈服。结构薄弱层判别如下。

（1）当各层皆满足 $\alpha(i)\geqslant0.8(i=1，2，3，\cdots，n)$，则 $\xi_y(i)$ 沿高度分布均匀，可判定结构底层为薄弱层。

（2）当各层皆满足 $\alpha(i)<0.8$，则 $\xi_y(i)$ 沿高度分布不均匀，可判定 $\xi_y(i)$ 最小者和较小者的楼层为薄弱层，一般为 2~3 处。

（3）对于单层钢筋混凝土柱厂房，薄弱层可取在上柱。

3）计算结构薄弱层的层间位移 Δu_p

计算分析表明，地震作用下剪切变形的结构，其薄弱层的层间弹塑性位移与相应的弹性位移之间有相对稳定的关系（图 3.28），因此薄弱层的层间弹塑性位移可由相应的弹性位移乘以修正系数得到，即

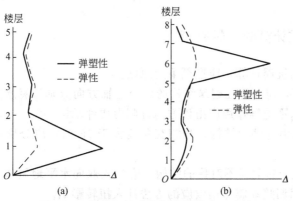

图 3.28 结构层间弹性与弹塑性变形比较

（a）第 1 层为薄弱层；（b）第 6 层为薄弱层

$$\Delta u_p=\eta_p\Delta u_e \tag{3-120}$$

或

$$\Delta u_p=\mu\Delta u_y=\frac{\eta_p}{\xi_y}\Delta u_y \tag{3-121}$$

式中　Δu_p——弹塑性层间位移；

　　　Δu_e——罕遇地震作用下弹性层间位移，按 $\Delta u_e(i)=V_e(i)/k_i$ 计算；

　　　$V_e(i)$——第 i 楼层的弹性地震剪力；

　　　k_i——第 i 楼层的层间侧移刚度；

μ——楼层延性系数；

Δu_y——层间屈服位移；

η_p——弹塑性层间位移增大系数，当薄弱层（部位）的屈服强度系数不小于上下相邻层（部位）该系数平均值的 0.8 时，可按表 3-10 采用，当同一系数不大于该平均值的 1.5 倍时，可按表内相应数值的 1.5 倍采用，其他情况可采用内插法取值。

表 3-10　弹塑性层间位移增大系数 η_p

结构类型	总层数 n 或部位	ξ_y		
		0.5	0.4	0.3
多层均匀框架结构	2～4	1.30	1.40	1.60
	5～7	1.50	1.65	1.80
	8～12	1.80	2.00	2.20
单层厂房	上柱	1.30	1.60	2.00

3.10 结构抗震验算

《建筑抗震设计规范》（GB 50011—2010）中第 5.1 条对建筑结构进行抗震验算提出了下列要求。

3.10.1　结构抗震计算的一般原则

各类建筑结构的抗震计算，应遵循下列原则。

（1）一般情况下，应允许在建筑结构的两个主轴方向分别计算水平地震作用并进行抗震验算，各方向的水平地震作用应由该方向抗侧力构件承担。

（2）有斜交抗侧力构件的结构，当相交角度大于 15°时，应分别计算各抗侧力构件方向的水平地震作用。

（3）质量和刚度分布明显不对称的结构，应计入双向水平地震作用下的扭转影响；其他情况，应允许采用调整地震作用效应的方法计入扭转影响。

（4）8 度、9 度时的大跨度和长悬臂结构，以及 9 度时的高层建筑，应计算竖向地震作用。对 8 度、9 度时采用隔震设计的建筑结构，应按有关规定计算竖向地震作用。

（5）抗震计算方法应按如下原则选用。

① 高度不超过 40m、以剪切变形为主且质量和刚度沿高度分布比较均匀的结构，以及近似于单质点体系的结构，可采用底部剪力法等简化方法。

② 除①条款外的建筑结构，宜采用振型分解反应谱法。

③ 特别不规则的建筑、甲类建筑和表 3-11 所列高度范围的高层建筑，应采用弹性时程分析法进行多遇地震下的补充计算，可取多条时程曲线计算结果的平均值与振型分解反应谱法计算结果的较大值。

表 3-11 采用时程分析的房屋高度范围

表 3-11 采用时程分析的房屋高度范围

设防烈度、场地类别	房屋高度范围/m	设防烈度、场地类别	房屋高度范围/m
8 度 Ⅰ、Ⅱ 类场地和 7 度	＞100	9 度	＞60
8 度 Ⅲ、Ⅳ 类场地	＞80		

（6）对于基本周期大于 3.5s（位于地震影响系数下降段）的结构，计算水平地震作用效应可能太小，而对于长周期结构，地面运动速度和位移可能对结构的破坏具有更大影响。因此，为保证建筑结构的基本安全性，抗震验算时，结构任一楼层的水平地震剪力应符合下式要求：

$$V_{Eki} > \lambda \sum_{j=i}^{n} G_j \qquad (3-122)$$

式中　V_{Eki}——第 i 层对应于水平地震作用标准值的楼层剪力；

　　　　λ——剪力系数，不应小于表 3-12 规定的楼层最小地震剪力系数值，对竖向不规则结构的薄弱层，尚应乘以 1.15 的增大系数；

　　　　G_j——第 j 层的重力荷载代表值。

表 3-12 楼层最小地震剪力系数值 λ

类别	6 度	7 度	8 度	9 度
扭转效应明显或基本周期小于 3.5s 的结构	0.08	0.016（0.024）	0.032（0.048）	0.064
基本周期大于 5.0s 的结构	0.06	0.012（0.018）	0.024（0.032）	0.040

注：1. 基本周期介于表内参数之间的结构，可插入取值。

　　2. 括号中数值（按左右次序）分别用于设计基本地震加速度为 0.15g 和 0.30g 的地区。

3.10.2 结构构件截面承载力抗震验算

沿抗震主轴方向，建筑结构抗震第一阶段设计要求，在多遇地震（小震）下，当结构构件的内力由地震作用效应和其他荷载效应的基本组合起控制作用时，结构构件的截面抗震验算，应按下式计算：

$$S \leqslant \frac{R}{\gamma_{RE}} \qquad (3-123)$$

式中　γ_{RE}——承载力抗震调整系数，除另有规定外，应按表 3-13 采用；当仅计算竖向地震作用时，各类结构构件承载力抗震调整系数均宜采用 1.0；

　　　　R——结构构件承载力设计值；

　　　　S——结构构件内力组合的设计值，包括组合的弯矩、轴力和剪力设计值。

S 应按结构构件的地震作用效应和其他荷载效应的基本组合进行计算：

$$S = \gamma_G S_{GE} + \gamma_{Eh} S_{EhK} + \gamma_{Ev} S_{EvK} + \psi_w \gamma_w S_{WK} \qquad (3-124)$$

式中　γ_G——重力荷载分项系数，一般情况应采用 1.2，当重力荷载效应对构件承载能力有利时，应不大于 1.0；

　　γ_{Eh}、S_{Ev}——分别为水平、竖向地震作用分项系数、应按表 3-14 采用；

　　　　γ_w——风荷载分项系数，应采用 1.4；

S_{GE}——重力荷载代表值的效应，有吊车时，尚应包括悬吊物重力标准值的效应；

S_{EhK}——水平地震作用标准值的效应，尚应乘以相应的增大系数或调整系数；

S_{EvK}——竖向地震作用标准值的效应，尚应乘以相应的增大系数或调整系数；

S_{WK}——风荷载标准值的效应；

ψ_W——风荷载组合值系数，一般结构取 0.0，风荷载起控制作用的高层建筑应采用 0.2。

表 3-13　承载力抗震调整系数 γ_{RE}

材料	结 构 构 件	受 力 状 态	γ_{RE}
钢	柱，梁，支撑，节点板件，螺栓，焊缝柱，支撑	强度	0.75
		稳定	0.80
砌体	两端均有构造柱、芯柱的抗震墙	受剪	0.9
	其他抗震墙	受剪	1.0
混凝土	梁	受弯	0.75
	轴压比小于 0.15 的柱	偏压	0.75
	轴压比不小于 0.15 的柱	偏压	0.80
	抗震墙	偏压	0.85
	各类构件	受剪、偏拉	0.85

表 3-14　地震作用分项系数

地 震 作 用	γ_{Eh}	γ_{Ev}
仅计算水平地震作用	1.3	0.0
仅计算竖向地震作用	0.0	1.3
同时计算水平与竖向地震作用（水平地震为主）	1.3	0.5
同时计算水平与竖向地震作用（竖向地震为主）	0.5	1.3

进行建筑结构抗震设计时，对结构构件承载力除以调整系数 γ_{RE}，使承载力提高，主要原因如下。

（1）动力荷载下材料强度比静力荷载下高。

（2）地震作用是偶然作用，结构抗震可靠度要求可比承受其他荷载作用下的可靠度要低些。

3.10.3　结构构件抗震变形验算

1. 多遇地震下结构的弹性变形验算

在多遇地震作用下，建筑主体结构构件一般处于弹性阶段，但如果弹性变形过大，也会导致非结构构件(如框架填充墙、隔墙及各类装修)出现严重破坏。因此，沿抗震主轴方向，建筑结构抗震第一阶段设计还要求，对表 3-15 所列各类结构应进行多遇地震作用下的抗震变形验算，其楼层内最大的弹性层间位移应符合下式要求：

表 3-15 弹性层间位移角限值

结 构 类 型	$[\theta_e]$
钢筋混凝土框架	1/550
钢筋混凝土框架-抗震墙、板柱-抗震墙、框架-核心筒	1/800
钢筋混凝土抗震墙、筒中筒	1/1000
钢筋混凝土框支层	1/1000
多、高层钢结构	1/300

$$\Delta u_e \leqslant [\theta_e]h \tag{3-125}$$

式中 Δu_e——多遇地震作用标准值产生的楼层内最大的弹性层间位移；计算时，除以弯曲变形为主的高层建筑外，可不扣除结构整体弯曲变形；应计入扭转变形，各作用分项系数均应采用 1.0；钢筋混凝土结构构件的截面刚度可采用弹性刚度；

$[\theta_e]$——弹性层间位移角限值，按表 3-15 采用；

h——计算楼层层高。

2. 罕遇地震下结构的弹塑性变形验算

在罕遇地震作用(大震)下，地面运动加速度峰值是多遇地震的 4~6 倍。因此，在多遇地震烈度下处于弹性阶段的结构，在罕遇地震烈度下将进入弹塑性阶段，结构构件(节点)接近或达到屈服，此时，结构已没有足够的强度储备。为了抵抗地震的持续作用，要求结构有较好的延性，通过发展塑性变形来消耗地震输入的能量。如果结构的变形能力不足，势必发生倒塌，因此，沿抗震主轴方向，建筑抗震第二阶段设计要求，应验算表 3-16 所列各类结构在罕遇地震作用下弹塑性变形验算。

1) 验算范围

《建筑抗震设计规范》(GB 50011—2010)中第 5.5.2 条规定，结构在罕遇地震作用下的(薄弱层)弹塑性变形验算，应符合下列要求。

(1) 下列结构应进行弹塑性变形验算。

① 8 度Ⅲ、Ⅳ类场地和 9 度时，高大的单层钢筋混凝土柱厂房的横向排架。

② 7~9 度时楼层屈服强度系数小于 0.5 的钢筋混凝土框架结构。

③ 高度大于 150m 的钢结构。

④ 甲类建筑和 9 度时乙类建筑中的钢筋混凝土结构和钢结构。

⑤ 采用隔震和消能减震设计的结构。

(2) 下列结构宜进行弹塑性变形验算。

① 表 3-11 所列高度范围且属于表 1-5 所列竖向不规则类型的高层建筑。

② 7 度Ⅲ、Ⅳ类场地和 8 度时乙类建筑中的钢筋混凝土结构和钢结构。

③ 板柱-抗震墙结构和底部框架砌体房屋。

④ 高度不大于150m的高层钢结构。

2）验算方法

结构薄弱层（部位）的弹塑性层间位移应符合下式要求：

$$\Delta u_p \leqslant [\theta_p] h \qquad (3-126)$$

式中　Δu_p——弹塑性层间位移；

　　　h——薄弱层楼层高度或单层厂房上柱高度；

　　　$[\theta_p]$——弹塑性层间位移角限值，可按表3-16采用；对钢筋混凝土框架结构，当轴压比小于0.40时，可提高10%；当柱子全高的箍筋构造比规范规定的最小配箍特征值大30%时，可提高20%，但累计不超过25%。

表3-16　弹塑性层间位移角限值

结构类型	$[\theta_p]$
单层钢筋混凝土柱排架	1/30
钢筋混凝土框架	1/50
底部框架砖房中的框架-抗震墙	1/100
钢筋混凝土框架-抗震墙、板柱-抗震墙、框架-核心筒	1/100
钢筋混凝土抗震墙、筒中筒	1/120
多、高层钢结构	1/50

背 景 知 识

抗震设计时，结构上所承受的"地震力"或"地震惯性力"实际上是地震地面运动引起的动态作用，包括地震加速度、速度和动位移的作用，属于间接作用，不可称为"荷载"，应称为"地震作用"。

弹性反应谱理论仍是现阶段结构抗震设计的最基本理论，其中以加速度反应谱应用最多。抗震规范所采用的设计反应谱以地震影响系数曲线的形式给出，地震影响系数的周期范围延长至6s。

关于结构的地震作用计算，不同的结构采用不同的分析方法在各国抗震规范中均有体现，底部剪力法和振型分解反应谱法仍然是基本方法，其中底部剪力法适用于手算，振型分解反应谱法适用于电算。时程分析法作为补充计算方法，对特别不规则、特别重要和较高的高层建筑才要求采用。对一些较规则且一定层数的结构可以采用简化计算方法进行弹塑性分析，如静力弹塑性分析（push-over）法。

结构上的地震作用方向实际上是不确定的，在结构抗震计算及验算时，一般要求考虑沿结构水平面内的抗震主轴方向及竖直方向。在多遇地震烈度下的地震作用，应视为可变作用而不是偶然作用。

本 章 小 结

本章主要介绍了地震作用及地震作用效应(地震反应)的概念，地震作用的大小和方向是不确定的。我国现行建筑抗震设计中，结构的地震作用采用最大惯性力，并根据地震引起建筑物主要的振动方向，将地震作用划分为水平地震作用和竖向地震作用。其中水平地震作用的方向包括 X、Y 两个主轴方向及斜向主轴方向(与水平 X 方向夹角大于 15°)的平动方向(或扭转方向)，称为结构的抗震主轴方向。结构的自震特性(自振频率、阻尼等)及地震作用的计算或验算都是按结构抗震主轴方向进行。地震作用的计算基于单自由度体系和多自由度体系动力学原理和方法。在此基础上，提出了水平地震作用及竖向地震作用的简化计算方法。水平地震作用的计算一般采用底部剪力法或振型分解反应谱法。在多遇地震下，建筑结构抗震主轴方向的抗震验算一般包括抗震承载力和弹性变形验算，在罕遇地震下，则还需要进行弹塑性变形验算或时程分析。

思考题及习题

3.1 地震作用与地震反应有何区别和联系？抗震主轴内涵是什么？其方向包括哪些？

3.2 什么是反应谱？什么是设计反应谱？两者有何关系？

3.3 什么是重力荷载代表值？在计算水平和竖直地震作用时如何取值？

3.4 地震系数和地震影响系数之间的关系如何？

3.5 简述振型分解反应谱法的基本原理和计算步骤。

3.6 简述底部剪力法的适用条件和计算步骤。

3.7 结构抗震验算包括哪些内容？

3.8 如何进行弹塑性位移反应的计算？哪些结构可以采用简化计算方法计算？

3.9 什么是楼层屈服强度系数？如何计算？

3.10 什么是结构薄弱层？如何判断其部位？

3.11 哪些结构需要进行竖向地震作用的计算？计算方法如何？

3.12 简述弹塑性时程分析的一般步骤。

3.13 某两层房屋计算简图如图 3.29 所示。已知楼层集中质量为 $m_1 = m_2 = 60 \times 10^3$ kg，楼板平面内刚度无限大，沿某抗震主轴方向的层间剪切刚度为 $k_1 = k_2 = 21600$ kN/m。

求该结构体系在该抗震主轴方向的自振频率、自振周期及振型。

3.14 某钢筋混凝土三层框架，如图 3.30 所示。各楼层层高均为 4m，各层重力荷载代表值分别为 $G_1 = G_2 = 710$ kN，$G_3 = 480$ kN。已知结构沿某抗震主轴方向的各阶频率和振型为 $\omega_1 = 9.22$ rad/s，$\omega_2 = 25.44$ rad/s，$\omega_3 = 37.81$ rad/s；$\{X_1\} = \begin{pmatrix} 0.445 \\ 0.920 \\ 1.000 \end{pmatrix}$，$\{X_2\} = \begin{pmatrix} -0.654 \\ -0.589 \\ 1.000 \end{pmatrix}$，$\{X_3\} = \begin{pmatrix} 1.654 \\ -1.289 \\ 1.000 \end{pmatrix}$。结构阻

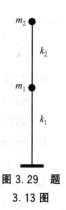

图 3.29 题
3.13 图

尼比 $\xi=0.05$，I_1 亚类场地，设计地震分组为第一组，设计基本加速度为 $0.10g$。试用振型分解反应谱法确定多遇地震作用下在该抗震主轴方向的框架各层地震剪力和位移反应，并绘出层间地震剪力图。

3.15　已知条件和计算要求同题 3.14，试用底部剪力法计算。

3.16　试用顶点位移法计算图 3.31 所示四层框架结构的基本周期。已知各层高均为 4.5m，各楼层的重力荷载代表值分别为 $G_1=10250\text{kN}$，$G_2=G_3=G_4=9230\text{kN}$；在该抗震主轴方向的各楼层层间侧移刚度分别为 $k_1=563452\text{kN/m}$，$k_2=k_3=563241\text{kN/m}$，$k_4=484216\text{kN/m}$。

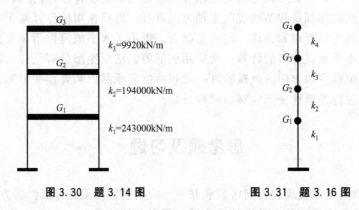

图 3.30　题 3.14 图　　　　　图 3.31　题 3.16 图

3.17　按振型分解反应谱法计算水平地震作用标准值时，其采用的重力荷载值是（　　）。

A. 结构总重力荷载值

B. 结构各层重力荷载代表值乘以各分项系数的总和

C. 结构等效总重力荷载值

D. 结构各集中质点的重力荷载代表值

3.18　建筑结构的地震影响系数应根据（　　）确定。

A. 烈度　　　　　　　　B. 场地类别　　　　　C. 设计地震分组

D. 结构自振周期　　　　E. 阻尼比

3.19　当高层建筑结构采用时程分析法进行补充计算时，所求的底部剪力应符合（　　）的规定。

A. 每条时程曲线计算所得的底部剪力应不小于振型分解反应谱法求得的底部剪力 80%

B. 每条时程曲线计算所得的底部剪力应不小于振型分解反应谱法求得的底部剪力 65%，多条时程曲线计算所得的底部剪力平均值应不小于振型分解反应谱法求得的底部剪力 80%

C. 每条时程曲线计算所得的底部剪力应不小于振型分解反应谱法求得的底部剪力 90%

D. 每条时程曲线计算所得的底部剪力应不小于振型分解反应谱法或底部剪力法求得的底部剪力 75%

3.20　在地震作用下，采用轻质填充墙的框架结构，其侧移限制为（　　）。

A. $[\Delta/H]=1/500$，$[\delta/h]=1/400$　　　　B. $[\Delta/H]=1/550$，$[\delta/h]=1/450$

C. $[\Delta/H]=1/650$，$[\delta/h]=1/500$ \qquad D. $[\Delta/H]=1/700$，$[\delta/h]=1/550$

3.21　抗震设防烈度为 8 度时，相应的地震波加速度峰值是（　　）。

A. $0.125g$ \qquad B. $0.25g$ \qquad C. $0.3g$ \qquad D. $0.2g$

3.22　8 度地震区，（　　）不需要考虑竖向地震作用。

A. 高层结构 \qquad B. 长悬臂结构 \qquad C. 烟囱 \qquad D. 大跨度结构

3.23　多遇地震作用下层间弹性位移验算的主要目的是（　　）。

A. 防止结构倒塌 \qquad B. 防止结构发生破坏

C. 防止非结构部分发生过重的破坏 \qquad D. 防止使人们发生惊慌

3.24　多数的高层建筑结构设计程序所采用的地震作用计算方法是（　　）。

A. 底部剪力法 \qquad B. 振型分解反应谱法

C. 弹性时程分解分析法 \qquad D. 弹塑性时程分析法

3.25　下列高层建筑中，计算地震作用时（　　）宜采用时程分析法进行补充计算。

Ⅰ. 建筑设防类别为乙类的高层建筑结构

Ⅱ. 设防烈度 8 度，Ⅲ类场地上大于 60m 的高层建筑结构

Ⅲ. 高柔的高层建筑结构

Ⅳ. 刚度与质量沿竖向分布特别不均匀的高层建筑结构

A. Ⅱ、Ⅳ \qquad B. Ⅰ、Ⅲ \qquad C. Ⅰ、Ⅱ \qquad D. Ⅲ、Ⅳ

第4章
多层和高层混凝土结构建筑抗震设计

教学目标与要求：熟悉多层及高层钢筋混凝土结构建筑的震害特点及原因，理解和掌握多层及高层钢筋混凝土结构抗震概念设计的要求，掌握钢筋混凝土框架结构的抗震设计内容和设计方法。了解抗震墙结构的抗震设计方法，熟悉多层及高层钢筋混凝土结构的抗震构造措施。

导入案例：

1972年尼加拉瓜首都马那瓜发生的地震中，有两幢钢筋混凝土结构的高层建筑，相隔不远，一幢是15层的中央银行大厦，其结构布置上下不连续、平面不对称；另一幢是18层的美洲银行大厦，其结构布置均匀对称。地震时前者发生了严重破坏，震后拆除；而后者只受轻微损坏，经维修恢复使用。为什么两幢混凝土结构房屋会发生如此不同的破坏呢？我们可以通过本章的学习得到理解。

4.1 多层和高层混凝土结构震害特征及其原因

一般来说，震害的大小与地震特性和结构自身特征有关。本节主要针对房屋结构自身特征分析震害原因。钢筋混凝土结构（reinforced concrete structure）具有较好的抗震性能，地震时所遭受的破坏比砌体结构的震害轻得多。但如果设计不合理、施工质量不良，多层和高层钢筋混凝土结构建筑也会产生严重的震害。

1. 结构布置不合理产生的震害

1) 平面布置不当产生的破坏

图4.1 角柱破坏

如果建筑物平面不规则、质量和刚度分布不均匀、不对称而造成刚度中心和质量中心有较大的不重合，易使结构在地震时产生过大的扭转反应而严重破坏。如天津市某建筑的平面为L形，1976年唐山地震时产生了强烈的扭转反应，导致角柱严重破坏：东南角柱3层产生了纵向裂缝、钢筋外露；东北角柱处梁柱节点的混凝土压酥。马那瓜地震时，由于中央银行大厦钢筋混凝土框架柱竖向不连续、电梯井筒平面布置严重不均匀，产生了扭转效应，造成严重破坏。1985年墨西哥城地震时，平面不规则的建筑物也产生了严重的扭转破坏，其中角柱破坏十分严重(图4.1)。

2）竖向不规则产生的破坏

如果结构沿竖向布置的刚度有过大突变，地震时突变处产生应力集中，刚度突然变小的楼层成为薄弱层，致使变形过大，极易发生破坏，甚至倒塌。如美国某医院主楼，1～2层为框架结构，3层以上为框架-抗震墙结构，且2层有较多的砌体填充墙，上刚下柔，刚度相差悬殊，1971年地震时，该楼底层发生严重破坏，侧移超过0.5m。

2. 防震缝处碰撞

由于防震缝两侧的结构单元各自的振动特性不同，地震时会发生不同形式的振动，如果防震缝宽度不够，其两侧的结构单元就会发生碰撞而产生震害。例如：唐山地震时，北京民航大楼防震缝处的女儿墙被碰坏；北京饭店西楼防震缝处的贴砖假柱被碰坏。

3. 框架整体的震害

框架结构的整体破坏形式一般可分为延性破坏和脆性破坏。当塑性铰出现在梁端，形成梁铰机制（强柱弱梁），此时结构能承受较大整体变形，吸收较多地震输入能，结构发生延性破坏；当塑性铰出现在柱端，形成柱铰机制（强梁弱柱），此时结构的变形往往集中在某一薄弱层，整体变形较小，结构发生脆性破坏。由于框架结构的层间侧移或顶部侧移过大，还会造成框架整体结构失稳破坏。另外共振效应也是引起框架结构整体破坏的原因之一。

4. 框架梁的震害

框架梁的震害一般发生在梁端。在竖向荷载与地震作用下，梁端承受反复作用的剪力和弯矩，出现垂直裂缝、交叉斜裂缝。当抗剪钢筋配置不足时发生脆性剪切破坏；当抗弯钢筋配置不足时发生弯曲破坏。此外，当梁主筋在节点内锚固不足时发生锚固失效（拔出）。

5. 框架柱的震害

一般框架长柱的破坏发生在柱上下两端，柱顶较为严重。在弯矩、剪力、轴力的复合作用下，柱顶周围有水平裂缝或交叉斜裂缝，严重者会发生混凝土被压碎，箍筋拉断或崩开，纵筋受压屈曲呈灯笼状（图4.2）。

框架短柱（柱剪跨比不大于2或柱净高与柱截面高度之比值小于4的柱）由于刚度较大，分担的水平地震剪力大，而剪跨比又小，容易导致脆性剪切破坏（图4.3）。

图4.2 柱端破坏

图4.3 短柱破坏

角柱处于双向偏压状态，受结构整体扭转影响大，受力状态复杂，而受横梁的约束相对减弱，因此，震害比内柱严重。

6. 框架梁柱节点的震害

框架梁柱节点的震害主要是节点核心区的破坏。当配筋或构造不当时，会出现交叉斜裂缝形式的剪切破坏，后果往往较严重。节点核心区箍筋过少，或节点核心区钢筋过密而影响混凝土浇筑质量，都会引起节点区的破坏(图4.4)。

7. 填充墙的震害

框架结构中的砌体填充墙与框架共同工作，使结构在水平地震作用下早期刚度大大增加，可以吸收较大的地震输入能量。但填充墙本身的抗剪强度低，在地震作用下很快出现交叉斜裂缝而破坏，或者倒塌(图4.5)。

图4.4　梁柱节点破坏　　　　　图4.5　填充墙破坏

8. 抗震墙及其连梁的震害

在强震作用下，框架-抗震墙结构或抗震墙结构中的抗震墙及连梁，其震害主要表现为墙肢之间连梁或抗震墙肢的剪切破坏。由于地震的往复作用下，连梁剪跨比过小而产生交叉斜裂缝的脆性破坏。连梁的破坏使墙肢之间的联系减弱或丧失，导致抗震墙承载力下降。同时，抗震墙肢底层也可能出现水平裂缝、交叉斜裂缝而发生破坏。

4.2　多层和高层混凝土结构抗震概念设计

位于抗震设防区的多层和高层钢筋混凝土结构建筑抗震设计，首先应合理选择其建造地段，确定其抗震设防类别及标准，并满足自身结构抗震概念设计要求。

4.2.1　结构体系的选择及相关要求

多层和高层钢筋混凝土结构房屋在我国地震区得到了广泛的应用。其抗震结构体系主要有：框架结构、抗震墙（即剪力墙）结构、框架-抗震墙结构、筒体结构等。多层和高层钢筋混凝土建筑不同的抗震结构体系具有不同的性能特点，在确定结构方案时，应根据建筑使用功能要求和抗震要求进行合理选择。一般来讲，结构抗侧移刚度是选择抗震结构体系要考虑的重要因素，特别是高层建筑的设计，这一点往往起控制作用。

框架结构体系的特点是自重轻，地震作用小，结构内部空间较大，布置灵活。但侧向刚度较小，地震时水平位移较大，会造成非结构构件的破坏。对于较高建筑，过大的水平位移会引起重力 $P-\Delta$ 效应，使结构震害更为严重，因此，框架结构适用于高度不很大的建筑。高层的框架结构不应采用单跨框架结构，多层框架结构不宜采用单跨框架结构。

抗震墙结构体系的特点是自重大，侧向刚度大，地震作用大，空间整体性好，但布置不灵活。抗震墙结构适合于住宅、宾馆等建筑。

框架-抗震墙结构体系的特点是克服了纯框架结构刚度小和纯抗震墙结构自重大的缺点，发挥了各自的优点长处。具有抗侧刚度较大，自重较轻，结构布置较灵活，结构的水平位移较小的优点，抗震性能较好。该结构适用于办公写字楼、宾馆、高层住宅等。

此外，还有筒体结构、巨型框架结构等。

由于多层和高层钢筋混凝土建筑不同的结构体系具有不同的抗侧移刚度，建筑物的高度和高宽比是其重要的影响因素。因此，在选择结构体系时必须考虑建筑的高度和高宽比的限制要求。同时，还应考虑建筑物的刚度与场地条件的相互影响，应注意使房屋的自振周期与场地的特征周期尽量避开，避免发生共振，以减小地震作用。

国家标准《高层建筑混凝土结构技术规程》（JGJ 3—2010）（以下简称《高层规程》）将钢筋混凝土高层建筑结构按房屋高度划分为 A 级和 B 级两个级别。规定了各自的最大适用高度和高宽比的限制，提出了不同的抗震设计要求。A 级高度的建筑是目前应用最广泛的建筑，B 级高度的建筑的最大适用高度和高宽比可较 A 级适当放宽，但其结构抗震等级、抗震计算及构造措施等要求更加严格。A 级高度乙类和丙类建筑的最大适用高度应符合表 4-1 的要求，对于甲类建筑，6 度、7 度、8 度时宜按本地区设防烈度提高一度后符合表 4-1 的要求，9 度时应专门研究。

表 4-1　多层及 A 级现浇钢筋混凝土结构建筑适用的最大高度　　单位：m

结构体系		非抗震设计	抗震设防烈度				
			6 度	7 度	8 度		9 度
					0.2g	0.3g	
框架		70	60	50	45	35	24
框架-抗震墙		150	130	120	100	80	50
抗震墙	全部落地抗震墙	150	140	120	100	80	60
	部分框支抗震墙	130	120	100	80	50	不应采用
筒体	框架-核心筒	160	150	130	100	90	70
	筒中筒	200	180	150	120	100	80
板柱-抗震墙		110	80	70	55	40	不应采用

注：1. 房屋高度指室外地面至主要屋面面板顶的高度（不包括局部突出屋面的电梯机房、构架等部分）。
　　2. 表中框架结构，不含异形柱框架结构。
　　3. 部分框支抗震墙结构指地面以上有部分框支抗震墙的抗震墙结构。
　　4. 框架结构、板柱-抗震墙结构以及 9 度抗震设防的表列其他结构，超过表内高度的房屋，其结构设计应有可靠依据，并采取有效的加强措施。

B级高度乙类和丙类建筑的最大适用高度应符合表4-2的要求，对于甲类建筑，6度、7度时宜按本地区设防烈度提高一度后符合表4-2要求，8度时应专门研究。应当注意，上述规定只适用于规则结构，对于平面、竖向不规则结构或建造在Ⅳ类场地的结构，上述最大适用高度应适当降低。

表4-2 B级高度现浇钢筋混凝土结构高层建筑的最大适用高度   单位：m

结构体系		非抗震设计	抗震设防烈度			
			6度	7度	8度	
					0.2g	0.3g
框架-抗震墙		170	160	140	120	100
抗震墙	全部落地抗震墙	180	170	150	130	110
	部分框支抗震墙	150	140	120	100	80
筒体	框架-核心筒	220	210	180	140	120
	筒中筒	300	280	230	170	150

注：1. 房屋高度指室外地面至主要屋面板板顶的高度，不包括局部凸出屋面的电梯机房、水箱、构架等高度。

2. 部分框支抗震墙结构指地面以上部分框支抗震墙的抗震墙结构。

3. 当房屋高度超过表中数值时，结构设计应有可靠依据，并采取有效措施。

《高层规程》中对A级高度建筑的相应规定与《建筑抗震设计规范》（GB 50011—2010)中对多、高层现浇钢筋混凝土房屋最大适用高度的规定基本一致。

同时，现浇钢筋混凝土高层建筑结构的高宽比不宜超过表4-3规定的数值。

表4-3 现浇钢筋混凝土结构高层建筑适用的高宽比

结构体系	非抗震设计	抗震设防烈度		
		6度、7度	8度	9度
框架	5	4	3	2
板柱-抗震墙	6	5	4	—
框架-抗震墙、抗震墙	7	6	5	4
框架-核心筒	8	7	6	4
筒中筒	8	8	7	5

4.2.2 抗震等级的划分

抗震等级是多层和高层钢筋混凝土结构、构件进行抗震设计的标准。同一结构体系中，不同的抗震等级具有不同的抗震设计计算(抗弯、抗剪等)和构造措施要求。为此，我国抗震设计规范和高层规程综合考虑建筑重要性类别、设防烈度、结构类型及房屋高度等因素，对钢筋混凝土结构划分了不同的抗震等级。多层建筑和A级高度丙类高层建筑的抗震等级按表 4-4 确定，B 级高度丙类高层建筑的抗震等级按表 4-5 确定。对甲、乙、丁类建筑，则应对各自设防烈度调整后，再查表确定抗震等级。注意，当本地区设防烈度为 9 度时，A 级高度乙类高层建筑的抗震等级应按特一级采用，甲类建筑应采取更有效的抗震措施。

表 4-4　多层及 A 级高度现浇钢筋混凝土结构的高层建筑抗震等级

结构类型		设防烈度									
		6		7			8			9	
框架结构	高度/m	≤24	>24	≤24	>24		≤24	>24		≤24	
	框架	四	三	三	二		二	一		一	
	大跨度框架	三		二			一			一	
框架-抗震墙结构	高度/m	≤60	>60	≤24	25～60	>60	≤24	25～60	>60	≤24	25～50
	框架	四	三	四	三	二	三	二	一	二	一
	抗震墙	三		三			二			一	
抗震墙结构	高度/m	≤80	>80	≤24	25～80	>80	≤24	25～80	>80	≤24	25～60
	剪力墙	四	三	四	三	二	三	二	一	二	一
部分框支抗震墙结构	高度/m	≤80	>80	≤24	25～80	>80	≤24	25～80			
	抗震墙　一般部位	四	三	四	三	二	三	二			
	抗震墙　加强部位	三	二	三	二	一	二	一			
	框支层框架	二		二			一				
框架-核心筒结构	框架	三		二			一			一	
	核心筒	二		二			一			一	
筒中筒结构	外筒	三		二			一			一	
	内筒	三		二			一			一	
板柱-抗震墙结构	高度/m	≤35	>35	≤35	>35		≤35	>35			
	框架、板柱的柱	三	二	二	二		二	一			
	抗震墙	二	二	二	一		二	一			

注：1. 建筑场地为 I₀ 类时，除 6 度外应允许按表内降低一度所对应的抗震等级采取抗震构造措施，但相应的计算要求不应降低；Ⅲ、Ⅳ 类场地时，7 度（0.15g）和 8 度（0.3g）应分别按 8 度、9 度对应的抗震等级确定其抗震构造措施。

2. 接近或等于高度分界时，应结合房屋不规则程度及场地、地基条件确定抗震等级。

3. 低于 60m 核心筒-外框结构，满足框架-抗震墙结构的有关要求时，应允许按框架-抗震墙结构确定抗震等级。

表4-5 B级高度现浇钢筋混凝土结构的高层建筑抗震等级

结 构 类 型		抗震设防烈度		
		6 度	7 度	8 度
框架-抗震墙	框 架	二	一	一
	抗震墙	二	一	特一
抗震墙	抗震墙	二	一	一
框支抗震墙	非底部加强部位抗震墙	二	一	一
	底部加强部位抗震墙	一	一	特一
	框支框架	一	特一	特一
框架-核心筒	框架	二	一	一
	筒体	二	一	特一
筒中筒	内筒	二	一	特一
	外筒	二	一	特一

注:底部带转换层的筒体结构,其框支框架和底部加强部位筒体的抗震等级应按表中框支抗震墙结构的
规定采用。

当裙房与主楼相连时,除应按裙房本身确定外,其抗震等级应不低于主楼的抗震等级;
当裙房与主楼分离时(设有防震缝),应按裙房本身确定抗震等级。

4.2.3 结构布置

建筑结构的合理布置在抗震概念设计中十分重要,也是建筑设计阶段首先应该考虑的问
题。钢筋混凝土结构的布置包括平面布置、竖向布置及防震缝的设置。

1. 结构平面布置

结构平面布置一般要求如下。

(1)结构平面布置宜简单、规则、对称、减小偏心,尽量避免表1-4所列的平面不规则
情况,使刚度和承载力分布均匀。在布置柱和抗震墙的位置时,要使结构平面的质量中心与
刚度中心尽可能重合或靠近,以减小水平地震作用下产生的扭转反应。框架和抗震墙应双向
均匀设置,柱截面中线与抗震墙截面中线、梁轴中线与柱截面中线之间的偏心距不宜大于偏
心方向柱宽的1/4。

(2)对于10层和10层以上或高度大于24m属于A级高度的高层钢筋混凝土建筑,平面
长度 L 不宜过长,平面局部突出部分的长度 l 不宜过大。图4.6中 L、l 等值宜满足表4-6的
要求,不宜采用角部重叠的平面图形或细腰形平面图形。在实际工程中,设防烈度为6度、
7度时,L/B 不宜大于4,设防烈度为8度、9度时,L/B 不宜大于3;l/b 不宜大于1,
在凹角处应采取加强措施。

(3)B级高度的高层建筑及复杂高层建筑,其平面布置的规则性应要求更严格。

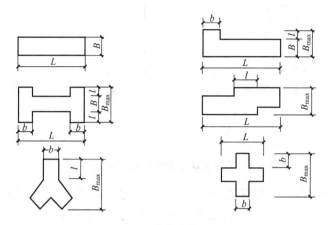

图 4.6 建筑结构平面

表 4-6 L、l 的限值

设防烈度	L/B	l/B_{max}	l/b
6 度、7 度	≤6.0	≤0.35	≤2.0
8 度、9 度	≤5.0	≤0.30	≤1.5

2. 结构竖向布置

结构竖向布置应尽量避免表 1-5 所列的竖向不规则的情况，具体要求如下。

（1）高层建筑的竖向体型宜规则、均匀；结构竖向抗侧力构件宜上下连续贯通。

（2）结构避免过大的外挑和内收。当结构上部楼层收进部位到室外地面的高度 H_1 与房屋高度 H 之比值大于 0.2 时，上部楼层收进后的水平尺寸 B_1 不宜小于下部楼层水平尺寸 B 的 0.75 倍，如图 4.7(a)、(b)所示；当上部结构楼层相对于下部楼层外挑时，下部楼层的水平尺寸 B 不宜小于上部楼层水平尺寸 B_1 的 0.9 倍，且水平外挑尺寸 a 不宜大于 4m，如图 4.7(c)、(d)所示。

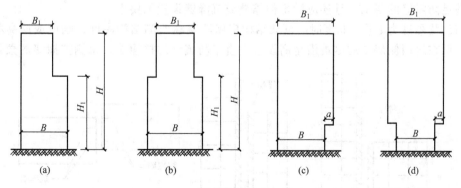

图 4.7 结构竖向收进和外挑

（3）结构的侧移刚度宜下大上小逐渐均匀变化，楼层侧移刚度不宜小于相邻上部楼层侧移刚度的 70% 或其上相邻 3 个楼层侧移刚度平均值的 80%（图 4.8）。

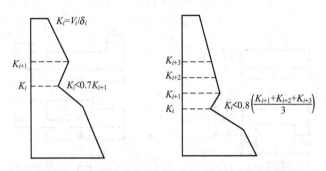

图 4.8 侧移刚度沿竖向变化不均匀(宜避免)

(4) 对于 A 级高度高层建筑的楼层层间抗侧力结构的受剪承载力不宜小于上一层受剪承载力的 80%，不应小于其上一层受剪承载力的 65%；B 级高度高层建筑的楼层层间抗侧力结构的受剪承载力不应小于其上一层受剪承载力的 75%。

3. 防震缝的设置

当建筑结构平面形状不规则，如平面形状为 "L" 形、"凸" 形或 "凹" 形时，可以通过设置防震缝，将平面不规则的建筑结构划分成若干较为简单、规则的 "一" 形结构，使其对抗震有利。设置防震缝，可以将不规则的建筑结构划分成若干较为简单、规则的结构，使其对抗震有利。但防震缝会给建筑立面处理、屋面防水、地下室防水处理等带来难度，而且在强震时防震缝两侧的相邻结构单元可能发生碰撞，造成震害。因此，应提倡尽量不设防震缝。当必须设置防震缝时，其缝最小宽度应符合下列要求。

(1) 框架结构房屋，高度不超过 15m 时可取 100mm；超过 15m 时，6 度、7 度、8 度和 9 度相应每增加 5m、4m、3m 和 2m 时，均宜加宽 20mm。

(2) 框架-抗震墙结构房屋的防震缝宽度可采用(1)项规定的 70%，抗震墙结构房屋的防震缝宽度可采用(1)项规定的 50%；且均不宜小于 100mm。

(3) 防震缝两侧结构类型不同时，宜按需要较宽防震缝的结构类型采用，并按较低房屋高度确定缝宽。

防震缝应沿房屋上部结构的全高设置。当利用伸缩缝或沉降缝兼作防震缝时，其缝宽必须满足防震缝的要求，且还应满足伸缩缝或沉降缝设置的要求。

当设防烈度为 8 度、9 度时的框架结构房屋防震缝两侧结构高度、刚度或层高相差较大时，可在缝两侧房屋的尽端沿全高设置垂直于防震缝的抗撞墙，每侧抗撞墙的数量不应

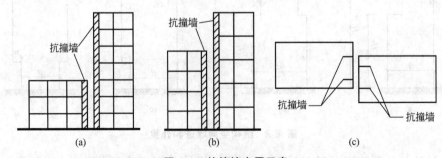

图 4.9 抗撞墙布置示意

(a) 高度、刚度差别大；(b) 层高不同；(c) 抗撞墙平面示意

少于两道，宜分别对称布置，墙肢长度可不大于层高的 1/2，如图 4.9 所示。框架和抗撞墙的内力应按考虑和不考虑抗撞墙两种情况分别进行分析，并按不利情况取值。防震缝两侧抗撞墙的端柱，箍筋应沿房屋全高加密。

4.2.4　结构材料

对钢筋混凝土结构进行抗震设计时，在地震作用下，为保证整体结构及结构构件的承载力和延性，对材料的一般要求如下。

（1）混凝土的强度等级，框支梁、框支柱及抗震等级为一级的框架梁、柱、节点核心区，应不低于 C30；构造柱、芯柱、圈梁及其他各类构件应不低于 C20；8 度不宜超过 C70 和 9 度不宜超过 C60。

（2）普通钢筋宜优先采用延性、韧性和焊接性较好的钢筋；普通钢筋的强度等级，纵向受力钢筋宜选用符合抗震性能指标的 HRB400 级热轧钢筋，也可采用符合抗震性能指标的 HRB335 级热轧钢筋；箍筋宜选用符合抗震性能指标的 HRB335、HRB400 级热轧钢筋。

（3）抗震等级为一、二级的框架结构，其纵向受力钢筋采用普通钢筋时，钢筋的抗拉强度实测值与屈服强度实测值的比值应不小于 1.25；且钢筋的屈服强度实测值与强度标准值的比值应不大于 1.3；且钢筋在最大拉力下的总伸长率实测值应不小于 9%。

4.3　框架结构的抗震设计

4.3.1　框架结构抗震概念设计

钢筋混凝土框架结构（reinforced concrete frame structure）是由钢筋混凝土柱（基础）、梁及楼板组成，其抗侧力构件主要是框架柱（砌体抗震墙）。框架结构的抗震设计，除首先要满足抗震概念设计的一般要求（见 4.2 节）之外，还要满足框架结构自身特点的抗震概念设计要求。如框架结构的承重方案选择（横向框架、纵向框架或纵横混合框架承重）、独立基础连系梁的设置等。本节主要介绍结构方案及结构布置等抗震概念设计完成后的抗震设计内容：抗震计算和抗震构造措施。

4.3.2　框架结构抗震计算及验算

工程上可以采用手算或电算。当采用振型分解反应谱法或时程分析法计算地震作用时，常采用电算方法。电算方法就是采用设计软件（如 PKPM、ETABS）进行结构的抗震计算与设计，采用电算时，注意计算模型的建立应符合实际结构，对计算结果应作出正确的判断，方可应用于工程设计；当采用底部剪力法计算地震作用时，通常采用手算方法。本章主要介绍只考虑水平地震作用下的手算方法的相关内容，并假定结构规则，其刚度中心和质量中心接近重合，不考虑扭转效应。

虽然地震作用的方向是任意的，但在抗震设计时，必须对结构的纵、横两个主轴方向进行抗震计算。由于实际结构是空间体系，但对于规则的框架结构(包括抗震墙结构、框架-抗震墙结构)，一般可以简化为平面结构进行抗震计算，即一榀框架或一片抗震墙体只抵抗自身平面内的侧向地震作用，各平面结构通过楼盖(屋盖)连接而协同工作，各层楼盖平面内刚度无限大，平面外刚度很小，可忽略。

1. 水平地震作用计算及变形验算

1) 水平地震作用计算

对于高度不超过 40m、以剪切变形为主且质量和刚度沿高度分布比较均匀的框架结构，在多遇地震作用下的水平地震作用可以采用底部剪力法计算。要求按照第 3 章给出的计算方法，首先确定结构计算简图(葫芦串模型)及各楼层质点的重力荷载代表值，计算结构基本周期 T_1 和相应的水平地震影响系数 $d_1(d_{max})$，然后依次计算出框架结构总水平地震作用标准值 F_{EK}、各层水平地震作用标准值 F_i，以及当 $T_1 > 1.4T_g$ 时要考虑高阶振型影响的主体结构顶层附加水平地震作用标准值 ΔF_n 或有局部突出主体屋面时的鞭梢效应。

2) 楼层地震剪力的计算

求出各层的水平地震作用标准值 F_i 和主体结构顶层附加水平地震作用标准值 ΔF_n后，可以根据静力方法计算框架的各楼层层间地震剪力 V_i，即

$$V_i = \sum_{j=i}^{n} F_j + \Delta F_n \qquad (4-1)$$

且应满足楼层最小地震剪力的要求，即

$$V_i > \lambda \sum_{j=i}^{n} G_j \qquad (4-2)$$

当不满足时，应对楼层剪力值进行调整。

3) 弹性变形验算

抗震设计要求在多遇地震作用下主体结构和非结构构件处于弹性阶段，不发生破坏。因此应进行抗震变形验算。框架结构在多遇地震作用下的弹性层间位移应满足式(4-3)要求：

$$\Delta u_e \leqslant [\theta_e] h \qquad (4-3)$$

式中 $[\theta_e]$——弹性层间位移角限值，按表 3-15 采用；

h——楼层高度；

Δu_e——多遇地震作用标准值产生的楼层层间最大弹性位移。

钢筋混凝土框架结构的第 i 层的层间最大弹性位移可由式(4-4)计算：

$$\Delta u_e = \frac{V_i}{D_i} \qquad (4-4)$$

式中，D_i 为第 i 层所有柱的抗侧移刚度之和，即 $D_i = \sum_{k=1}^{m} D_{ik}$，$D_{ik}$ 为该层第 k 柱的抗侧移刚度。

2. 水平地震作用下的框架内力计算

当框架层间弹性位移满足上述验算要求以后，方可进行多遇水平地震作用下的框架内力分析。假定各层水平地震作用为集中在框架梁柱节点处的水平力，同一楼层各柱柱端的侧移相等(忽略框架梁的轴向变形)。因此常采用反弯点法或 D 值法(改进反弯点法)进行计算，其计算步骤如下：

（1）将楼层地震剪力按各柱的侧移刚度分配给各柱；

（2）确定各柱的反弯点位置；

（3）计算各柱柱端弯矩；

（4）计算各节点梁端弯矩；

（5）计算梁剪力、柱轴力。

1）反弯点法

反弯点法主要用于梁柱线刚度比 i_b/i_c 大于 3 且层数不多的框架结构。

反弯点法的计算假定：框架梁的线刚度无限大，节点不发生转动，忽略梁、柱的轴向变形；底层柱的反弯点距柱底嵌固端为 2/3 柱高处，其余各层柱的反弯点均位于柱高的 1/2 处。

（1）框架柱剪力分配。根据反弯点法的计算假定，各层柱的侧移刚度 D 为柱上下两端仅有相对的单位层间侧移而无转角时的柱剪力，其表达式为

$$D=\frac{12i_c}{h^2} \qquad (4-5)$$

式中　i_c——框架柱的线刚度，$i_c=E_cI_c/h$，E_c 和 I_c 分别为柱的混凝土弹性模量和截面惯性矩；

　　　　h——柱高（层高）。

由式(4-1)计算出的第 i 层层间地震剪力 V_i，应按该层各柱的侧移刚度 D_{ik} 分配到各柱。设该层柱总数为 m，则第 j 柱所分到的剪力 V_{ij} 为

$$V_{ij}=\frac{D_{ij}}{\sum\limits_{k=1}^{m}D_{ik}}V_i \qquad (4-6)$$

（2）柱端弯矩计算。由反弯点法的计算假定可知柱的反弯点位置，因此求出柱剪力 V_{ij} 后可直接计算各柱上下端的弯矩。即

① 计算底层柱弯矩：

上端弯矩　　　　　　$M_c^t=V_{1j}h_1/3$ (4-7a)

下端弯矩　　　　　　$M_c^b=2V_{1j}h_1/3$ (4-7b)

② 计算其余各层柱上下端弯矩：

$$M_c^t=M_c^b=V_{ij}h_i/2 \qquad (4-7c)$$

（3）节点梁端弯矩及梁剪力、柱轴力计算。

梁端弯矩按节点弯矩平衡条件进行计算，即将节点上、下柱端弯矩之和等于左、右两梁端弯矩之和，然后按照左梁线刚度 i_{bl} 和右梁线刚度 i_{br} 的所占比例进行分配，可得到节点左梁端弯矩 M_{bl}、右梁端弯矩 M_{br}（图 4.10）。即

$$M_{bl}=\frac{i_{bl}}{i_{bl}+i_{br}}(M_c^u+M_c^t) \qquad (4-8a)$$

$$M_{br}=\frac{i_{br}}{i_{bl}+i_{br}}(M_c^u+M_c^t) \qquad (4-8b)$$

式中　M_c^u、M_c^t——分别为与该节点相交的下柱顶端和上柱底端的弯矩。

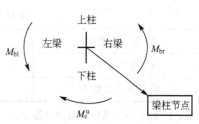

图 4.10　节点处梁柱端弯矩分布

框架梁剪力按梁的弯矩平衡条件计算：

$$V_b=\frac{M_b^l+M_b^r}{l} \tag{4-9}$$

式中　M_b^l、M_b^r——分别为框架梁左、右端弯矩；

　　　　l——框架梁跨度。

框架柱轴力按该柱以上所有各层相邻梁端剪力沿竖向平衡条件求得。

2）D 值法

D 值法是改进的反弯点法，计算更为精确。D 值法在反弯点法计算假定的基础上进行了如下两点改进：①考虑柱上下两端节点转动影响后的柱侧移刚度的修正；②考虑了柱反弯点位置变化的修正。

（1）框架柱 D 值。考虑上述两点修正后，柱的侧移刚度为 D，其表达式为

$$D=\alpha\,\frac{12i_c}{h^2} \tag{4-10}$$

式中　α——节点转动影响系数，按表 4-7 中的公式计算。

表 4-7　节点转动影响系数 α

楼层	边柱		中柱		α
一般层		$\bar{K}=\dfrac{i_{b1}+i_{b2}}{2i_c}$		$\bar{K}=\dfrac{i_{b1}+i_{b2}+i_{b3}+i_{b4}}{2i_c}$	$\alpha=\dfrac{\bar{K}}{2+\bar{K}}$
底层		$\bar{K}=\dfrac{i_{b5}}{i_c}$		$\bar{K}=\dfrac{i_{b5}+i_{b6}}{i_c}$	$\alpha=\dfrac{0.5+\bar{K}}{2+\bar{K}}$

表 4-7 中 $i_c=E_cI_c/h$、$i_{bj}=E_{bj}I_{bj}/l\,(j=1,2,\cdots,6)$ 分别为框架柱、梁的线刚度，其中 E_{bj}、I_{bj} 分别为框架梁混凝土的弹性模量和截面惯性矩，l 为梁跨度。$\bar{K}$ 为节点处框架梁、柱的线刚度比。当采用现浇整体式或装配整体式楼盖时，宜考虑部分楼板作为梁受压翼缘参加工作，此时梁按 T 形截面梁进行设计，其截面折算惯性矩 I_b 按表 4-8 采用。

表 4-8　框架梁截面折算惯性矩 I_b

楼盖结构类型	中 框 架	边 框 架
现浇整体式楼盖	$I_b=2I_0$	$I_b=1.5I_0$
装配整体式楼盖	$I_b=1.5I_0$	$I_b=1.2I_0$

注：1. I_0 为框架梁矩形截面惯性矩。
　　2. 中框架是指其两侧都布置楼板的框架；边框架是指其仅一侧布置楼板的框架。

求出 D 值后，层间地震总剪力按该层各柱的 D_{ik} 值分配到各柱。由式(4-6)可知，层间剪力 V_i 可由式(4-11)进行分配：

$$V_{ij} = \frac{D_{ij}}{\sum\limits_{k=1}^{m} D_{ik}} V_i \tag{4-11}$$

（2）柱反弯点位置的确定。

按由上述方法求得的柱中地震剪力去确定柱端弯矩的关键是确定柱的反弯点位置，当节点处梁柱线刚度比 $\overline{K} > 3$ 时，可近似认为底层柱的反弯点在 $(2/3)h$ 处，其他各层均在 $(1/2)h$ 处；当梁柱线刚度比 $\overline{K} \leqslant 3$ 时，用 D 值法确定柱反弯点位置 yh（柱底至反弯点的高度）则按下式确定：

$$yh = (y_0 + y_1 + y_2 + y_3)h \tag{4-12}$$

式中　y——D 值法的柱反弯点高度比。

y_0——标准反弯点高度比，根据水平荷载的形式，查附录 C 中相应的用表确定。

y_1——与柱相邻的上下横梁线刚度不同时对反弯点高度比的修正系数，按附录 C 中相应用表确定；当 $i_{b1} + i_{b2} < i_{b3} + i_{b4}$ 时，则 $\alpha_1 = \dfrac{i_{b1} + i_{b2}}{i_{b3} + i_{b4}}$，此时反弯点上移，$y_1$ 取正值；当 $i_{b1} + i_{b2} > i_{b3} + i_{b4}$ 时，则 $\alpha_1 = \dfrac{i_{b3} + i_{b4}}{i_{b1} + i_{b2}}$，此时反弯点下移，$y_1$ 取负值；底层柱不考虑 y_1。

y_2——相邻上层层高 h_u 与本层层高 h 不同时对反弯点高度比的修正系数，按附录 C 中相应用表确定；表中系数 $\alpha_2 = \dfrac{h_u}{h}$。

y_3——相邻下层层高 h_d 与本层层高 h 不同时对反弯点高度比的修正系数，按附录 C 中相应用表确定；表中系数 $\alpha_3 = \dfrac{h_d}{h}$。

（3）柱端弯矩计算。

根据上述方法求出的各柱剪力 V_{ij} 及柱反弯点高度 yh，可用来计算出各柱上下端弯矩，即

上端弯矩　　　　　　　　$M_c^t = V_{ij}(1-y)h \tag{4-13a}$

下端弯矩　　　　　　　　$M_c^b = V_{ij} yh \tag{4-13b}$

其他内力计算与反弯点法相同。

3. 竖向荷载作用下的框架内力计算

竖向荷载作用下的框架内力计算可以采用弯矩二次分配法和分层法进行近似计算，一般选取起控制作用的一榀或几榀框架为计算对象，可用手算或电算。弯矩二次分配法就是将求得的各节点固端不平衡弯矩进行分配，并向远端传递，再在各节点分配一次而结束。分层法计算步骤为：首先将 m 层框架拆成 m 个计算单元，每个计算单元内仅由一层梁和与其相邻的上下柱组成，且只承受该层梁的竖向荷载，上下柱的远端均近似看成固定端；然后采用弯矩分配法计算各单元的弯矩图；最后将各单元弯矩图叠加成框架弯矩图，对不平衡的节点弯矩图可再进行一次分配，但不再传递。应注意的是，由于除底层柱的下端外，其余各层柱端都不是固定端，而是弹性支承，因此，将除底层柱外其余各层柱的线刚

度均乘以折减系数 0.9，并将柱的弯矩传递系数由 1/2 改为 1/3，底层柱不作此修正。

竖向荷载作用下，可以考虑框架梁塑性内力重分布，进行弯矩调幅，降低梁端负弯矩，减少支座配筋量。对于现浇框架，调幅系数可取 0.8～0.9；对于装配整体式框架，可取 0.7～0.8。弯矩调幅应在内力组合前进行。

竖向活荷载的布置，当活荷载标准值小于 4kN/m² 时，可以按满布活荷载进行内力分析，以简化计算。但求出的梁跨中弯矩需要乘以 1.1～1.2 的放大系数。

4. 荷载及内力组合

框架结构设计时，先要进行所考虑的几种荷载单独作用下的框架内力分析，然后按照需要进行荷载和内力组合，从而得出构件控制截面上的最不利内力，以此作为截面设计的依据。一般考虑以下几种荷载：永久荷载（恒荷载）、可变荷载（楼面和屋面活荷载、屋面雪荷载、风荷载）、地震作用等。

常用的两种基本荷载作用效应组合如下。

（1）有地震作用组合。其内力组合设计值为
$$S = \gamma_{GE}S_{GE} + 1.3S_{Eh} \tag{4-14}$$
式中　S_{GE}——由重力荷载代表值计算的内力；

　　　S_{Eh}——由水平地震作用标准值计算的内力；

　　　γ_{GE}——重力荷载分项系数，一般取 1.2，当重力荷载效应对构件有利时，应不大于 1.0。

（2）无地震作用组合。其内力组合设计值为
$$S = \gamma_G S_{Gk} + \gamma_Q S_{Qk} \tag{4-15}$$
式中　S_{Gk}——由永久荷载标准值计算的内力。

　　　S_{Qk}——由可变荷载标准值计算的内力。

　　　γ_G——永久荷载分项系数，当永久荷载效应对构件不利时，对由可变荷载效应控制的组合，取 1.2，对由永久荷载效应控制的组合，取 1.35；当永久荷载效应对构件有利时，应不大于 1.0。

　　　γ_Q——可变荷载分项系数，一般取 1.4。

在上述有地震作用组合和无地震作用组合两种荷载效应组合中，取最不利情况的内力作为构件控制截面的内力设计值 $S(M, V, N)$。下面以多层框架梁柱为例，说明内力组合方法。注意：在进行有地震作用组合计算时，水平地震作用应考虑自左向右和自右向左两种情况。

（1）框架梁的内力组合设计值计算如下：

梁端截面负弯矩设计值　　$-M = -(1.2M_{GE} + 1.3M_{Eh})$

梁端截面正弯矩设计值　　$+M = -1.0M_{GE} + 1.3M_{Eh}$

梁端截面剪力设计值　　　$V = 1.2V_{GE} + 1.3V_{Eh}$

梁跨中截面弯矩设计值　　$+M = \max\{(\gamma_G M_{G中} + \gamma_Q M_{Q中}), M_{GE中}\}$

式中　M_{GE}、V_{GE}——分别为重力荷载代表值作用下的梁端弯矩和剪力；

　　　M_{Eh}、V_{Eh}——分别为水平地震作用下的梁端弯矩和剪力标准值；

　　　$M_{G中}$、$M_{Q中}$——分别为永久荷载、可变荷载作用下梁跨中截面最大正弯矩标准值；

　　　$M_{GE中}$——水平地震作用和重力荷载代表值共同作用下梁跨中截面最大正弯矩组合设计值。

（2）框架柱的内力组合设计值。

① 有地震作用组合时（以地震作用沿 x 方向，且柱单向偏心受压为例）：

柱端截面弯矩设计值 $\qquad M_x = 1.2M_{xGE} + 1.3M_{xEh}$

柱端截面轴力设计值 $\qquad N = 1.2N_{GE} + 1.3N_{Eh}$

② 无地震作用组合时：

柱端截面弯矩设计值 $\qquad M_x = 1.2M_{xG} + 1.4M_{xQ}$

柱端截面轴力设计值 $\qquad N = 1.2N_G + 1.4N_Q$

式中　N_{GE}、N_{Eh}——分别为重力荷载代表值作用下、水平地震作用下的柱轴力标准值；

$\qquad$ N_G、N_Q——分别为永久荷载、可变荷载作用下的柱轴力标准值。

5. 构件截面设计

框架结构在水平地震作用下的整体破坏机制可分为两种类型：强柱弱梁型和强梁弱柱型。"强柱弱梁型"机制又称"梁铰型"破坏机制，是指当框架柱端的抗弯承载力大于框架梁端的抗弯承载力时，地震时各层框架梁端首先屈服而出现塑性铰，此时结构可以承受较大的变形，耗散较多的地震输入能；而各层柱基本处于弹性阶段，最后在底层框架柱根处出现塑性铰而形成延性破坏机制[图 4.11(a)]。"强梁弱柱型"机制又称"柱铰型"破坏机制，是指当框架柱端的抗弯承载力小于框架梁端的抗弯承载力时，地震时各层框架柱端首先屈服而出现塑性铰，导致某一层屈服（形成薄弱层），而造成结构承受变形能力较小、耗散地震输入能较少的脆性破坏机制[图 4.11(b)]，容易使结构倒塌。因此，在抗震设计时应符合强柱弱梁的原则，避免强梁弱柱。

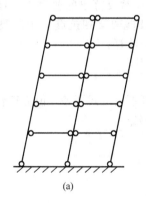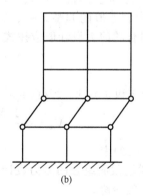

(a)   (b)

图 4.11　框架两种类型破坏机制

（a）"强柱弱梁型"机制；（b）"强梁弱柱型"机制

1）框架梁柱控制截面内力的调整

为了满足强柱弱梁型延性破坏机制的要求，有地震作用效应组合的控制截面最不利内力，还需要按下列原则进行调整，然后才能进行截面验算。

（1）根据"强柱弱梁"原则的调整。"强柱弱梁"的设计思想是框架节点处的柱端抗弯设计承载力应略大于梁端抗弯设计承载力。具体要求有如下几点。

① 一、二、三、四级框架梁柱节点处的柱端（除框架顶层和柱轴压比小于 0.15 的柱及框支梁与框支柱节点处的柱端外）组合的弯矩设计值应符合式（4-16）要求：

$$\sum M_c = \eta_c \sum M_b \qquad\qquad (4-16)$$

一级的框架结构和 9 度的一级框架可不符合上式要求，但应符合式(4-17)要求：

$$\sum M_{c}=1.2\sum M_{bua} \tag{4-17}$$

式(4-16)和式(4-17)中

$\sum M_{c}$ ——节点处上下柱端截面顺时针或反时针方向组合的弯矩设计值之和，上下柱端的弯矩设计值，可按弹性分析分配(按地震作用组合下的弯矩比分配)。

$\sum M_{b}$ ——节点处左右梁端截面反时针或顺时针方向组合的弯矩设计值之和，一级框架节点左右梁端均为负弯矩时，绝对值较小的弯矩应取零。

$\sum M_{bua}$ ——节点处左右梁端截面反时针或顺时针方向实配的正截面抗震受弯承载力所对应的弯矩设计值之和，根据实配钢筋面积(包含受压筋)和材料强度标准值确定。

η_{c} ——框架柱端弯矩增大系数；对框架结构，一、二、三、四级分别取 1.7、1.5、1.3、1.2；其他结构类型中的框架，一级取 1.4，二级取 1.2，三、四级取 1.1。当反弯点不在柱的层高范围内时，柱端截面组合的弯矩设计值可乘以上述柱端弯矩增大系数。

② 一、二、三、四级框架结构的底层，柱下端截面组合的弯矩设计值，应分别乘以增大系数 1.7、1.5、1.3 和 1.2。底层柱纵向钢筋应按上下端的不利情况配置。这里底层指无地下室的基础或地下室以上的首层。

③ 一、二、三级框架结构的角柱，调整后的弯矩设计值尚应乘以不小于 1.10 的增大系数。

(2) 根据"强剪弱弯"原则的调整。"强剪弱弯"的设计原则是，框架梁和柱的抗剪承载力应大于其抗弯承载力，就是将同一杆件在地震作用组合下的剪力设计值调整为略大于按杆端弯矩设计值(或实际抗弯承载力)及梁上荷载反算出的剪力值。具体要求如下：

① 框架梁剪力设计值的调整。一、二、三级框架梁和抗震墙中跨高比大于 2.5 的连梁，其梁端截面组合的剪力设计值应按式(4-18)计算：

$$V_{b}=\frac{\eta_{vb}(M_{b}^{l}+M_{b}^{r})}{l_{n}}+V_{Gb} \tag{4-18}$$

一级的框架结构和 9 度的一级框架梁、连梁可不按上式调整，但应符合式(4-19)要求：

$$V_{b}=\frac{1.1(M_{bua}^{l}+M_{bua}^{r})}{l_{n}}+V_{Gb} \tag{4-19}$$

式(4-18)和式(4-19)中

V_{b} ——梁端截面组合的剪力设计值；

l_{n} ——梁的净跨；

η_{vb} ——梁端剪力增大系数，一级为 1.3，二级为 1.2，三级为 1.1；

V_{Gb} ——梁在重力荷载代表值(9 度时高层建筑还应包括竖向地震作用标准值)作用下，按简支梁分析的梁端截面剪力设计值；

M_{b}^{l}、M_{b}^{r} ——分别为梁左、右端反时针或顺时针方向组合的弯矩设计值，一级框架两端弯矩均为负弯矩时，绝对值较小一端的弯矩取零；

M_{bua}^{l}、M_{bua}^{r} ——分别为梁左、右端反时针或顺时针方向根据实配钢筋面积(考虑受压钢筋)和材料强度标准值计算的抗震受弯承载力所对应的弯矩值。

② 框架柱剪力设计值的调整。一、二、三、四级框架结构的框架柱和框支柱组合剪力设计值，应按式(4-20)确定：

$$V_{c}=\frac{\eta_{vc}(M_{c}^{t}+M_{c}^{b})}{H_{n}} \tag{4-20}$$

一级的框架结构和 9 度的一级框架可不按上式调整，但应符合式(4-21)要求：

$$V_c = \frac{1.2(M_{cua}^t + M_{cua}^b)}{H_n} \qquad (4-21)$$

式(4-20)和式(4-21)中

　　V_c——柱端截面组合的剪力设计值。

　　H_n——柱的净高。

　　η_{vc}——柱剪力增大系数，对框架结构，一、二、三、四级分别取 1.5、1.3、1.2、1.1；其他结构类型中的框架，一级取 1.4，二级取 1.2，三、四级取 1.1。

　　M_c^t、M_c^b——分别为柱的上、下端顺时针或反时针方向截面组合的弯矩设计值，应符合上述对柱端弯矩设计值的要求。

　　M_{cua}^t、M_{cua}^b——分别为柱的上、下端顺时针或反时针方向根据实配钢筋面积、材料强度标准值和轴压力等计算的抗震受弯承载力所对应的弯矩值。

对于一、二、三、四级框架结构的角柱，调整后的弯矩设计值尚应乘以不小于 1.10 的增大系数。

如果控制截面(梁跨中、柱上下端截面等)内力不是由地震作用组合控制，则截面内力不需要按上述方法调整，可直接按组合内力的设计值进行截面设计。

2) 框架梁柱截面抗震承载力验算

框架梁柱截面的设计既要满足非抗震设计的要求，又要满足抗震设计要求。因此，对一般情况，要按不考虑地震作用组合下的不利内力组合进行非抗震设计的截面配筋计算，还要按考虑地震作用组合下的不利内力组合进行抗震设计的截面配筋计算，二者中取较大者。这里主要介绍后者。

框架梁柱截面抗震验算应符合第 3 章中式(3-123)要求，即

$$S \leqslant \frac{R}{\gamma_{RE}} \qquad (4-22)$$

式中　S——考虑地震作用组合的内力设计值(按调整后计算)；

　　　R——承载力设计值；

　　　γ_{RE}——承载力抗震调整系数。

(1) 框架梁、柱正截面抗震承载力验算。为便于与非地震作用组合的内力进行比较，选择起控制作用的内力，可将式(4-22)中承载力抗震调整系数 γ_{RE} 移到公式的左边，即 $\gamma_{RE}S \leqslant R$。这样，将地震作用组合内力乘以 γ_{RE}，然后可直接用非抗震设计时梁柱的正截面承载力计算公式进行计算即可。

为保证梁端具有足够的延性，框架梁正截面抗震承载力计算需要满足如下要求。

① 梁端截面的混凝土受压区高度 x 应符合下列条件(考虑受压钢筋的作用)：

一级框架　　　　　　　　　　$x \leqslant 0.25h_0$ 　　　　　　　　　(4-23)

二、三级框架　　　　　　　　$x \leqslant 0.35h_0$ 　　　　　　　　　(4-24)

② 梁端纵向受拉钢筋的配筋率不应大于 2.5%。

(2) 框架梁、柱斜截面抗震受剪承载力验算。有地震作用组合时，框架梁、柱斜截面抗震受剪承载力验算如下：

① 矩形、T 形和工字形截面框架梁的验算。

一般均布荷载作用下的框架梁：

$$V_b \leqslant \frac{1}{\gamma_{RE}}\left(0.42f_t bh_0 + f_{yv}\frac{A_{sv}}{s}h_0\right) \qquad (4-25)$$

式中　V_b——梁端截面组合的剪力设计值；

$\quad\quad f_t$——混凝土轴心抗拉强度设计值；

$\quad\quad f_{yv}$——箍筋屈服强度设计值；

$\quad\quad A_{sv}$——箍筋截面面积；

$\quad\quad s$——箍筋间距；

$\quad\quad b$——梁截面宽度；

$\quad\quad h_0$——梁截面有效高度。

集中荷载作用下（包含均布、集中荷载共同作用下，其中集中荷载对梁端产生的剪力占总剪力值 75% 以上的情况）的框架梁：

$$V_b \leqslant \frac{1}{\gamma_{RE}}\left(\frac{1.05}{\lambda+1}f_t bh_0 + f_{yv}\frac{A_{sv}}{s}h_0\right) \tag{4-26}$$

式中　λ——剪跨比。

②框架柱及框支柱的验算。

柱轴力为压力时：

$$V_c \leqslant \frac{1}{\gamma_{RE}}\left(\frac{1.05}{\lambda+1}f_t bh_0 + f_{yv}\frac{A_{sv}}{s}h_0 + 0.056N\right) \tag{4-27}$$

式中　N——考虑地震作用组合的柱轴向压力设计值，当 $N>0.3f_c A$ 时，取 $N=0.3f_c A$；

$\quad\quad b$——柱截面宽度；

$\quad\quad h_0$——柱截面有效高度。

柱轴力为拉力时：

$$V_c \leqslant \frac{1}{\gamma_{RE}}\left(\frac{1.05}{\lambda+1}f_t bh_0 + f_{yv}\frac{A_{sv}}{s}h_0 - 0.2N\right) \tag{4-28}$$

式中　N——考虑地震作用组合的柱轴向拉力设计值，当式中方括号内的计算值小于 $f_{yv}\frac{A_{sv}}{s}h_0$ 时，取其计算值等于 $f_{yv}\frac{A_{sv}}{s}h_0$，且 $f_{yv}\frac{A_{sv}}{s}h_0$ 值应不小于 $0.36f_t bh_0$。

上述公式中的 λ 为剪跨比，对于框架梁，取 $\lambda=a/h_0$，a 为集中荷载作用点至梁端的距离，当 $\lambda<1.5$ 时，取 $\lambda=1.5$；当 $\lambda>3$ 时，取 $\lambda=3$。对于框架柱，取 $\lambda=M/(Vh_0)$，M 为柱上下端截面未调整的组合弯矩设计值中较大者，V 为与 M 对应的未调整的剪力设计值，当 $\lambda<1$ 时，取 $\lambda=1$；当 $\lambda>3$ 时，取 $\lambda=3$。

（3）截面尺寸验算。框架梁、柱最小截面尺寸的限制可由剪压比 $V/(f_c bh_0)$ 限制来实现，因为剪压比过大，构件混凝土就会较早地发生脆性破坏。应尽量避免出现短柱，同时，截面尺寸也不宜过小。其具体要求如下。

跨高比大于 2.5 的梁和连梁、剪跨比 λ 大于 2 的柱和抗震墙，应满足式（4-29）要求：

$$V \leqslant \frac{1}{\gamma_{RE}}(0.20\beta_c f_c bh_0) \tag{4-29}$$

跨高比不大于 2.5 的梁和连梁、剪跨比 λ 不大于 2 的柱和抗震墙、部分框支抗震墙结构的框支柱和框支梁，以及落地抗震墙的底部加强部位，应满足式（4-30）要求：

$$V \leqslant \frac{1}{\gamma_{RE}}(0.15\beta_c f_c bh_0) \tag{4-30}$$

式中　V——考虑地震作用组合的剪力设计值；

$\quad\quad \beta_c$——混凝土强度影响系数；

f_c——混凝土轴心抗压强度设计值；

h_0——梁、柱截面有效高度，抗震墙可取墙肢长度；

b——梁、柱截面宽度或抗震墙墙肢截面宽度，圆形截面柱可按面积相等的方形截面宽度计算。

3）框架梁柱节点核心区截面的抗震计算

框架梁和柱在节点处采用刚接形式来传递弯矩，梁柱相交的公共部分称为节点核心区。地震时节点的破坏形式主要是节点核心区的剪切破坏和由于梁纵筋在节点核心区内锚固不足而引起的锚固破坏。因此，在抗震设计时要根据"强节点、强锚固"原则，对于9度及一、二、三级框架，需要进行节点核心区的抗震计算；对四级框架的节点核心区可不进行抗震验算，只采用构造措施加以保证。

应该指出，本节内容主要针对框架柱截面为矩形且梁宽小于柱宽的一般框架节点，而扁梁框架和圆柱框架的节点核心区抗震验算详见抗震设计规范。

（1）节点核心区性能的主要影响因素。

① 节点核心区混凝土强度等级。节点核心区首先是因为混凝土抗拉强度不足而开裂、破坏，提高混凝土强度等级即提高混凝土抗拉强度可以提高节点抗剪承载能力。

② 剪压比和配箍率。与构件受剪破坏类似，节点核心区的剪切破坏的形式与水平配箍率和剪压比有关。当配箍率较小时，首先箍筋屈服，然后混凝土破坏，提高配箍率可以提高节点的抗剪承载力。但当配箍率过大时，核心区混凝土先破坏，使箍筋不能充分发挥作用，因而此时增加配箍率将不再能提高节点抗剪承载力。试验表明，节点区水平截面的剪压比大于0.35时，增加箍筋的作用已不明显，而应增大节点水平截面的面积。

③ 柱轴向压力。当节点处的轴向压力较小时，节点核心区混凝土的抗剪强度随着轴向压力的增加而增加，且直到节点区出现较多交叉斜裂缝而分割成若干菱形块体时，轴向压力的存在仍能提高其抗剪强度。但当轴压比大于0.6时，节点混凝土抗剪强度反而随轴向压力的增加而下降。此外，轴压比较大时，会使节点核心区的延性降低。

④ 梁板对节点核心区的约束作用。试验表明，正交梁（即与框架平面相垂直且与节点相交的梁）对节点核心区具有约束作用，可以提高节点核心区混凝土的抗剪强度。如四边有梁且带有现浇楼板的中柱节点，其混凝土的抗剪强度有明显的提高。而三边有梁的边柱节点和两边有梁的角柱节点，梁板对其的约束作用则不明显。

⑤ 梁纵筋的滑移。框架梁纵筋在中柱节点区通常是连续贯通的。在反复荷载作用下，梁纵筋在节点一边受拉屈服，而在另一边受压屈服。如此循环往复，将使纵筋与混凝土之间的粘接迅速破坏，导致梁纵筋在节点区贯通滑移，从而使梁截面后期受弯承载力和延性降低，使节点区的刚度抗剪强度及耗能能力明显下降。而边柱节点梁的纵筋锚固比中柱节点的好，滑移较小。因此，应采取减小梁纵筋直径或将梁纵筋穿过柱中心轴后再弯入柱内等措施，以加强节点核心区内梁的纵筋锚固。

（2）节点核心区剪压比限制。节点核心区的剪压比是指核心区有效截面范围内的组合平均剪应力与混凝土轴心抗压强度设计值之比，即 $V_j/(f_c b_j h_j)$。为防止节点核心区混凝土发生斜压破坏，核心区的剪压比不应过大，也就是核心区水平截面不能过小。因此，框架节点核心区受剪水平截面应符合式（4-31）要求：

$$V_j \leqslant \frac{1}{\gamma_{RE}}(0.30\eta_j\beta_c f_c b_j h_j) \tag{4-31}$$

式中 V_j——有地震作用组合的节点核心区水平截面上剪力设计值。

　　　η_j——正交梁多节点的约束影响系数，楼板为现浇、梁柱中线重合、四侧各梁宽度不小于该侧柱截面宽度的 1/2，且正交方向梁高度不小于框架梁截面高度的 3/4 时，取 1.5；9 度设防烈度时，取 1.25；其他情况取 1.0。

　　　h_j——节点核心区的截面高度，可取 $h_j=h_c$，h_c 为验算方向的柱截面高度。

　　　b_j——节点核心区的截面有效验算宽度，框架梁柱中线重合时，当 $b_b \geqslant b_c/2$ 时，取 $b_j=b_c$；当 $b_b < b_c/2$ 时，取 $b_j=\min\{(b_b+0.5h_c), b_c\}$；当梁柱中线存在偏心距 e_{bc}，且 $e_{bc} \leqslant b_c/4$ 时，取 $b_j=\min\{(0.5b_b+0.5b_c+0.25h_c-e_{bc}), (b_b+0.5h), b_c\}$，$b_b$ 和 b_c 分别为梁、柱的截面宽度，即垂直于框架平面方向的尺寸。

其他符号意义同前。

（3）节点核心区抗震受剪承载力验算。节点核心区抗震受剪承载力主要由混凝土和水平箍筋承担。采用式（4-32）验算：

$$V_j \leqslant \frac{1}{\gamma_{RE}}\left(1.1\eta_j f_t b_j h_j + 0.05\eta_j N \frac{b_j}{b_c} + f_{yv} A_{svj} \frac{h_{b0}-a_s'}{s}\right) \tag{4-32}$$

9 度时采用下式验算：

$$V_j \leqslant \frac{1}{\gamma_{RE}}\left(0.9\eta_j f_t b_j h_j + f_{yv} A_{svj} \frac{h_{b0}-a_s'}{s}\right) \tag{4-33}$$

式中 N——对应于地震作用组合剪力设计值的上柱底部的组合轴向压力较小值，其取值不应大于柱的截面面积和混凝土轴心抗压强度设计值的乘积的 50%，当 N 为拉力时，取 $N=0$；

　　　A_{svj}——核心区有效验算宽度 b_j 范围内同一截面验算方向各肢箍筋的总截面面积；

　　　s——箍筋间距。

其他符号意义同前。

（4）节点核心区剪力设计值的计算。

取框架某中间节点为隔离体，设梁端已出现塑性铰，梁纵向受拉钢筋的应力为 f_{yk}。由节点核心区受力分析可知（图 4.12），若不计框架梁的轴力，地震时节点核心区水平截面上的剪力 V_j 应等于梁端弯矩 $\sum M_b$ 在节点中产生（由梁主筋传递）的水平剪力与柱端弯矩 $\sum M_c$ 所对应的剪力之和。二者方向相反，根据节点上半部分的平衡条件，则有

$$V_j = V_{bj} - V_{cj} \tag{4-34}$$

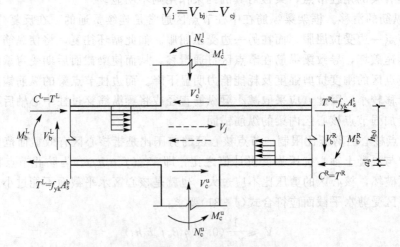

图 4.12   框架节点核心区受力分析简图

其中
$$V_{bj} = \frac{\sum M_b}{(h_{b0} - a'_s)}$$
(4-35)

$$V_{cj} = \frac{\sum M_c}{(H_c - h_b)} = \frac{\sum M_b}{(H_c - h_b)}$$
(4-36)

式中 V_{bj}——梁端弯矩在节点中(沿梁纵向钢筋)产生的水平剪力;

　　V_{cj}——柱端弯矩在节点处产生的水平剪力;

　　H_c——节点上柱和下柱反弯点之间的距离;

h_b、h_{b0}——分别为框架梁截面高度和截面有效高度,节点两侧梁截面高度不等时,取平均值;

　　a'_s——梁受压钢筋合力作用点至受压边缘的距离。

在实际设计中,节点剪力设计值应根据不同的抗震等级,分别按式(4-37)和式(4-38)计算:

一、二级框架
$$V_j = \frac{\eta_{jb} \sum M_b}{h_{b0} - a'_s}\left(1 - \frac{h_{b0} - a'_s}{H_c - h_b}\right)$$
(4-37)

9度时和一级框架
$$V_j = \frac{1.15 \sum M_{bua}}{h_{b0} - a'_s}\left(1 - \frac{h_{b0} - a'_s}{H_c - h_b}\right)$$
(4-38)

式中 η_{jb}——节点剪力增大系数,一级框架取1.35,二级框架取1.2;

　　$\sum M_b$——有地震作用组合时节点左右梁端逆时针或顺时针方向组合弯矩设计值之和,一级框架节点左右梁端均为负弯矩时,绝对值较小的弯矩应取为零;

　　$\sum M_{bua}$——有地震作用组合时节点左右梁端逆时针或顺时针方向按实配纵筋面积(含受压筋)和材料强度标准值计算,并且考虑承载力抗震调整系数的正截面受弯承载力所对应的弯矩值之和。

4.3.3 框架结构薄弱层弹塑性变形验算

根据我国抗震设计规范"设防三水准"的要求,需要进行第二阶段设计的框架结构或其他结构房屋,除满足多遇地震作用下的承载力和弹性变形要求之外,还必须进行罕遇地震作用下的薄弱层弹塑性变形验算,以满足"大震不倒"的要求。薄弱层弹塑性变形的验算,可以根据结构体系的不同特点采用不同的计算方法。对于不超过12层且刚度无突变的钢筋混凝土框架结构可以采用简化计算方法。采用简化方法验算框架结构在罕遇地震作用下薄弱层弹塑性变形的内容,一般包括确定楼层屈服剪力、确定薄弱层位置、薄弱层层间弹塑性位移计算和验算(详见第3章),具体步骤略。

4.3.4 框架结构的抗震构造措施

在抗震设计要求中,除应满足抗震概念设计、抗震验算之外,还必须采取一系列抗震构造措施。其目的是加强结构整体性,提高结构及构件、节点的变形能力,从而提高结构耗散地震输入能的能力,是保证"大震不倒"的重要措施。《建筑抗震设计规范》(GB 50011—2001)中第6.3条提出了如下要求。

1. 框架梁的构造措施

1) 梁的截面尺寸

梁的截面宽度不宜小于 200mm，截面高宽比不宜大于 4，净跨与截面高度之比值不宜小于 4。采用梁宽大于柱宽扁梁时，楼板应现浇，梁中线宜与柱中线重合，扁梁应双向布置，且不宜用于一级框架结构。扁梁的截面尺寸应符合下列要求：

$$b_b \leqslant 2b_c \tag{4-39}$$
$$b_b \leqslant b_c + h_b \tag{4-40}$$
$$h_b \geqslant 16d \tag{4-41}$$

式中　b_c——柱截面宽度，圆形截面取柱直径的 0.8 倍；

b_b、h_b——分别为梁截面宽度和高度；

d——柱纵筋直径。

2) 梁的纵向钢筋

(1) 梁端纵向受拉钢筋的配筋率应不大于 2.5%，且计入受压钢筋的梁端混凝土受压区高度和有效高度之比，一级应不大于 0.25，二、三级应不大于 0.35。

(2) 梁端截面的底面和顶面纵向钢筋配筋量的比值，除按计算确定外，一级应不小于 0.5，二、三级应不小于 0.3。

(3) 沿梁全长底面和顶面的配筋，一、二级应不少于 2Φ14，且分别应不少于梁两端底面和顶面纵向配筋中较大截面面积的 1/4，三、四级应不少于 2Φ12。

(4) 一、二级框架梁内贯通中柱每根纵向钢筋直径，对矩形截面柱，不宜大于柱在该方向截面尺寸的 1/20；对于圆形截面柱，不宜大于纵向钢筋所在位置柱截面弦长的 1/20。

3) 梁的箍筋

(1) 梁端箍筋加密区的长度、箍筋最大间距和最小直径应按表 4-9 采用，当梁端纵向受拉钢筋的配筋率大于 2% 时，表中箍筋最小直径数值应增大 2mm。

表 4-9　梁端箍筋加密区的长度、箍筋最大间距和最小直径　　　单位：mm

抗 震 等 级	加密区长度（采用较大值）	箍筋最大间距（采用较小值）	箍筋最小直径
一	$2h_b$，500	$h_b/4$，$6d$，100	10
二		$h_b/4$，$8d$，100	8
三	1.5h_b，500	$h_b/4$，$8d$，150	8
四		$h_b/4$，$8d$，150	6

注：d 为纵向钢筋直径，h_b 为梁截面高度。

(2) 梁端箍筋加密区的箍筋肢距，一级不宜大于 200mm 和 20 倍箍筋直径的较大值，二、三级不宜大于 250mm 和 20 倍箍筋直径的较大值，四级不宜大于 300mm。

2. 框架柱的构造措施

1) 柱的截面尺寸

柱截面的宽度和高度，四级或不超过 2 层时不宜小于 300mm，一、二、三级且超过 2 层时不宜小于 400mm；圆柱的直径，四级或不超过 2 层时不宜小于 350mm，一、二、三级且超过 2 层时不宜小于 450mm；剪跨比宜大于 2，截面长边与短边的边长之比不宜大于 3。

2）柱轴压比限制

柱轴压比 n 是指柱地震作用组合的轴压力设计值与柱的全截面面积和混凝土轴心抗压强度设计值乘积之比，即

$$n = \frac{N}{f_c A} \qquad (4-42)$$

式中　N——地震作用组合的轴压力设计值（可不进行地震作用计算的结构，取无地震作用组合的轴压力设计值）；

A——柱的全截面面积；

f_c——混凝土轴心抗压强度设计值。

轴压比 n 是影响柱破坏形态和变形特征的重要因素。轴压比 n 越大，则柱的延性越差。当 n 较小时，柱为大偏心受压构件，呈延性破坏；而当 n 较大时，柱为小偏心受压构件，呈脆性破坏。因此，为保证地震时柱的延性，抗震设计规范要求柱轴压比不宜超过表 4-10 的规定，建造于Ⅳ类场地且较高的高层建筑，柱轴压比限值应适当减小。

表 4-10　柱轴压比限值

结 构 类 型	抗 震 等 级			
	一	二	三	四
框架结构	0.65	0.75	0.85	0.9
框架-抗震墙，板柱-抗震墙、框架-核心筒及筒中筒	0.75	0.85	0.90	0.95
部分框支抗震墙	0.6	0.7	—	—

注：1. 表内限值适用于剪跨比大于 2、混凝土强度等级不高于 C60 的柱；剪跨比不大于 2 的柱轴压比限值应降低 0.05；剪跨比小于 1.5 的柱，柱轴压比限值应专门研究并采取特殊构造措施。

2. 沿柱全高采用井字复合箍且箍筋肢距不大于 200mm、间距不大于 100mm、直径不小于 12mm，或沿柱全高采用复合螺旋箍、螺旋间距不大于 100mm、箍筋肢距不大于 200mm、直径不小于 12mm，或沿柱全高采用连续复合矩形螺旋箍、螺旋净距不大于 80mm、箍筋肢距不大于 200mm、直径不小于 10mm，柱轴压比限值均可增加 0.10；上述三种箍筋的配箍特征值均应按增大的轴压比由表 4-13 确定。

3. 在柱的截面中部附加芯柱，其中另加的纵向钢筋的总面积不少于柱截面面积的 0.8%，柱轴压比限值可增加 0.05；此项措施与注 2 的措施共同采用时，柱轴压比限值可增加 0.15，但箍筋的配箍特征值仍应按轴压比增加 0.10 的要求确定。

4. 柱轴压比应不大于 1.05。

3）柱的纵向钢筋

柱的纵向钢筋配置应符合下列各项要求。

（1）宜对称配置。

（2）截面尺寸大于 400mm 的柱，纵向钢筋间距不宜大于 200mm。

（3）柱纵向钢筋的最小总配筋率应按表 4-11 采用，同时每一侧配筋率不应小于 0.2%；对建造于Ⅳ类场地且较高的高层建筑，表中的数值应增加 0.1。

（4）柱总配筋率不应大于 5%；一级且剪跨比不大于 2 的柱，每侧纵向钢筋配筋率不宜大于 1.2%。

（5）边柱、角柱及抗震墙端柱考虑地震作用组合产生小偏心受拉时，柱内纵筋总截面面积计算值应增加 25%。

（6）柱内纵向筋的绑扎接头应避开柱端的箍筋加密区。

表 4-11　柱截面纵向受力钢筋的最小总配筋率　　　　　单位:%

框架柱类别	抗震等级			
	一	二	三	四
中柱、边柱	1.0	0.8	0.7	0.6
角柱、框支柱	1.1	0.9	0.8	0.7

注：当钢筋强度标准值小于 400MPa 时，表中数值应增加 0.1，钢筋强度标准值为 400MPa 时，表中数值应增加 0.05；当混凝土强度等级高于 C60 及以上时，上述数值应增加 0.1。

4）柱的箍筋

柱的箍筋除满足抗剪要求外，在每层柱要有箍筋加密区，以提高其延性和转动变形能力。箍筋加密区和非加密区的要求分述如下。

（1）柱箍筋加密区范围的要求。

① 柱上、下两端，取柱截面长边尺寸（圆柱直径）、柱净高的 1/6 和 500mm 三者的最大值。

② 底层柱，柱根（即地下室顶面或无地下室情况的基础顶面）处不小于柱净高 1/3 的范围；当有刚性地面时，除柱端外尚应取刚性地面上、下各 500mm 的范围。

③ 剪跨比不大于 2 的柱和因设置填充墙等形成的柱净高与柱截面高度之比值不大于 4 的柱，取柱全高范围；框支柱以及一、二级框架的角柱，均取柱全高范围。

（2）柱箍筋加密区的箍筋最大间距和最小直径的要求。

① 一般情况下，箍筋最大间距和最小直径，应按表 4-12 采用。

表 4-12　柱箍筋加密区的箍筋最大间距和最小直径　　　　　单位：mm

抗 震 等 级	箍筋最大间距（采用较小值）	箍筋最小直径
一	$6d$，100	10
二	$8d$，100	8
三	$8d$，150（柱根 100）	8
四	$8d$，150（柱根 100）	6（柱根 8）

注：d 为柱纵筋最小直径。

② 二级框架柱的箍筋直径不小于 10mm 且箍筋肢距不大于 200mm 时，除柱根外最大间距应允许采用 150mm；三级框架柱的截面尺寸不大于 400mm 时，箍筋最小直径应允许采用 6mm；四级框架柱剪跨比不大于 2 时，箍筋直径应不小于 8mm。

③ 框支柱及剪跨比不大于 2 的柱，箍筋间距应不大于 100mm。

（3）柱箍筋加密区的箍筋肢距的要求。

① 一级不宜大于 200mm，二、三级不宜大于 250mm 和 20 倍箍筋直径的较大值，四级不宜大于 300mm；

② 至少每隔一根纵向钢筋宜在两个方向有箍筋或拉筋约束；

③ 采用拉筋复合箍时，拉筋宜紧靠纵向钢筋并钩住箍筋。

（4）柱箍筋加密区的体积配箍率的要求。

① 在柱箍筋加密区范围内，体积配箍率应符合式（4-43）的要求：

$$\rho_v \geqslant \lambda_v \frac{f_c}{f_{yv}} \qquad (4-43)$$

式中　ρ_v——柱箍筋加密区的体积配箍率，一级应不小于 0.8%，二级应不小于 0.6%，三、四级应不小于 0.4%；计算复合箍的体积配箍率时，应扣除重叠部分的箍筋体积。

　　　f_c——混凝土轴心抗压强度设计值，强度等级低于 C35 时，应按 C35 计算。

　　　f_{yv}——箍筋或拉筋抗拉强度设计值，超过 360N/mm² 时，应取 360N/mm² 计算。

　　　λ_v——最小配箍特征值，宜按表 4-13 采用。

② 框支柱宜采用复合螺旋箍或井字复合箍，其最小配箍特征值应比表 4-13 内数值增加 0.02，且体积配箍率应不小于 1.5%。

表 4-13　柱箍筋加密区的箍筋最小配箍特征值 λ_v

抗震等级	箍筋形式	柱轴压比								
		≤0.3	0.4	0.5	0.6	0.7	0.8	0.9	1.0	1.05
一	普通箍、复合箍	0.10	0.11	0.13	0.15	0.17	0.20	0.23		
	螺旋箍、复合或连续复合矩形螺旋箍	0.08	0.09	0.11	0.13	0.15	0.18	0.21		
二	普通箍、复合箍	0.08	0.09	0.11	0.13	0.15	0.17	0.19	0.22	0.24
	螺旋箍、复合或连续复合矩形螺旋箍	0.06	0.07	0.09	0.11	0.13	0.15	0.17	0.20	0.22
三、四	普通箍、复合箍	0.06	0.07	0.09	0.11	0.13	0.15	0.17	0.20	0.22
	螺旋箍、复合或连续复合矩形螺旋箍	0.05	0.06	0.07	0.09	0.11	0.13	0.15	0.18	0.20

注：1. 普通箍指单个矩形箍或单个圆形箍；复合箍指由矩形、多边形、圆形箍或拉筋组成的箍筋；复合螺旋箍指由螺旋箍与矩形、多边形、圆形箍或拉筋组成的箍筋；连续螺旋箍指全部螺旋箍为同一根钢筋加工而成的箍筋。

　　2. 剪跨比不大于 2 的柱宜采用复合螺旋箍或井字复合箍，其体积配箍率应不小于 1.2%，9 度时应不小于 1.5%。

　　3. 计算复合箍的体积配箍率时，可不扣除重叠部分；计算复合螺旋箍的体积配箍率时，其非螺旋箍的箍筋体积应乘以换算系数 0.8。

（5）柱箍筋非加密区的要求。

为避免柱箍筋加密区外抗剪能力突然降低很多而造成非加密的柱段破坏，要求柱箍筋非加密区的体积配箍率不宜小于加密区的 50%，箍筋间距，一、二级框架柱应不大于 10 倍纵向钢筋直径，三、四级框架柱应不大于 15 倍纵向钢筋直径。

3. 框架梁柱节点的构造措施

为保证节点核心区的水平箍筋为混凝土提供必要的约束以及梁柱纵筋在节点核心区的可靠锚固，同时要便于施工，节点的抗震构造措施一般要求如下。

（1）框架梁柱节点核心区箍筋最大间距与最小直径，宜与柱箍筋加密区的要求相同；一、二、三级框架节点核心区含箍特征值分别不宜小于 0.12、0.10、0.08，且体积配箍率 ρ_v 分别不宜小于 0.6%、0.5%、0.4%。柱剪跨比不大于 2 的框架节点核心区含箍特征值分别不宜小于核心区上下柱端的较大含箍特征值。

（2）框架梁柱纵筋在框架顶层的边柱、中柱节点，以及中间层的边柱、中柱节点，其纵筋的锚固长度应满足相应的要求。其中钢筋抗震锚固长度 l_{aE} 要大于或等于非抗震设计时的锚固长度 l_a：$l_{aE}=\eta l_a$，η 为抗震锚固长度修正系数，对一、二、三、四级抗震等级分别取 1.15、1.15、1.05、1.0。当采用绑扎搭接连接时，纵向受拉钢筋搭接长度 l_{lE} 为：$l_{lE}=\xi l_{aE}$，其中 ξ 为钢筋搭接长度修正系数，与非抗震设计取相同值。

4. 砌体填充墙的构造措施

（1）填充墙的砌筑砂浆强度等级应不低于 M5，墙顶应与框架梁紧密结合。

（2）填充墙应沿柱全高每隔 500mm 设 2φ6 附加拉结筋，其伸入墙内的长度，6 度、7 度时不应小于墙长的 1/5，且不小于 700mm，8 度、9 度时宜沿墙全长设置。当墙长大于 5m 时，墙顶与框架梁宜有拉结措施，墙高大于 4m 时，宜在墙体半高处设置与柱拉结且沿墙全长贯通的钢筋混凝土水平墙梁。

（3）出屋面的女儿墙、屋顶间墙应与主体结构有可靠的拉结。

此外，钢筋在框架梁、柱及节点的锚固长度与搭接长度应满足抗震构造要求。框架抗震钢筋构造示意图见图 4.13。

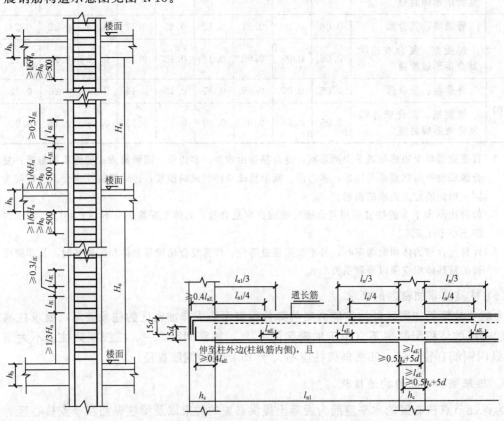

图 4.13 框架柱梁抗震钢筋一般构造

（a）柱箍筋加密构造；（b）梁端纵筋锚固构造

4.3.5 多层钢筋混凝土框架结构设计实例

有一栋5层(局部6层)现浇钢筋混凝土框架结构办公房屋,结构平面及剖面分别如图4.14和图4.15所示,屋顶有局部凸出部分。现浇钢筋混凝土楼(屋)盖。框架梁截面尺寸:走道梁(各层)为250mm×400mm;其他梁对顶层为250mm×600mm,对其他楼层为250mm×650mm。柱截面尺寸:1~3层柱为500mm×500mm;4~5层柱为450mm×450mm。混凝土强度等级:梁、板、柱混凝土强度等级皆为C25。钢筋强度等级:受力纵筋采用HRB400,箍筋采用HRB335。各层重力荷载代表值如图4.15所示。已知:抗震设防烈度为8度,设计基本地震加速度为0.20g,设计地震分组为第二组,建造在 I_1 亚类场地上,结构阻尼比为0.05。试对该框架结构进行横向(仅考虑 y 主轴方向)水平地震作用下的抗震设计计算。

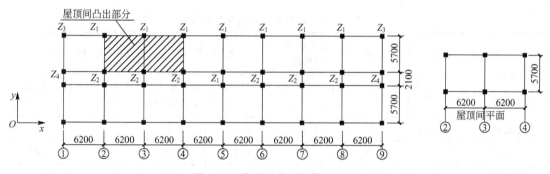

图 4.14 框架结构平面柱网布置

抗震设计计算的思路如下:建筑设计完成,和进行结构抗震概念设计(设防类别、结构选型及布置、抗震等级划分等)完成后,需要进行抗震计算。抗震计算步骤如下:

(1)首先进行地震作用的计算及变形验算(计算简图、计算方法、重力荷载代表值及地震作用、楼层地震剪力、层间水平位移等);

(2)其次进行地震作用下的结构内力分析;

(3)再按有地震作用组合的情况进行最不利内力组合,并进行内力调整;

(4)按调整后的内力进行截面设计;

(5)最后与无地震作用组合的最不利情况比较,选择两者最不利的截面设计作为最终结果。以下结合本实例分别叙述各步骤。关于抗震构造措施,可参见建筑抗震设计规范有关内容,本处从略。

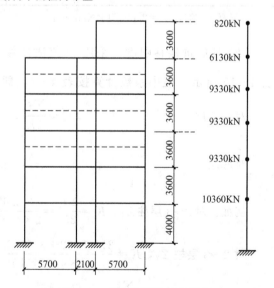

图 4.15 框架剖面及计算简图

1. 计算简图及对重力荷载代表值的计算

（计算地震作用所需的首要参数的计算。）

本实例框架结构的计算简图如图 4.15 所示，其符合底部剪力法的适用条件。计算重力荷载代表值时，永久荷载取全部，楼面可变荷载取 50%，屋面活荷载不考虑。各质点的重力荷载代表值 G_i 取本层楼面重力荷载代表值及与其相邻上下层间墙（包括门窗）、柱全部重力荷载代表值的一半之和。顶层屋面质点重力荷载代表值仅按屋面及其下层间一半计算，凸出屋面的局部屋顶间按其全部计算，并集中在屋顶间屋面质点上。各层重力荷载代表值集中于楼层标高处，其代表值已表示在计算简图中，计算过程略。

2. 框架抗侧移刚度的计算

（D 值的计算。）

（1）梁的线刚度。计算结果如表 4-14 所示。其中梁的截面惯性矩考虑了楼板的作用。

表 4-14 现浇框架梁线刚度计算

部位	截面	跨度	矩形截面惯性矩	边 框 架 梁			中 框 架 梁	
	$b \times h/\text{m}^2$	l/m	$I_0 = bh^3/12$ $/(10^{-3}\,\text{m}^4)$	$I_b = 1.5I_0$ $/(10^{-3}\,\text{m}^4)$	$i_b = E_c I_b/l$ $/(10^4/\text{kN} \cdot \text{m})$	$I_b = 2.0I_0$ $/(10^{-3}\,\text{m}^4)$	$i_b = E_c I_b/l$ $/(10^4\text{kN} \cdot \text{m})$
走道梁	0.25×0.40	2.10	1.33	2.00	2.67	2.66	3.55
顶层梁	0.25×0.60	5.70	4.5	6.75	3.31	9.00	4.42
楼层梁	0.25×0.65	5.70	5.72	8.58	4.21	11.44	5.62

注：混凝土 C25，$E_c = 2.80 \times 10^4\,\text{N/mm}^2$。

（2）柱的抗侧移刚度。采用 D 值法计算。由式（4-10）得 $D = \alpha \dfrac{12i_c}{h^2}$，计算结果如表 4-15 所示。表中系数计算按表 4-7，即

对一般层
$$\overline{K} = \frac{\sum i_b}{2i_c}, \quad \alpha = \frac{\overline{K}}{2+\overline{K}}$$

对底层
$$\overline{K} = \frac{\sum i_b}{i_c}, \quad \alpha = \frac{0.5+\overline{K}}{2+\overline{K}}$$

例如：对 2～3 层柱 Z_1，$\overline{K} = \dfrac{\sum i_b}{2i_c} = \dfrac{2\times5.62\times10^4}{2\times4.05\times10^4} = 1.388$，$\alpha = \dfrac{\overline{K}}{2+\overline{K}} = \dfrac{1.388}{2+1.388} = 0.410$

对 2～3 层柱 Z_2，$\overline{K} = \dfrac{2\times(5.62+3.55)\times10^4}{2\times4.05\times10^4} = 2.264$，$\alpha = \dfrac{2.264}{2+2.264} = 0.531$

对底层柱 Z_1，$\overline{K} = \dfrac{\sum i_b}{i_c} = \dfrac{5.62\times10^4}{3.65\times10^4} = 1.539$，$\alpha = \dfrac{0.5+\overline{K}}{2+\overline{K}} = \dfrac{0.5+1.539}{2+1.539} = 0.576$

对底层柱 Z_2，$\overline{K} = \dfrac{\sum i_b}{i_c} = \dfrac{(5.62+3.55)\times10^4}{3.65\times10^4} = 2.512$，$\alpha = \dfrac{0.5+2.512}{2+2.512} = 0.668$

表 4-15 框架柱值及楼层抗侧移刚度的计算

楼层 i	层高 /m	柱号	柱根数	$b \times h$ /m²	$I_c = bh^3/12/(10^{-3}$ m⁴)	$i_c = E_c I_c/h/(10^4$ kN·m)	$\overline{K}$	α	D_{ij} /(10⁴kN/ m)	$\sum D_{ij}$ /(10⁴kN /m)	D_i /(10⁴kN/ m)
5	3.6	Z_1	14	0.45× 0.45	3.417	2.66	1.89	0.486	1.197	16.758	47.52
		Z_2	14				3.22	0.617	1.521	21.294	
		Z_3	4				1.41	0.413	1.017	4.068	
		Z_4	4				2.42	0.548	1.35	5.40	
4	3.6	Z_1	14	0.45× 0.45	3.417	2.66	2.11	0.513	1.264	17.696	47.978
		Z_2	14				3.22	0.617	1.519	21.266	
		Z_3	4				1.58	0.441	1.086	4.344	
		Z_4	4				1.80	0.474	1.168	4.672	
2~3	3.6	Z_1	14	0.50× 0.50	5.208	4.05	1.39	0.410	1.534	21.476	61.34
		Z_2	14				2.26	0.531	1.99	27.86	
		Z_3	4				1.04	0.342	1.283	5.132	
		Z_4	4				1.69	0.458	1.718	6.872	
1	4.0	Z_1	14	0.50× 0.50	5.208	3.65	1.540	0.576	1.573	22.022	60.016
		Z_2	14				2.512	0.668	1.825	25.55	
		Z_3	4				1.153	0.524	1.432	5.728	
		Z_4	4				1.885	0.614	1.679	6.716	

注：混凝土 C25，$E_c = 2.80 \times 10^4 \text{N/mm}^2$。

（3）楼层侧移刚度。楼层所有柱的 D 值之和即为该楼层抗侧移刚度 D_i。其计算过程及计算结果如表 4-15 所示。

3. 自振周期计算

（选用计算方法。）

本例选用顶点位移法。

假想顶点位移的计算结果如表 4-16 所示。取填充墙的周期影响系数 $\psi_T = 0.67$。由式（3-88），可得结构基本自振周期为

$$T_1 = 1.7 \psi_T \sqrt{\Delta_{bs}} = 1.7 \times 0.67 \times \sqrt{0.224} \text{ s} = 0.539 \text{ s}$$

表 4-16 假想顶点位移计算

楼层 i	重力荷载代表值 G_i/kN	楼层剪力 $V_{Gi} = \sum G_i$/kN	楼层侧移刚度 D_i/(kN/m)	层间位移 $\delta_i = V_{Gi}/D_i$/m	楼层位移 $\Delta_i = \sum \delta_i$/m
5	6950	6950	475200	0.015	0.224
4	9330	16280	479780	0.034	0.209
3	9330	25610	613400	0.042	0.175

（续）

楼层 i	重力荷载代表值 G_i/kN	楼层剪力 $V_{Gi}=\sum G_i$/kN	楼层侧移刚度 D_i/(kN/m)	层间位移 $\delta_i=V_{Gi}/D_i$/m	楼层位移 $\Delta_i=\sum \delta_i$/m
2	9330	34940	613400	0.057	0.133
1	10360	45300	600160	0.076	0.076
$\sum$	45300				

4. 水平地震作用计算及弹性位移验算

（选择地震作用的计算方法。）

采用底部剪力法（注意结构适用条件）。

(1) 水平地震影响系数 α_1 的计算。结构基本周期取顶点位移法的计算结果，$T_1=0.539$s；查表 3-2 可得多遇地震下设防烈度 8 度（设计地震加速度为 $0.20g$）的水平地震影响系数最大值 $\alpha_{max}=0.16$；查表 3-3 可得 I 类场地、设计地震分组为第二组时，$T_g=0.3$s，则

$$\alpha_1=\left(\frac{T_g}{T_1}\right)^{0.9}\eta_2\alpha_{max}=\left(\frac{0.3}{0.539}\right)^{0.9}\times1.0\times0.16=0.094$$

(2) 水平地震作用计算。结构总水平地震作用标准值按式 (3-74) 计算，即

$$F_{Ek}=\alpha_1 G_{eq}=0.094\times0.85\times45300kN=3619kN$$

查表 3-5，因为 $T_1=0.539$s$>1.4T_g=0.42$s，需要考虑顶部附加地震作用的修正；因 $T_g=0.30$s<0.35s，则顶部附加地震作用系数为

$$\delta_n=0.08T_1+0.07=0.08\times0.539+0.07=0.113$$

由式 (3-76) 可得顶部附加地震作用为

$$\Delta F_n=\delta_n F_{Ek}=0.113\times3619kN=409kN$$

注意，ΔF_n 的作用位置在主体结构顶部，即第 5 层顶部。

分布在各楼层的水平地震作用标准值按式 (3-77) 计算，即

$$F_i=\frac{G_i H_i}{\sum_{j=1}^{n}G_j H_j}(1-\delta_n)F_{Ek}$$

计算结果如表 4-18 所示。

(3) 楼层地震剪力计算。

各楼层地震剪力标准值按式 (4-1) 计算，计算结果如表 4-18 所示。注意，由于 ΔF_n 的作用位置在主体结构的顶部，所以 1~5 层楼层剪力 V_i 中，都包含有 ΔF_n 项。

经验算，各楼层地震剪力标准值均满足式 (3-122) 的楼层最小地震剪力要求。

考虑屋顶间局部突出部分的鞭梢效应，屋顶间部分（第 6 层）的楼层地震剪力应乘以放大系数 3，即

$$V_6'=3V_6=3\times119.2kN=357.6kN$$

(4) 多遇地震下的弹性位移验算。多遇地震下的各楼层层间弹性位移按式 (4-4) 计算。计算结果如表 4-17 所示，并将其表示为层间位移角 $\Delta u_e/h$ 的形式。由表 3-15 查得，钢筋混凝土框架结构弹性层间位移角限值为 1/550。经验算各层均满足要求。

表 4 - 17 F_i、V_i、Δu_e 及 $\Delta u_e/h$ 值

楼层 i	层高 h_i/m	G_i/kN	H_i/m	G_iH_i	$\sum G_iH_i$	F_i/kN	V_i/kN	D_i /(kN/m)	Δu_e $10^{-3}/\text{m}$	$\Delta u_e/h$
屋顶间 6	3.6	820	22.0	18040		119.2	119.2			
5	3.6	6130	18.4	112792		745.4	1273.6	475200	2.68	1/1343
4	3.6	9330	14.8	138084	485760	912.5	2186.1	479780	4.56	1/789
3	3.6	9330	11.2	104496		690.5	2876.6	613400	4.69	1/767
2	3.6	933.0	7.6	70908		468.6	3345.2	613400	5.45	1/661
1	4.0	10360	4.0	41440		273.9	3619.0	600160	6.03	1/663

5. 水平地震作用下框架的内力分析

一般选取有代表性的平面框架单元进行内力分析。

水平地震作用下框架的内力计算步骤如下：

(1) 将上述求得的各楼层地震剪力按式(4-6)分配到单元框架的各框架柱，可得各层每根柱的剪力值；

(2) 通过查表得到各柱的反弯点高度比及其修正值(可近似按倒三角形分布的水平荷载查表)，再利用式(4-12)，确定各层各柱的反弯点位置；

(3) 按式(4-13a)和式(4-13b)计算出每层柱上下端的柱端弯矩；

(4) 利用接点的弯矩平衡原理，按式(4-8)和式(4-9)，求出每层各跨梁端的弯矩；

(5) 按式(4-9)求出梁端剪力；

(6) 由柱轴力与梁端剪力平衡的条件可求出柱轴力。

现以⑤轴框架单元(无局部突出部分)为例，将计算结果列于表4-18和表4-19及图4.16中。由于地震是反复双向作用，两类梁、各柱的弯矩、轴力及剪力的符号也相应地反复变化。

表 4 - 18 水平地震作用下的中框架柱剪力和柱端弯矩标准值

柱 j	层 i	h_i /m	V_i /kN	D_i /(kN/m)	D_{ij} /(kN/m)	$\dfrac{D_{ij}}{D_i}$	V_{ik}/kN	$\overline{K}$	y	M_{ij}^{b} /(kN·m)	M_{ij}^{t} /(kN·m)
Z_1	5	3.6	1273.6	475200	11970	0.025	31.84	1.89	0.39	44.70	69.92
	4	3.6	2186.1	479780	12640	0.026	56.84	2.11	0.46	94.13	110.49
	3	3.6	2876.6	613400	15340	0.025	71.92	1.39	0.5	129.46	129.46
	2	3.6	3345.2	613400	15340	0.025	83.63	1.39	0.5	150.53	150.53
	1	4.0	3619.0	600160	15730	0.026	94.1	1.54	0.63	237.13	139.27
Z_2	5	3.6	1273.6	475200	15210	0.032	40.76	3.220	0.45	66.03	80.71
	4	3.6	2186.1	479780	15190	0.031	67.77	3.220	0.5	121.99	121.99
	3	3.6	2876.6	613400	19900	0.031	92.05	2.260	0.5	165.69	165.69
	2	3.6	3345.2	613400	19990	0.032	107.05	2.260	0.5	192.69	192.69
	1	4.0	3619.0	600160	18250	0.030	108.57	2.512	0.58	251.88	182.40

表 4-19　水平地震作用下的中框架梁端弯矩、剪力及柱轴力标准值

楼层 i	进深梁				走道梁				柱 Z_1	柱 Z_2
	l /m	M_{Ek}^l /(kN·m)	M_{Ek}^r /(kN·m)	V_{Ek} /kN	l /m	M_{Ek}^l /(kN·m)	M_{Ek}^r /(kN·m)	V_{Ek} /kN	N_{Ek} /kN	N_{Ek} /kN
5	5.7	69.92	44.76	20.12	2.1	35.95	35.95	34.24	20.12	14.12
4	5.7	155.19	115.23	47.44	2.1	72.79	72.79	69.32	67.56	36.0
3	5.7	223.59	176.31	70.16	2.1	111.37	111.37	106.07	137.72	71.91
2	5.7	279.99	219.64	87.65	2.1	138.74	138.74	132.13	225.37	116.39
1	5.7	289.8	229.88	91.17	2.1	145.21	145.21	138.30	316.54	163.52

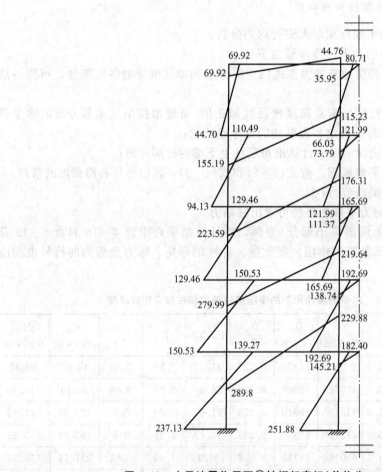

图 4.16　水平地震作用下⑤轴框架弯矩(单位为 kN·m)

6. 框架重力荷载作用效应计算

当考虑重力荷载作用将与地震作用进行组合时,计算单元框架上的竖向重力荷载应该按重力荷载代表值计算。本例中,永久荷载取全部,楼面活荷载取 50%,屋面雪荷载取 50%。

该结构基本对称，竖向荷载作用下的框架侧移可以忽略，因此，可采用弯矩分配法（分层法、二次分配法）计算框架的内力。此时，需要考虑塑性内力重分布而进行梁端负弯矩调幅，本例取弯矩调幅系数为 0.8，梁的跨中弯矩应做相应的调整（增加）。

以⑤轴框架单元为例，采用分层法计算，将重力荷载代表值作用下的内力计算结果列于表 4-20 中，计算过程略。表中弯矩以顺时针为正，其中 M_{GE}^l、M_{GE}^r 分别为梁左端及右端的弯矩；M_{GE}^t、M_{GE}^b 分别为柱上端及下端的弯矩。表中弯矩值已经折算到节点柱边缘处，折算公式如下：

$$M = M_c - V_0 \cdot \frac{b}{2}$$

表 4-20 重力荷载代表值作用下的⑤轴框架梁端弯矩及柱端弯矩、轴力

楼层 i	框架梁				框架柱					
	进深梁		走道梁		边柱 Z_1			中柱 Z_2		
	M_{GE}^l /(kN·m)	M_{GE}^r /(kN·m)	M_{GE}^l /(kN·m)	M_{GE}^r /(kN·m)	M_{GE}^t /(kN·m)	M_{GE}^b /(kN·m)	N_{GE} /kN	M_{GE}^t /(kN·m)	M_{GE}^b /(kN·m)	N_{GE} /kN
5	−46.5	56.1	−15.8	15.8	46.5	47.6	162	−40.3	−42.1	221
4	−94.5	103.9	−17.8	17.8	47.0	47.3	408	−44.0	−44.1	558
3	−99.9	107.5	−15.0	15.0	58.0	43.3	654	−53.0	−49.1	895
2	−107.3	111.3	−12.2	12.2	54.0	59.6	900	−50.0	−54.9	1232
1	−98.4	106.3	−15.8	15.8	58.0	19.5	1173	−35.6	−17.5	1606

式中　M——节点柱边缘处弯矩值；

　　　M_c——轴线处弯矩值；

　　　V_0——按简支梁计算的支座剪力值（取绝对值）；

　　　b——节点处柱的截面宽度。

7. 内力组合与内力调整

作为例题，没有给出无地震作用组合的内力计算结果（实际设计时应考虑）。因此，这里只进行有地震作用时的内力组合，即只考虑水平地震作用与重力荷载效应的组合。并假定结构内力由地震作用组合起控制作用，因此内力组合后需要进行内力调整，以保证按照延性框架设计。对一般情况，在组合前应将轴线处内力折算到节点柱边缘处。

本框架抗震等级为二级。

1）框架梁的内力组合及调整

以⑤轴框架底层楼面进深梁为例。

（1）梁端组合弯矩设计值（以使梁下部受拉的弯矩为正）。以下算式中 M_{Ek} 为折算到节点柱边缘处的弯矩值。

梁左端：

地震作用弯矩顺时针方向时，$\gamma_{GE} = 1.2$，则梁左端正弯矩为

$$M_b^l = 1.3M_{Ek} + 1.2M_{GE}$$

$$= \left[1.3 \times \left(289.8 - 91.17 \times \frac{0.5}{2} \right) + 1.2 \times (-98.4) \right] kN \cdot m$$

$$= 229 kN \cdot m$$

地震作用弯矩顺时针方向时，$\gamma_{GE} = 1.0$，则梁左端正弯矩为

$$M_b^l = 1.3M_{Ek} + 1.0M_{GE} = [1.3 \times 267 + 1.0 \times (-98.4)] kN \cdot m = 248.7 kN \cdot m$$

地震作用弯矩逆时针方向时，梁左端负弯矩为

$$M_b^l = 1.3M_{Ek} + 1.2M_{GE} = [1.3 \times (-267) + 1.2 \times (-98.4)] kN \cdot m = -465.18 kN \cdot m$$

梁右端：

地震作用弯矩顺时针方向时，梁右端负弯矩为

$$M_b^l = 1.3M_{Ek} + 1.2M_{GE}$$

$$= \left\{ 1.3 \times \left[-\left(229.88 - 91.17 \times \frac{0.5}{2} \right) \right] + 1.2 \times (-106.3) \right\} kN \cdot m$$

$$= -396.78 kN \cdot m$$

地震作用弯矩逆时针方向时，梁右端正弯矩为

$$M_b^l = 1.3M_{Ek} + 1.2M_{GE} = [1.3 \times 207.09 + 1.2 \times (-106.3)] kN \cdot m = 141.66 kN \cdot m$$

地震作用弯矩逆时针方向时，$\gamma_{GE} = 1.0$，则梁右端正弯矩为

$$M_b^l = 1.3M_{Ek} + 1.0M_{GE} = [1.3 \times 207.09 + 1.0 \times (-106.3)] kN \cdot m = 162.92 kN \cdot m$$

经比较，梁端组合弯矩设计值的最后取值为：梁左端最大负弯矩为$-465.18 kN \cdot m$，最大正弯矩为 $248.7 kN \cdot m$；梁右端最大负弯矩为$-396.78 kN \cdot m$，最大正弯矩为 $162.92 kN \cdot m$。

（2）梁端组合剪力设计值。二级框架梁端截面组合剪力设计值按式(4-18)计算，剪力增大系数为 1.2。

梁端弯矩顺时针作用时的剪力为（取 $\gamma_{GE} = 1.2$）

$$V_b = \frac{\eta_{vb}(M_b^l + M_b^r)}{l_n} + V_{Gb} = \left[\frac{1.2 \times (229 + 396.78)}{5.2} + 1.2 \times (0.5 \times 59.2 \times 5.2) \right] kN$$

$$= 329.11 kN$$

梁端弯矩逆时针作用时的剪力为

$$V_b = \frac{\eta_{vb}(M_b^l + M_b^r)}{l_n} + V_{Gb} = \left[\frac{1.2 \times (465.18 + 141.66)}{5.2} + 1.2 \times (0.5 \times 59.2 \times 5.2) \right] kN$$

$$= 324.74 kN$$

式中的 59.2kN/m 为作用在梁上的竖向均布荷载。

经比较，梁端最大剪力为 329.11kN。

2）柱的内力组合及调整

以⑤轴框架底层中柱 Z_2 为例。

（1）柱端组合弯矩设计值。

柱顶弯矩(M_{Ek}是已经折算到节点边缘的弯矩值)：

逆时针方向 $M_c^t = 1.3M_{Ek} + 1.2M_{GE} = [1.3 \times (-111.83) + 1.2 \times (-35.6)] kN \cdot m = -188.1 kN \cdot m$

顺时针方向 $M_c^t = 1.3M_{Ek} + 1.2M_{GE} = [1.3 \times 111.83 + 1.2 \times (-35.6)]kN \cdot m = 102.66kN \cdot m$

柱底弯矩：

逆时针方向 $M_c^b = 1.3M_{Ek} + 1.2M_{GE} = [1.3 \times (-251.88) + 1.2 \times (-17.5)]kN \cdot m = -348.44kN \cdot m$

顺时针方向 $M_c^b = 1.3M_{Ek} + 1.2M_{GE} = [1.3 \times 251.88 + 1.2 \times (-17.5)]kN \cdot m = 306.44kN \cdot m$

柱端弯矩调整如下。

柱下端截面：二级框架底层柱下端截面的组合弯矩设计值（绝对值大者）应乘以增大系数 1.25，即应调整为

$$M_c^b = 1.25 \times 348.44kN \cdot m = 435.55kN \cdot m（逆时针方向）$$

柱上端截面：由于底层柱轴压比为 0.7 > 0.15，所以，柱上端截面的组合弯矩设计值（绝对值大者）应乘以增大系数 1.2，即应调整为

$$M_c^t = 1.2 \times 188.1kN \cdot m = 225.72kN \cdot m（逆时针方向）$$

(2) 柱端组合剪力设计值。

柱上下端截面组合剪力设计值（顺时针方向）按式（4-20）调整为

$$V_c = \frac{\eta_{vc}(M_c^t + M_c^b)}{H_n} = 1.2 \times \frac{(435.55 + 225.72)}{3.475}kN = 228.35kN$$

3）节点核心区组合剪力设计值

以⑤轴框架底层中柱 Z_2 节点为例。

框架节点核心区组合剪力设计值按式（4-34）确定，剪力增大系数为 1.2。即

$$V_j = \frac{\eta_{jb} \sum M_b}{h_{b0} - a_s'}\left(1 - \frac{h_{b0} - a_s'}{H_c - h_b}\right)$$

其中，节点左侧梁弯矩（已折算到节点柱边缘）为

$$M_{bl} = (1.2 \times 106.3 + 1.3 \times 207.09)kN \cdot m = 396.78kN \cdot m$$

节点右侧梁弯矩（已折算到节点柱边缘）为

$$M_{br} = [1.2 \times (-15.8) + 1.3 \times 110.7]kN \cdot m = 124.95kN \cdot m$$

$$V_j = \frac{1.2 \times (396.78 + 124.95)}{\frac{0.65 + 0.4}{2} - 0.04 - 0.04} \times \left(1 - \frac{\frac{0.65 + 0.4}{2} - 0.04 - 0.04}{4 \times (1 - 0.58) + 3.6 \times 0.5 - \frac{0.65 + 0.4}{2}}\right)kN$$

$$= 1195kN$$

8. 截面设计

根据上述所选框架内力计算结果，进行相应构件截面设计，以满足构件的抗震承载力要求。

1）框架梁截面设计

以⑤轴框架底层楼面进深梁为例。

(1) 梁正截面抗弯设计。

梁端按矩形截面双筋考虑。梁端正截面抗震受弯承载力应满足下列要求：

$$\gamma_{RE}M_b^下 \leq f_y A_s'(h_0 - a_s')$$

及
$$\gamma_{RE}M_b^{\perp} \leqslant \alpha_1 f_c bx\left(h_0 - \frac{x}{2}\right) + f_y A_s(h_0 - a_s')$$

$$\alpha_1 f_c bx = A_s f_y - A_s' f_y'$$

式中　A_s、A_s'——分别为梁端上部钢筋面积和下部钢筋面积。

梁左端下部配筋计算：

$$A_s' = \frac{\gamma_{RE}M_b^{\top}}{f_y(h_0 - a_s')} = \frac{0.75 \times 248.7 \times 10^6}{360 \times (650 - 40 - 40)}\mathrm{mm}^2 = 909\mathrm{mm}^2$$

选 $4\Phi18$，$A_s' = 1017\mathrm{mm}^2$。

梁左端上部配筋计算：

$$a_s = \frac{\gamma_{RE}M_b^{\perp} - f_y'A_s'(h_0 - a_s')}{\alpha_1 f_c bh_0^2} = \frac{0.75 \times 465.18 \times 10^6 - 360 \times 1017 \times (610 - 40)}{1.0 \times 11.9 \times 250 \times 610^2}$$

$$= 0.127 < \alpha_{s\,max} = 0.384$$

$$\xi = 1 - \sqrt{1 - 2a_s} = 1 - \sqrt{1 - 2 \times 0.127} = 0.136 < \xi_b = 0.518$$

$$x = \xi h_0 = 0.136 \times 610\mathrm{mm} = 83\mathrm{mm} > 2a_s' = 80\mathrm{mm}$$

$$A_s = \frac{\alpha_1 \xi f_c bh_0 + f_y'A_s'}{f_y} = \frac{1.0 \times 0.136 \times 11.9 \times 250 \times 610 + 360 \times 1017}{360}\mathrm{mm}^2 = 1702.57\mathrm{mm}^2$$

选 $5\Phi22$，$A_s = 1900\mathrm{mm}^2$。

验算二级框架抗震要求：

相对受压区高度　$\xi = \dfrac{A_s f_y - A_s' f_y'}{\alpha_1 f_c bh_0} = \dfrac{1900 \times 360 - 1017 \times 360}{1.0 \times 11.9 \times 250 \times 610} = 0.175 < 0.35$

梁底部钢筋面积与顶部钢筋面积之比　$\dfrac{A_s'}{A_s} = \dfrac{1017}{1900} = 0.535 > 0.3$

纵向钢筋最小配筋面积 $A_s = 1900\mathrm{mm}^2 > (0.3\%bh) = 0.003 \times 250 \times 610\mathrm{mm} = 457.5\mathrm{mm}^2$
皆满足要求。

同理可计算出梁右端配筋（略）。

梁跨中最大弯矩及其位置应根据梁（按竖向均布荷载作用下）的隔离体平衡（图 4.17），通过求极值的方法确定，即

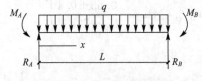

图 4.17　框架梁隔离体

$$M_{max} = \frac{R_A^2}{2q} - M_A$$

$$R_A = \frac{qL}{2} - \frac{1}{L}(M_B - M_A)$$

最大弯矩截面位置为

$$x = \frac{R_A}{q}$$

跨中正截面按 T 形截面设计计算（略）。

（2）梁斜截面抗剪设计。

验算梁截面尺寸：

$$\frac{0.2\beta_c f_c b h_0}{\gamma_{RE}} = \frac{0.2 \times 1.0 \times 11.9 \times 250 \times 610}{0.85} kN = 427kN > V_b = 329.11kN$$

满足要求。

根据式(4-25)得

$$\frac{A_{sv}}{s} \geqslant \frac{\gamma_{RE} V_b - 0.42 f_t b h_0}{1.25 f_{yv} h_0} = \frac{0.85 \times 329.11 \times 10^3 - 0.42 \times 1.27 \times 250 \times 610}{1.25 \times 210 \times 610} = 1.239$$

二级框架要求，梁箍筋直径 $d \geqslant \phi 8$，箍筋间距 $s = \min\{100, h/4, 8d\}$。取双肢箍 $\phi 10@100$，则

$$\frac{A_{sv}}{s} = \frac{2A_{sv1}}{s} = \frac{157}{100} = 1.57 > 1.239$$

2）框架柱抗震设计

以⑤轴框架底层中柱 Z_2 节点为例。

（1）柱轴压比验算。

柱轴力组合设计值：

验算柱轴压比时

$$N_c = 1.3N_{Ek} + 1.2N_{GE} = (1.3 \times 163.52 + 1.2 \times 1606)kN = 2139.78kN$$

验算正截面承载力时

与柱端顺时针弯矩对应

$$N_c = 1.3N_{Ek} + 1.0N_{GE} = (1.3 \times 163.52 + 1.0 \times 1606)kN = 1818.58kN$$

与柱端逆时针弯矩对应

$$N_c = 1.3N_{Ek} + 1.0N_{GE} = [1.3 \times (-163.52) + 1.0 \times 1606]kN = 1393.42kN$$

轴压比为

$$\frac{N_c}{f_c A} = \frac{2139780}{11.9 \times 500 \times 500} = 0.719 < 0.8$$

满足二级框架柱要求。

（2）柱正截面承载力计算。

已知调整后的柱顶

$$M_1^t = 1.3M_{Ek} + 1.2M_{GE} = 188.1kN \cdot m$$

柱底截面最不利组合内力 $M_2^b = 435.55kN \cdot m$，按双曲率考虑。弯矩对应的轴力为 $N_c = 1393.42kN$。

$h_0 = 500 - 40 = 460(mm)$，$e_a = 20mm$，

$$\zeta_c = \frac{0.5 f_c A}{N_c} = \frac{0.5 \times 11.9 \times 500 \times 500}{1393.42 \times 10^3} = 1.07 > 1.0$$

取 $\zeta_c = 1.0$。

框架柱的计算长度 l_c，底层取 $l_c = 1.0H$；其他层取 $l_c = 1.25H$，H 为层高。

$$\frac{l_c}{h} = \frac{4000}{500} = 8 < 15$$

取 $\zeta_2 = 1.0$

则

$$\eta_{ns}=1+\frac{1}{1300(M_2/N_c+e_a)/h_0}\left(\frac{l_c}{h}\right)^2\zeta_c=1+\frac{1}{1300(435.55/1393.42+20)/460}\times8^2\times1.0\times1.0$$
$$=1.07$$

$$C_m=0.7+0.3\frac{M_1}{M_2}=0.7+0.3\times\left(-\frac{188.1}{435.55}\right)=0.83$$

$$M=C_m\eta_{ns}M_2=0.83\times1.07\times435.55=386.8(\text{kN}\cdot\text{m})$$

$$e_i=\frac{M}{N_c}+e_a=\frac{386.8}{1393.42}+20=298(\text{mm})>0.3h_0=138\text{mm},$$

对称配筋 $\quad\xi=\dfrac{N_c}{f_cbh_0}=\dfrac{1393.42\times10^3}{11.9\times500\times460}=0.51<\xi_b=0.518$

按大偏心受压构件计算：

$$e=e_i+\frac{h}{2}-a_s=\left(298+\frac{500}{2}-40\right)\text{mm}=508\text{mm}$$

由 $Ne\le\dfrac{1}{\gamma_{RE}}\left[\alpha_1f_cbx\left(h_0-\dfrac{x}{2}\right)+f'_yA'_s(h_0-a'_s)\right]$，得

$$A'_s\ge\frac{\gamma_{RE}Ne-\alpha_1f_cbh_0^2\xi\left(1-\dfrac{\xi}{2}\right)}{f'_y(h_0-a'_s)}$$

$$=\frac{0.8\times1393.42\times10^3\times508-11.9\times500\times460^2\times0.51\times\left(1-\dfrac{0.51}{2}\right)}{360\times(460-40)}\text{mm}^2=581.5\text{mm}^2$$

选 4Φ16 位于角部，$A'_s=804\text{mm}^2$。每边分别布置 2Φ16，总配筋为 12Φ16，总钢筋面积 $A'_s=2412\text{mm}^2$。配筋率

$$\rho=\frac{A'_s}{bh}=\frac{2412}{500\times500}=1.0\%>0.8\%$$

满足要求。

（3）柱斜截面抗剪承载力计算。

柱截面尺寸验算：

$$\frac{0.2\beta_cf_cbh_0}{\gamma_{RE}}=\frac{0.2\times1.0\times11.9\times500\times460}{0.85}\text{kN}=644\text{kN}>V_c=228.35\text{kN}$$

满足要求。

柱抗剪承载力验算：

若选 Φ10@100 复合箍（图 4.18），则箍筋直径（>Φ8）、箍筋间距（$s=\min\{100,8\times18=144\}$）及体积配箍率：

$\rho_v=8\times78.5/(100\times450)=1.4\%>\lambda_vf_c/f_{yv}=0.154\times11.9/210=0.87\%$，都满足二级框架柱加密区的箍筋构造要求。且箍筋肢距不大于 200mm，对 2 筋的约束要求也满足。对非加密区的配筋仅改为 Φ10@200 复合箍筋即满足抗震构造要求，此时

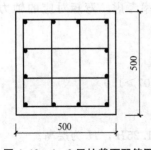

图 4.18　1~3 层柱截面配筋图

$$\lambda=\frac{H_n}{2h_0}=\frac{3.475\times10^3}{2\times460}=3.78>3$$

取 $\lambda=3$。

$$V_u = \frac{1}{\gamma_{RE}}\left(\frac{1.05}{\lambda+1.0}f_t b h_0 + f_{yv}\frac{A_{sv}}{s}h_0 + 0.056N\right)$$

$$= \frac{1}{0.85}\times\left(\frac{1.05}{3+1.0}\times1.27\times500\times460+210\times\frac{4\times78.5}{200}\times460+0.056\times1393.42\times10^3\right)kN$$

$$= 360.4kN > V_c = 228.35kN$$

满足要求。

3）节点核心区验算

由于梁宽 $b_b = b_c/2 = 250$，可以取 $b_j = b_c = 500$。并且节点四侧各梁截面宽度不小于该侧柱截面宽度的1/2，正交方向的纵向框架梁高度不小于本横向框架梁高度的3/4，可以取交叉梁约束影响系数 $\eta_j = 1.5$。节点核心区配箍与柱端配箍相同。

截面尺寸验算：

$$\frac{0.3\eta_j\beta_c f_c b_j h_j}{\gamma_{RE}} = \frac{0.3\times1.5\times1.0\times11.9\times500\times500}{0.85}kN = 1575kN > V_j = 1195kN$$

满足要求。

节点作用的组合轴力设计值：

$$N = 1.3N_{Ek}+1.0N_{GE} = (-1.3\times120.15+1.0\times1232)kN$$
$$= 1075.8kN < 0.5f_c b_c h_c = 1487.5kN$$

抗震承载力验算：

$$V_u = \frac{1}{\gamma_{RE}}\left(1.1\eta_j f_t b_j h_j + 0.05\eta_j N\frac{b_j}{b_c}+f_{yv}A_{svj}\frac{h_{b0}-a_s'}{s}\right)$$

$$= \frac{1}{0.85}\left(1.1\times1.5\times1.27\times500^2+0.05\times1.5\times1075.8\times10^3\times\frac{500}{500}+210\times\right.$$

$$\left. 4\times78.5\times\frac{\frac{610+360}{2}-40}{100}\right)kN$$

$$= 1056.46kN < V_j = 1195kN$$

节点核心区抗震抗剪承载力不足，应增大配筋量，重新验算（略）。

9．罕遇地震作用下变形验算

当结构有罕遇地震作用下变形验算要求时，则需要进行变形验算，以防止倒塌（方法略）。

4.4 抗震墙结构的抗震设计

4.4.1 抗震墙结构的抗震概念设计

钢筋混凝土抗震墙（剪力墙）结构（reinforced concrete shear wall structure）是由纵横方向的钢筋混凝土抗震墙和楼盖组成，形成刚度较大的抗侧力体系。抗震墙结构的抗震设计，除需要满足结构的抗震概念设计（详见4.2节）的一般要求之外，还需满足自身特点的抗震概念设计要求。

1. 抗震墙类别的划分

不同类别抗震墙的抗侧移刚度不同，因而其抗震性能也不同。单片抗震墙的类别一般按其洞口大小和位置、墙肢惯性矩比 I_A/I 及整体系数 α 进行划分。洞口的大小用洞口系数 ρ 表示：

$$\rho = \frac{\text{墙面洞口面积}}{\text{墙面不计洞口的总面积}} \tag{4-44}$$

墙肢惯性矩比 I_A/I 为

$$I_A/I = \frac{I - \sum_{j=1}^{m+1} I_j}{I} \tag{4-45}$$

式中　I_j、I——分别为第 j 墙肢的惯性矩和抗震墙对组合截面形心的惯性矩；

　　　　I_A——为各墙肢截面积对组合截面形心的面积矩之和。

整体系数 α 为

$$\alpha = H\sqrt{\frac{6}{\tau h \sum\limits_{j=1}^{m+1} I_j} \sum_{j=1}^{m} \frac{I'_{bj} c_j^2}{a_j^3}} \tag{4-46}$$

式中　H——抗震墙总高度；

　　　　h——层高；

　　　　τ——轴向变形系数，双肢时取为墙肢惯性矩比 I_A/I，3～5 肢时取为 0.80，5～7 肢取为 0.85，8 肢以上取为 0.90；

　　　　a_j——第 j 列洞口连梁计算跨度(取洞口宽度加连梁高度的一半)的 1/2；

　　　　c_j——第 j 列洞口两侧墙肢间轴线距离的 1/2；

　　　　I'_{bj}——第 j 列洞口连梁考虑剪切变形的折算惯性矩，按式(4-47)计算：

$$I'_{bj} = \frac{I_{bj}}{1 + \frac{3\mu E_c I_{bj}}{GA_{bj} a_j^2}} \tag{4-47}$$

式中　I_{bj}——连梁的惯性矩；

　　　　A_{bj}——连梁的截面积；

　　　　μ——截面剪应力不均匀系数，矩形截面取为 1.2；

　　E_c、G——分别为混凝土弹性模量和剪切弹性模量。

抗震墙可以分成下面几类：

(1) 整体墙[图 4.19(a)]。即无洞口或洞口很小的墙，同时满足下列条件：$\rho \leqslant 0.15$，且洞口间的净距及洞口至墙边的净距大于洞口长边尺寸。可忽略洞口的影响，整体墙的应力可按平截面假定用材料力学公式计算。在地震作用下呈弯曲变形。

(2) 整体小开口墙[图 4.19(b)]。其满足下列条件：$\rho > 0.15$，$\alpha \geqslant 10$，且 $I_A/I \leqslant \zeta$，其中 ζ 按表 4-21 采用。此时，可按平截面假定计算，但得出的应力应进行修正。其在地震作用下基本呈弯曲变形。

(3) 联肢墙(双肢或多肢墙)[图 4.19(c)]。其满足下列条件：$\rho > 0.15$，$1.0 < \alpha < 10$，且 $I_A/I \leqslant \zeta$。其在地震作用下由弯曲变形逐渐过渡到剪切变形。

（4）壁式框架[图 4.19(d)]。其洞口很大，$\alpha \geqslant 10$，且 $I_A/I > \zeta$。墙肢多出现反弯点，受力特点与框架相近。

（5）大开口墙。当 $\alpha < 1.0$ 时，墙肢间连梁很弱，可忽略其影响，各肢按独立的悬臂墙肢考虑。

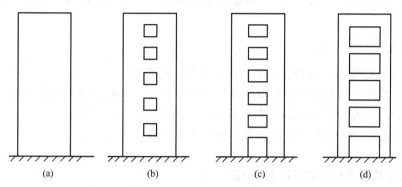

图 4.19 抗震墙的分类

（a）整体墙；（b）整体小开口墙；（c）联肢墙；（d）壁式框架

表 4-21 系数 ς 的取值(倒三角形荷载)

α	层数 n					
	8	10	12	16	20	$\geqslant 30$
10	0.887	0.938	0.974	1.000	1.000	1.000
12	0.867	0.915	0.950	0.994	1.000	1.000
14	0.833	0.901	0.933	0.976	1.000	1.000
16	0.844	0.889	0.924	0.963	0.989	1.000
18	0.837	0.881	0.913	0.953	0.978	1.000
20	0.832	0.875	0.906	0.945	0.970	1.000
22	0.828	0.871	0.901	0.939	0.964	1.000
24	0.825	0.867	0.897	0.935	0.959	0.989
26	0.822	0.864	0.893	0.931	0.956	0.986
28	0.820	0.861	0.889	0.928	0.953	0.982
$\geqslant 30$	0.818	0.858	0.885	0.925	0.949	0.979

2. 抗震墙的设置

《建筑抗震设计规范》（GB 50011—2010)中第 6.1.9 条规定，抗震墙结构中的抗震墙设置，应符合下列要求。

（1）较长的抗震墙宜开设洞口，将一道抗震墙分成较均匀的若干墙段（包括小开口墙及联肢墙），洞口连梁的跨高比宜大于 6，各墙段的高宽比不宜小于 3。

（2）墙肢的长度沿结构全高不宜有突变；抗震墙有较大洞口时，以及一、二级抗震墙的底部加强部位，洞口宜上下对齐。

（3）矩形平面的部分框支抗震墙结构，其框支层的楼层侧向刚度应不小于相邻非框支层的楼层侧向刚度的 50%；框支层落地抗震墙间距不宜大于 24m，框支层的平面布置尚宜对称，且宜设抗震筒体。

3. 抗震墙的加强部位

(1) 部分框支抗震墙结构的抗震墙, 其底部加强部位的高度, 可取框支层加框支层以上二层的高度及落地抗震墙的总高度的 1/8 两者的较大值, 且不大于 15m。

(2) 其他结构的抗震墙, 其底部加强部位的高度可取墙肢总高度的 1/8, 且不大于 15m。

4. 抗震墙设计的原则

抗震墙设计应遵循"强墙弱连梁、强剪弱弯"的原则。

(1) 避免连梁过强而使墙肢过早破坏。一般情况下, 联肢墙宜采用弱连梁, 即在地震作用下连梁总约束弯矩不大于该层联肢墙所承受的约束弯矩的 20%。

(2) 避免墙肢(含无洞口的墙体)和连梁发生剪切破坏。

4.4.2 抗震墙结构的抗震计算方法

1. 水平地震作用的计算

抗震墙结构按弹性体系计算水平地震作用 F_i 时, 可以采用底部剪力法、振型分解反应谱法、弹性时程分析法进行计算。采用的计算简图仍然为葫芦串模型。计算手段通常采用电算, 如使用 SETWE 等软件。

2. 水平地震作用及楼层地震内力的分配

以上求出的抗震墙结构各层的地震作用 F_i、地震内力(V_i、M_i), 可按各抗震墙片刚度的比例分配到各墙片上。则第 i 层第 j 墙片分配到的地震作用 F_{ij} 和地震剪力 V_{ij}、地震弯矩 M_{ij} 分别为:

$$F_{ij} = \frac{(E_c I)_j}{\sum (E_c I)_k} F_i \qquad (4-48)$$

$$V_{ij} = \frac{(E_c I)_j}{\sum (E_c I)_k} V_i \qquad (4-49)$$

$$M_{ij} = \frac{(E_c I)_j}{\sum (E_c I)_k} M_i \qquad (4-50)$$

式中 $(E_c I)_j$、$\sum (E_c I)_k$——分别为第 i 层第 j 片墙的刚度和该层所有墙体的总刚度。当各片墙沿竖向刚度变化较均匀时, 可近似用等效刚度 $(E_c I_{eq})$ 代替 $(E_c I)$。

等效刚度 $(E_c I_{eq})$ 的计算如下:

(1) 整体墙。

$$E_c I_{eq} = \frac{E_c I_w}{1 + \dfrac{9 \mu I_w}{A_w H^2}} \qquad (4-51)$$

式中 E_c——混凝土弹性模量。

I_{eq}——等效惯性矩。

H——抗震墙的总高度。

μ——截面形状系数，对矩形截面取 1.2，工字形截面 $\mu=$ 全面积/腹板面积；T 形截面的 μ 值，如表 4-22 所示。

I_w——抗震墙的惯性矩，取有洞口和无洞口截面的惯性矩沿竖向的加权平均值，即 $I_w=\sum(I_i h_i)/\sum h_i$，$I_i$、$h_i$ 分别为抗震墙沿高度方向各段的组合截面惯性矩和相应各段的高度。

A_w——抗震墙水平截面面积，对有小洞口的整体墙，取折算截面面积，即 $A_w=\gamma_0 A$（其中 A 为墙水平截面毛面积，γ_0 为洞口削弱系数，$\gamma_0=1-1.25\sqrt{A_{op}/A_f}$，$A_{op}$ 为墙立面洞口面积，A_f 为墙立面总面积）。

表 4-22 T 形截面剪应力不均匀系数 μ

H/t \ B/t	2	4	6	8	10	12
2	1.383	1.496	1.521	1.511	1.483	1.445
4	1.441	1.876	2.287	2.682	3.061	3.424
6	1.362	1.097	2.033	2.367	2.698	3.026
8	1.313	1.572	1.838	2.106	2.374	2.641
10	1.283	1.489	1.707	1.927	2.148	2.370
12	1.264	1.432	1.614	1.800	1.988	2.178
15	1.245	1.374	1.579	1.669	1.820	1.973
20	1.228	1.317	1.422	1.534	1.648	1.763
30	1.214	1.264	1.328	1.399	1.473	1.549
40	1.208	1.240	1.284	1.334	1.387	1.442

注：B 为翼缘宽度；H 为抗震墙截面高度；t 为抗震墙厚度。

（2）整体小开口墙。

$$E_c I_{eq}=\frac{0.8 E_c I_w}{1+\frac{9\mu I}{AH^2}} \tag{4-52}$$

式中 A——墙肢面积之和；

I——组合截面的惯性矩；

其余参数含义同前。

（3）单片联肢墙、壁式框架及框架-抗震墙。将水平荷载视为倒三角荷载或均布荷载，则按下式之一计算等效刚度：

均布荷载 $$E_c I_{eq}=\frac{qH^4}{8u_1} \tag{4-53}$$

倒三角荷载 $$E_c I_{eq}=\frac{11q_{max}H^4}{120u_2} \tag{4-54}$$

式中 q、q_{max}——分别为均布荷载值和倒三角荷载最大值；

u_1、u_2——分别为均布荷载值和倒三角荷载作用下产生的结构顶点水平位移；

其余参数含义同前。

3. 各抗震墙体的内力计算

由上述过程确定各抗震墙体所承担的水平地震作用、地震剪力及地震弯矩以后，要计算墙体各部位(墙肢、连梁等)的内力。

(1) 整体墙。对整体墙，可作为竖向悬臂构件按材料力学公式计算水平截面的应力和位移。

(2) 整体小开口墙。对整体小开口墙，截面应力分布虽然与整体墙不同，但偏差不大，可以按下列公式近似计算。

第 j 墙肢弯矩：

$$M_j = 0.85M\frac{I_j}{I} + 0.15M\frac{I_j}{\sum I_k} \tag{4-55}$$

第 j 墙肢的轴力：

$$N_j = 0.85M\frac{A_j y_j}{I} \tag{4-56}$$

第 j 墙肢的层剪力：

$$V_j = \frac{V}{2}\left(\frac{A_j}{\sum A_k} + \frac{I_j}{\sum I_k}\right) \tag{4-57}$$

式中 V、M——分别为该墙体在计算截面处由外荷载(含地震作用)产生的剪力和弯矩；

I——整个抗震墙截面对组合截面形心的总惯性矩；

I_j、A_j、y_j——分别为第 j 墙肢的截面惯性矩、截面面积和墙肢截面形心至组合截面形心的距离。

(3) 联肢墙。关于联肢墙内力的计算可以利用微分方程求解，可参见有关文献，如本书的参考文献 [16]，此处从略。

地震作用下的内力计算完成后，就可以与其他荷重作用下的内力进行组合，以确定最不利的内力组合，作为截面设计的依据。

4. 抗震墙剪力设计值的调整

在截面设计时，有地震作用组合的剪力设计值，需要根据"强剪弱弯"的原则进行调整。一、二、三级的抗震墙底部加强部位，其截面地震作用组合的剪力设计值应按式(4-58)调整：

$$V_w = \eta_{vw}V \tag{4-58}$$

9 度的一级可按上式调整，但应符合式(4-59)：

$$V_w = 1.1\frac{M_{wua}}{M_w}V \tag{4-59}$$

式中 V、M_w——分别为抗震墙底部加强部位截面组合的剪力设计值和弯矩设计值。

M_{wua}——抗震墙底部截面实配的抗震受弯承载力所对应的弯矩值，根据实配纵向钢筋面积、材料强度标准值和轴力等计算；有翼墙时应计入墙两侧各一倍翼墙厚度范围内的纵向钢筋。

η_{vw}——抗震墙剪力增大系数，一级为 1.6，二级为 1.4，三级为 1.2。

4.4.3 抗震墙结构的抗震构造措施

《建筑抗震设计规范》(GB 50011—2010)中第6.4条规定如下。

1) 抗震墙厚度要求

为保证墙体具有足够的稳定性，抗震墙的厚度应符合下列要求。

(1) 两端有翼墙或端柱的抗震墙厚度，抗震等级为一、二级时应不小于160mm且应不小于层高的1/20；三、四级时应不小于140mm且应不小于层高的1/25。

(2) 底部加强部位的墙厚，一、二级时不宜小于200mm且不宜小于层高的1/16。

(3) 无端柱或翼墙时应不小于层高的1/12。

抗震墙结构为10层或10层以上或高度超过24m时的墙厚还应符合高层规程的要求。

2) 轴压比限制

轴压比是影响抗震墙墙肢延性的重要因素。轴压比的定义为 $n=N/(f_cA)$，其中 N 为重力荷载代表值作用下墙肢的轴压力设计值，A 为墙肢截面面积，f_c 为墙肢混凝土轴心抗压强度设计值。限制轴压比是为了保证抗震墙具有足够的延性，防止地震时发生脆性破坏。因此，轴压比限制如下：

一级和二级抗震墙，底部加强部位在重力荷载代表值作用下墙肢的轴压比，一级9度时不宜超过0.4，一级8度时不宜超过0.5，二级时不宜超过0.6。

3) 分布钢筋构造要求

抗震墙墙体竖向和横向分布钢筋在地震作用和竖向荷载下承受弯矩、剪力和轴力，同时还起到控制混凝土收缩裂缝和温度裂缝等作用。竖向和横向分布钢筋除应按计算配筋之外，尚应满足下列构造要求：

(1) 分布钢筋的布置要求。抗震墙厚度大于140mm时，竖向和横向分布钢筋应双排布置；双排分布钢筋间拉筋的间距应不大于600mm，直径应不小于6mm；在底部加强部位，边缘构件以外的拉筋间距应适当加密。

(2) 分布钢筋的配筋要求。

① 一、二、三级抗震墙的竖向和横向分布钢筋最小配筋率均应不小于0.25%；四级抗震墙应不小于0.20%；钢筋最大间距应不大于300mm，最小直径应不小于8mm。

② 在部分框支抗震墙结构的落地抗震墙底部加强部位，竖向及横向分布钢筋配筋率均应不小于0.3%，钢筋间距应不大于200mm。

③ 竖向及横向分布钢筋直径不宜大于墙厚的1/10。

4) 边缘构件构造要求

抗震墙两端及洞口两侧应设置的边缘构件包括：暗柱、端柱、翼墙、转角墙。研究表明，抗震墙端部设置边缘构件，可以有效地改善其受压性能、增大延性。按照边缘构件的范围和配筋要求的不同，分为约束边缘构件和构造边缘构件。

(1) 边缘构件的设置要求。抗震墙两端和洞口两侧的边缘构件设置应符合下列要求。

① 抗震墙结构，一、二级抗震墙底部加强部位及相邻的上一层墙肢设置约束边缘构件，但当墙肢底截面在重力荷载代表值作用下的轴压比较小(即一级9度时小于0.1、一级8度时小于0.2、二级时小于0.3)时，这些部位可设置构造边缘构件；一、二级抗震墙的其他部位和三、四级抗震墙，均应设置构造边缘构件。

② 部分框支抗震墙结构，一、二级落地抗震墙的底部加强部位及相邻的上一层墙肢两端，应设置符合约束边缘构件要求的翼墙或端柱，洞口两侧应设置约束边缘构件；不落地的抗震墙，应在底部加强部位及相邻的上一层墙肢的两端设置约束边缘构件。

（2）约束边缘构件的构造要求（图 4.20）。

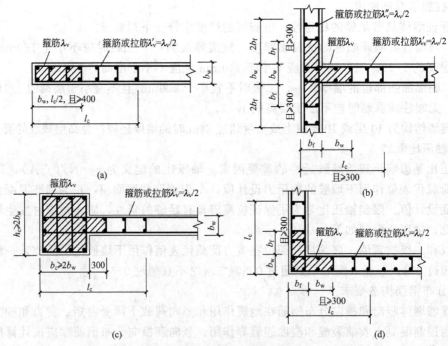

图 4.20 抗震墙的约束边缘构件

（a）暗柱；（b）有翼墙；（c）有端柱；（d）转角墙（L 形墙）

① 约束边缘构件沿墙肢的长度和配箍特征值应符合表 4-23 的要求。

表 4-23 抗震墙约束边缘构件的范围及配筋要求

项 目	一级（9度）		一级（7、8度）		二、三级	
	$\lambda \leqslant 0.2$	$\lambda > 0.2$	$\lambda \leqslant 0.3$	$\lambda > 0.3$	$\lambda \leqslant 0.4$	$\lambda > 0.4$
l_c（暗柱）	$0.20h_w$	$0.25h_w$	$0.15h_w$	$0.20h_w$	$0.15h_w$	$0.20h_w$
l_c（翼墙或端柱）	$0.15h_w$	$0.20h_w$	$0.10h_w$	$0.15h_w$	$0.10h_w$	$0.15h_w$
λ_v	0.12	0.20	0.12	0.20	0.12	0.20
纵向钢筋（取较大值）	$0.012A_c$，$8\Phi16$		$0.012A_c$，$8\Phi16$		$0.010A_c$，$6\Phi16$（三级 $6\Phi14$）	
箍筋或拉筋沿竖向间距	100mm		100mm		150mm	

注：1. 抗震墙的翼墙长度小于其 3 倍厚度或端柱截面边长小于 2 倍墙厚时，按无翼墙、无端柱查表；端柱有集中荷载时，配筋构造尚应满足与墙相同抗震等级框架柱的要求。

2. l_c 为约束边缘构件沿墙肢长度，且不小于墙厚和 400mm；有翼墙或端柱时应不小于翼墙厚度或端柱沿墙肢方向截面高度加 300mm。

3. λ_v 为约束边缘构件的配箍特征值。

4. h_w 为抗震墙墙肢长度。

5. λ 为墙肢轴压比。

② 一、二级抗震墙约束边缘构件在设置箍筋范围内(图4.20中阴影部分)的纵向钢筋配筋率,分别应不小于1.2%和1.0%。

(3)构造边缘构件的构造要求。

① 构造边缘构件的范围,宜按图4.21采用。

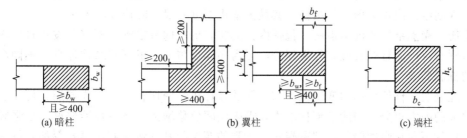

(a) 暗柱　　　　　　　　　(b) 翼柱　　　　　　　　　(c) 端柱

图4.21　抗震墙构造边缘构件的范围

② 构造边缘构件的配筋应符合表4-24的要求。

表4-24　抗震墙构造边缘构件的配筋要求

抗震等级	底部加强部位			其他部位		
	纵向钢筋最小量(取较大值)	箍筋		纵向钢筋最小量(取较大值)	拉筋	
		最小直径/mm	沿竖向最大间距/mm		最小直径/mm	沿竖向最大间距/mm
一	$0.010A_c$,6φ16	8	100	$0.008A_c$,6φ14	8	150
二	$0.008A_c$,6φ14	8	150	$0.006A_c$,6φ12	8	200
三	$0.006A_c$,6φ12	6	150	$0.005A_c$,4φ12	6	200
四	$0.005A_c$,4φ12	6	200	$0.004A_c$,4φ12	6	250

注:1. A_c为计算约束边缘构件纵向构造钢筋的暗柱或端柱面积,即图4.21中阴影部分。

2. 对其他部位,拉筋的水平间距应不大于纵筋间距的2倍,转角处宜用箍筋。

3. 当端柱承受集中荷载时,其纵向钢筋、箍筋直径和间距应满足柱的相应要求。

5)连梁构造要求

为防止连梁发生脆性破坏,提高延性,使其进入弹塑性工作状态后仍能发挥良好的作用,连梁应当满足下列构造要求。

(1)一、二级抗震墙跨高比不大于2且截面宽度不小于200mm的连梁,除普通箍筋外,宜另设斜向交叉构造箍筋,以改善其延性。

(2)在顶层连梁纵筋伸入墙体的钢筋长度范围内,应设置间距不大于150mm的构造箍筋,构造箍筋的直径与该连梁的箍筋直径相同。

(3)墙体水平分布钢筋应作为连梁的腰筋,在连梁范围内拉通连续配置;连梁截面高度大于700mm时,其两侧面的纵向构造钢筋(腰筋)直径应不小于10mm,间距应不大于200mm;对跨高比不大于2.5的连梁,其两侧面的纵向构造钢筋(腰筋)的面积配筋率不应小于3%。

背 景 知 识

采用钢筋混凝土材料的高层建筑，从安全和经济诸方面综合考虑，其适用高度应有限制。不规则结构或Ⅳ类场地的结构，其最大适用高度一般应降低 20% 左右。

钢筋混凝土结构的抗震措施，包括内力调整和抗震构造措施。不仅要按建筑抗震设防类别区别对待，而且要按抗震等级划分，因为同样设防烈度下不同结构体系、不同高度有不同的抗震要求。

研究表明，框架结构的变形能力与框架的破坏机制密切相关。梁先屈服，可使整个框架有较大的内力重分布和能量消耗能力，极限层间位移增大，抗震性能较好。在强震作用下结构构件不存在强度储备，即梁端实际达到的弯矩与其受弯承载力是相等的，柱端实际达到的弯矩也与其偏压下的受弯承载力相等。

为保证梁先于柱屈服，一般采用增大柱端弯矩设计值的方法来实现"强柱弱梁"的内力调整，将承载力不等式转为内力设计值的关系式，并采用不同的弯矩增大系数，前提是梁端实际配筋不超过计算配筋的 10%。同理，为防止梁、柱和抗震墙底部在弯曲屈服前出现剪切破坏，采用增大剪力设计值的方法来实现"强剪弱弯"的内力调整，将承载力不等式转为内力设计值的关系式，并采用不同的剪力增大系数，前提是实际配筋不超过计算配筋的 10%。这些也是抗震概念设计的范畴。

本 章 小 结

本章主要介绍多层及高层钢筋混凝土建筑结构的震害特点及原因。在抗震设计时，必须考虑混凝土结构的抗震概念设计、抗震设计计算及抗震构造措施 3 个层面的内容。除场地选择需要考虑之外，多层及高层钢筋混凝土建筑抗震概念设计的要求主要包括建筑结构的体型(平面、立面)、抗震结构体系类型、抗震设计等级、延性等。钢筋混凝土框架结构的抗震设计内容和设计方法是本章的主要内容，为提高设计的实用性，安排了一个较为完整的例题进行讲解。同时介绍了多层及高层钢筋混凝土框架结构的主要抗震构造措施，并对抗震墙结构的抗震设计方法作了简单介绍。

思考题及习题

4.1 多层及高层钢筋混凝土建筑结构的抗震结构体系有哪些？如何选择？

4.2 钢筋混凝土框架结构、抗震墙结构中的抗侧力构件分别有哪些？

4.3 考虑结构刚度中心和质量中心的位置，对建筑抗震有何意义？

4.4 多层及高层钢筋混凝土结构的抗震概念设计包括哪些内容？

4.5 多层及高层钢筋混凝土结构设计时，其抗震等级如何划分？有何意义？

4.6 为什么要限制框架柱的轴压比？轴压比是如何定义的？

4.7 楼层地震剪力是如何在框架结构、抗震墙结构中进行分配的？

4.8 进行框架结构内力调整的目的是什么？怎样进行调整？

4.9 怎样进行结构设计的内力组合？

4.10 如何进行框架节点的抗震设计？

4.11 抗震墙如何进行分类？分类对抗震设计有何作用？

4.12 框架梁、柱与剪力墙的轴线宜重合在一平面内，当梁、柱轴线间有偏心时，下列符合《高层建筑混凝土结构技术规程》(JGJ 3—2010)规定的是( )。

A. 不宜大于柱截面任何方向边长的1/4   B. 不宜大于柱截面在该方向边长的1/4

C. 不宜大于柱截面长边长的1/4   D. 不宜大于柱截面边长的1/4

4.13 对于抗震设防的角柱，下列( )符合规定。

A. 应按双向偏心计算，一、二级抗震设计角柱的弯矩、剪力设计值应乘以增大系数1.30

B. 应按双向偏心计算，一、二级抗震设计角柱的弯矩、剪力设计值应乘以增大系数1.10

C. 应按双向偏心计算，一、二级抗震设计角柱的弯矩、剪力设计值应乘以不大于1.10的增大系数

D. 应按双向偏心计算，抗角柱的弯矩、剪力设计值应乘以不小于1.10的增大系数（一、二、三级）

4.14 抗震等级为二级的框架结构的最大轴压比为( )。

A. 0.65   B. 0.75

C. 0.85   D. 0.90

4.15 7度地震区，建筑高度仅为70m的办公楼，采用( )体系较为合适。

A. 框架结构   B. 剪力墙结构

C. 框架剪力墙结构   D. 筒体结构

4.16 某丙类建筑钢筋混凝土剪力墙结构，高60m，设防烈度为7度，Ⅱ类场地，剪力墙的抗震的等级为( )。

A. 一级   B. 二级

C. 三级   D. 四级

4.17 某钢筋混凝土框架梁截面尺寸 $b \times h = 300\text{mm} \times 500\text{mm}$，混凝土强度等级为C25，纵向筋采用 HRB335，箍筋采用 HPB300，$a_s = 35\text{mm}$。若梁的纵向受拉钢筋为 4Φ22，纵向受压钢筋为 2Φ20，箍筋为 Φ8@200mm 的双肢箍，梁承受一般均布荷载，则考虑地震组合后该梁能承受的最大弯矩 M 与剪力 V 最接近于( )。

A. $M = 260\text{kN} \cdot \text{m}$，$V = 148\text{kN}$ B. $M = 342\text{kN} \cdot \text{m}$，$V = 160\text{kN}$

C. $M = 297\text{kN} \cdot \text{m}$，$V = 195\text{kN}$ D. $M = 260\text{kN} \cdot \text{m}$，$V = 160\text{kN}$

第5章
多层砌体结构建筑抗震设计

教学目标与要求：熟悉多层砌体结构建筑震害特征及原因。深刻理解砌体结构的抗震概念设计的要求。掌握多层砌体结构建筑抗震计算方法和步骤。熟悉和掌握多层砌体结构建筑的主要抗震构造措施。了解配筋混凝土小型空心砌块抗震墙建筑的抗震设计要点。

导入案例：5·12汶川特大地震中，多处砖混结构校舍坍塌（如北川中学教学楼），但还有一些学校的同类型教学楼却屹立不倒。据了解，震前中国香港苗圃行动在四川南部资助监督建造了61所学校，其中6所位于震中附近，它们既没有倒塌，也未出现伤亡。地震造成砌体结构的破坏结果截然不同，给我们的启示是什么？为什么会发生这种现象呢？我们可以通过本章的学习得到理解。

5.1 多层砌体结构震害特征及其原因

砌体结构（masonry structure）建筑是指由砖砌体、石砌体或混凝土小型砌块砌体作为主体承重结构所建造的房屋，在我国各类建筑中已被广泛采用。由于砌体结构是由脆性块体材料砌筑而成，因而其整体抗震性较差。砌体结构的震害特征主要有以下几个方面。

1. 砌体墙开裂

由地震作用造成的墙体裂缝主要呈交叉斜裂缝，如5·12汶川特大地震造成的窗间墙交叉斜裂缝（图5.1）。这是因为与水平地震作用方向一致且高宽比较小的墙体，在水平地震力作用下大都发生剪切变形，当墙体抗剪强度不足时，易发生斜裂缝，又因为地震的往复作用而呈交叉斜裂缝。同时，高宽比较大的墙体（如窗间墙）易发生弯剪水平偏斜裂缝；当墙体平面外受弯时，则易产生水平裂缝。

2. 纵横墙连接处破坏

在水平和竖向地震作用下，纵墙与横墙的连接处应力集中，当连接不好时易发生竖向裂缝，甚至纵横墙脱开，外纵墙倒塌（图5.2）。

图 5.1 汶川特大地震造成的竖向窗间墙交叉斜裂缝

图 5.2 纵横墙连接破坏

3. 墙角破坏

墙角位于房屋端部，受房屋整体约束较弱，地震作用下处于复杂应力状态，因而破坏形态多种多样，有受剪斜裂缝，也有受压竖向裂缝，震害严重时块材被压碎或墙角脱落。

4. 楼梯间墙体破坏

楼梯间开间小，水平刚度较大，墙体分配的水平地震剪力较大，且墙体高厚比较大，在高度方向的约束作用减弱，易发生破坏。

5. 楼、屋盖塌落

由于预制楼板或屋面板在支承墙上的搁置长度不够，或没有可靠的拉结措施，地震时易引起楼板的局部塌落。

6. 房屋倒塌

当房屋墙体尤其是底层墙体抗震强度不足时，易造成房屋整体倒塌；当结构上部墙体或局部墙体抗震强度不足时，易发生局部倒塌；当构件之间连接强度不足时，也会造成局部失稳倒塌(图 5.3)。

图 5.3　汶川地震砌体教学楼部分倒塌

7. 附属构件的破坏

砌体房屋的女儿墙、凸出屋面的烟囱、水箱间等发生开裂或倒塌；室内外装饰构件的脱落等。

5.2 多层砌体结构抗震概念设计

5.2.1 结构承重体系和布置

砌体结构的主要承重及抗侧力构件是墙体，砌体结构的承重体系应优先选用横墙承重或纵横墙共同承重方案。纵墙承重体系因横向支承少，纵墙易发生平面外弯曲破坏而导致结构倒塌，应尽量避免采用。结构承重体系中纵横墙的布置宜均匀对称，沿平面内宜对齐，沿竖向应上下连续，同一轴线上窗间墙宽度宜均匀。

教学楼、医院等横墙较少、跨度较大的砌体房屋，宜采用现浇钢筋混凝土楼、屋盖。

房屋的平、立面布置应尽量简单、规则，避免由于不规则使结构各部分的质量和刚度分布不均使质量中心与刚度中心不重合而导致震害加重。房屋有下列情况之一时宜设防震缝。

(1) 房屋立面高差在 6m 以上。

(2) 房屋有错层，且楼板高差较大。

(3) 各部分结构刚度、质量截然不同。

防震缝两侧均应设置墙体，缝宽应根据设防烈度和房屋高度确定，一般可取 50～100mm。防震缝应沿房屋全高设置。

楼梯间不宜设置在房屋的尽端和转角处，若必须这样设置时，应在楼梯间四角设置现浇钢筋混凝土构造柱等加强措施。烟道、风道、垃圾道等不应削弱墙体；当墙体被削弱时，应对墙体采取加强措施。不宜采用无竖向配筋的附墙烟囱及出屋面的烟囱。

5.2.2 房屋层数和总高度的限制

多层砌体建筑随着层数和高度的增加，房屋的破坏程度加重，倒塌率增加。因此，对砌体房屋层数和总高度的限制要求如下。

（1）一般情况下，房屋的层数和总高度应不超过表 5-1 的规定。

表 5-1 房屋的层数和总高度限值 　　　　　　　　　　　　　　　　　　　单位：m

房屋类型	最小墙厚度/mm	设防烈度											
		6 度		7 度				8 度				9 度	
		0.05g		0.10g		0.15g		0.20g		0.30g		0.40g	
		高度	层数	高度	层数	高度	层数	高度	层数	高度	层数	高度	层数
普通砖	240	21	7	21	7	21	7	18	6	15	5	12	4
多孔砖	240	21	7	21	7	18	6	18	6	15	5	9	3
	190	21	7	18	6	15	5	15	5	12	4	—	—
小砌块	190	21	7	21	7	18	6	18	6	15	5	9	3

注：1. 房屋的总高度指室外地面到主要屋面板板顶或檐口的高度，半地下室从地下室室内地面算起，全地下室和嵌固条件好的半地下室可从室外地面算起；对带阁楼的坡屋面应算到山尖墙的 1/2 高度处。

2. 室内外高差大于 0.6m 时，房屋总高度可比表中数据适当增加，但应不多于 1m。

3. 乙类的多层砌体房屋应允许按本地区设防烈度查表，但层数应减少一层且总高度应降低 3m。

4. 本表小砌块砌体房屋不包括配筋混凝土小型空心砌块砌体房屋。

（2）对医院、教学楼等及横墙较少（横墙较少指同一楼层内开间大于 4.2m 的房间占该层总面积的 40%以上）的多层砌体房屋，总高度应比表 5-1 的规定降低 3m，层数相应减少一层；各层横墙很少的多层砌体房屋，还应再减少一层。

（3）横墙较少的多层砖砌体住宅楼，当按规定采取加强措施并满足抗震承载力要求时，其高度和层数仍可按表 5-1 的规定采用。

（4）砖和混凝土小型砌块砌体承重房屋的层高，应不超过 3.6m。

5.2.3 房屋高宽比的限制

房屋高宽比指房屋总高度与建筑平面最小总宽度之比，随着高宽比的增大，房屋易发生整体弯曲破坏。多层砌体结构房屋不作整体弯曲验算。因此，为保证房屋的整体稳定性，多层砌体房屋的总高度与总宽度的最大比值，宜符合表 5-2 的要求。

表 5 - 2 房屋最大高宽比

设 防 烈 度	6 度	7 度	8 度	9 度
最大高宽比	2.5	2.5	2.0	1.5

注：1. 单面走廊房屋的总宽度不包括走廊宽度。

2. 建筑平面接近正方形时，其高宽比宜适当减小。

5.2.4 砌体抗震横墙的间距

抗震横墙的间距直接影响房屋的空间刚度。如果横墙间距过大，则结构的空间刚度减小，不能满足楼盖传递水平地震作用到相邻墙体所需的水平刚度的要求。所以，多层砌体房屋抗震横墙的间距，不应超过表 5 - 3 的要求。

表 5 - 3 房屋抗震横墙最大间距 单位：m

楼 盖 类 别	设 防 烈 度			
	6 度	7 度	8 度	9 度
现浇或装配整体钢筋混凝土楼、屋盖	15	15	11	7
装配式钢筋混凝土楼、屋盖	11	11	9	4
木屋盖	9	9	4	—

注：1. 多层砌体房屋的顶层，最大横墙间距应允许适当放宽，但应采取相应加强措施。

2. 多孔砖抗震横墙厚度为 190mm 时，最大横墙间距应比表中数值减小 3m。

5.2.5 房屋局部尺寸限制

为避免砌体结构房屋出现抗震薄弱部位，防止因局部破坏而引起房屋倒塌，房屋中砌体墙段的局部尺寸限值，宜符合表 5 - 4 的规定。

表 5 - 4 房屋局部尺寸限值 单位：m

部 位	设 防 烈 度			
	6 度	7 度	8 度	9 度
承重窗间墙最小宽度	1.0	1.0	1.2	1.5
承重外墙尽端至门窗洞口边的最小距离	1.0	1.0	1.2	1.5
非承重外墙尽端至门窗洞口边的最小距离	1.0	1.0	1.0	1.0
内墙阳角至门窗洞口边的最小距离	1.0	1.0	1.5	2.0
无锚固女儿墙（非出入口处）的最大高度	0.5	0.5	0.5	0.0

注：1. 个别或少数墙段的局部尺寸不足时应采取局部加强措施弥补，且最小宽度不得小于 1/4 层高。

2. 出入口处的女儿墙应有锚固。

5.2.6 对结构材料的要求

烧结普通砖和烧结多孔砖的强度等级不应低于 MU10，其砌筑砂浆强度等级不应低于 M5；混凝土小型空心砌块的强度等级应不低于 MU7.5，其砌筑砂浆强度等级不应低于 M7.5。

▎5.3 砌体结构的抗震计算

5.3.1 砌体结构计算简图

在水平地震作用下，多层砌体房屋的计算简图按下列方法确定：将结构计算单元中重力荷载代表值 G_i 分别集中在各层楼、屋盖结构标高处，G_i 包括第 i 层楼盖自重、作用在该层楼面上的可变荷载和以该楼层为中心上下各半层的墙体自重（门窗自重）的标准值之和；底部固定端的位置确定，当基础埋置较浅时，取基础顶面；当基础埋置较深时，取室外地坪下 0.5m 处；当设有整体刚度很大的全地下室时，取地下室顶板处；当地下室整体刚度较小或为半地下室时，取为地下室室内地坪处。计算简图如图 5.4 所示。

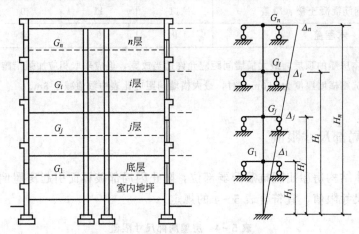

图 5.4 多层砌体房屋及其计算简图

5.3.2 水平地震作用及地震剪力的计算

多层砌体房屋在多遇地震下的水平地震作用可以采用底部剪力法计算。由于砌体结构的基本周期 T_1 处于规范设计反应谱中自振周期为 $0.1s \sim T_g$ 的范围，因此水平地震影响系数 $\alpha_1 = \alpha_{\max}$。由此，总水平地震作用 F_{Ek} 和各楼层水平地震作用 F_i 可按式（5-1）计算：

$$F_{Ek} = \alpha_{\max} G_{eq} \tag{5-1}$$

$$F_i = \frac{G_i H_i}{\sum_{j=1}^{n} G_j H_j} F_{Ek} \quad (i = 1, 2, \cdots, n) \tag{5-2}$$

作用于第 i 层楼层地震剪力标准值 V_i 为第 i 层以上地震作用标准值之和，即

$$V_i = \sum_{j=i}^{n} F_i \qquad (5-3)$$

式中各符号意义同第 3 章。

抗震验算时，由式(5-3)计算出的每层楼层地震剪力均应符合最小剪力的要求。当考虑凸出屋面的屋顶间，女儿墙、烟囱等部位的鞭梢效应时，这些部位的地震剪力宜乘以增大系数 3，但不需向下传递。

5.3.3 楼层水平地震剪力的分配

多层砌体房屋的纵、横墙体是主要的抗侧力构件。楼层地震剪力 V_i 由与其平行的同层墙体共同承担。楼层地震剪力 V_i 在各墙体间的分配，受楼、屋盖的水平刚度和各墙体的侧移刚度等因素影响。

1. 墙体的侧移刚度

设某墙体(图 5.5)的高度、宽度和厚度分别为 h、b 和 t。当其顶端作用一水平单位侧向力时，所产生的侧移，称为该墙体的侧移柔度 δ。如只考虑墙体的剪切变形，其侧移柔度为

$$\delta_s = \frac{\xi h}{AG} = \frac{\xi h}{btG} \qquad (5-4)$$

如只考虑墙体的弯曲变形，其侧移柔度为

$$\delta_b = \frac{h^3}{12EI} = \frac{1}{Et}\left(\frac{h}{b}\right)^3 \qquad (5-5)$$

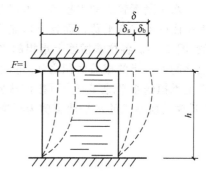

图 5.5　墙体侧移柔度

式中　E、G——分别为砌体弹性模量和剪变模量，砌体剪变模量取 $G=0.4E$；

　　　A、I——分别为墙体水平截面面积和惯性矩；

　　　ξ——截面剪应力不均匀系数，矩形截面取 $\xi=1.2$。

墙体抗侧移刚度 K 等于侧移柔度 δ 的倒数，即

$$K = \frac{1}{\delta} = \frac{1}{\delta_s + \delta_b} = \frac{Et}{\dfrac{h}{b}\left[3 + \left(\dfrac{h}{b}\right)^2\right]} \qquad (5-6)$$

如果只考虑墙体的剪切变形，则抗侧移刚度为

$$K = \frac{1}{\delta} = \frac{1}{\delta_s} = \frac{AG}{\xi h} = \frac{Et}{3\dfrac{h}{b}} \qquad (5-7)$$

2. 横向楼层水平地震剪力的分配

楼盖水平刚度的不同，横向水平地震剪力的分配将采取不同的分配方法。

1) 刚性楼盖

抗震横墙间距符合表 5-3 要求的现浇或装配整体钢筋混凝土楼盖、屋盖可以看作刚性屋盖，并假定其自身水平平面内的刚度为无限大($EI=\infty$)，只发生刚体平移 Δ_i，并把楼盖在其平面内看作刚性连续梁，而抗震横墙视为该梁的弹性支座(图 5.6)。此时，各横

墙分担的水平地震剪力与其抗侧移刚度成正比，即按同一层墙体抗侧移刚度的比例进行分配。设第 i 楼层共有 m 道横墙，则其中第 j 道墙所承担的水平地震剪力标准值 V_{ij} 为

$$V_{ij} = \frac{K_{ij}}{\sum\limits_{l=1}^{m} K_{il}} V_i \qquad (5-8)$$

式中　K_{ij}、K_{il}——分别为第 i 楼层第 j 道横墙和第 l 道横墙的抗侧移刚度。

当同层墙体材料和高度均相同，且只考虑剪切变形时，由式(5-7)和式(5-8)可得简化公式为

$$V_{ij} = \frac{A_{ij}}{\sum\limits_{l=1}^{m} A_{il}} V_i \qquad (5-9)$$

式中　A_{ij}、A_{il}——分别为第 i 楼层第 j 道横墙和第 l 道横墙的水平截面面积。

2）柔性楼盖

水平刚度较小的木楼盖、木屋盖可视为柔性楼盖。在横向水平地震剪力作用下楼盖在其平面内不仅有平移，而且有弯曲变形，可将其视为水平支承在各抗震横墙上的多跨简支梁(图 5.7)。各抗震横墙上承担的水平地震作用为该墙体的从属面积(即该墙与两侧相邻横墙之间各一半的楼盖面积之和)范围内的重力荷载代表值产生的水平地震作用，因而各横墙上承担的水平地震剪力可按该从属面积上的重力荷载代表值的比例分配，即第 i 楼层第 j 道横墙所承担的水平地震剪力标准值 V_{ij} 为

$$V_{ij} = \frac{G_{ij}}{G_i} V_i \qquad (5-10)$$

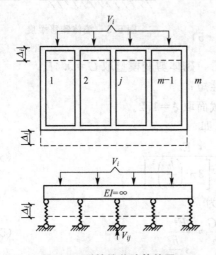

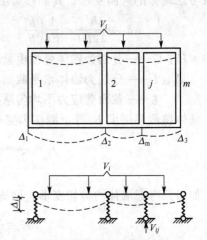

图 5.6　刚性楼盖计算简图　　　　　　图 5.7　柔性楼盖计算简图

式中　G_{ij}——第 i 楼层第 j 道横墙从属面积范围内的重力荷载代表值；

　　　G_i——第 i 楼层所承担的总重力荷载代表值。

当楼层上重力荷载均匀分布时，式(5-10)可简化为

$$V_{ij} = \frac{S_{ij}}{S_i} V_i \qquad (5-11)$$

式中　S_{ij}、S_i——分别为第 i 楼层第 j 道墙的从属面积和第 i 楼层的总面积。

3）中等刚性楼盖

采用钢筋混凝土预制板的装配式楼盖、屋盖可视为中等刚性楼盖。可近似按上述两种楼盖的分配方法的平均值进行横向水平地震剪力的分配，即

$$V_{ij} = \frac{1}{2}\left(\frac{K_{ij}}{\sum\limits_{l=1}^{m} K_{il}} + \frac{G_{ij}}{G_i}\right)V_i \qquad (5-12)$$

当同层墙体材料和高度均相同，且只考虑剪切变形时，式（5-12）可简化为

$$V_{ij} = \frac{1}{2}\left(\frac{A_{ij}}{\sum\limits_{l=1}^{m} A_{il}} + \frac{S_{ij}}{S_i}\right)V_i \qquad (5-13)$$

式中符号含义同前。

3. 纵向楼层水平地震剪力的分配

由于楼盖沿纵向的尺寸比横向大，其纵向水平刚度很大，因此，不论哪种楼盖都可看成是刚性楼盖。纵向水平地震剪力可按同层各纵墙的抗侧移刚度的比例分配，可采用式（5-8）或式（5-9）计算。

4. 同一道墙上各墙肢间的地震剪力分配

砌体结构中，同一道墙上由门窗洞口分隔的各墙肢所承担的地震剪力可按各墙肢的抗侧移刚度的比例分配。设第 i 楼层第 j 道墙上共有 s 个墙肢，则其中第 r 墙肢所承担的地震剪力为

$$V_{ijr} = \frac{K_{ijr}}{\sum\limits_{l=1}^{s} K_{ijl}} V_{ij} \qquad (5-14)$$

式中　K_{ijr}、K_{ijl}——分别为第 i 楼层第 j 道横墙的第 r 道和第 l 道墙肢的抗侧移刚度。

墙肢的抗侧移刚度应按下列原则确定。

（1）侧移刚度的计算应考虑墙肢高宽比的影响。因为高宽比不同则墙体总侧移中弯曲变形和剪切变形所占的比例不同。对门窗洞边小墙肢的高宽比指洞净高与洞侧墙宽之比。高宽比小于 1 时，可只考虑剪切变形的影响，墙肢抗侧移刚度按式（5-7）计算；高宽比不大于 4 且不小于 1 时，应同时考虑弯曲和剪切变形，墙肢抗侧移刚度按式（5-6）计算；高宽比大于 4 时，以弯曲变形为主，可不参与地震剪力的分配。

（2）墙段宜按门窗洞口划分。对小开口墙段，为了避免计算刚度时的复杂性，可按不开洞的毛墙面计算刚度，再根据开洞率乘以表 5-5 的洞口影响系数。

表 5-5　墙段洞口影响系数

开洞率	0.10	0.20	0.30
影响系数	0.98	0.94	0.88

注：开洞率为洞口面积与墙段毛面积之比值；窗洞高度大于层高 50% 时，按门洞对待。

5.3.4　墙体抗震承载力计算

1. 抗震抗剪强度的计算

地震时砌体结构墙体墙段承受竖向压应力和水平地震剪应力的共同作用，当强度

不足时一般发生剪切破坏。因此，各类砌体沿阶梯形截面破坏的抗震抗剪强度设计值
按式(5-15)确定：

$$f_{VE} = \zeta_N f_v \tag{5-15}$$

式中　f_{VE}——砌体沿阶梯形截面破坏的抗震抗剪强度设计值；

　　　f_v——非抗震设计的砌体抗剪强度设计值；

　　　ζ_N——砌体抗震抗剪强度的正应力影响系数，可按表5-6采用。

表5-6　砌体强度的正应力影响系数 ζ_N

砌体类型	σ_0/f_v							
	0.0	1.0	3.0	5.0	7.0	10.0	12.0	≥16.0
普通砖、多孔砖	0.80	0.99	1.25	1.47	1.65	1.90	2.05	—
小砌块		1.23	1.69	2.15	2.57	3.02	3.32	3.92

注：σ_0为对应于重力荷载代表值的砌体截面平均压应力。

2. 砌体截面抗震承载力验算

各种砌体作抗震承载力验算时，可只选择不利(即地震剪力较大、墙体截面较小等)的
墙段进行验算。

(1)无筋砌体截面抗震承载力验算。烧结普通砖、烧结多孔砖、蒸压灰砂砖等墙体和
石墙体的截面承载力应按式(5-16)验算：

$$V \leqslant \frac{f_{VE}A}{\gamma_{RE}} \tag{5-16}$$

式中　V——墙体地震剪力设计值；

　　　A——墙体横截面面积，多孔砖取毛截面面积；

　　　γ_{RE}——承载力抗震调整系数，按表5-7采用。

表5-7　砌体承载力抗震调整系数 γ_{RE}

结构构件类别	受力状态	γ_{RE}
两端均设构造柱、芯柱的砌体抗震墙	受剪	0.9
组合砖墙	受剪和受压	0.9
配筋砌块砌体抗震墙	偏心受压和受剪	0.85
自承重墙	受剪	0.75
其他砌体	受剪和受压	1.0

(2)网状配筋或水平配筋砖砌体截面抗震承载力验算。网状配筋或水平配筋烧结普通
砖、烧结多孔砖、蒸压灰砂砖等墙体的截面承载力，应按式(5-17)验算：

$$V \leqslant \frac{1}{\gamma_{RE}}(f_{VE}A + \zeta_s f_y A_s) \tag{5-17}$$

式中　ζ_s——钢筋参与工作系数，按表5-8采用；

　　　f_y——钢筋抗拉强度设计值；

A_s——层间墙体竖向截面的水平钢筋总截面面积，其配筋率应不小于0.07％且不大于0.17％。

表 5-8 钢筋参与工作系数 ζ_s

墙体高宽比	0.4	0.6	0.8	1.0	1.2
ζ_s	0.10	0.12	0.14	0.15	0.12

（3）砖砌体和钢筋混凝土构造柱组合墙的截面抗震承载力应按式（5-18）验算：

$$V \leqslant \frac{1}{\gamma_{RE}}[\eta_c f_{VE}(A-A_c)+\zeta f_t A_c+0.08 f_y A_s] \qquad (5-18)$$

式中　ζ——中部构造柱参与工作系数，居中设一根时取0.5，多于一根时取0.4；

　　　η_c——墙体约束修正系数，一般情况取1.0，构造柱间距不大于2.8m时取1.1；

　　　f_t——中部构造柱的混凝土抗拉强度设计值；

　　　A_c——中部构造柱的截面面积（对横墙和内纵墙，$A_c>0.15A$，取$A_c=0.15A$；对外纵墙，$A_c>0.25A$时，取$A_c=0.25A$）；

　　　f_y——钢筋抗拉强度设计值；

　　　A_s——中部构造柱的纵向钢筋截面总面积。

（4）混凝土小型空心砌块墙体的截面抗震承载力应按式（5-19）验算：

$$V \leqslant \frac{1}{\gamma_{RE}}[f_{VE}A+(0.3f_t A_c+0.05f_y A_s)\zeta_c] \qquad (5-19)$$

式中　ζ_c——芯柱参与工作系数，按表5-9采用；

　　　f_y——钢筋抗拉强度设计值；

　　　f_t——灌孔混凝土轴心抗拉强度设计值；

　　　A_c——灌孔混凝土或芯柱截面总面积；

　　　A_s——芯柱钢筋截面总面积。

表 5-9 芯柱参与工作系数 ζ_c

填孔率 ρ	$\rho<0.15$	$0.15\leqslant\rho<0.25$	$0.25\leqslant\rho<0.5$	$\rho\geqslant0.5$
ζ_c	0	1.0	1.10	1.15

5.3.5 多层砌体结构抗震设计实例

某砌体结构办公楼，总层数为5层，楼（屋）盖采用现浇钢筋混凝土梁板结构（图5.8），纵横墙承重。大梁截面尺寸为200mm×500mm，梁端伸入墙内240mm，大梁间距3.6m。底层墙厚为370mm，2～5层墙厚为240mm，均双粉刷。蒸压粉煤灰砖的强度等级为MU10，砂浆为M5水泥混合砂浆。抗震设防烈度为7度（设计基本地震加速度为0.10g），设计地震分组为第一组，Ⅱ类场地，结构的基本周期为0.30s。计算重力荷载代表值时，屋面均布荷载为4.50kN/m²，楼面均布荷载为4.70kN/m²（大梁自重已折算为均布荷载）。各层重力荷载代表值为$G_1=11096$kN，$G_2=G_3=G_4=8145$kN，$G_5=5976$kN。试进行抗震承载力验算。

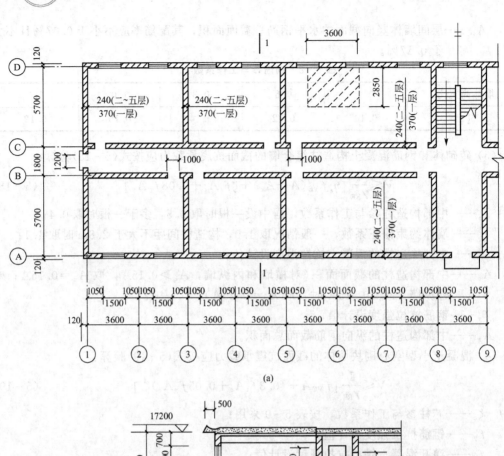

(a)

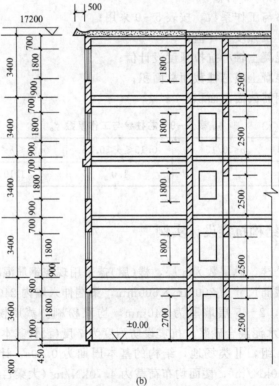

(b)

图 5.8　例题砌体结构平面及剖面图

（a）平面图；（b）剖面图

各有关步骤分述如下。

1. 水平地震作用计算(采用底部剪力法)

(1) 各层重力荷载代表值(标准值)。

$$G_1 = 11096 \text{kN}$$
$$G_2 = G_3 = G_4 = 8145 \text{kN}$$
$$G_5 = 5976 \text{kN}$$
$$\sum G_i = (11096 + 3 \times 8145 + 5976) \text{kN} = 41507 \text{kN}$$

(2) 结构总水平地震作用标准值。

根据表 3-3、表 3-2 可知,$\alpha_1 = \alpha_{\max} = 0.08$。故得

$$F_{\text{Ek}} = \alpha_1 G_{\text{eq}} = 0.08 \times 41507 \times 0.85 \text{kN} = 2823 \text{kN}$$

(3) 各层水平地震作用和地震剪力标准值列于表 5-10。

表 5-10 各层水平地震作用和地震剪力标准值

楼 层	G_i /kN	H_i /m	$G_i H_i$ /(kN·m)	$F_i = \dfrac{G_i H_i}{\sum G_j H_j} F_{\text{Ek}}$ /kN	$V_{ik} = \sum F_i$ /kN
5	5976	17.93	107150	708	708
4	8145	14.53	118347	782	1490
3	8145	11.13	90654	599	2089
2	8145	7.73	62961	416	2505
1	11096	4.33	48046	318	2823
$\sum$	41507		427158	2823	

2. 横墙截面抗震承载力验算(选择最不利墙段进行验算)

位于轴线⑤的横墙为最不利墙段,应进行抗震承载力验算。因轴线⑤横墙左右横墙间距相差较大,首层墙体截面尺寸与其他层不同,所以应对一层及二层横墙进行验算。

(1) 一层。全部横向抗侧力墙体横截面面积为

$$A_1 = [(13.44 - 1.2) \times 0.37 \times 2 + 5.94 \times 0.37 \times 12] \text{m}^2 = 35.43 \text{m}^2$$

轴线⑤横墙横截面面积为

$$A_{15} = 5.94 \times 0.37 \times 2 \text{m}^2 = 4.40 \text{m}^2$$

楼层总面积为

$$S_1 = 13.2 \times 54.0 \text{m}^2 = 712.8 \text{m}^2$$

轴线⑤横墙重力荷载从属面积为

$$S_{15} = 13.2 \times (3.6 + 5.4) \text{m}^2 = 118.8 \text{m}^2$$

轴线⑤横墙所承担的水平地震剪力(中等刚性楼盖且只考虑剪切变形)为

$$V_{15} = \frac{1}{2} \left(\frac{A_{15}}{A_1} + \frac{S_{15}}{S_1} \right) \gamma_{\text{Eh}} V_{1k} = \frac{1}{2} \left(\frac{4.40}{35.43} + \frac{118.8}{712.8} \right) \times 1.3 \times 2823 \text{kN} = 534 \text{kN}$$

$$N = (4.5 \times 3.6 + 4.7 \times 3.6 \times 4 + 5.24 \times 3.4 \times 4 + 7.62 \times 4.33 \times 0.5) \text{kN} = 172 \text{kN}$$

(双面粉刷的 370mm 厚砖墙重 7.62kN/m², 双面粉刷的 240mm 厚砖墙重 5.24kN/m²。)

$$\sigma_0 = \frac{N}{370 \times 1000} = \frac{172000}{370000} \text{N/mm}^2 = 0.465 \text{N/mm}^2$$

采用 M5 级砂浆，$f_v = 0.11\text{N/mm}^2$，$\sigma_0/f_v = 0.465/0.11 = 4.23$，查表 5-6 得 $\zeta_N = 1.412$。故

$$\frac{1}{\gamma_{RE}}\zeta_N f_v A_{15} = \frac{1}{1.0} \times 1.412 \times 0.11 \times 4.4 \times 10^6 \text{kN} = 683.41\text{kN} > V_{15} = 534\text{kN}$$

满足要求。

（2）二层。全部横向抗侧力墙体横截面面积为

$$A_2 = [(13.44 - 1.2) \times 0.24 \times 2 + 5.94 \times 0.24 \times 12]\text{m}^2 = 22.98\text{m}^2$$

轴线⑤横墙横截面面积为

$$A_{25} = 5.94 \times 0.24 \times 2\text{m}^2 = 2.85\text{m}^2$$

楼层总面积为

$$S_2 = 13.2 \times 54.0\text{m}^2 = 712.8\text{m}^2$$

轴线⑤横墙的重力荷载从属面积为

$$S_{25} = 13.2 \times 9.0\text{m}^2 = 118.8\text{m}^2$$

轴线⑤横墙所承担的水平地震剪力为

$$V_{25} = \frac{1}{2}\left(\frac{A_{25}}{A_2} + \frac{S_{25}}{S_2}\right)\gamma_{Eh}V_{2k} = \frac{1}{2}\left(\frac{2.85}{22.98} + \frac{118.8}{712.8}\right) \times 1.3 \times 2505\text{kN} = 473\text{kN}$$

轴线⑤横墙每米长度上所承担的竖向荷载为

$$N = (4.5 \times 3.6 + 4.7 \times 3.6 \times 3 + 5.24 \times 3.4 \times 3.5)\text{kN} = 129.3\text{kN}$$

轴线⑤横墙横截面的平均压应力为

$$\sigma_0 = \frac{N}{240 \times 1000} = \frac{129300}{240000}\text{N/mm}^2 = 0.539\text{N/mm}^2$$

采用 M5 级砂浆，$f_v = 0.11\text{N/mm}^2$，$\sigma_0/f_v = 0.539/0.11 = 4.9$，查表 5-6 得 $\zeta_N = 1.499$。故

$$\frac{1}{\gamma_{RE}}\zeta_N f_v A_{25} = \frac{1}{1.0} \times 1.499 \times 0.11 \times 2.85 \times 10^6 \text{kN} = 470\text{kN} < V_{25} = 473\text{kN}$$

满足要求。

3. 纵墙截面抗震承载力验算

外纵墙的窗间墙为不利墙段，取轴线 D 的墙段进行抗震承载力验算。各轴线纵墙的刚度比近似用其墙截面面积比代替。

（1）一层。

纵墙墙体截面总面积：

$$A_1 = [(54.24 - 15 \times 1.5) \times 0.37 \times 2 + (54.24 - 8 \times 1.0 - 3.36) \times 0.37 \times 2]\text{m}^2 = 55.22\text{m}^2$$

轴线 D 墙体截面面积：

$$A_{1D} = (54.24 - 15 \times 1.5) \times 0.37\text{m}^2 = 11.74\text{m}^2$$

$$V = \frac{A_{1D}}{A_1}\gamma_{Eh}V_{1k} = \frac{11.74}{55.22} \times 1.3 \times 2823\text{kN} = 781\text{kN}$$

不利墙段地震剪力分配为

$$V_j = \frac{K_j}{\sum K_l}V_D$$

尽端墙段：$\rho = h/b = 1800/1170 = 1.538$，由于 $1 < \rho < 4$，应同时考虑弯曲和剪切变形，取 $K = \dfrac{Et}{3\rho + \rho^3}$。

中间墙段：$\rho = h/b = 1800/2100 = 0.857 < 1$，可只考虑剪切变形，取 $K = \dfrac{Et}{3\rho}$。

（2）二层。

纵墙墙体截面总面积：

$A_2 = [(54.24 - 15 \times 1.5) \times 0.24 \times 2 + (54.24 - 8 \times 1.0 - 3.36) \times 0.24 \times 2]\text{m}^2 = 35.82\text{m}^2$

轴线 D 墙体截面面积：

$$A_{2D} = (54.24 - 15 \times 1.5) \times 0.24\text{m}^2 = 7.62\text{m}^2$$

$$V = \frac{A_{2D}}{A_2}\gamma_{\text{Eh}}V_{2k} = \frac{7.62}{35.82} \times 1.3 \times 2505\text{kN} = 692\text{kN}$$

计算结果列于表 5-11。对计算结果的验算如下。

表 5-11　一、二层纵墙墙段地震剪力设计值

墙段类别	h /m	b /m	个数	ρ^3	3ρ	$\dfrac{1}{3\rho}$	$\dfrac{1}{\rho^3 + 3\rho}$	V_j /kN 一层	V_j /kN 二层
1	1.8	1.17	2	3.638	4.614		0.121	16.61	14.72
2	1.8	2.1	14		2.571	0.389		53.42	47.32

注：墙段 1 为尽端墙段，墙段 2 为中间墙段。

（1）验算一层：采用 M5 级砂浆，$f_v = 0.11\text{N/mm}^2$。

（尽端墙段）　　$A_1 = 1.17 \times 0.37\text{m}^2 = 0.433\text{m}^2$

（中间墙段）　　$A_2 = 2.1 \times 0.37\text{m}^2 = 0.777\text{m}^2$

墙段 1 仅承受墙体自重为

$$N = (5.24 \times 3.4 \times 4 \times 1.17 + 7.62 \times 3.4 \times 0.5 \times 1.17)\text{kN} = 98.53\text{kN}$$

$$\sigma_0 = \frac{98.53 \times 10^3}{370 \times 1170}\text{N/mm}^2 = 0.23\text{N/mm}^2$$

由 $\sigma_0/f_v = 0.23/0.11 = 2.091$，查表 5-6 得 $\zeta_N = 1.153$。故

$$\frac{1}{\gamma_{\text{RE}}}\zeta_N f_v A_2 = \frac{1}{0.75} \times 1.153 \times 0.11 \times 0.433 \times 10^6\text{kN} = 73.21\text{kN} > 16.61\text{kN}$$

满足要求。

轴线③、⑤、⑧、⑨处的墙段 2 仅承受墙体自重为

$$N = (5.24 \times 3.4 \times 4 \times 2.10 + 7.62 \times 3.4 \times 0.5 \times 2.10)\text{kN} = 176.86\text{kN}$$

$$\sigma_0 = \frac{176.86 \times 10^3}{370 \times 2100}\text{N/mm}^2 = 0.23\text{N/mm}^2$$

由 $\sigma_0/f_v = 0.23/0.11 = 2.091$，查表 5-6 得 $\zeta_N = 1.153$。故

$$\frac{1}{\gamma_{\text{RE}}}\zeta_N f_v A_2 = \frac{1}{0.75} \times 1.153 \times 0.11 \times 0.777 \times 10^6\text{kN} = 131.37\text{kN} > 53.42\text{kN}$$

满足要求。

其他轴线处的墙段 2 除承受墙体自重外还承受大梁传来的屋面、楼面荷载为

$N = (5.24 \times 3.4 \times 4 \times 2.10 + 7.62 \times 3.4 \times 0.5 \times 2.10 + 3.6 \times 5.7 \times 4.5 \times 0.5 +$
$3.6 \times 5.7 \times 4.7 \times 0.5 \times 3)\text{kN} = 367.7\text{kN}$

$$\sigma_0 = \frac{367.7 \times 10^3}{370 \times 2100}\text{N/mm}^2 = 0.473\text{N/mm}^2$$

由 $\sigma_0/f_v=0.473/0.11=4.3$，查表 5-6 得 $\zeta_N=1.423$。故

$$\frac{1}{\gamma_{RE}}\zeta_N f_v A_2 = \frac{1}{1.0}\times 1.423\times 0.11\times 0.777\times 10^6\,\text{kN}=121.62\,\text{kN}>53.42\,\text{kN}$$

满足要求。

（2）验算二层：采用 M5 级砂浆，$f_v=0.11\text{N/mm}^2$。

（尽端墙段）　　　　　　$A_1=1.17\times 0.24\,\text{m}^2=0.281\,\text{m}^2$

（中间墙段）　　　　　　$A_2=2.1\times 0.24\,\text{m}^2=0.504\,\text{m}^2$

墙段 1 仅承受墙体自重，$\gamma_{RE}=0.75$，则

$$N=5.24\times 3.4\times 3.5\times 1.17\,\text{kN}=72.96\,\text{kN}$$

$$\sigma_0=\frac{72.96\times 10^3}{240\times 1170}\,\text{N/mm}^2=0.26\,\text{N/mm}^2$$

由 $\sigma_0/f_v=0.26/0.11=2.364$，查表 5-6 得 $\zeta_N=1.191$。故

$$\frac{1}{\gamma_{RE}}\zeta_N f_v A_1=\frac{1}{0.75}\times 1.191\times 0.11\times 0.281\times 10^6\,\text{kN}=49.08\,\text{kN}>14.72\,\text{kN}$$

满足要求。

轴线③、⑤、⑧、⑨处的墙段 2 仅承受墙体自重为

$$N=5.24\times 3.4\times 3.5\times 2.10\,\text{kN}=130.95\,\text{kN}$$

$$\sigma_0=\frac{130.95\times 10^3}{240\times 2100}\,\text{N/mm}^2=0.26\,\text{N/mm}^2$$

由 $\sigma_0/f_v=0.26/0.11=2.364$，查表得 $\zeta_N=1.191$。故

$$\frac{1}{\gamma_{RE}}\zeta_N f_v A_2=\frac{1}{0.75}\times 1.191\times 0.11\times 0.504\times 10^6\,\text{kN}=88.04\,\text{kN}>47.32\,\text{kN}$$

满足要求。

其他轴线处的墙段 2 除承受墙体自重外还承受大梁传来的屋面、楼面荷载为

$$N=(5.24\times 3.4\times 3.5\times 2.10+3.6\times 5.7\times 4.5\times 0.5+3.6\times 5.7\times 4.7\times 0.55\times 3)\,\text{kN}$$
$$=336.3\,\text{kN}$$

$$\sigma_0=\frac{336.3\times 10^3}{240\times 2100}\,\text{N/mm}^2=0.667\,\text{N/mm}^2$$

由 $\sigma_0/f_v=0.667/0.11=6.06$，查表 5-6 得 $\zeta_N=1.617$。故

$$\frac{1}{\gamma_{RE}}\zeta_N f_v A_2=\frac{1}{1.0}\times 1.617\times 0.11\times 0.504\times 10^6\,\text{kN}=89.64\,\text{kN}>47.32\,\text{kN}$$

满足要求。

5.4 砌体结构的抗震构造措施

在砌体结构建筑抗震设计中，除了对房屋进行抗震概念设计、抗震计算及验算之外，还必须采取合理可靠的抗震构造措施。抗震构造措施可以加强砌体结构的整体性，提高变形能力，保证抗震计算目标的实现，特别是对防止结构在大震时倒塌具有重要作用。主要的抗震构造措施如下。

5.4.1 设置钢筋混凝土构造柱

钢筋混凝土构造柱是多层砖砌体房屋的一项重要抗震构造措施。震害调查表明，设置钢筋混凝土构造柱及圈梁后，不仅可以提高墙体抗剪能力，还可以明显提高结构的极限变形能力。

一般情况下，多层普通砖、多孔砖房现浇钢筋混凝土构造柱的设置部位应符合表5-12的要求。外廊式和单面走廊式的多层砖房以及教学楼、医院等横墙较少的房屋的构造柱，应根据增加一层后的层数，按表5-12的要求设置。外廊式和单面走廊式教学楼、医院，应按增加二层后设置。

表5-12 多层砖砌体房屋构造柱设置要求

房屋层数				设置部位	
6度	7度	8度	9度		
4、5	3、4	2、3		楼、电梯间四角，楼梯斜梯段上下端对应的墙体处；外墙四角和对应转角；错层部位横墙与外纵墙交接处；大房间内外墙交接处；较大洞口两侧	隔12m或单元横墙与外纵墙交接处；楼梯间对应另一侧内横墙与外纵墙交接处
6	5	4	2		隔开间横墙（轴线）与外墙交接处；山墙与内纵墙交接处
7	≥6	≥5	≥3		内墙（轴线）与外墙交接处；内墙的局部较小墙垛处；内纵墙与横墙（轴线）交接处

构造柱最小截面尺寸可采用240mm×180mm，纵向钢筋宜采用4Φ12，箍筋间距不宜大于250mm，且在柱上下端宜适当加密。7度时超过6层、8度时超过5层和9度时，构造柱纵向钢筋宜采用4Φ14，箍筋间距不应大于200mm，房屋四角的构造柱可适当加大截面及配筋。

施工时要求先砌墙，后浇柱。构造柱与墙连接处应砌成马牙槎，并应沿墙高每隔500mm设2Φ6拉接钢筋，每边伸入墙内不宜小于1m。构造柱与圈梁连接处，构造柱纵筋应穿过圈梁，保证构造柱纵筋上下贯通。

构造柱可不单独设置基础，但应伸入室外地面下500mm，或锚入埋深小于500mm的基础圈梁内。房屋高度和层数接近表5-1的限值时，纵、横墙内构造柱间距应按规范要求采取加密加强措施。

混凝土小型砌块房屋中替代芯柱的钢筋混凝土构造柱，最小截面尺寸可采用190mm×190mm，配筋要求相同。7度时超过5层、8度时超过4层和9度时，构造柱纵筋不宜少于4Φ14，箍筋间距不宜大于200mm。构造柱与砌块墙连接处应砌成马牙槎，与构造柱相邻的砌块孔洞，6度时宜灌实，7度时应灌实，8度时应灌实并插筋；沿墙高每隔600mm应设拉结钢筋网片，每边伸入墙内不宜小于1m。构造柱与圈梁连接处及在基础处的构造处理与一般多层砖房钢筋混凝土构造柱相同。

5.4.2 设置钢筋混凝土芯柱

钢筋混凝土芯柱是多层及高层小型空心砌块房屋的一项重要抗震构造措施。

混凝土小型空心砌块房屋，应按表 5-13 的要求设置钢筋混凝土芯柱，对医院、教学楼等横墙较少的房屋，应根据房屋增加一层后的层数，按表 5-13 的要求设置芯柱。混凝土小型空心砌块房屋芯柱截面不宜小于 120mm×120mm，芯柱混凝土强度等级不应低于 Cb20。芯柱的竖向插筋应贯通墙身且与圈梁连接，插筋应不少于 1Φ12，7 度时超过 5 层、8 度时超过 4 层和 9 度时，插筋应不少于 1Φ14。

表 5-13　多层混凝土小砌块房屋芯柱设置要求

房屋层数				设置部位	设置数量
6 度	7 度	8 度	9 度		
4、5	3、4	2、3		楼、电梯间四角，楼梯段上下端对应的墙体处；外墙转角，错层部位横墙与外纵墙交接处；大房间内外墙交接处；隔 12m 或单元横墙与外纵墙交接处	外墙转角，灌实 3 个孔；内外墙交接处，灌实 4 个孔；楼梯斜段上下端对应的墙体处，灌实 2 个孔
6	5	4		同上；隔开间横墙（轴线）与外纵墙交接处	
7	6	5	2	同上；各内墙（轴线）与外纵墙交接处；内纵墙与横墙（轴线）交接处和洞口两侧	外墙转角，灌实 5 个孔；内外墙交接处，灌实 4 个孔；内墙交接处，灌实 4～5 个孔；洞口两侧各灌实 1 个孔
	7	≥6	≥3	同上；横墙内芯柱间距不大于 2m	外墙转角，灌实 7 个孔；内外墙交接处，灌实 5 个孔；内墙交接处，灌实 4～5 个孔；洞口两侧各灌实 1 个孔

注：外墙转角、内外墙交接处、楼电梯间四角等部位，应允许采用钢筋混凝土构造柱替代部分芯柱。

芯柱应伸入室外地面下 500mm 或锚入埋深小于 500mm 的基础圈梁内。

为提高墙体抗震承载力而设置的芯柱，宜在墙体内均匀布置，最大净距不宜大于 2.0m。

5.4.3　合理设置圈梁

圈梁在砌体结构中具有多方面作用。圈梁可以加强墙体间的连接以及墙体与楼盖间的连接，与构造柱一起，增强了房屋的整体性和空间刚度；圈梁作为楼（屋）盖的边缘构件，将装配式楼（屋）盖箍住，从而提高了楼（屋）盖的整体性和水平刚度；此外还可以约束墙体，限制裂缝的展开，提高墙体的稳定性，减轻地基不均匀沉降的不利影响。震害调查表明，合理设置圈梁的房屋，其震害较轻；否则震害相对较重。

采用装配式钢筋混凝土楼、屋盖或木楼、屋盖的多层普通砖、多孔砖房，横墙承重时应按表 5-14 的要求设置圈梁；纵墙承重时每层均应设置圈梁，且抗震横墙上的圈梁间距应比表内要求适当加密。现浇或装配整体式钢筋混凝土楼、屋盖与墙体有可靠连接的房屋可不另设圈梁，但楼板沿墙体周边应加强配筋并应与相应的构造柱钢筋可靠连接。

表 5-14　多层砖砌体房屋现浇钢筋混凝土圈梁设置要求

墙　类	设 防 烈 度		
	6、7 度	8 度	9 度
外墙和内纵墙	屋盖处及每层楼盖处	屋盖处及每层楼盖处	屋盖处及每层楼盖处
内横墙	同上；屋盖处间距不应大于 4.5m；楼盖处间距不应大于 7.2m；构造柱对应部位	同上；各层所有横墙，且间距不应大于 4.5m；构造柱对应部位	同上；各层所有横墙

现浇钢筋混凝土圈梁应闭合，遇有洞口，圈梁应上下搭接。圈梁宜与预制板设在同一标高处或紧靠板底。圈梁在表 5-14 中要求的间距内无横墙时，应利用梁或板缝中配筋替代圈梁。

圈梁的截面高度应不小于 120mm，配筋应符合表 5-14 的要求。基础圈梁的截面高度应不小于 180mm，配筋应不少于 4φ12。

混凝土小砌块房屋现浇钢筋混凝土圈梁应按表 5-15 的要求设置，配筋应不少于 4φ12，箍筋间距应不大于 200mm。

表 5-15　混凝土小砌块房屋现浇钢筋混凝土圈梁设置要求

墙　类	设 防 烈 度		
	6、7 度	8 度	9 度
外墙和内纵墙	屋盖处及每层楼盖处	屋盖处及每层楼盖处	屋盖处及每层楼盖处
内横墙	同上；屋盖处间距应不大于 4.5m；楼盖处间距应不大于 7.2m；构造柱对应部位	同上；各层所有横墙，且间距应不大于 4.5m；构造柱对应部位	同上；各层所有横墙

多层混凝土小砌块房屋墙体交接处或芯柱与墙体交接处应设置钢筋拉结网片，网片可采用直径 4mm 的钢筋点焊而成，沿墙高每隔 600mm 通常设置。

5.4.4　加强楼梯间的构造措施

在砌体结构中，楼梯间是结构抗震较为薄弱的部位。所以，楼梯间的震害往往比较严重。在抗震设计时，楼梯间不宜布置在房屋端部的第一开间及转角处，不宜开设过大的窗洞。否则应采取加强措施。同时，还要符合以下要求。

8、9 度时，顶层楼梯间横墙和外墙宜沿墙高每隔 500mm 设 2φ6 通长钢筋。9 度时其他各层楼梯间可在休息平台或楼层半高处设置 60mm 厚的配筋砂浆带，砂浆强度等级应不低于 M7.5，钢筋应不少于 2φ10。

8、9 度时，楼梯间及门厅内墙阳角处的大梁支承长度应不小于 500mm，并应与圈梁连接。

装配式楼梯段应与平台板的梁可靠连接，不应采用墙中悬挑式踏步或踏步竖肋插入墙体的楼梯，不应采用无筋砖砌栏板。

突出屋顶的楼、电梯间，构造柱应伸到顶部，并与顶部圈梁连接，内外墙交接处应沿墙高每隔 500mm 设置 2φ6 拉结钢筋，且每边伸入墙内不应小于 1m。

5.4.5　加强结构各部位的连接

砌体结构的墙体之间、墙体与楼盖之间以及结构其他部位之间连接不牢是造成震害的重要原因。因此，抗震设计规范规定，除设置构造柱（或芯柱）和圈梁之外，在各连接部位的抗震加强构造措施有以下几种。

（1）纵横墙之间的连接。7 度时层高超过 3.6m 或长度大于 7.2m 的大房间，以及 8、9 度时，外墙转角及内外墙交接处，如未设置构造柱，应沿墙高每隔 500mm 配置 2φ6 拉结钢筋，且每边伸入墙内应不小于 1m（图 5.9）。

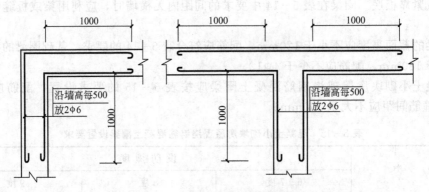

图 5.9　砌体结构纵横墙的连接

后砌的非承重隔墙应沿墙高每隔 500mm 配置 2φ6 拉结钢筋与承重墙或柱拉结，且每边伸入墙内应不小于 500mm。8、9 度时，长度大于 5m 的后砌隔墙墙顶应与楼板或梁拉结。

混凝土小型砌块房屋墙体交接处或芯柱与墙体连接处应布置拉结钢筋网片，网片沿墙高每隔 600mm 设置，每边伸入墙内应不小于 1m。网片采用 φ4 点焊而成。

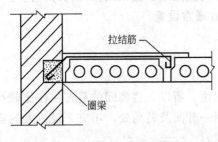

图 5.10　预制板边与外墙或圈梁拉结

（2）加强楼屋盖构件与墙体之间的连接及楼、屋盖的整体性。现浇钢筋混凝土楼板或屋面板伸进纵、横墙内的长度，均应不小于 120mm。装配式钢筋混凝土楼板或屋面板，当圈梁未设在板的同一标高时，板端伸进外墙的长度不应小于 120mm，板端伸进内墙的长度应不小于 100mm，在梁上应不小于 80mm。当板的跨度大于 4.8m 并与外墙平行时，靠外墙的预制板边应与墙或圈梁拉结（图 5.10）。

▌5.5　配筋混凝土小砌块砌体抗震墙结构建筑抗震设计

配筋混凝土小砌块砌体（reinforced concrete small-size block masonry structure）抗震墙结构是一种具有较好抗震性能的新型砌体结构体系。该结构抗震墙的基本构成，是在以主规格为 390mm×190mm×190mm 的混凝土小型空心砌块(单排双孔)墙体孔洞中配置竖向钢筋，并灌实混凝土后，形成芯柱，在水平灰缝或凹槽砌块中配置水平钢筋，以此形成配筋混凝土砌块抗震墙。

我国在 20 世纪 80 年代以来，对配筋混凝土小砌块砌体抗震墙结构开展了一系列的试验研究，进行了试点建筑。本节叙述其主要设计内容。

5.5.1　配筋混凝土小砌块砌体抗震墙结构建筑抗震概念设计

1. 抗震等级划分

配筋混凝土小砌块砌体抗震墙建筑抗震等级的划分，主要是根据设防烈度和房屋高度确定。抗震等级共分四级，在抗震要求上依次为很严格、严格、较严格及一般。丙类建筑的抗震等级划分如表 5-16 所示。

表 5-16　配筋混凝土小砌块砌体抗震墙结构建筑抗震等级的划分

结构类型	设防烈度					
	6 度		7 度		8 度	
高度/m	≤24	>24	≤24	>24	≤24	>24
抗震等级	四	三	三	二	二	一

注：1. 对四级抗震等级，除有特殊规定外，均按非抗震设计采用。

2. 当结构为底部大空间时，其抗震等级宜按表中规定提高一级。

2. 结构布置

配筋混凝土小砌块砌体房屋的结构布置应符合《建筑抗震设计规范》(GB 50011—2010)的有关规定，并应符合下列要求。

(1) 平面布置宜简单、规则，凹凸不宜过大；竖向布置宜规则、均匀，避免有过大的外挑和内收。房屋的最大高度和最大高宽比分别应符合表 5-17 和表 5-18 的要求。

表 5-17　配筋混凝土小砌块砌体抗震墙房屋适用的最大高度　　　　　单位：m

最小墙厚	6 度	7 度		8 度		9 度
	0.05g	0.10g	0.15g	0.20g	0.30g	0.40g
190mm	60	55	45	40	30	24

注：1. 房屋高度指室外地面至檐口的高度。

2. 超过表内高度的房屋，应根据专门的研究，采取有效地加强措施。

表 5-18　配筋混凝土小砌块砌体抗震墙房屋的最大高宽比

设防烈度	6 度	7 度	8 度
最大高宽比	5	4	3

(2) 宜采用现浇钢筋混凝土楼、屋盖；抗震等级为四级的房屋，可以采用装配整体式钢筋混凝土楼盖，不宜采用木楼屋盖。

(3) 纵横方向抗震墙宜拉通对齐，每个墙段不宜太长，较长的墙可用楼板或弱连梁分为若干个独立的墙段，每个独立的墙段的总高度与墙段长度之比不宜小于2。门洞口宜上下对齐、成列布置。

（4）抗震横墙的最大间距在6度、7度和8度时，分别为15m、15m和11m。

（5）夹心墙的自承重叶墙的横向支承间距限值：8度、9度时不宜大于3m；7度时不宜大于6m；6度时不宜大于9m。

3. 防震缝的设置

房屋宜选用规则的建筑结构方案，尽量不设缝。当必须设缝时，防震缝的最小宽度应符合下列要求：

房屋高度不超过20m时，一般取70mm；当超过20m时，6度、7度、8度相应每增加6m、5m、4m，宜加宽20mm。

5.5.2 配筋混凝土小砌块砌体抗震墙结构建筑抗震计算

1. 地震作用计算和地震剪力分配

配筋混凝土小砌块砌体抗震墙结构应按抗震设计规范的规定进行地震作用计算。

一般可只考虑水平地震作用的影响。对于平、立面布置规则的房屋，可采用底部剪力法或振型分解反应谱法。

由于此种结构的楼屋盖一般采用现浇钢筋混凝土结构，因此，对于楼层水平地震剪力，应按各墙体的刚度比例在墙体间进行分配。

2. 配筋混凝土小砌块砌体抗震墙抗震承载力验算

1）墙体抗震承载力验算

（1）正截面抗震承载力验算。考虑地震作用组合的配筋混凝土小砌块砌体抗震墙墙体可能是偏心受压构件或偏心受拉构件，其正截面承载力可采用配筋砌块砌体非抗震设计计算公式，但在公式右端应除以承载力抗震调整系数 $\gamma_{RE}=0.85$。

（2）斜截面抗震承载力验算。配筋混凝土小砌块砌体抗震墙抗剪承载力应按下列规定验算。

① 剪力设计值的调整。为提高配筋混凝土小砌块砌体抗震墙的整体抗震能力，防止抗震墙底部在弯曲破坏前发生剪切破坏，保证"强剪弱弯"的要求，在进行斜截面抗剪承载力验算之前，且抗震等级为一、二、三级时，应对墙体底部加强区范围（底部加强区的范围见5.5.3节）内剪力设计值 V_w 按式（5-20）进行调整：

$$V_w = \eta_{vw} V \tag{5-20}$$

式中 V——有地震作用组合的抗震墙计算截面的剪力设计值；

η_{vw}——剪力增大系数，抗震等级为一级取1.6，二级取1.4，三级取1.2，四级取1.0。

② 配筋混凝土小砌块砌体抗震墙的截面尺寸应符合下列要求：

当剪跨比大于2时

$$V_w \leqslant \frac{1}{\gamma_{RE}} 0.2 f_g bh \tag{5-21}$$

当剪跨比小于或等于2时

$$V_w \leqslant \frac{1}{\gamma_{RE}} 0.15 f_g bh \tag{5-22}$$

式中 f_g——灌孔砌块砌体的抗压强度设计值；

b、h——分别为抗震墙截面的宽度、高度；

γ_{RE}——承载力抗震调整系数。

③ 偏心受压配筋混凝土小砌块砌体抗震墙的斜截面受剪承载力按下列公式计算：

$$V_w \leqslant \frac{1}{\gamma_{RE}}\left[\frac{1}{\lambda - 0.5}\left(0.48f_{vg}bh_0 + 0.1N\frac{A_w}{A}\right) + 0.72f_{yh}\frac{A_{sh}}{s}h_0\right] \qquad (5-23)$$

$$0.5V_w \leqslant \frac{1}{\gamma_{RE}}\left(0.72f_{yh}\frac{A_{sh}}{s}h_0\right) \qquad (5-24)$$

式中 λ——计算截面的剪跨比，$\lambda = M/(Vh_0)$，当 $\lambda \leqslant 1.5$ 时，取 $\lambda = 1.5$，当 $\lambda \geqslant 2.2$ 时，取 $\lambda = 2.2$，M 为有地震作用组合的抗震墙计算截面的弯矩设计值，V 为有地震作用组合的抗震墙计算截面的剪力设计值。

f_{vg}——灌孔砌块砌体的抗剪强度设计值，$f_{vg} = 0.2f_g^{0.55}$。

N——有地震作用组合的抗震墙计算截面的轴向力设计值，当 $N > 0.2f_gbh_0$ 时，取 $N = 0.2f_gbh_0$。

A_{sh}——配置在同一截面内的水平分布钢筋的全部截面面积。

f_{yh}——水平钢筋的抗拉强度设计值。

s——水平分布钢筋的竖向间距。

④ 偏心受拉配筋混凝土小砌块砌体抗震墙的斜截面受剪承载力应按下式计算：

$$V_w \leqslant \frac{1}{\gamma_{RE}}\left[\frac{1}{\lambda - 0.5}\left(0.48f_{vg}bh_0 - 0.17N\frac{A_w}{A}\right) + 0.72f_{yh}\frac{A_{sh}}{s}h_0\right] \qquad (5-25)$$

式中，当 $0.48f_{vg}bh_0 - 0.17N\frac{A_w}{A} < 0$ 时，取 $0.48f_{vg}bh_0 - 0.17N\frac{A_w}{A} = 0$。

2）连梁抗震承载力验算

（1）正截面抗震承载力验算。

配筋混凝土小砌块砌体抗震墙连梁的正截面受弯承载力可按现行《混凝土结构设计规范》（GB 50010—2010）受弯构件的有关规定计算；当采用配筋砌块连梁时，应采用相应的计算参数和指标。连梁的正截面承载力应除以相应的承载力抗震调整系数。

（2）斜截面抗震承载力验算。

当连梁跨高比大于 2.5 时，宜采用钢筋混凝土连梁，其截面组合的剪力设计值和斜截面受剪承载力应符合现行混凝土结构设计规范对连梁的有关规定。当跨高比小于或等于 2.5 时，配筋混凝土小砌块抗震连梁抗剪承载力应按下列规定验算：

① 连梁的截面尺寸应符合下列要求：

$$V_b = \eta_v \frac{M_b^l + M_b^r}{l_n} + V_{Gb} \qquad (5-26)$$

② 连梁的斜截面受剪承载力应按下列公式计算：

$$V_b \leqslant \frac{1}{\gamma_{RE}}0.56f_{vg}bh_0 + 0.7f_{yv}\frac{A_{sv}}{s}h_0 \qquad (5-27)$$

式中 A_{sv}——配置在同一截面内的箍筋各肢的全部截面面积；

f_{yv}——箍筋的抗拉强度设计值。

③ 配筋混凝土小砌块砌体抗震墙连梁的斜截面受剪承载力应按下列公式计算：

当跨高比大于 2.5 时 $V_b \leqslant \frac{1}{\gamma_{RE}}\left(0.64f_{vg}bh_0 + 0.8f_{yv}\frac{A_{sv}}{s}h_0\right) \qquad (5-28)$

当跨高比小于或等于 2.5 时　$V_b \leqslant \dfrac{1}{\gamma_{RE}}\left(0.56f_{vg}bh_0+0.7f_{yv}\dfrac{A_{sv}}{s}h_0\right)$　　　　　　(5-29)

式中　A_{sv}——配置在同一截面内的箍筋各肢的全部截面面积；

　　　f_{yv}——箍筋的抗拉强度设计值。

5.5.3　配筋混凝土小砌块砌体抗震墙结构抗震构造措施

1. 抗震墙体厚度要求

配筋混凝土小砌块砌体抗震墙的厚度，一级抗震等级时，应不小于层高的 1/20，二、三、四级时，应不小于层高的 1/25，且应不小于 190mm。

2. 抗震墙体钢筋的构造要求

(1) 配筋混凝土小砌块砌体抗震墙的水平和竖向分布钢筋应符合表 5-19 和表 5-20 的要求。墙底部加强区高度不小于房屋高度的 1/6，且不小于两层的底部墙体范围。

表 5-19　抗震墙水平分布钢筋的配筋构造

抗震等级	最小配筋率/(%)		最大间距 /mm	最小直径 /mm
	一般部位	加强部位		
一级	0.13	0.15	400	Φ8
二级	0.13	0.13	600	Φ8
三级	0.11	0.13	600	Φ8
四级	0.10	0.10	600	Φ6

表 5-20　抗震墙竖向分布钢筋的配筋构造

抗震等级	最小配筋率/(%)		最大间距 /mm	最小直径 /mm
	一般部位	加强部位		
一级	0.15	0.15	400	Φ12
二级	0.13	0.13	600	Φ12
三级	0.11	0.13	600	Φ12
四级	0.10	0.10	600	Φ12

(2) 配筋混凝土小砌块砌体抗震墙的水平分布钢筋(网片)应沿墙长连续设置，除满足一般锚固搭接要求外，尚应符合下列规定。

① 水平分布钢筋可绕主筋弯 180°弯钩，弯钩端部直线长度不宜小于 $12d$，该钢筋亦可垂直弯入端部灌孔混凝土中锚固，其弯折段长度，对一、二级抗震等级应不小于 250mm，对三、四级抗震等级应不小于 200mm。

② 当采用焊接网片作为抗震墙水平钢筋时，应在钢筋网片的弯折端部加焊两根直径与抗剪钢筋相同的横向钢筋，弯入灌孔混凝土的长度应不小于 150mm。

3. 抗震墙肢构造要求

配筋混凝土小砌块砌体抗震墙的墙肢应满足下列要求。

(1) 抗震墙墙肢的截面高度不宜小于 3 倍墙厚，也应不小于 600mm，墙肢的配筋应符合表 5-21 的要求。一级时，墙肢的轴压比不宜大于 0.5，二、三级时不宜大于 0.6。

(2) 单肢抗震墙和由弱连梁连接的抗震墙，宜满足在重力荷载作用下，墙体平均轴压比 $N/(f_g A_w)$ 不大于 0.5 的要求。

4. 抗震墙体边缘构件的设置

配筋混凝土小砌块砌体抗震墙按下列要求设置边缘构件。

(1) 当利用抗震墙端的砌体时，应符合下列规定。

边缘构件的长度不应小于 3 倍墙厚及 600mm，且此范围内的孔中设置不小于 φ12 的竖向钢筋；当抗震墙端部的设计压应力大于 $0.8f_g$ 时，还应设置间距不大于 200mm、直径不小于 6mm 的水平钢筋(钢箍)，该水平钢筋宜设置在灌孔混凝土中。

(2) 当在抗震墙墙端设置钢筋混凝土柱时，应符合下列规定。

柱的截面宽度宜等于墙厚，柱的截面长度宜为 1~2 倍的墙厚，并应不小于 200mm。柱的混凝土强度等级不宜小于该墙体块体强度等级的 2 倍或小于该墙体灌孔混凝土强度等级，也不应低于 C20。柱的竖向钢筋不宜小于 4φ12，箍筋宜为 φ6@200。墙体中的水平钢筋应在柱中锚固，并应满足钢筋的锚固要求。柱的施工顺序宜为先砌砌块墙体，后浇捣混凝土。

(3) 当抗震墙的压应力大于 $0.5f_g$ 时，边缘构件构造配筋尚应符合表 5-21 的规定。

表 5-21　抗震墙边缘构件构造配筋

抗震等级	每孔竖向钢筋最小配筋量		水平箍筋 最小直径/mm	水平箍筋最大间距/mm
	底部加强部位	一般部位		
一级	1φ20	1φ18	8	200
二级	1φ18	1φ16	6	200
三级	1φ16	1φ14	6	200
四级	1φ14	1φ12	6	200

5. 连梁构造要求

(1) 连梁上下水平钢筋锚入墙体内的长度，一、二级抗震等级应不小于 $1.1l_a$，三、四级抗震等级应不小于 l_a，且应不小于 600mm。

(2) 在顶层连梁伸入墙体的钢筋长度范围内，应设置间距不大于 200mm 的构造箍筋，箍筋直径应与连梁的箍筋直径相同。

(3) 跨高比小于 2.5 的连梁，在自梁底以上 200mm 和梁顶以上 200mm 范围内，每隔 200mm 增设水平分布钢筋，当一级抗震等级时，不小于 2φ12，二、三、四级抗震等级时为 2φ10，水平分布钢筋伸入墙内的长度不小于 30d 和 300mm。

(4) 连梁不宜开洞，当需要开洞时，应在跨中梁高 1/3 处预埋外径不大于 200mm 的钢套管，洞口上下的有效高度应不小于 1/3 梁高，且应不小于 200mm，洞口处应配补强钢筋并在洞周边浇筑灌孔混凝土，被洞口削弱的截面应进行受剪承载力验算。

6. 钢筋混凝土圈梁的设置

配筋混凝土小砌块砌体抗震墙房屋的楼、屋盖处，均应按下列规定设置钢筋混凝土圈梁：

(1) 圈梁混凝土抗压强度应不小于相应灌孔小砌块砌体强度，也应不低于 C20。

(2) 圈梁的宽度宜为墙厚，高度不宜小于 200mm；纵向钢筋直径应不小于墙中水平分布钢筋的直径，且配筋量不宜小于 4φ12；箍筋直径应不小于 φ8，间距应不大于 200mm。

7. 配筋砌块柱的构造要求

配筋小砌块砌体柱的构造除应符合一般规定外，尚应符合下列要求。

(1) 纵向钢筋直径应不小于 12mm，全部纵向钢筋的配筋率应不小于 0.4%。

(2) 箍筋直径应不小于 6mm，且应不小于纵向钢筋直径的 1/4；地震作用产生轴向力的柱，箍筋间距不宜大于 200mm；地震作用不产生轴向力的柱，在柱顶和柱底的 1/6 柱高、柱截面长边尺寸和 450mm 三者较大值的范围内，箍筋间距不宜大于 200mm；其他部位不宜大于 16 倍纵向钢筋直径、48 倍箍筋直径和柱截面短边尺寸三者较小值。

(3) 箍筋或拉结钢筋端部的弯钩应不小于 135°。

背 景 知 识

砌体结构房屋一般指砖砌体和砌块砌体房屋。基于砌体材料的脆性和震害经验，限制其层高及高度是主要的抗震措施。砌体结构房屋层数不多，刚度沿高度分布一般比较均匀，并以剪切变形为主，可以采用底部剪力法计算地震作用。地震作用下砌体材料的强度指标，因不同于静力，应根据试验单独给出。但为了方便，目前仍继续沿用静力指标，并做了调整。当前砌体结构抗剪承载力的计算，有两种半理论半经验的方法——主拉和剪摩。对于砖砌体采用主拉方法确定正应力影响系数；对混凝土小型砌块砌体采用剪摩方法确定正应力影响系数。构造柱不采用显示计算承载力。唐山地震的经验和大量试验研究表明，钢筋混凝土构造柱能够提高砌体的受剪承载力 10%~30%，提高幅度与墙体高宽比、竖向压力和开洞情况有关；构造柱主要是对砌体起约束作用，使之有较高的变形能力；构造柱应当设在震害较重、连接构造比较薄弱和应力集中的部位；构造柱截面不必很大，但必须与各层纵横墙的圈梁或现浇楼板连接，才能发挥约束作用。

本 章 小 结

本章主要讲述了砌体结构建筑震害特征及原因，介绍了砌体结构的抗震概念设计的要求及多层砌体结构建筑抗震计算方法和步骤。多层砌体结构建筑的主要抗震构造措施是不可忽视的抗震设计环节。配筋混凝土小型空心砌块砌体抗震墙结构是具有发展前途的砌体结构体系之一，在我国正在推广应用，了解其抗震设计要点是十分必要的。

思考题及习题

5.1 多层砌体结构建筑的震害特征有哪些？主要薄弱环节有哪些？

5.2 砌体结构承重体系有几种？抗震设计时如何选择？

5.3 多层砌体结构建筑抗震概念设计包括哪些内容？

5.4 多层砌体结构建筑的抗震构造措施有哪些？

5.5 多层砌体结构中设置圈梁、构造柱或芯柱对结构抗震有什么作用？

5.6 楼层地震剪力的分配与哪些因素有关？如何分配？

5.7 下列论述正确的是( )。

A. 多层砌体结构的楼盖类型决定楼层地震剪力的分配形式

B. 多层砌体结构的横墙间距越大、数量越少，破坏越严重

C. 构造柱与圈梁可以不相连

D. 配筋混凝土小砌块砌体房屋的芯柱内必须设置一根钢筋

5.8 配筋混凝土小砌块砌体房屋高度为20m，设防烈度为7度，则该房屋的抗震等级为( )。

A. 四级　　　　B. 二级　　　　C. 三级　　　　D. 一级

5.9 对砌体房屋中的钢筋混凝土构造柱的论述中，正确的是( )。

A. 墙体开裂阶段的抗剪承载力明显提高

B. 如果先浇构造柱，一定要严格按构造要求规定沿墙高每隔500mm设2φ6拉结筋

C. 构造柱必须单独设置基础，不得直接埋入室外地坪下500mm或较浅的基础圈梁中

D. 各片承重墙体均设置连续到顶的构造柱，对墙体的抗剪强度有所提高

5.10 下列关于砌体房屋抗震计算不正确的是( )。

A. 多层房屋抗震计算，可采用底部剪力法

B. 多层砌体房屋，可只选择承载面积较大或竖向应力较小的墙段进行截面抗剪验算

C. 进行地震剪力分配和截面验算时，墙段的层间抗剪力的等效刚度可只考虑剪切变形

D. 各类砌体沿阶梯形截面破坏时的抗剪强度应采用f_{vE}

5.11 在砌体结构房屋中，( )不是圈梁的主要作用。

A. 提高房屋构件的承载能力

B. 增强房屋的整体刚度

C. 防止由于较大的振动荷载对房屋引起的不利影响

D. 防止由地基不均匀沉降与对房屋引起的不利影响

5.12 下列论述正确的是( )。

A. 砌体结构房屋层数少、高度较低，故其布置与抗震性能关系不大

B. 底层框架房屋框架柱的刚度较上层墙体的刚度柔很多，能像弹簧一样产生较大的变形，可大大降低地震力的输入，因此是一种较理想的体系

C. 砌体结构房屋宽高比限值，只要是防止结构可能产生的整体弯曲破坏

D. 抗震横墙的最大间距限值主要是控制横墙的最大变形

5.13 某房屋所在地区的基本烈度为8度或9度时，有如下三种结构状况：

（1）房屋立面高差在 3m 以下；

（2）房屋有错层，且楼板高差较大；

（3）各部分结构刚度、质量截然不同。

其中（　　）项宜设抗震缝。

A.（1）～（3）　　　B.（1）、（2）　　　C.（2）、（3）　　　D.（1）、（3）

5.14　关于地震区的多层砌体房屋的结构体系，有如下四种答案：

（1）墙体布置宜均匀对称；

（2）优先采用纵墙承重的结构体系；

（3）楼梯间应对称的设在房屋尽端；

（4）烟道、风道等不应削弱墙体。

其中正确的是（　　）。

A.（1）～（3）　　　B.（2）～（4）　　　C.（1）、（4）　　　D.（2）、（3）

5.15　关于地震区砌体结构房屋的最大高宽比的限值，有如下四种答案：

（1）烈度为 6 度时，小于 3.0；

（2）烈度为 7 度时，小于 2.5；

（3）烈度为 8 度时，小于 2.0；

（4）烈度为 9 度时，小于 1.5。

其中正确的是（　　）。

A.（1）、（2）　　　B.（2）、（3）　　　C.（1）～（3）　　　D.（2）～（4）

5.16　计算楼层地震剪力在各墙体间分配时，可以不考虑（　　）。

A. 正交方向墙体的作用　　　　　　　B. 楼盖的水平刚度

C. 各墙体的抗剪刚度　　　　　　　　D. A、B 及 C 三者

5.17　按地震构造要求，楼梯间的位置（　　）。

A. 不宜设在房屋中部　　　　　　　　B. 不宜设在房屋端部的第一开间

C. 宜设在房屋端部的第一开间　　　　D. 按建筑功能要求而定

5.18　计算多层砌体房屋的地震作用时，取 $\alpha_1 = \alpha_{max}$ 其原因是（　　）。

A. 多层砌体房屋抗震性能差，取 $\alpha_1 = \alpha_{max}$ 可偏于安全

B. 多层砌体房屋面广量大，取 $\alpha_1 = \alpha_{max}$ 可减小很多计算工作量

C. 多层砌体房屋刚度大，自振周期很短

D. 因多层建筑高度较低

5.19　多层砌体房屋抗震承载力验算不足时，采用（　　）的改进措施最好。

A. 加大墙体截面尺寸　　　　　　　　B. 提高砂浆等级

C. 增设构造柱　　　　　　　　　　　D. 减小房间面积

第6章
多层和高层钢结构建筑抗震设计

教学目标与要求：了解钢结构建筑的震害特点及原因，掌握钢结构建筑的抗震设计内容和方法。熟悉钢结构建筑的抗震构造措施。

导入案例：1985年9月的墨西哥大地震(里氏8.1级)中，在墨西哥城的高烈度区内有102幢钢结构房屋，其中59幢为1957年以后所建，1957年以后建造的钢结构房屋倒塌或破坏严重的不多(表6-1)，与钢筋混凝土结构比较而言，钢结构震害轻。为什么钢结构的房屋震害轻? 钢结构房屋是否还需要抗震设计? 我们可以通过本章的学习得到答案。

6.1 多层和高层钢结构震害特征及其原因

同混凝土结构相比，钢结构总体上的抗震性能好，抗震能力强。尽管如此，钢结构房屋如果设计与制作不当，在地震作用下，也可能发生构件的失稳、材料的脆性破坏及连接破坏，使其优良的材性得不到充分发挥。震害调查表明，钢结构较少出现倒塌情况(表6-1)，震害主要表现为构件整体或局部失稳、节点破坏、基础连接破坏、构件破坏等。

表6-1 1985年墨西哥城地震中钢结构和钢筋混凝土结构的破坏情况

建造年份	钢结构		钢筋混凝土结构	
	倒塌	严重破坏	倒塌	严重破坏
1957年以前	7	1	27	16
1957—1976年	3	1	51	23
1976年以后	0	0	4	6

1. 结构倒塌

造成结构倒塌的主要原因是出现薄弱层。薄弱层的形成与楼层屈服强度系数沿高度分布不均匀、P-Δ效应较大、竖向压力较大等有关。图6.1所示为阪神地震中某采用工字

图6.1 仅留下中间层的倒塌

型钢做柱子的4层钢结构房屋，第1层和第2层沿弱轴方向倒塌，只留下第3层，而第4层整层不翼而飞的情况。

2. 支撑构件破坏

支撑构件的破坏和失稳在钢结构震害中出现较多。主要原因是支撑构件为结构提供了较大的侧向刚度，当地震强度较大时，承受的轴向力（反复拉压）增加，如果支撑的长度、局部加劲板构造与主体结构的连接构造等出现问题，就会出现破坏或失稳。图6.2所示为土耳其地震发现的塔式钢结构在强震下发生支撑整体失稳、局部失稳的情况。

图6.2 塔式钢结构损坏

3. 节点破坏

刚性连接的结构构件一般使用高强螺栓和焊接形式连接。由于节点传力集中、构造复杂，施工难度大，容易造成应力集中、强度不均衡现象，再加上可能出现的焊缝缺陷、构造缺陷，就容易出现连接破坏。梁柱节点可能出现的破坏现象有：加劲板断裂、屈曲，腹板断裂、屈曲，焊接部位拉脱，栓接断裂等。图6.3所示为日本神户地震某建筑梁-柱-支撑节点附近的破坏情况。

4. 基础锚固破坏

在阪神地震中基础锚固破坏主要表现为部分柱脚混凝土破坏，锚定螺栓拔出、断裂等，在塔式建筑物中尤其明显。这种震害大部分发生于外露式柱脚。图6.4所示为柱脚震害实例。

图6.3 节点附近破坏

图6.4 柱脚破坏

5. 构件破坏

框架梁的破坏形式主要是腹板开裂、腹板屈曲与翼缘屈曲、扭转屈曲等；框架柱的破坏主要有柱子受拉断裂、翼缘屈曲、翼缘撕裂、失稳等。图 6.5 所示为阪神地震中发生在芦屋市海滨城高层住宅小区的厚板箱型钢柱的脆断。

钢结构抗震性能较好，但可形成的震害现象也是复杂多样的。原因可以归类为结构设计与计算、结构构造、施工质量、材料质量、维护情况 5 个方面。为减小局部破坏的可能性、避免出现整体倒塌和整体失稳的情况，多层、高层钢结构的抗震设计必须遵循有关结构设计与施工规定，才能尽可能减小或避免生命财产的损失、减小震后修复的费用。抗震设计规范和技术标准，特别是对构件及连接构造的规定

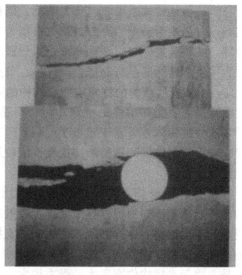

图 6.5　箱形钢柱 500mm×500mm 截面脆断
（图中间为硬币，以示断缝大小）

必须根据震害调查、科研成果及时补充完善，才能使钢结构的抗震设计更为可靠。

6.2 多层和高层钢结构抗震概念设计

6.2.1 结构平、立面布置以及防震缝的设置

和其他建筑结构一样，钢结构房屋应尽量避免采用本书第 3 章所规定的不规则结构，多、高层钢结构房屋的平面布置宜简单、规则和对称，并应具有良好的整体性。建筑的竖向布置宜规则，结构的抗侧刚度宜均匀变化，竖向抗侧构件的截面尺寸和材料强度宜自下而上逐渐减小，避免抗侧刚度和承载力突变。不应采用严重不规则的设计方案。设计中如出现平面不规则（表 1-4）或竖向不规则（表 1-5）的情况，应按《建筑抗震设计规范》（GB 50011—2010）3.4.3 要求进行水平地震作用计算和内力调整，并对薄弱部位采取有效的抗震构造措施。由于钢结构可耐受的结构变形比混凝土结构大，一般不宜设防震缝。需要设置防震缝时，可按实际需要在适当部位设置防震缝，形成多个较规则的抗侧力结构单元，缝宽不应小于相应钢筋混凝土结构房屋的 1.5 倍。

6.2.2 钢结构房屋结构体系的选择及所适用的结构尺寸

可根据结构总体高度和抗震设防烈度确定结构体系类型和最大适用高度。

常用的钢结构体系有框架结构、框架-支撑结构、框架-抗震墙板结构以及筒体结构、巨型框架结构等。常用的构件有梁、柱、支撑、剪力墙、桁架等。常见的构件连接方式有刚性连接、单向铰接、多向铰接等。

钢框架结构构造简单、传力明确，侧移刚度沿高度分布均匀，结构整体侧向变形为剪切型(多层)或弯剪型(高层)，抗侧移能力主要取决于框架梁、柱的抗弯能力。如构造设计合理，在强震发生时，结构陆续进入屈服的部位是框架节点域、梁、柱构件，结构的抗震能力取决于塑性屈服机制以及梁、柱、节点的耗能及延性性能。需要注意的是，重力荷载及 $P-\Delta$ 效应对结构的抗震能力和结构的延性有较大影响，当层数较多时，控制结构性能的设计参数不再是构件的抗弯能力，而是结构的抗侧移刚度和延性。因此，从经济角度看，这种结构体系适合于建造 20 层以下的中低层房屋。另外，研究及震害调查表明，以梁铰屈服机制设计的框架结构抗震性能较好，易于实现"小震不坏，大震不倒"的经济型抗震设防目标。

钢框架-支撑体系可分为中心支撑类型和偏心支撑类型。中心支撑结构使用中心支撑构件，增加了结构的抗侧移刚度，可有效地利用构件的强度，提高抗震能力，适合于建造更高的房屋结构。在强烈地震作用下，支撑结构率先进入屈服，可以保护或延缓主体结构的破坏，这种结构具有多道抗震防线。中心支撑框架结构构造简单，实际工程应用较多。但是，由于支撑构件刚度大，受力较大，容易发生整体或局部失稳，导致结构总体刚度和强度下降较快，不利于结构抗震能力的发挥，必须注意其构造设计。

带有偏心支撑的框架-支撑结构，具备中心支撑体系侧向刚度大、具有多道抗震防线的优点，还适当减小了支撑构件的轴向力，进而减小了支撑失稳的可能性。由于支撑点位置偏离框架节点，便于在横梁内设计用于消耗地震能量的消能梁段。强震发生时，耗能梁段率先屈服，消耗大量地震能量，保护主体结构，形成了新的抗震防线，使得结构的整体抗震性能特别是结构延性大大加强。这种结构体系适合于在高烈度地区建造高层建筑。

钢框架-抗震墙板结构，使用带竖缝剪力墙板或带水平缝剪力墙板、内藏支撑混凝土墙板、钢抗震墙板等，提供需要的侧向刚度。其中，带缝剪力墙板在弹性状态下具有较大的抗侧移刚度，在强震下可进入屈服阶段并耗能。这种结构具有多道抗震防线，同实体剪力墙板相比，其特点是刚度退化过程平缓，整体延性好。这种结构体系在日本使用较多。

表 6-2 所示为《建筑抗震设计规范》(GB 50011—2010)规定的多、高层钢结构民用房屋适用的最大高度(房屋高度指室外地面到主要屋面板板顶的高度，不包括局部突出屋顶部分)。

表 6-2　钢结构房屋适用的最大高度　　　　　　　单位：m

结 构 类 型	设 防 烈 度				
	6、7 度 0.10g	7 度 0.15g	8 度		9 度 0.40g
			0.20g	0.30g	
框架	110	90	90	70	50
框架-中心支撑	220	200	180	150	120
框架-偏心支撑（延性墙板）	240	220	200	180	160
筒体（框筒、筒中筒、桁架筒、束筒）和巨型框架	300	280	260	240	180

影响结构宏观性能的另一个尺度是结构高宽比，即房屋总高度与结构平面最小宽度的比值，这一参数对结构刚度、侧移、振动模态有直接影响。《建筑抗震设计规范》

(GB 50011—2010)规定，钢结构民用房屋的最大高宽比不宜超过表6-3的规定。计算高宽比的高度从室外地面算起。

表6-3　钢结构房屋适用的最大高宽比

烈　　度	6、7度	8度	9度
最大高宽比	6.5	6.0	5.5

结构设计对结构尺度参数的选择要同时满足表6-2和表6-3的要求。

在选择结构类型时，除考虑结构总高度和高宽比之外，还要根据各结构类型抗震性能的差异及设计需要加以选择。不超过50m的钢结构房屋可采用框架结构、框架-支撑结构或其他结构类型；超过50m的钢结构房屋，一、二级时宜采用偏心支撑、带竖缝钢筋混凝土抗震墙板、内藏钢支撑钢筋混凝土墙板或其他消能支撑及筒体结构。

6.2.3　确定钢结构房屋的抗震等级

钢结构房屋应根据设防类别、设防烈度及房屋高度采用不同抗震等级，并应符合相应的计算和构造措施要求。丙类建筑的抗震等级应按表6-4确定。

表6-4　钢结构房屋的抗震等级

房屋高度	设防烈度			
	6度	7度	8度	9度
≤50m	一	四	三	二
>50m	四	三	二	

注：1. 高度接近或等于高度分界时，应允许结合房屋不规则程度和场地、地基条件确定抗震等级。
　　2. 一般情况下，结构构件的抗震等级应与结构相同。

6.2.4　支撑、加强层的设置要求

根据抗震概念设计的思想，多、高层钢结构要根据安全性和经济性的原则按多道防线设计。在上述结构类型中，框架结构一般设计成梁铰机制，有利于消耗地震能量、防止倒塌，梁是这种结构的第一道抗震防线；框架-支撑（抗震墙板）体系以支撑或抗震墙板作为第一道抗震防线；偏心支撑体系是以梁的消能段作为第一道防线。

在框架结构中增加中心支撑（图6.6）或偏心支撑（图6.7）等抗侧力构件可以形成框架-支撑体系。对不超过50m的钢结构宜采用中心支撑，有条件时也可采用偏心支撑等消能支撑；超过50m的钢结构宜采用偏心支撑，但在顶层可采用中心支撑。

不论是哪一种支撑，均可提供较大的抗侧刚度，因此，其结构平面布置应遵循抗侧移刚度中心和水平地震作用合力接近重合的原则，即在两个方向上宜对称布置，以减小结构可能出现的扭转。支撑框架之间楼盖的长宽比不宜大于3，以保证抗侧刚度沿长度方向分布均匀。

中心支撑构造简单、设计施工方便，在小震作用下具有较大的抗侧刚度，但是在大震

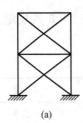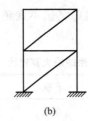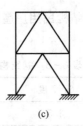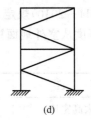

(a)　　　　　　　(b)　　　　　　　(c)　　　　　　　(d)

图 6.6　中心支撑类型

（a）交叉支撑；（b）单斜杆支撑；（c）人字支撑；（d）K 形支撑

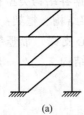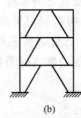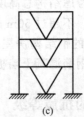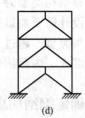

(a)　　　　　　　(b)　　　　　　　(c)　　　　　　　(d)

图 6.7　偏心支撑类型

（a）D 形偏心支撑；（b）K 形偏心支撑；（c）V 形偏心支撑；（d）人字支撑

作用下，支撑易受压失稳，造成刚度和耗能能力的急剧下降。偏心支撑在小震及正常使用条件下具有与中心支撑相当的抗侧刚度，在大震作用下靠梁的受弯段耗能，具有与纯框架相当的延性和耗能能力，是一种良好的抗震结构，但构造相对复杂。

多高层钢结构的中心支撑宜采用交叉支撑、人字支撑、斜杆支撑，不宜采用 K 形支撑。对于不超过 50m 的钢结构房屋宜优先采用交叉支撑，它可按拉杆设计，较经济。当采用只能受拉的单斜杆支撑时，必须设置两组不同倾斜方向的支撑，以保证结构在两个方向具有同样的抗侧能力。而 K 形支撑在地震作用下可能因受压斜杆屈曲或受拉斜杆屈服，引起较大的侧移使柱发生屈曲或倒塌，故抗震中不宜采用。支撑的轴线应交汇于梁柱构件轴线的交点，确有困难时偏离中心应不超过支撑杆件的宽度，并计入由此产生的附加弯矩。

与中心支撑不同的是，偏心支撑框架中的每根支撑至少有一端偏离梁柱节点，而与框架梁直接连接。偏心支撑框架根据其支撑的设置情况分为 D 形、K 形和 V 形等（图 6.7）。梁支撑节点与梁柱节点之间的梁段或梁支撑节点与另一梁支撑节点之间的梁段即为消能段。偏心支撑框架的设计原则是强柱、强支撑和弱消能梁段，即在大震时消能梁段屈服形成塑性铰，且具有稳定的滞回性能，即使消能梁段进入应变硬化阶段，支撑斜杆、柱和其余梁段仍保持弹性。因此，每根斜杆只能在一端与消能梁段连接，若两端均与消能梁段相连，则可能一端的消能梁段屈服，另一端消能梁段不屈服，使偏心支撑的承载力和消能能力降低。

设置加强层可提高结构总体抗侧刚度，减小侧移，增强周边框架对抵抗地震倾覆力矩的贡献，改善筒体、剪力墙的受力。如使用简单的竖向支撑体系，对减小结构侧移的效果是有限的，采取措施发挥边框架的作用对提高侧移刚度将有效果，如果配合加强型桁架或设置加强层，便能充分发挥周边框架对抗倾覆力矩的作用，抗侧刚度将大大加强。加强层可以使用简体外伸臂或由加强桁架组成，可根据需要沿结构高度设置多处，工程上一般可结合防灾避难层设置。

6.2.5 多层和高层钢结构房屋中楼盖的形式

在多、高层钢结构中，楼盖既担负着楼面荷载向竖向承重构件的传递，又担负着将水平荷载分配给抗侧力构件的作用，还担负建筑的竖向防火分区及管线的埋设等作用。其选择主要考虑以下几点：①保证楼盖有足够的平面整体刚度，使得结构各抗侧力构件在水平地震作用下具有相同的侧移；②较轻的楼盖自重和较低的楼盖结构高度；③有利于现场快速施工和安装；④较好的防火、隔声性能，便于敷设动力设备及通信等管线设施。

多、高层钢结构楼盖设计有多种选择，主要考虑下面几个因素：①建筑对楼面空间和室内净空的要求；②建筑防火、隔声、设备管线等方面的要求；③结构楼面荷载的需求及分布特点；④结构整体刚度的要求；⑤结构施工安装的技术要求。目前，楼板的制作法主要有压型钢板现浇钢筋混凝土组合楼板、装配式预制钢筋混凝土楼板、装配整体式预制钢筋混凝土楼板和现浇混凝土楼板等。压型钢板现浇钢筋混凝土组合楼板，结构整体刚度大，施工速度快，但造价相对较高；装配整体式预制混凝土楼盖，结构整体刚度大，施工速度较快，造价较低；装配式预制混凝土楼盖，结构整体刚度较大，施工速度快，造价较低。

我国《建筑抗震设计规范》（GB 50011—2010）建议钢结构的楼盖宜采用压型钢板现浇钢筋混凝土组合楼板或非组合楼板。对不超过 50m 的钢结构，尚可采用装配整体式钢筋混凝土楼板，亦可采用装配式楼板或其他轻型楼盖；对超过 50m 的钢结构，当楼盖不能形成一个刚性的水平隔板以传递水平力时，须加设水平支撑，一般每 2～3 层加设一道。当采用压型钢板钢筋混凝土组合楼板或现浇钢筋混凝土楼板时，应采取可靠措施保证与钢梁的连接；当采用装配式、装配整体式楼板时，应将楼板预埋件与钢梁焊接或采取其他措施，以满足楼盖整体性的要求。

6.2.6 地下室

多、高层钢结构设置地下室对于提高上部结构抗震稳定性、提高结构抗倾覆能力、增加结构下部整体性、减小结构沉降起有利作用。地下室及其基础作为上部结构连续的锚连部分，应具有可靠的埋置深度和足够的承载力及刚度。因此，《建筑抗震设计规范》（GB 50011—2010）规定，对于超过 50m 的钢结构应设置地下室，其基础埋置深度，当采用天然地基时不宜小于房屋高度的 1/15；当采用桩基时，桩承台埋深不宜小于房屋总高度的 1/20。

支撑桁架沿竖向连续布置，可使层间刚度变化较均匀。当设置地下室时，框架-支撑（抗震墙板）结构中竖向连续布置的支撑（抗震墙板）应延伸至基础；框架柱应至少延伸至地下一层。不可因建筑方面的要求而在地下室移动支撑的位置。

6.2.7 钢结构材料选择

（1）钢结构的钢材应符合下列规定：①钢材的抗拉强度实测值与屈服强度实测值的比值不应小于 1.2；②钢材应有明显的屈服台阶，且伸长率应大于 20%；③钢材应有良好的可焊性和合格的冲击韧性。

(2) 钢结构的钢材宜采用 Q235 等级 B、C、D 的碳素结构钢及 Q345 等级 B、C、D、E 的低合金高强度结构钢；当有可靠依据时，尚可采用其他钢种和钢号。

(3) 采用焊接连接的钢结构，当钢板厚不小于 40mm 且承受沿板厚方向的拉力时，受拉试件板厚方向截面收缩率，应不小于国家标准《厚度方向性能钢板》(GB/T 5313—2010)关于 Z15 级规定的容许值。

6.3 钢结构抗震计算

钢结构房屋地震作用计算、截面抗震验算、抗震变形验算的方法和一般规定，可参见本书第 3 章。本节主要讨论多、高层钢结构计算模型的技术要点和结构抗震设计要点。

6.3.1 钢结构计算模型的技术要点

多高层钢结构房屋的计算模型，当结构布置规则、质量及刚度沿高度分布均匀、不计扭转效应时，可采用平面结构计算模型；当结构平面或立面不规则、体型复杂、无法划分成平面抗侧力单元的结构，或为筒体结构等时，应采用空间结构计算模型。当然，随着计算机的应用，前者也可以改用空间模型。

1. 阻尼比的取值

钢结构在多遇地震下的阻尼比，高度不超过 50m 时取 0.04；高度超过 50m 且小于 200m 时，取 0.03；高度超过 200m 时，宜取 0.02。在罕遇地震下的弹塑性分析，阻尼比可采用 0.05。

2. 构件、支撑、连接的模型

杆件模型要按实际设计构造确定计算单元之间的连接方式(如刚接、单向铰接、双向铰接)及边界条件，框架-支撑(抗震墙板)结构中的支撑斜杆虽按刚接设计，但其两端承担的弯矩很小，计算模型中可按两端铰接杆计算。内藏钢支撑钢筋混凝土墙板构件是以钢板为基本支撑，是支撑的一种，计算模型中其可按支撑构件模拟。带竖缝钢筋混凝土墙板可按仅考虑承受水平荷载产生的剪力，不承受竖向荷载产生的压力进行处理。偏心支撑框架中的耗能梁段应按单独的计算单元设置，并根据实际情况确定弹性刚度及非弹性滞回模型。

由于钢结构的抗侧刚度相对较弱，随着建筑物高度的增加，重力二阶效应的影响也越来越大。当结构在地震作用下的重力附加弯矩大于初始弯矩的 10% 时，应计入重力二阶效应的影响。

研究表明，节点域剪切变形对框架-支撑体系影响较小；对钢框架结构体系影响较大。而在纯钢框架结构体系中，当采用工字形截面且层数较多时，节点域的剪切变形对框架位移影响较大，可达 10%~20%；当采用箱形柱或层数较小时，节点域的剪切变形对位移的影响很小，不到 1%，可略去不计。故规范规定，对工字形截面柱宜计入梁柱节点域剪切变形对结构侧移的影响；中心支撑框架和不超过 50m 的钢结构，可不计入梁柱节点域剪切变形对结构侧移的影响。

3. 对楼盖作用的考虑

计算模型对楼盖的模拟要区别不同情况。当楼板开洞较大、有错层、有较长外伸段、有脱开柱或整体性较差时，按实际情况建模；如无上述情况，则一般可使用楼盖平面内绝对刚性的假定或分块刚度无穷大的假定。

对于钢-混凝土组合楼盖，应保证混凝土楼板与钢梁的共同工作。这时楼板的有效宽度（图6.8）b_e可按式（6-1）计算。在进行罕遇烈度下地震反应分析时，可不考虑楼板与梁的共同作用，但应计入楼盖的质量效应。

$$b_e = \min\{L_0/3, b_0+12t, b_0+b_1+b_2\} \tag{6-1}$$

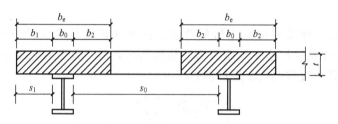

图6.8 楼板有效宽度

式中　b_e——组合梁混凝土翼板的宽度；

　　　L_0——钢梁计算跨度；

　　　t——混凝土翼板厚度；

　　　b_0——若无板托，则为钢梁上翼缘宽度，若有板托则为板托顶部宽度；

　　b_1、b_2——分别为两侧相邻钢梁间静距的$1/2$，b_1尚应不超过混凝土翼板实际外伸宽度S_1。

4. 质量模型

钢结构的质量模型可视计算需要采用忽略转动惯性力的集中质量模型或考虑转动惯性力的一致质量模型。对于与钢构件连接的混凝土构件（如楼板、非结构构件等）。由于其质量中心与钢构件刚度中心有一定距离，在作非弹性分析时，宜同时考虑平移质量及转动惯量。

6.3.2　钢结构抗震设计要点

1. 承载力抗震调整系数

结构构件承载力应满足下式

$$S \leqslant R/\gamma_{RE} \tag{6-2}$$

式中　S——包含地震作用效应的结构构件内力组合设计值；

　　　R——构件承载力设计值，按各有关结构设计规范计算；

　　γ_{RE}——承载力抗震调整系数，按表6-5采用，但当仅考虑竖向地震作用时，均宜采用1.0。

表 6-5 承载力抗震调整系数

钢结构构件	γ_{RE}	钢结构构件	γ_{RE}
柱、梁	0.75	节点板件、连接螺栓	0.85
支　撑	0.80	连接焊缝	0.90

2. 地震作用效应的调整

为了体现钢结构抗震设计中多道设防、强柱弱梁原则，以及保证结构在大震下按照理想的屈服形式屈服，抗震规范通过调整结构中不同部分的地震作用效应或不同构件的内力设计值来实现。

(1) 各楼层水平地震剪力最小值的要求。由于《建筑抗震设计规范》(GB 50011—2010)规定了任一结构楼层水平地震剪力的最低要求，对于低于这一要求的计算结果，需将相应的地震作用效应按此要求进行调整。

$$V_{Eki} > \lambda \sum_{j=i}^{n} G_j \tag{6-3}$$

式中　V_{Eki}——第 i 层对应于水平地震作用标准值的楼层剪力；

　　　λ——剪力系数；

　　　G_j——第 j 层的重力荷载代表值。

(2) 结构不同部分的剪力分配。对框架-支撑等多重抗侧力体系应按多道防线的设计原则进行地震作用的调整。框架部分的内力按计算得到的地震剪力乘以调整系数，使其达到结构底部总地震剪力的 25% 和框架部分计算地震剪力最大值的 1.8 倍中的较小值。这样可以做到在第一道防线(如支撑)失效后，框架仍可提供相当的抗剪能力。

(3) 框架-中心支撑结构构件内力调整。如果中心支撑框架的斜杆轴线偏离梁柱轴线交点，且在计算模型中没考虑这种偏离而按中心支撑框架计算时，所计算的杆件内力应考虑实际偏离产生的附加弯矩。对人字形和 V 形支撑组合的内力设计值应乘以增大系数 1.5。

(4) 框架-偏心支撑结构构件内力调整。为使偏心支撑框架仅在消能梁段屈服，支撑斜杆、柱和非消能梁段的内力设计值应根据消能梁段屈服时的内力确定并考虑消能梁段的实际有效超强系数，再根据各构件的承载力抗震调整系数，确定斜杆、柱和非消能梁段保持弹性所需的承载力。偏心支撑框架中，与消能梁段相连构件的内力设计值，应按下列要求调整。

① 支撑斜杆的轴力设计值应取与支撑斜杆相连接的消能梁段达到受剪承载力时支撑斜杆轴力与增大系数的乘积。其增大系数，一级应不小于 1.4，二级应不小于 1.3，三级应不小于 1.2。

② 位于消能梁段同一跨的框架梁内力设计值，应取消能梁段达到受剪承载时框架梁内力与增大系数的乘积。其增大系数，一级应不小于 1.3，二级应不小于 1.2，三级应不小于 1.1。

③ 框架柱的内力设计值，应取消能梁段达到受剪承载力时柱内力与增大系数的乘积，其增大系数，一级应不小于 1.3，二级应不小于 1.2，三级应不小于 1.1。

(5) 转换层以下的钢框架柱内力调整。对转换层以下的钢框架柱，地震内力应乘以增大系数 1.5。

3. 结构在地震作用下的变形验算

（1）多遇地震作用变形验算。对所有钢结构都要进行多遇地震作用下的抗震变形验算：

$$\Delta u_e \leqslant h/300 \tag{6-4}$$

式中　Δu_e——多遇地震作用标准值产生的楼层内最大弹性层间位移；

　　　h——计算楼层层高。

（2）罕遇地震作用变形验算。关于结构在罕遇地震作用下薄弱层的弹塑性变形验算，按规范规定，高度超过 150m 的钢结构必须进行验算，高度不大于 150m 的钢结构，提倡进行验算。

$$\Delta u_p \leqslant h/50 \tag{6-5}$$

式中　Δu_p——罕遇地震作用标准值产生的楼层内最大弹性层间位移；

　　　h——计算楼层层高。

4. 承载力和稳定性验算

钢框架的承载能力和稳定性与梁柱构件、支撑构件、连接件、梁柱节点域都有直接关系。结构设计要体现强柱弱梁的原则，保证节点可靠性，实现合理的耗能机制。为此，需进行构件、节点的承载力和稳定性验算。验算的主要内容有：框架梁柱承载力和稳定性验算、节点承载力与稳定性验算、支撑构件的承载力验算、偏心支撑框架构件的抗震承载力验算、构件及其连接的极限承载力验算。当钢框架梁的上翼缘采用抗剪连接件与组合楼板连接时，可不验算地震作用下的整体稳定。

1）框架柱抗震验算

框架柱抗震验算包括截面强度验算、平面内和平面外整体稳定验算。

（1）截面强度验算。

$$\frac{N}{A_n} + \frac{M_x}{\gamma_x W_{nx}} + \frac{M_y}{\gamma_y W_{ny}} \leqslant \frac{f}{\gamma_{RE}} \tag{6-6}$$

式中　N、M_x、M_y——分别为构件的轴向力和绕 x 轴、y 轴的弯矩设计值；

　　　A_n——构件静截面面积；

　　　W_{nx}、W_{ny}——分别为对 x 轴和对 y 轴的静截面抵抗矩；

　　　γ_x、γ_y——分别为构件截面对 x 轴和对 y 轴的塑性发展系数，按照国家标准《钢结构设计规范》（GB 50017—2003)取用；

　　　f——钢材抗拉强度设计值；

　　　γ_{RE}——框架柱承载力抗震调整系数，取 0.75。

（2）平面内整体稳定验算。框架柱平面内整体稳定验算按式(6-7)进行：

$$\frac{N}{\varphi_x A} + \frac{\beta_{mx} M_x}{\gamma_x W_{1x}(1-0.8N/N_{Ex})} \leqslant \frac{f}{\gamma_{RE}} \tag{6-7}$$

式中　A——构件毛截面面积；

　　　φ_x——弯矩作用平面内轴心受压构件稳定系数；

　　　β_{mx}——平面内等效弯矩系数，按照《钢结构设计规范》（GB 50017—2003)取用；

　　　W_{1x}——弯矩作用平面内较大受压纤维的毛截面抵抗矩；

　　　N_{Ex}——构件的欧拉临界力；其余参数含义同前。

（3）平面外整体稳定验算。框架柱平面外整体稳定验算按式(6-8)进行：

$$\frac{N}{\varphi_x A} + \frac{\beta_{tx} M_x}{\varphi_b W_{lx}} \leqslant \frac{f}{\gamma_{RE}} \tag{6-8}$$

式中 β_{tx}——平面外等效弯矩系数,按照《钢结构设计规范》(GB 50017—2003)取用;

       φ_x——弯矩作用平面内轴心受压构件稳定系数;

       φ_b——均匀弯曲的受弯构件整体稳定系数,按照《钢结构设计规范》(GB 50017—2003)取用。

2)框架梁抗震验算

框架梁抗震验算包括抗弯强度、抗剪强度以及整体稳定验算。

(1)抗弯强度验算。

$$\frac{M_x}{\gamma_x W_{nx}} \leqslant \frac{f}{\gamma_{RE}} \tag{6-9}$$

式中 M_x——梁对 x 轴弯矩设计值;

       W_{nx}——梁对 x 轴的静截面抵抗矩;

       f——钢材抗拉强度设计值;

       γ_{RE}——框架梁承载力抗震调整系数,取 0.75。

(2)抗剪强度验算。

$$\tau = \frac{VS}{It_w} \leqslant \frac{f_v}{\gamma_{RE}} \tag{6-10}$$

梁端部截面的抗剪强度尚需满足下式:

$$\tau = \frac{V}{A_{wm}} \leqslant \frac{f_v}{\gamma_{RE}} \tag{6-11}$$

式中 V——计算截面沿腹板平面作用的剪力;

       S——计算点处的截面面积矩;

       I——截面的毛截面惯性矩;

       t_w——梁腹板厚度;

       f_v——钢材抗剪强度设计值;

       A_{wm}——梁端腹板的静截面面积。

(3)整体稳定验算。除了梁上设置刚性铺板外,还要按下式进行梁的稳定性验算:

$$\frac{M_x}{\varphi_b W_x} \leqslant \frac{f}{\gamma_{RE}} \tag{6-12}$$

式中 W_x——梁对 x 轴的毛截面抵抗矩;

       φ_b——均匀弯曲的受弯构件整体稳定系数,按照《钢结构设计规范》(GB 50017—2003)取用。

3)节点承载力与稳定性验算

节点是保证框架结构安全工作的前提。在梁柱节点处,要按强柱弱梁的原则验算节点承载力,保证强柱设计。同时,还要合理设计节点域,使其既具备一定的耗能能力,又不会引起过大的侧移。研究表明节点域既不能太厚也不能太薄,太厚了使节点域不能发挥其耗能作用,太薄了将使框架的侧向位移太大。一般来说,在罕遇地震发生时框架屈服的顺序是节点域首先屈服,其次才是梁出现塑性铰。

(1)节点承载力验算。节点左右梁端和上下柱端的全塑性承载力应符合式(6-13)的要求,以保证强柱设计:

$$\sum W_{pc}(f_{yc}-N/A_c)\geqslant\eta\sum W_{pb}f_{pb} \tag{6-13}$$

式中　W_{pc}、W_{pb}——分别为柱和梁的塑性截面模量；

　　　　　N——柱轴向压力设计值；

　　　　　A_c——柱截面面积；

　　　f_{yc}、f_{yb}——分别为柱和梁的钢材屈服强度；

　　　　　η——强柱系数，一级取 1.15，二级取 1.10；三级取 1.05。

当柱所在楼层的受剪承载力比上一层的受剪承载力高出 25%，或柱轴向力设计值与柱全截面面积和钢材抗拉强度设计值乘积的比值不超过 0.4（即 $N\leqslant 0.4A_c f_{yc}$）时，或作为轴心受压构件在 2 倍地震力下稳定性得到保证时，可不按该式验算。

（2）节点域承载力验算。节点域的屈服承载力应符合下式要求，以选择合理的节点域厚度：

$$\psi(M_{pb1}+M_{pb2})/V_p\leqslant 4/3 f_{yv} \tag{6-14}$$

式中　　　V_p——节点域体积，对工字形截面柱 $V_p=h_b h_c t_w$，对箱形截面柱 $V_p=1.8h_b h_c$

　　　　　t_w，h_b、h_c 分别为梁、柱腹板高度，t_w 为柱在节点域的腹板厚度；

　　　　　ψ——折减系数，三、四级取 0.6，一、二级取 0.7；

M_{pb1}、M_{pb2}——分别为节点域两侧梁的全塑性受弯承载力；

　　　　f_{yv}——钢材屈服抗剪强度，取钢材屈服强度的 0.58 倍。

（3）节点域稳定性验算。工字形截面柱和箱形截面柱的节点域应按下列公式验算节点域的稳定性：

$$t_w\geqslant(h_b+h_c)/90 \tag{6-15}$$

$$(M_{b1}+M_{b2})/V_p\leqslant(4/3)f_v/\gamma_{RE} \tag{6-16}$$

式中　M_{b1}、M_{b2}——分别为节点域两侧梁的弯矩设计值；

　　　　　γ_{RE}——节点域承载力抗震调整系数，取 0.85；

　　　其余参数含义同前。

当柱节点域腹板厚度不小于梁、柱截面高度之和的 1/70 时，可不验算节点域的稳定性。

4）支撑构件承载力验算

（1）中心支撑构件的承载力验算，应符合下列规定。支撑斜杆在反复拉压荷载作用下承载力要降低，适用于支撑屈曲前的情况，可按下式验算：

$$N/(\varphi A_{br})\leqslant\varepsilon f/\gamma_{RE} \tag{6-17}$$

$$\varepsilon=1/(1+0.35\lambda_n) \tag{6-18}$$

$$\lambda_n=(\lambda/\pi)\sqrt{f_{ay}/E} \tag{6-19}$$

式中　N——支撑斜杆的轴向力设计值；

　　　A_{br}——支撑斜杆的截面面积；

　　　　φ——轴心受压构件的稳定系数；

　　　　ε——受循环荷载时的强度降低系数；

　　　　f——支撑斜杆强度设计值；

　　　λ_n——支撑斜杆的正则化长细比；

　　　　λ——支撑斜杆长细比；

　　　　E——支撑斜杆材料的弹性模量；

　　　f_{ay}——钢材屈服强度；

　　　γ_{RE}——支撑承载力抗震调整系数。

当人字支撑的腹杆在大震下受压屈曲后,其承载力将下降,导致横梁在支撑连接处出现向下的不平衡集中力,可能引起横梁破坏和楼板下陷,并在横梁两端出现塑性铰。V形支撑的情况类似,仅当斜杆失稳时不是下陷而是向上隆起;不平衡力方向相反,引起横梁变形。故在构造上,横梁在支撑连接处应保持连续,不应断开连接。该横梁应承受支撑斜杆传来的内力,并应按简支梁(不计入支撑作用)验算在重力荷载和受压支撑屈曲后产生的不平衡力共同作用下的承载力。对顶层和塔屋的梁可不执行本款规定。

(2) 偏心支撑框架构件抗震承载力验算。偏心支撑框架消能梁段的受剪承载力应按下列公式验算。

当 $N \leqslant 0.15Af$ 时:

$$V \leqslant \varphi V_1 / \gamma_{RE} \tag{6-20}$$

V_1 取 $0.58A_w f_{ay}$ 和 $2M_{lp}/a$ 中的较小值;

$$A_w = (h - 2t_f)t_w, \quad M_{lp} = W_p f \tag{6-21}$$

当 $N > 0.15Af$ 时,则降低梁段的受剪承载力,以保证该梁段具有稳定的滞回性能:

$$V \leqslant \varphi V_{lc} / \gamma_{RE} \tag{6-22}$$

$$V_{lc} = 0.58A_w f_{ay} \sqrt{1 - [N/(Af)]^2} \tag{6-23a}$$

或

$$V_{lc} = 2.4M_{lp}[1 - N/(Af)]/a \tag{6-23b}$$

(V_{lc} 取两式中较小值)

式中　　φ——系数,可取 0.9;

V、N——分别为消能梁段的剪力设计值和轴力设计值;

V_1、V_{lc}——分别为消能梁段的受剪承载力和计入轴力影响的受剪承载力;

M_{lp}——消能梁段的全塑性受弯承载力;

a、h、t_w、t_f——分别为消能梁段的长度、截面高度、腹板厚度和翼缘厚度;

A、A_w——分别为消能梁段的截面面积和腹板截面面积;

W_p——消能梁段的塑性截面模量;

f、f_{ay}——分别为消能梁段的抗拉强度设计值和屈服强度;

γ_{RE}——消能梁段承载力抗震调整系数,取 0.85。

为使支撑斜杆能承受消能梁段的梁端弯矩,支撑与梁段的连接应设计成刚接。支撑斜杆与消能梁段连接的承载能力不得小于支撑的承载能力。若支撑需抵抗弯矩,支撑与梁的连接应按抗压弯连接设计。

5) 构件及其连接的极限承载力验算

构件及其连接的设计,应遵循强连接弱构件的原则,按承载力验算,要求构件达到屈服时连接不受破坏。由于构件的 γ_{RE} 取值低于连接,可仅对连接的极限承载力进行验算,因可能在弹性阶段就出现螺栓连接滑移,故连接的弹性设计将十分重要。因此,构件连接应按地震组合内力进行弹性设计,并进行极限承载力验算。

(1) 进行梁与柱连接的弹性设计时,梁上下翼缘的端截面应满足连接的弹性设计要求,梁腹板应计入剪力和弯矩。梁与柱连接的极限受弯、受剪承载力,应符合下列要求:

$$M_u \geqslant 1.2M_p \tag{6-24}$$

$$V_u \geqslant 1.3(2M_p/l_n) \tag{6-25}$$

$$V_u \geqslant 0.58h_w t_w f_{ay} \tag{6-26}$$

式中　M_u——梁上下翼缘全熔透坡口焊缝的极限受弯承载力；

　　　V_u——梁腹板连接的极限受剪承载力，垂直于角焊缝受剪时，可提高 1.22 倍；

　　　M_p——梁（梁贯通时为柱）的全塑性受弯承载力；

　　　l_n——梁的净跨（梁贯通时取该楼层柱的净高）；

　　h_w、t_w——分别为梁腹板的高度和厚度；

　　　f_{ay}——钢材屈服强度。

（2）支撑与框架的连接及支撑拼接的极限承载力，应符合下式要求：

$$N_{ubr} \geqslant 1.2 A_n f_{ay} \tag{6-27}$$

式中　N_{ubr}——螺栓连接和节点板连接在支撑轴线方向的极限承载力；

　　　A_n——支撑的截面净面积；

　　　f_{ay}——支撑钢材的屈服强度。

（3）梁、柱构件拼接处，除少数情况外，在大震时都将进入塑性区，故拼接按承受构件全截面屈服时的内力设计。梁的拼接，考虑构件运输，通常位于距节点不远处，在大震时将进入塑性，其连接承载力要求与梁端连接类似。梁、柱构件拼接的弹性设计，腹板应计入弯矩，且受剪承载力应不小于构件截面受剪承载力的 50%，拼接的极限承载力应符合下列要求：

$$V_u \geqslant 0.58 h_w t_w f_{ay} \tag{6-28}$$

无轴力时　　　　　　　　　　$$M_u \geqslant 1.2 M_p \tag{6-29}$$

有轴力时　　　　　　　　　　$$M_u \geqslant 1.2 M_{pc} \tag{6-30}$$

式中　M_u、V_u——分别为构件拼接的极限受弯、受剪承载力；

　　　M_{pc}——构件有轴向力时的全截面受弯承载力；

　　h_w、t_w——分别为拼接构件截面腹板的高度和厚度；

　　　f_{ay}——被拼接构件的钢材屈服强度。

　　　其余参数含义同前。

拼接采用螺栓连接时，尚应符合下列要求：

翼缘　　　　　　　　　　$$n N_{cu}^b \geqslant 1.2 A_f f_{ay} \tag{6-31a}$$

且　　　　　　　　　　　$$n N_{vu}^b \geqslant 1.2 A_f f_{ay} \tag{6-31b}$$

腹板　　　　　　　　　$$N_{cu}^b \geqslant \sqrt{(V_u/n)^2 + (N_M^b)^2} \tag{6-32a}$$

且　　　　　　　　　　$$N_{vu}^b \geqslant \sqrt{(V_u/n)^2 + (N_M^b)^2} \tag{6-32b}$$

式中　N_{vu}^b、N_{cu}^b——分别为一个螺栓的极限受剪承载力和对应的板件极限承压力；

　　　　A_f——翼缘的有效截面面积；

　　　　N_M^b——腹板拼接中弯矩引起的一个螺栓的最大剪力；

　　　　n——翼缘拼接或腹板拼接一侧的螺栓数；

　　　其余参数含义同前。

（4）梁、柱构件有轴力时的全截面受弯承载力 M_{pc} 应按下列公式计算。

工字形截面（绕强轴）和箱形截面：

当 $N/N_y \leqslant 0.13$ 时　　　　　　$$M_{pc} = M_p \tag{6-33}$$

当 $N/N_y > 0.13$ 时　　　　$$M_{pc} = 1.15(1 - N/N_y) M_p \tag{6-34}$$

工字形截面（绕弱轴）：

当 $N/N_y \leqslant A_w/A$ 时　　　　　　$$M_{pc} = M_p \tag{6-35}$$

当 $N/N_y > A_w/A$ 时　　$M_{pc} = \{1 - [(N - A_w f_{ay})/(N_y - A_w f_{ay})]^2\} M_p$　　　　(6-36)

式中　N_y——构件轴向屈服承载力，取 $N_y = A_n f_{ay}$；

其余参数含义同前。

（5）焊缝的极限承载力 N_u 应按下列公式计算：

对接焊缝受拉　　　　　　　　　$N_u = A_f^w f_u$　　　　　　　　　　　(6-37)

角焊缝受剪　　　　　　　　　$N_u = 0.58 A_f^w f_u$　　　　　　　　　(6-38)

式中　A_f^w——焊缝的有效受力面积；

f_u——构件母材的抗拉强度最小值。

（6）高强度螺栓的极限受剪承载力，应取下列二式计算得到的较小者：

$$N_{vu}^b = 0.58 n_f A_e^b f_u^b \qquad (6-39)$$

$$N_{cu}^b = d f_{cu}^b \sum t \qquad (6-40)$$

式中　N_{vu}^b、N_{cu}^b——分别为一个高强度螺栓的极限受剪承载力和对应的板件极限承压力；

n_f——螺栓连接的剪切面数量；

A_e^b——螺栓螺纹处的有效截面面积；

f_u^b——螺栓钢材的抗拉强度最小值；

d——螺栓杆直径；

$\sum t$——同一受力方向的钢板厚度之和；

f_{cu}^b——螺栓连接板的极限承压强度，取 1.5。

6.4　钢结构抗震构造措施

6.4.1　钢框架结构抗震构造措施

1. 框架柱的长细比

钢结构构件截面比较小，极易产生受压失稳破坏，而框架柱的长细比关系到结构的整体稳定性。现行《建筑抗震设计规范》（GB 50011—2010）规定钢框架柱的长细比，应符合表 6-6 的规定。

表 6-6　框架柱的长细比限值

抗震等级	一级	二级	三级	四级
长细比	60	80	100	120

注：表列数值适用于 Q235 钢，当材料为其他牌号钢材时，应乘以 $\sqrt{235/f_{ay}}$。

2. 梁柱板件的宽厚比

板件的宽厚比限制是构件局部稳定性的保证，考虑到"强柱弱梁"的设计思想，即要求塑性铰出现在梁上，框架柱一般不出现塑性铰。因此梁的板件宽厚比限值要求满足塑性设计要求。框架的梁、柱板件宽厚比应符合表 6-7 的要求。

表 6-7　框架的梁柱板件宽厚比限值

板件名称		抗 震 等 级			
		一级	二级	三级	四级
柱	工字形截面翼缘外伸部分	10	11	12	13
	箱形截面壁板	33	36	38	40
	工字形截面腹板	43	45	48	52
梁	工字形截面和箱形截面翼缘外伸部分	9	9	10	11
	箱形截面翼缘两腹板间的部分	30	30	32	36
	工字形截面和箱形截面腹板	$72-120\,N_b/Af$ $\leqslant 60$	$72-100\,N_b/Af$ $\leqslant 65$	$80-110\,N_b/Af$ $\leqslant 70$	$85-120\,N_b/Af$ $\leqslant 75$

注：表列数值适用于 Q235 钢，当材料为其他牌号钢材时，应乘以 $\sqrt{235/f_{ay}}$。

框架梁柱板件宽厚比的规定是以结构设计符合强柱弱梁为前提的。如果梁柱构件不满足"节点承载力验算"的强度条件，即不满足式(6-5)，则表 6-6 中工字形柱翼缘外伸部分的数据 11 和 10 应分别改为 10 和 9，工字形腹板的数据 43 应分别改为 40(7 度)和 36 (8 度、9 度)。

3. 构件的侧向支撑

梁柱构件在出现塑性铰截面处，其上下翼缘均应设置侧向支撑。相邻两支撑点间的构件长细比，应符合国家标准关于塑性设计的有关规定。

4. 梁柱连接构造要求

梁与柱的连接宜采用柱贯通型。柱在两个互相垂直的方向都与梁刚接时，宜采用箱形截面，当仅在一个方向刚接时，宜采用工字形截面，并将柱腹板置于刚接框架平面内。工字形截面柱(翼缘)和箱形截面柱与梁刚接时，应符合下列要求，如图 6.9 所示，有充分依据时也可采用其他构造形式。

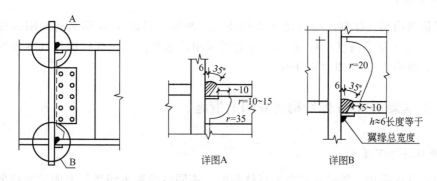

图 6.9　框架梁与柱的现场连接

(1) 梁翼缘与柱翼缘间应采用全熔透坡口焊缝；8 度乙类建筑和 9 度时，应检验 V 形切口的冲击韧性，其恰帕冲击韧性在 -20℃时不低于 27J。

（2）震害表明，梁翼缘对应位置的柱加劲肋规定与梁翼缘等厚是十分必要的。柱在梁翼缘对应位置设置横向加劲肋，且加劲肋厚度应不小于梁翼缘厚度。

（3）梁腹板宜采用摩擦型高强度螺栓通过连接板与柱连接；腹板角部宜设置扇形切角，其端部与梁翼缘的全熔透焊缝应隔开。

（4）当梁腹板的截面模量较大时，腹板将承受部分弯矩。当梁翼缘的塑性截面模量小于梁全截面塑性截面模量的70%时，要考虑腹板受弯。梁腹板与柱的连接螺栓不得小于两列；当计算仅需一列时，仍应布置两列，且此时螺栓总数不得小于计算值的1.5倍。

（5）8度Ⅲ、Ⅳ类场地和9度时，宜采用能将塑性铰自梁端外移的骨形连接。该法是在距梁端一定距离处，将翼缘两侧做月牙切削（图6.10），形成薄弱截面，使强烈地震时梁的塑性铰自柱面外移，从而避免脆性破坏。

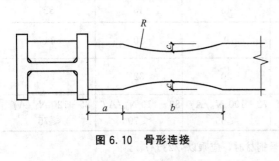

图6.10　骨形连接

5. 节点域补强及节点附近构造措施

当节点域的抗剪强度、屈服强度以及稳定性不满足规定，即不满足式（6-7）和式（6-8）要求时，应采取加厚节点域或贴焊补强板的措施。补强板的厚度及其焊缝应按传递补强板所分担剪力的要求设计。

罕遇地震下，框架节点将进入塑性区，保证结构在塑性区的整体性是很必要的。因此，梁与柱刚性连接时，柱在梁翼缘上下各500mm的节点范围内，柱翼缘与柱腹板间或箱形柱壁板间的连接焊缝，应采用坡口全熔透焊缝。

6. 框架柱接头构造措施

框架柱接头宜位于框架梁上方1.3m附近。上下柱的对接接头应采用全熔透焊缝，柱拼接接头上下各100mm范围内，工字形截面柱翼缘与腹板间及箱形截面柱角部壁板间的焊缝，应采用全熔透焊缝。

7. 刚接柱脚

高层钢结构刚接柱脚主要有埋入式和外包式两种。超过50m钢结构的刚接柱脚宜采用埋入式，6、7度且高度不超过50m时也可采用外包式。外包式柱脚在日本阪神地震中性能欠佳，故不宜在8、9度时采用。

6.4.2　钢框架-中心支撑结构抗震构造措施

1. 受拉斜杆布置

当中心支撑采用只能受拉的单斜杆体系时，应同时设置不同倾斜方向的两组斜杆，且每组中不同方向单斜杆的截面面积在水平方向的投影面积之差不得大于10%。

2. 中心支撑构件长细比、板件宽厚比

（1）支撑杆件的长细比，不宜大于表6-8中的限值。

表6-8　钢结构中心支撑杆件长细比限值

杆件类型	抗震等级			
	一级	二级	三级	四级
按压杆设计	120	120	120	120
按拉杆设计	—	—	—	180

注：表列数值适用于 Q235 钢，当材料为其他牌号钢材时，应乘以 $\sqrt{235/f_{ay}}$。

（2）支撑杆件板件的宽厚比，应不大于表6-9中的限值。采用节点板连接时，应注意节点板的强度和稳定。

表6-9　钢结构中心支撑杆件宽厚限值

板件类型	抗震等级			
	一级	二级	三级	四级
翼缘外伸部分	8	9	10	13
箱形截面壁板	18	20	25	30
工字形截面腹板	25	26	27	33
圆管外径壁厚比	38	40	40	42

注：表列数值适用于 Q235 钢，当材料为其他牌号钢材时，应乘以 $\sqrt{235/f_{ay}}$，圆管乘 $235/f_{ay}$。

3. 中心支撑节点构造要求

（1）一、二、三级，支撑宜采用轧制 H 形钢制作，两端与框架可采用刚接构造，梁柱与支撑连接处应设置加劲肋，一级和二级采用焊接工字形截面的支撑时，其翼缘与腹板的连接宜采用全熔透连续焊缝。

（2）支撑与框架连接处，支撑杆端宜做成圆弧。

（3）在梁与 V 形支撑或人字支撑相交处，应设置侧向支承，该支撑点与梁端支撑点间的侧向长细比 λ 以及支承力，应符合国家标准《钢结构设计规范》（GB 50017—2003)关于塑性设计的规定。

（4）若支撑与框架采用节点板连接，应符合国家标准《钢结构设计规范》（GB 50017—2003)关于节点板在连接杆件每侧有不小于 30°夹角的规定，一、二级时，支撑端部至节点板嵌固点在沿支撑杆件方向的距离（由节点板与框架构件焊缝的起点垂直于支撑杆轴线的直线至支撑端部的距离），应不小于节点板厚度的 2 倍。

4. 框架部分的结构抗震措施

框架-中心支撑结构的框架部分，当房屋高度不高于100m且框架部分承担的地震作用不大于结构底部总地震剪力的25%时，一、二、三级的抗震构造措施可按框架结构降低一级的相应要求采用；其他抗震构造措施，应符合本章6.4.1节"钢框架结构抗震构造措施"对框架结构抗震构造措施的规定。

6.4.3　钢框架-偏心支撑结构抗震构造措施

抗震构造设计思路是保证消能梁段延性、消能能力及板件局部稳定性，保证消能梁段在反复荷载作用下的滞回性能，保证偏心支撑杆件的整体稳定性、局部稳定性。另外，偏心支撑的斜杆中心线与梁中心线的交点，一般在消能梁段的端部或在消能梁段内(图 6.11)，此时将产生与消能梁段墙部弯矩方向相反的附加弯矩，从而减少消能梁段和支撑杆件的弯矩，对抗震有利。

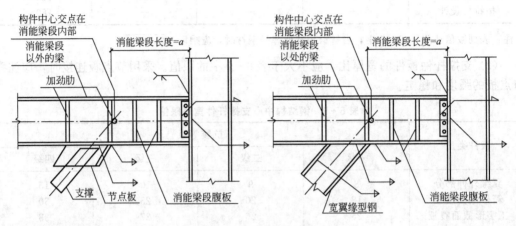

图 6.11　偏心支撑构造

1. 保证消能梁段延性及局部稳定

为使消能梁段有良好的延性和消能能力，偏心支撑框架消能梁段的钢材屈服强度不应大于 345MPa。其钢材应采用 Q235 或 Q345。消能梁段及与其在同跨内的非消能梁段，板件的宽厚比不应大于表 6-10 的规定。当梁上翼缘与楼板固定但不能表明其下翼缘侧向固定时，仍需设置侧向支撑。

表 6-10　偏心支撑框架梁板件宽厚比限值

板 件 名 称		宽厚比限值
翼缘外伸部分		8
腹板	当 $N/(Af) \leqslant 0.14$ 时	$90[1-1.65N/(Af)]$
	当 $N/(Af) > 0.14$ 时	$33[2.3-N/(Af)]$

注：表列数值适用于 Q235 钢，当材料为其他牌号钢材时，应乘以 $\sqrt{235/f_{ay}}$。

2. 保证偏心支撑构件稳定性

为保证偏心支撑构件的稳定性，偏心支撑框架的支撑杆件的长细比应不大于 $120\sqrt{235/f_{ay}}$，支撑杆件的板件宽厚比不应超过《钢结构设计规范》(GB 50017—2003)中规定的轴心受压构件在弹性设计时的宽厚比限值。

3. 消能梁段构造要求

为使消能梁段在反复荷载下具有良好的滞回性能，需采取合适的构造并加强对腹板的约束。

(1) 支撑斜杆轴力的水平分量成为消能梁段的轴向力，当此轴向力较大时，除降低此梁段的受剪承载力外，还需减少该梁段的长度，以保证它具有良好的滞回性能。当 $N>0.16fA$ 时，消能梁段的长度 a 应符合下列规定：

当 $\rho(A_w/A)<0.3$ 时 $\qquad\qquad a<1.6M_{lp}/V_1$ $\qquad\qquad$ (6-41)

当 $\rho(A_w/A)>0.3$ 时 $\qquad a\leqslant[1.15-0.5\rho(A_w/A)]1.6M_{lp}/V_1$ $\qquad$ (6-42)

式中 a——消能梁段的长度（图 6.11）；

$\qquad$ ρ——消能梁段轴向力设计值与剪力设计值之比；

$\qquad$ 其余参数含义同前。

偏心支撑的斜杆中心线和梁中心线的交点，一般在消能梁段的端部，也允许在消能梁段内，此时将产生与消能梁段端部弯矩方向相反的附加弯矩，从而减少消能梁段和支撑杆的弯矩，对抗震有利；但交点不应在消能梁段以外，因此时将增大支撑和消能梁段的弯矩，于抗震不利。

(2) 由于腹板上贴焊的补强板不能进入弹塑性变形，因此不能采用补强板；腹板上开洞也会影响其弹塑性变形能力，所以也不得开洞，以保证塑性变形的发展。

(3) 消能梁段与支撑斜杆的连接处，需设置与腹板等高的加劲肋，以传递梁段剪力并防止连梁腹板屈曲。加劲肋的高度应为梁腹板高度，一侧的加劲肋宽度应不小于 $(bt/2-t_w)$，厚度应不小于 $0.75t_w$ 和 10mm 的较大值。

(4) 消能梁段腹板的中间加劲肋，需按梁段的长度区别对待，较短时为剪切屈服型，加劲肋间距应小些；较长时为弯曲屈服型，需在距端部 1.5 倍的翼缘宽度处配置加劲肋；中等长度时需同时满足剪切屈服型和弯曲屈服型的要求。消能梁段应按下列要求在其腹板上设置中间加劲肋。

① 当 $a\leqslant1.6M_{lp}/V_1$ 时，加劲肋间距不大于 $(30t_w-h/5)$。

② 当 $2.6M_{lp}/V_1<a\leqslant5M_{lp}/V_1$ 时，应在距消能梁段端部 $1.5b_f$ 处配置中间加劲肋，且中间加劲肋间距都应大于 $(52t_w-h/5)$。

③ 当 $1.6M_{lp}/V_1<a\leqslant2.6M_{lp}/V_1$ 时，中间加劲肋的间距宜在上述二者间线性插入。

④ 当 $a>5M_{lp}/V_1$ 时，可不配置中间加劲肋。

⑤ 中间加劲肋应与消能梁段的腹板等高，当消能梁段截面高度不大于 640mm 时，可配置单侧加劲肋；当消能梁段截面高度大于 640mm 时，应在两侧配置加劲肋，一侧加劲肋的宽度应不小于 $(b_f/2-t_w)$，厚度应不小于 t_w 和 10mm。

(5) 消能梁段与柱的连接应符合下列要求。

① 消能梁段与柱连接时，其长度不得大于 $1.6M_{lp}/V_1$，且应满足本章 6.3 节有关偏心支撑框架构件的抗震承载力验算的规定。

② 消能梁段翼缘与柱翼缘之间应采用坡口全熔透对接焊缝连接，消能梁段腹板与柱之间应用角焊缝连接；角焊缝的承载力不得小于消能梁段腹板的轴向承载力、受剪承载力和受弯承载力。

③ 消能梁段与柱腹板连接时，消能梁段翼缘与连接板间应采用坡口全熔透焊缝，消能梁段腹板与柱间应采用角焊缝；角焊缝的承载力不得小于消能梁段腹板的轴向承载力、受剪承载力和受弯承载力。

(6) 为了承受平面外扭转，消能梁段两端上下翼缘应设置侧向支撑，支撑的轴力设计值不得小于消能梁段翼缘轴向承载力设计值（翼缘宽度、厚度和钢材抗压强度设计值三者的乘积）的 6%，即不得小于 $0.06b_ft_ff$。

4. 非消能梁段构造

与消能梁段处于同一跨内的框架梁，同样承受轴力和弯矩，为保持其稳定，也需设置翼缘的侧向隔撑，支撑的轴力设计值不得小于梁翼缘轴向承载力的 2％即 $0.02b_f t_f f$。

5. 框架部分的结构抗震措施

框架-偏心支撑结构的框架部分，当房屋高度不高于 100m 且框架部分承担的地震作用不大于结构底部总地震剪力的 25％时，一、二、三级的抗震构造措施可按框架结构降低一级的相应要求采用；其他抗震构造措施，应符合本章 6.4.1 小节对框架结构抗震构造措施的规定。

背 景 知 识

本章不适用于上层为钢结构下层为钢筋混凝土结构的混合型多层结构。用冷弯薄壁型钢作主要承重结构的房屋，构件截面较小，自重较轻，可不执行本章的规定。

大量研究表明，偏心支撑具有弹性阶段刚度接近于中心支撑框架，弹塑性阶段的延性和消能能力接近于延性框架的特点，是一种良好的抗震结构。偏心支撑框架的设计原则是强柱、强支撑和弱消能梁段，即在大震时消能梁段屈服形成塑性铰，且具有稳定的滞回性能，即使消能梁段进入应变硬化阶段，支撑斜杆、柱和其余梁段仍保持弹性。因此，每根斜杆只能在一端与消能梁段连接，若两端均与消能梁段相连，则可能一端的消能梁段屈服，另一端消能梁段不屈服，使偏心支撑的承载力和消能能力降低。

为使偏心支撑框架仅在消能梁段屈服，支撑斜杆、柱和非消能梁段的内力设计值应根据消能梁段屈服时的内力确定并考虑消能梁段的实际有效超强系数，再根据各构件的承载力抗震调整系数，确定斜杆、柱和非消能梁段保持弹性所需的承载力。

偏心支撑的斜杆中心线与梁中心线的交点，一般在消能梁段的端部，也允许在消能梁段内，此时将产生与消能梁段端部弯矩方向相反的的附加弯矩，从而减少消能梁段和支撑杆的弯矩，对抗震有利；但交点不应在消能梁段以外，因此时将增大支撑和消能梁段的弯矩，于抗震不利。

框架柱的长细比关系到钢结构的整体稳定，研究表明，钢结构高度很大时，轴向力大，竖向地震对框架柱的影响很大，我国抗震规范的数值参考国外标准，对 6、7 度时适当放宽。

震害表明，梁翼缘对应位置的柱加劲肋规定与梁翼缘等厚是十分必要的。6 度时加劲肋厚度可适当减小，但应通过承载力计算确定，且不得小于梁翼缘厚度的一半。

本 章 小 结

本章以震害特征为基础，主要介绍包括概念设计、抗震的计算与验算、抗震构造措施三个层次的内容。总体来说，在同样场地、烈度条件下，钢结构房屋的震害较钢筋混凝土结构房屋的震害要小。在概念设计中对结构适用的高度及高宽比可适当放宽。钢结构构件截面小，刚度亦小，侧移大，需要设置支撑系统。支撑系统分为中心支撑和偏心支撑。中心支撑适用于少于 50m 的多层钢结构，中心支撑作为第一道抗震防线。偏心支撑适用于多于 50m 的高层钢结构，消能梁段作为第一道抗震防线。抗震的计算与验算中，从抗震承载力调整系数的取值可以看出，其遵循了强连接弱构件的思想，钢梁与钢柱的延性相同。抗震构造措施也是针对多、高层钢结构分别给出的。为限制塑性铰在梁端出现，给出了骨形连接等的构造措施。

思考题及习题

6.1　为什么要对地震作用进行调整？其内容有哪些？

6.2　在设计和构造上如何保证钢框架-偏心支撑体系的塑性铰出现在消能梁段？

6.3　为什么支撑-框架结构的支撑斜杆需按刚接设计，但可按端部铰接杆计算？

6.4　实现强柱设计有哪些措施？

6.5　骨形连接的工作机理如何？

6.6　钢框架-中心支撑体系和钢框架-偏心支撑体系的抗震工作机理各有何特点？

6.7　在地震区有一采用框架-支撑结构的多层钢结构房屋，关于其中心支撑的形式，（　　）不宜选用。

A. 交叉支撑　　　　B. 人字支撑　　　　C. 单斜杆支撑　　　　D. K 形支撑

6.8　假定水平地震影响系数 $\alpha_1 = 0.22$；屋面恒荷载标准值为 4300kN，等效活荷载标准值为 480kN，雪荷载标准值为 160kN；各层楼盖处恒荷载标准值为 4100kN，等效活荷载标准值为 550kN。则结构总水平地震作用标准值 F_{Ek}(kN) 与（　　）最为接近。

A. 8317　　　　B. 8398　　　　C. 8471　　　　D. 8499

6.9　假设屋盖和楼盖处重力荷载代表值均为 G，与结构总水平地震作用等效的底部剪力标准值 $F_{Ek} = 10000$kN，基本自振周期 $T_1 = 1.1$s。则顶层总水平地震作用标准值 F_{11Ek}(kN) 与（　　）最为接近。

A. 3000　　　　B. 2400　　　　C. 1600　　　　D. 1400

6.10　一座建于地震区的钢结构建筑，其工字形截面梁与工字形截面柱为刚性节点连接；梁腹板高度 $h_b = 2700$mm，柱腹板高度 $h_c = 450$mm。对节点域仅按稳定性的要求计算时，在节点域柱腹板的最小计算厚度 t_w(mm) 与（　　）最为接近。

A. 35　　　　B. 25　　　　C. 15　　　　D. 12

第7章
单层工业厂房抗震设计

教学目标与要求：了解单层厂房的震害特征及原因，深刻理解单层厂房的抗震概念设计的要求。掌握单层钢筋混凝土柱厂房的横、纵向抗震计算方法，掌握单层钢结构厂房的横、纵向抗震计算方法。熟悉和掌握单层厂房的主要抗震构造措施。

导入案例：在 5·12 汶川地震中，东方汽轮机厂的单层工业厂房排架柱一般完好，牛腿到屋顶柱有破坏；钢筋混凝土屋架与大型屋面板组成的屋盖破坏较重；厂房维护墙破坏严重；轻钢屋盖和轻钢维护结构破坏较轻。单层工业厂房的震害为什么具有上述特点呢？单层工业厂房抗震设计应包括哪些内容呢？我们可以通过本章的学习得到了解。

7.1 单层工业厂房震害特征及其原因

历次地震的震害调查表明，厂房受纵向水平地震作用时的破坏程度重于受横向地震作用时的破坏程度。

以下分别按厂房横向排架和纵向柱列两个方向的震害来进行分析。

7.1.1 横向地震作用下厂房主体结构的震害

厂房的横向抗侧力体系常为屋盖横梁（屋架）与柱铰接的排架形式。在地震作用下，如果构件或节点承载力不足或变形过大，将会引起相应的破坏。主要震害现象有如下几方面。

1. 柱的局部震害

（1）上柱柱身变截面处开裂或折断（图 7.1）。上柱截面较弱，在屋盖及吊车的横向水平地震作用下承受着较大的剪力，故柱子处于压弯剪复合受力状态，在柱子的变截面处因刚度突变而产生应力集中，一般在吊车梁顶面附近易产生拉裂甚至折断。

（2）柱头及其与屋架连接的破坏。柱顶与屋面梁的连接处由于受力复杂易发生剪裂、压酥、拉裂或锚筋拔出、钢筋弯折等震害。

（3）柱肩竖向拉裂。在高低跨厂房的中柱，常用柱肩或牛腿支撑低跨屋架，地震时由于高阶振型的影响，高低跨两个屋盖产生相反方向的运动，柱肩或牛腿所受的水平地震作用将增大许多，如果没有配置足够数量的水平钢筋，中柱柱肩或牛腿能产生竖向拉裂（图 7.2）。

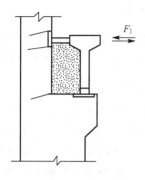

图 7.1 上柱震害

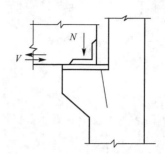

图 7.2 柱肩竖向裂缝

(4) 下柱震害。下柱下部易出现横向裂缝或折断,后者会造成倒塌等严重后果。

(5) 柱间支撑易产生压屈(图 7.3)。

2. Ⅱ型天窗架与屋架连接节点的破坏

Ⅱ型天窗是厂房抗震的薄弱部位,在 6 度区就有震害的实例。其震害主要表现为支撑杆件失稳弯曲,支撑与天窗立柱连接节点被拉脱,天窗立柱根部开裂或折断等。这是因为Ⅱ型天窗位于厂房最高部位,地震效应大(图 7.4)。

3. 围护墙破坏

围护墙开裂外闪、局部或大面积倒塌。其中高悬墙、女儿墙受鞭梢效应的影响,破坏最为严重(图 7.5)。

图 7.3 柱间支撑压屈

图 7.4 天窗立柱断裂

图 7.5 围护砖墙大部分塌落

7.1.2 纵向地震作用下厂房主体结构的震害

厂房的纵向抗侧力体系,是由纵向柱列形成的排架、柱间支撑和纵墙共同组成。在厂房的纵向,一般由于支撑不完备或者承载力不足、连接无保证而震害严重。主要震害现象有如下几方面。

1. 屋面板错动坠落

在大型屋面板屋盖中,如屋面板与屋架或屋面梁焊接不牢,地震时往往造成屋面板错动滑落,甚至引起屋架的失稳倒塌(图 7.6)。

图 7.6　局部屋面板掉落

2. 天窗破坏

天窗两侧竖向支撑斜杆拉断，节点破坏，天窗架沿厂房纵向倾斜，甚至倒下砸塌屋盖。

3. 屋架破坏

屋盖的纵向地震作用是通过屋面板焊缝从屋架中部向屋架的两端传递的，屋架两端的剪力最大。因此，屋架的震害主要是端头混凝土酥裂掉角、支撑大型屋面板的支墩折断、端节间上弦剪断等（图 7.7）。

4. 支撑震害

在设有柱间支撑的跨间，由于其刚度大，屋架端头与屋面板边肋连接点处的剪力最为集中，往往首先被剪坏；这使得纵向地震作用的传递转移到内肋，导致屋架上弦受到过大的纵向地震作用而破坏。当纵向地震作用主要由支撑传递时，若支撑数量不足或布置不当，会造成支撑的失稳，引起屋面的破坏或屋盖的倒塌。另外，柱根处也会发生沿厂房纵向的水平断裂。

5. 围护结构震害

纵向地震作用下围护结构的震害有山墙、山尖外闪或局部塌落（图 7.8）。

图 7.7　屋架与柱顶连接处严重破坏

图 7.8　山墙倒塌

7.2 单层厂房抗震概念设计

依据概念设计的基本思想，提高厂房的整体抗震性能，首先要充分重视选择良好的结构体系及进行合理的结构布置，使单层厂房具有良好的抗震性能以减轻震害。以下重点介绍单层钢筋混凝土柱厂房抗震设计的总体性要求，然后简要介绍单层钢结构厂房和单层砖柱厂房的相关要求。

7.2.1 单层钢筋混凝土柱厂房的一般规定

1. 厂房的结构布置

(1) 单层厂房的平面布置应注意体型简单、规则、各部分结构刚度、质量均匀对称，尽量避免体型曲折复杂、凹凸变化，尽可能选用长方形平面体型。

(2) 厂房的毗连房屋沿厂房纵墙或山墙布置，而不宜布置在厂房角部和紧邻防震缝处。

(3) 平面复杂时，在侧向刚度或高差变化很大的部位，以及沿厂房侧边有贴建房屋时，宜设防震缝。防震缝的两侧应布置墙或柱。在厂房纵横跨交接处，以及对大柱网厂房等可不设柱间支撑的厂房，防震缝宽度可采用 100～150mm，其他情况可采用 50～90mm。在竖向应减少刚度突变，各跨的高度应尽可能相同。

(4) 两个主厂房之间的过渡跨至少应有一侧采用防震缝与主厂房脱开。

(5) 厂房内用于进入吊车的铁梯不应靠近防震缝设置；多跨厂房各跨上吊车的铁梯不宜设置在同一横向轴线附近。

(6) 工作平台宜与厂房主体结构脱开。

(7) 厂房的同一结构单元内不应采用不同的结构形式，厂房端部应设屋架，不应采用山墙承重；也不应采用横墙和排架混合承重。

(8) 厂房各柱列的侧移刚度宜均匀。

2. 厂房天窗架的设置

天窗是薄弱环节，它削弱屋盖的整体刚度。从抗震的角度看，厂房天窗架的设置应符合下列要求。

(1) 天窗宜采用突出屋面较小的避风型天窗，有条件或 9 度时宜采用下沉式天窗。

(2) 突出屋面的天窗宜采用钢天窗架；6～8 度时，可采用矩形截面杆件的钢筋混凝土天窗架。

(3) 8 度和 9 度时，天窗宜从厂房单元端部第三柱间开始设置。

(4) 天窗屋盖、端壁板和侧板，宜采用轻型板材。

3. 支撑的布置

应合理地布置支撑，使厂房形成空间传力体系。

(1) 柱间支撑除在厂房纵向的中部设置外，有吊车时或 8 度和 9 度时尚宜在厂房单元两端增设上柱支撑。

(2) 8 度且跨度不小于 18m 的多跨厂房中柱和 9 度时多跨厂房的各柱，宜在纵向设置柱顶通长水平压杆，此压杆可与梯形屋架支座处通长水平系杆合并设置，钢筋混凝土系杆端头与屋架间的空隙应采用混凝土填实。

(3) 厂房单元较长时，或 8 度Ⅲ、Ⅳ类场地和 9 度时，可在厂房单元中部 1/3 区段内设置两道柱间支撑，且下柱支撑应与上柱支撑配套设置。

(4) 有檩屋盖的支撑布置应符合表 7-1 的要求。

(5) 无檩屋盖的支撑布置应符合表 7-2 的要求；8 度和 9 度时跨度不大于 15m 的屋面梁屋盖，可仅在厂房单元两端各设竖向支撑一道。

4. 围护墙的布置

(1) 围护墙的布置应尽量均匀、对称。

(2) 当厂房的一端设缝而不能布置横墙时，则另一端宜采用轻质挂板山墙。

(3) 多跨厂房的砌体围护墙宜采用外贴式，不宜采用嵌砌式。否则，边柱列（嵌砌有墙）与中柱列（一般只有柱间支撑）的刚度相差悬殊，导致边跨屋盖因扭转效应过大而发生震害。

(4) 厂房内部有砌体隔墙时，也不宜嵌砌于柱间，可采用与柱脱开或与柱柔性连接的构造处理方法，以避免局部刚度过大或形成短柱而引起震害。

(5) 厂房端部宜设置屋架，不宜采用山墙承重。

(6) 单层钢筋混凝土柱厂房的围护墙宜采用轻质墙板或钢筋混凝土大型墙板，外侧柱距为12m时应采用轻质墙板或钢筋混凝土大型墙板；不等高厂房的高跨封墙和纵横向厂房交接处的悬墙宜采用轻质墙板，8、9度时应采用轻质墙板。

(7) 厂房围护墙、女儿墙的布置和构造，应符合有关对非结构构件抗震要求的规定。

5. 厂房屋架的设置

(1) 厂房宜采用钢屋架或重心较低的预应力混凝土、钢筋混凝土屋架。当跨度不大于15m时，可采用钢筋混凝土屋面梁。在6～8度地震区可采用预应力混凝土或钢筋混凝土屋架，但在8度区Ⅲ、Ⅳ类场地和9度区，或屋架跨度大于24m时，宜采用钢屋架。

(2) 柱距为12m时，可采用预应力混凝土托架（梁）；当采用钢屋架时，亦可采用钢托架（梁）。

(3) 有突出屋面天窗架的屋盖不宜采用预应力混凝土或钢筋混凝土空腹屋架。

6. 厂房柱的设置

(1) 柱子的结构形式，在8、9度地震区宜采用矩形、工字形或斜腹杆双肢柱，不宜采用薄壁工字形柱、腹板开孔柱、预制腹板的工字形柱和管柱，也不宜采用平腹杆双肢柱。

(2) 柱底至室内地坪以上500mm范围内和阶形柱的上柱宜采用矩形截面，以增强这些部位的抗剪能力。

表 7-1 有檩屋盖的支撑布置

支撑名称		设防烈度		
		6、7度	8度	9度
屋架支撑	上弦横向支撑	厂房单元端天窗开间各设一道	厂房单元端开间及厂房单元长度大于66m的柱间支撑开间各设一道；天窗开洞范围的两端各增设局部的上弦横向支撑一道	厂房单元端开间及厂房单元长度大于42m的柱间支撑开间各设一道；天窗开洞范围的两端各增设局部的上弦横向支撑一道
	下弦横向支撑	同非抗震设计		
	跨中竖向支撑			
	端部横向支撑	屋架端部高度大于900mm时，厂房单元端开间及柱间支撑开间各设一道		

(续)

支撑名称		设防烈度		
		6、7度	8度	9度
天窗架支撑	上弦横向支撑	厂房单元天窗端开间各设一道	厂房单元天窗端开间及每隔30m各设一道	厂房单元天窗端开间及每隔18m各设一道
	两侧横向支撑	厂房单元天窗端开间及每隔36m各设一道		

表7-2 无檩屋盖的支撑布置

支撑名称			设防烈度		
			6、7度	8度	9度
屋架支撑	上弦横向支撑		屋架跨度小于18m时同非抗震设计,跨度不小于18m时在厂房单元端开间各设一道	厂房单元端开间及柱间支撑开间各设一道;天窗开洞范围的两端各增设局部的支撑一道	
	上弦通长水平系杆		同非抗震设计	沿跨度不大于15m时设一道,但装配整体式屋面可不设;围护墙在屋架上弦高度有现浇圈梁时,其端部处可不另设	沿跨度不大于12m时设一道,但装配整体式屋面可不设;围护墙在屋架上弦高度有现浇圈梁时,其端部处可不另设
	下弦横向支撑			同非抗震设计	同上弦横向支撑
	跨中竖向支撑				
	两端竖向支撑	屋架端部高度≤900mm		厂房单元端开间各设一道	厂房单元端开间及每隔48m各设一道
		屋架端部高度>900mm	厂房单元端开间各设一道	厂房单元端开间及柱间支撑开间各设一道	厂房单元端开间、柱间支撑开间及每隔30m各设一道
天窗架支撑	天窗两侧竖向支撑		厂房单元天窗端开间及每隔30m各设一道	厂房单元天窗端开间及每隔24m各设一道	厂房单元天窗端开间及每隔18m各设一道
	上弦横向支撑		同非抗震设计	天窗跨度≥9m时,厂房单元天窗端开间及柱间支撑开间各设一道	厂房单元天窗端开间及柱间支撑开间各设一道

7.2.2 单层钢结构厂房的一般规定

单层钢结构厂房(不含轻型钢结构厂房)抗震设计结构布置的总原则与钢筋混凝土柱厂房相同。厂房的横向抗侧力体系可采用屋盖横梁与柱顶刚接或铰接的框架、门式刚架。悬壁柱或其他结构体系，纵向可采用柱间支撑，条件受限制时也可采用刚架结构。构件在可能产生塑性铰的最大应力区内，应避免焊接接头，对于厚度大、无法采用螺栓连接者，可采用对焊焊缝等强度连接。屋盖横梁与柱顶铰接时，宜采用螺栓连接，刚接框架的屋架上弦与柱相连的连接板，不应出现塑性变形。当横梁为实腹梁时，梁与柱连接及梁与梁拼接的受弯、受剪极限承载力应能分别承受梁全截面屈服时受弯、受剪承载力的1.2倍。柱间支撑杆件应采用整根材料，超过材料长度最大规格时可采用对焊焊缝等强度连接；柱间支撑与构件的连接，不应小于支撑杆件塑性承载力的1.2倍。

7.2.3 单层砖柱厂房的一般规定

单层砖柱厂房抗震设计的一般规定主要有：单层砖柱厂房适用范围限定为单跨或等高多跨且无桥式吊车的车间、仓库等中小型厂房，6～8度时跨度不大于15m且柱顶标高不大于6.6m，9度时跨度不大于12m且柱顶标高不大于4.5m。由于采用轻型屋盖震害较轻，规定6～8度时宜采用、9度时应采用轻型屋盖（即木屋盖和轻钢屋架、压型钢板、瓦楞铁、石棉瓦屋面的屋盖）。单层砖柱厂房结构平、立面布置宜符合本章7.2.1节的有关规定，但其中防震缝的要求有所不同：采用轻型屋盖时可不设缝，采用钢筋混凝土屋盖时缝宽可取50～70mm，防震缝处要设双柱或双墙。厂房两端应设承重山墙，天窗不应通到厂房单元端开间，且不应用端砖壁承重。为使柱能达到不同烈度时的抗震要求，8、9度时应采用组合砖柱，且中柱在8度Ⅲ、Ⅳ类场地和9度时宜采用钢筋混凝土柱，6、7度时可采用十字形截面的无筋砖柱。为增强纵向抗震能力，在纵向柱列柱间可砌筑与柱等高且整体连接的砖墙并设置砖墙基础，以代替柱间支撑。无此砖墙时，要在砖柱顶部设压杆。

7.3 钢筋混凝土单层厂房抗震计算

《建筑抗震设计规范》（GB 50011—2010）规定，对于设防烈度7度，Ⅰ、Ⅱ类场地，柱高不超过10m且结构单元两端均有山墙的单跨及等高多跨厂房（锯齿形厂房除外），当按规范的规定采取抗震构造措施时，可不进行横向及纵向的截面抗震验算。

厂房抗震计算时，应根据屋盖高差和吊车设置情况，分别采用单质点、双质点或多质点模型计算地震作用。有吊车的厂房，当按平面框(排)架进行抗震计算时，对设置一层吊车的厂房，在每跨可取两台吊车，多跨时不多于四台。当按空间框架进行抗震计算时，吊车取实际台数。

沿厂房横向的主要抗侧力构件是由柱、屋架(屋面梁)组成的排架和刚性横墙；沿厂房纵向的主要抗侧力构件是由柱、柱间支撑、吊车梁、连系梁组成的柱列和刚性纵墙。一般单层厂房需要进行水平地震作用下的横向和纵向抗侧力构件的抗震强度验算。

7.3.1 横向抗震计算

1. 计算方法的选择

厂房的横向地震作用计算可采用以下3种方法。

（1）混凝土无檩和有檩屋盖厂房，一般情况下，宜计及屋盖的横向弹性变形，按多质点空间结构分析(图7.9)。

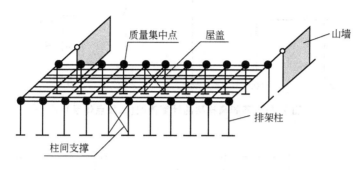

图 7.9 多质点空间结构分析模型

（2）混凝土无檩和有檩屋盖厂房，当符合下列条件时，可采用平面排架计算柱的地震剪力和弯矩，但要进行考虑空间作用和扭转影响的调整。

① 7度和8度。

② 厂房单元屋盖长度与总跨度之比小于8或厂房总跨度大于12m(其中屋盖长度指山墙到山墙的间距，仅一端有山墙时，应取所考虑排架至山墙的距离；高低跨相差较大的不等高厂房，总跨度可不包括低跨)。

③ 山墙的厚度不小于240mm，开洞所占的水平截面积不超过总面积的50%，并与屋盖系统有良好的连接。

④ 柱顶高度不大于15m。

对于9度区的单层钢筋混凝土柱厂房，由于砌体墙的开裂，空间作用影响明显减弱，可不考虑调整。

（3）轻型屋盖(屋面为压型钢板、楞铁、石棉瓦等有檩屋盖)厂房，柱距相等时，可按平面排架计算。

2. 计算简图

平面排架计算法是一种简化计算方法，便于手算，以下主要介绍按平面排架计算的方法。

等高排架可简化为单自由度体系，如图7.10所示。不等高排架，可按不同高度处屋盖的数量和屋盖之间的连接方式，简化成多自由度体系。例如，当屋盖位于两个不同高度处时，可简化为二自由度体系，如图7.11所示。图7.12所示为在三个高度处有屋盖时的计算简图。应注意的是，在图7.12中，当$H_1 = H_2$时，仍为三质点体系。

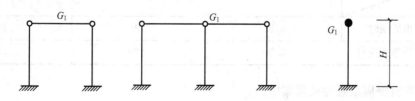

图 7.10 等高排架的计算简图

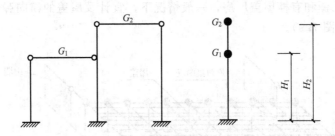

图 7.11　不等高排架的计算简图(二质点体系)

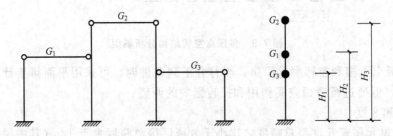

图 7.12　不等高排架的计算简图(三质点体系)

3. 单层厂房的质量集中

房屋的质量一般是均匀分布的。当采用有限自由度模型时，通常需把房屋的质量集中到楼盖或屋盖处；此时，当自由度数目较少时，特别是取单质点模型时，集中质量一般并不是简单地把质量"就近"向楼盖(屋盖)处堆成即可，若随意堆成则会引起较大的误差。将不同处的质量折算入总质量时需乘以的系数就是该处质量的质量集中系数。集中质量一般位于屋架下弦(柱顶)处。

质量集中系数应根据一定的原则确定。例如，计算结构的动力特性时，应根据"周期等效"的原则；计算结构的地震作用时，对于排架柱应根据柱底"弯矩相等"的原则，对于刚性剪力墙应根据墙底"剪力相等"的原则，经过换算分析后确定。

现将单层排架厂房墙、柱、吊车梁等质量集中于屋架下弦处时的质量集中系数列于表 7-3 中。高低跨交接柱上高跨一侧的吊车梁靠近低跨屋盖，而将其质量集中于低跨屋盖时，质量集中系数取 1.0。

表 7-3　单层排架厂房的质量集中系数

计算阶段　＼　构件类型	弯曲型墙和柱	剪切型墙	柱上吊车梁
计算自振周期时	0.25	0.35	0.50
计算地震作用效应时	0.50	0.70	0.75

1) 计算自振周期时的质量集中

根据前述质量集中的原理，在计算自振周期时，各集中质量的重力荷载可计算如下。

(1) 等高厂房。图 7.10 中等高厂房的 G_1 的计算式为

$$G_1 = 1.0G_{屋盖} + 0.5G_{吊车梁} + 0.25G_{柱} + 0.25G_{纵墙} \tag{7-1}$$

（2）不等高厂房。图 7.11 中不等高厂房的 G_1 的计算式为

$$G_1 = 1.0G_{低跨屋盖} + 0.5G_{低跨吊车梁} + 0.25G_{低跨边柱} + 0.25G_{低跨纵墙} + 1.0G_{高跨吊车梁（中柱）} +$$
$$0.25G_{中柱下柱} + 0.5G_{中柱上柱} + 0.5G_{高跨封墙} \tag{7-2}$$

图 7.11 中不等高厂房的 G_2 的计算式为

$$G_2 = 1.0G_{高跨屋盖} + 0.5G_{高跨吊车梁（边跨）} + 0.25G_{高跨边柱} + 0.25G_{高跨外纵墙} +$$
$$0.5G_{中柱上柱} + 0.5G_{高跨封墙} \tag{7-3}$$

上面各式中，$G_{屋盖}$ 等均为重力荷载代表值（屋盖的重力荷载代表值包括作用于屋盖处的活荷载和檐墙的重力荷载代表值）。上面还假定高低跨交接柱上柱的各一半分别集中于低跨和高跨屋盖处。

高低跨交接柱的高跨吊车梁的质量可集中到低跨屋盖，也可集中到高跨屋盖，应以就近集中为原则。当集中到低跨屋盖时，如前所述，质量集中系数为 1.0；当集中到高跨屋盖时，质量集中系数为 0.5。

吊车桥架对排架的自振周期影响很小。因此，在计算自振周期时可不考虑其对质点质量的贡献。这样做一般是偏于安全的。

2）计算地震作用时的质量集中

在计算地震作用时，各集中质量的重力荷载可计算如下。

（1）等高厂房。图 7.10 中等高厂房的 G_1 的计算式为

$$G_1 = 1.0G_{屋盖} + 0.75G_{吊车梁} + 0.5G_{柱} + 0.5G_{纵墙} \tag{7-4}$$

（2）不等高厂房。图 7.11 中不等高厂房的 G_1 的计算式为

$$G_1 = 1.0G_{低跨屋盖} + 0.75G_{低跨吊车梁} + 0.5G_{低跨边柱} + 0.5G_{低跨纵墙} +$$
$$1.0G_{高跨吊车梁（中柱）} + 0.5G_{中柱下柱} + 0.5G_{中柱上柱} + 0.5G_{高跨封墙} \tag{7-5}$$

图 7.11 中不等高厂房的 G_2 的计算式为

$$G_2 = 1.0G_{高跨屋盖} + 0.75G_{高跨吊车梁（边跨）} + 0.5G_{高跨边柱} + 0.5G_{高跨外纵墙} +$$
$$0.5G_{中柱上柱} + 0.5G_{高跨封墙} \tag{7-6}$$

确定厂房的地震作用时，对设有桥式吊车的厂房，除将厂房重力荷载按前述弯矩等效原则集中于屋盖标高处外，还应考虑吊车桥架的重力荷载（软钩吊车不考虑吊重，硬钩吊车尚应考虑最大吊重的 30%）。一般是把某跨吊车桥架的重力荷载集中于该跨任一柱吊车梁的顶面标高处。如两跨不等高厂房均设有吊车，则在确定厂房地震作用时，按对厂房不利的影响，低跨可取 G_3 或（G_3）；高跨可取 G_4 或（G_4），按四个集中质点考虑（图 7.13）。应注意的是这种模型仅在计算地震作用时才能采用，在计算结构的动力特性（如周期等）时，是不能采用这种模型的。这是因为吊车桥架是局部质量，此局部质量不能有效地对整

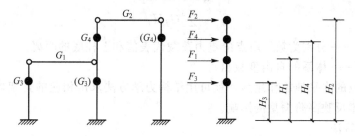

图 7.13 考虑吊车桥架重力荷载的排架地震作用计算简图

体结构的动力特性产生明显的影响。

4. 自振周期的计算

计算简图确定后，就可用前面讲过的方法计算基本自振周期。对单自由度体系，自振周期 T_1 的计算公式为

$$T_1 = 2\pi \sqrt{\frac{m}{K}} \tag{7-7}$$

式中　m——质量；

　　　K——刚度。

对多自由度体系，可用能量法计算基本自振周期 T_1，公式为

$$T_1 = 2\pi \sqrt{\frac{\sum_{i=1}^{n} m_i u_i^2}{\sum_{i=1}^{n} G_i u_i}} \tag{7-8}$$

式中　m_i、G_i——分别为第 i 质点的质量和重力荷载(重量)；

　　　u_i——在全部 $G_i (i = 1, \cdots, n)$ 沿水平方向的作用下第 i 质点的侧移；

　　　n——自由度数。

抗震规范规定，按平面排架计算厂房的横向地震作用时，排架的基本自振周期应考虑纵墙及屋架与柱连接的固结作用。因此，按上述公式算出的自振周期还应进行如下调整：由钢筋混凝土屋架或钢屋架与钢筋混凝土柱组成的排架，有纵墙时取周期计算值的 80%，无纵墙时取周期计算值的 90%。

5. 排架地震作用的计算

1）底部剪力法

排架的地震作用可用前面讲过的方法计算。用底部剪力法计算地震作用时，总地震作用的标准值为

$$F_{Ek} = \alpha_1 G_{eq} \tag{7-9}$$

式中　α_1——相应于基本周期 T_1 的地震影响系数；

　　　G_{eq}——等效重力荷载代表值，单质点体系取全部重力荷载代表值，多质点体系取全部重力荷载代表值的 85%；当为二质点体系时，由于较为接近单质点体系，G_{eq} 也可取全部重力荷载代表值的 95%。

质点 i 的水平地震作用标准值为

$$F_i = \frac{G_i H_i}{\sum_{j=1}^{n} G_j H_j} F_{Ek} \tag{7-10}$$

式中　G_i、H_i——分别为第 i 质点的重力荷载代表值和至柱底的距离；

　　　n——体系的自由度数目。

求出各质点的水平地震作用后，就可用结构力学方法求出相应的排架内力。底部剪力法的缺点是很难反映高阶振型的影响。

2）振型分解法

对较为复杂的厂房，例如高低跨高度相差较大的厂房，采用底部剪力法计算时，由

于不能反映高阶振型的影响，误差较大。高低跨相交处柱牛腿的水平拉力主要由高阶振型引起，此拉力的计算是底部剪力法无法实现的。在这些情况下，就需要采用振型分解法。

采用振型分解法的计算简图与底部剪力法相同，每个质点有一个水平自由度。用前面介绍过的振型分解法的标准过程，就可求出各阶振型各质点处的水平地震作用，从而求出各阶振型的地震内力。总的地震内力则为各阶振型地震内力按平方和开方的组合。

对二质点的高低跨排架，用柔度法计算较方便，相应的振型分解法的计算步骤如下。

（1）计算平面排架各振型的自振周期、振型幅值和振型参与系数。记二质点的水平位移坐标分别为 x_1 和 x_2，其质量分别为 m_1 和 m_2，第一、二阶振型的圆频率分别为 ω_1、ω_2，则有

$$\frac{1}{\omega_{1,2}^2} = \frac{1}{2}\left[(m_1\delta_{11}+m_2\delta_{22})\pm\sqrt{(m_1\delta_{11}-m_2\delta_{22})^2+4m_1m_2\delta_{12}\delta_{21}}\right] \qquad (7-11)$$

取 $\omega_1 < \omega_2$，则第一、二阶自振周期分别为

$$T_1 = \frac{2\pi}{\omega_1}, \quad T_2 = \frac{2\pi}{\omega_2} \qquad (7-12)$$

记第 j 阶振型第 i 质点的幅值为 $X_{ji}(i, j=1, 2)$，则有

$$X_{11}=1, \quad X_{12}=\frac{1-m_1\delta_{11}\omega_1^2}{m_2\delta_{12}\omega_1^2}, \quad X_{21}=1, \quad X_{22}=\frac{1-m_1\delta_{11}\omega_2^2}{m_2\delta_{12}\omega_2^2} \qquad (7-13)$$

第一、二阶振型参与系数

$$\gamma_1 = \frac{m_1X_{11}+m_2X_{12}}{m_1X_{11}^2+m_2X_{12}^2}, \quad \gamma_2 = \frac{m_1X_{21}+m_2X_{22}}{m_1X_{21}^2+m_2X_{22}^2} \qquad (7-14)$$

（2）计算各阶振型的地震作用和地震作用效应。记第 j 阶振型第 i 质点的地震作用为 F_{ji}，则有

$$F_{ji}=\alpha_j\gamma_jX_{ji}G_i(i, j=1, 2) \qquad (7-15)$$

即

$$\left.\begin{array}{l} F_{11}=\alpha_1\gamma_1X_{11}G_1 \\ F_{12}=\alpha_1\gamma_1X_{12}G_2 \\ F_{21}=\alpha_2\gamma_2X_{21}G_1 \\ F_{22}=\alpha_2\gamma_2X_{22}G_2 \end{array}\right\} \qquad (7-16)$$

然后按结构力学方法求出各阶振型的地震作用效应。

（3）计算最终的地震作用效应。设某一地震作用效应 S 在第一阶振型的地震作用下的值为 S_1，在第二阶振型的地震作用下的值为 S_2，则该地震作用效应的最终值 S 为

$$S_{最终} = \sqrt{S_1^2+S_2^2} \qquad (7-17)$$

6. 排架地震作用效应的计算及调整

在求得地震作用后，便可将作用于排架上的 F_i 视为静力荷载，作用于排架相应的 i

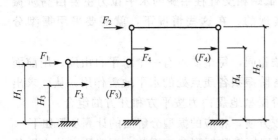

图 7.14　排架地震作用计算简图

点，如图 7.14 所示。

按结构力学的方法对此平面排架进行内力分析，求出各柱控制截面的地震作用效应，并将此简化结果作如下修正。

1）考虑空间工作及扭转影响对柱（除高低跨交接处外）地震作用效应的调整

单层厂房的排架柱、山墙和屋盖连成一个空间受力体系，在地震作用下共同工作。

（1）显然，只有厂房两端均无山墙（中间亦无横墙）时，厂房的整体振动（第一阶振型）才接近单片排架的平面振动，如图 7.15(a)所示。各排架有相等的柱顶侧移 u_0，则可认为无空间作用影响。

（2）当厂房两端有山墙[图 7.15(b)]，且山墙在其平面内刚度很大时，作用于屋盖平面内的地震作用将部分通过屋盖传至山墙，而排架所受的地震作用将有所减少，山墙的侧移 u_m 可近似为零，厂房各排架的侧移将不等，中间排架处的柱顶侧移 u_1 最大，但 $u_1 < u_0$。山墙的间距愈小，u_1 比 u_0 就小得愈多，即厂房存在空间工作。此时各排架实际承受的地震作用将比按平面排架计算的小。

（3）如果厂房仅一端有山墙，或虽然两端有山墙，但两山墙的抗侧刚度相差很大时，厂房屋盖的整体振动将复杂化，除了有空间作用影响外，还会出现较大的平面扭转效应，使得排架各柱的柱顶侧移均不相同[图 7.15(c)]，无墙一端的柱顶侧移 u_2 将大于 u_0，而有墙一端的柱顶侧移 u_3 将小于 u_0，同样，各柱实际承受的地震作用将不同于按单榀平面排架分析的结果。在弹性阶段排架承受的地震作用正比于柱顶侧移，既然在有空间作用时排架的柱顶侧移 u_1 小于无空间作用时的柱顶侧移 u_0，在有扭转作用时有的

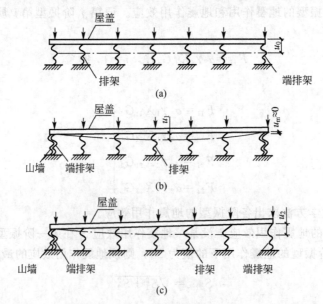

图 7.15　厂房屋盖的变形

（a）无山墙；（b）两端有山墙；（c）一端有山墙

排架柱顶侧移 u_2 又大于 u_0，因此，对按平面排架简图求得的排架地震作用必须进行调整。

为考虑空间作用和扭转影响，排架柱的弯矩和剪力应分别乘以相应的调整系数（高低跨交接处的上柱除外），调整系数的值可按表 7－4 采用。

表 7－4　钢筋混凝土柱(除高低跨交接处上柱外)考虑空间作用和扭转影响的效应调整系数

屋盖	山　墙		屋盖长度/m											
			≤30	36	42	48	54	60	66	72	78	84	90	96
钢筋混凝土无檩屋盖	两端山墙	等高厂房	—	—	0.75	0.75	0.75	0.8	0.8	0.8	0.85	0.85	0.85	0.9
		不等高厂房	—	—	0.85	0.85	0.85	0.9	0.9	0.9	0.95	0.95	0.95	1.0
	一端山墙		1.05	1.15	1.2	1.25	1.3	1.3	1.3	1.3	1.35	1.35	1.35	1.35
钢筋混凝土有檩屋盖	两端山墙	等高厂房	—	—	0.8	0.85	0.9	0.95	0.95	1.0	1.0	1.0	1.05	1.1
		不等高厂房	—	—	0.85	0.9	0.95	1.0	1.0	1.05	1.05	1.1	1.1	1.15
	一端山墙		1.0	1.05	1.1	1.1	1.15	1.15	1.15	1.2	1.2	1.2	1.25	1.25

2) 高低跨交接处上柱地震作用效应的调整

不等高厂房高低跨交接处柱，在支撑低跨屋盖的牛腿以上各截面按底部剪力法求得的地震弯矩和剪力应乘以增大系数 η。

增大系数 η 是个综合影响系数，它主要考虑以下两方面的影响。

(1) 高低跨厂房高阶振型的影响。当排架按第二阶振型振动时，高跨横梁和低跨横梁的运动方向相反，使高低跨交接处上柱的两端之间产生了较大的相对位移 Δ (图 7.16)。由于上柱的长度一般较短，侧移刚度较大，故此处产生的地震内力也较大。按底部剪力法计算时，由于主要反映了第一阶主振型的情况，计算得到的高低跨交接处上柱的地震内力偏小较多。

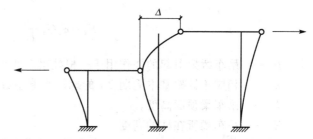

图 7.16　不等高排架的第二阶振型

(2) 空间作用对它的影响。引入了空间工作影响系数 ζ，考虑具有不同刚度和不同间距的山墙对不同屋盖形式的空间作用。需要注意的是，当山墙间距超过一定范围时，考虑空间作用的排架地震作用效应是放大而不是折减。

因此，抗震规范规定，高低跨交接处的钢筋混凝土柱的支撑低跨屋盖牛腿以上各截面，按底部剪力法求得的地震弯矩和剪力应乘以增大系数 η，其值可按下式采用：

$$\eta = \zeta\left(1 + 1.7\frac{n_b}{n_0} \cdot \frac{G_{EL}}{G_{Eh}}\right) \tag{7-18}$$

式中　ζ——空间工作影响系数，可按表7-5采用；

　　　n_b——高跨的跨数；

　　　n_0——计算跨数，仅一侧有低跨时应取总跨数，两侧均有低跨时应取总跨数与高跨跨数之和；

　　　G_{EL}——集中于交接处一侧各低跨屋盖标高处的总重力荷载代表值；

　　　G_{Eh}——集中于高跨柱顶标高处的总重力荷载代表值。

表7-5　高低跨交接处钢筋混凝土上柱空间工作影响系数 ζ

屋盖	山墙	屋盖长度/m										
		≤36	42	48	54	60	66	72	78	84	90	96
钢筋混凝土无檩屋盖	两端山墙	—	0.7	0.76	0.82	0.88	0.94	1.0	1.06	1.06	1.06	1.06
	一端山墙	1.25										
钢筋混凝土有檩屋盖	两端山墙	—	0.9	1.0	1.05	1.1	1.1	1.15	1.15	1.15	1.2	1.2
	一端山墙	1.05										

3）吊车桥架引起的地震作用效应增大系数

吊车桥架是一个较大的移动质量，在地震时往往引起厂房的强烈局部振动。因此，应考虑吊车桥架自重引起的地震作用效应，并乘以效应增大系数。按底部剪力法等简化方法计算时，计算步骤如下：

（1）计算一台吊车对一根柱子产生的最大重力荷载 G_c。

（2）计算该吊车重力荷载对一根柱子产生的水平地震作用。此时有两种计算方法。

① 当桥架不作为一个质点时，该水平地震作用可近似按下式计算：

$$F_c = \alpha_1 G_c \frac{h_c}{H_c} \tag{7-19}$$

式中　F_c——吊车桥架引起的并作用于一根柱吊车梁顶面处的水平地震作用；

　　　α_1——相应于排架基本周期 T_1 的地震影响系数；

　　　h_c——吊车梁顶面高度；

　　　H_c——吊车梁所在柱的高度。

② 当桥架作为一个质点时，该处的水平地震作用可直接由底部剪力法求出。

（3）按结构力学求地震作用效应（内力）。

（4）将地震作用效应乘以表7-6所示的增大系数。

对有吊车的厂房，应将吊车梁顶面标高处的上柱截面内力乘以吊车桥架引起的地震作用效应增大系数。

因为在单层厂房中，吊车是一个较大的移动质量，地震时它将引起厂房的强烈局部振动，从而使吊车桥架所在的排架的地震作用效应突出地增大，造成局部严重破坏，为了防止这种震害的发生，特将吊车桥架引起的地震作用效应予以放大。

表 7 - 6　吊车桥架引起的地震剪力和弯矩增大系数

屋盖类型	山墙	边柱	高低跨柱	其他中柱
钢筋混凝土 无檩屋盖	两端山墙	2.0	2.5	3.0
	一端山墙	1.5	2.0	2.5
钢筋混凝土 有檩屋盖	两端山墙	1.5	2.0	2.5
	一端山墙	1.5	2.0	2.0

7. 排架内力组合和构件强度验算

（1）内力组合。在抗震设计中，地震作用效应组合，是指与地震作用同时存在的其他重力荷载代表值引起的荷载效应的不利组合。在单层厂房排架的地震作用效应组合中，一般不考虑风荷载效应，不考虑吊车横向水平制动力引起的内力，也不考虑竖向地震作用，从而可得单层厂房的地震作用效应组合的表达式为

$$S = \gamma_G C_G G_E + \gamma_{Eh} C_{Eh} E_{hk} \tag{7-20}$$

式中　γ_G、γ_{Eh}——分别为重力荷载代表值和水平地震作用的分项系数；

　　　C_G、C_{Eh}——分别为重力荷载代表值和水平地震作用的效应系数；

　　　G_E、E_{hk}——分别为重力荷载代表值和水平地震作用。

当重力荷载效应对构件的承载能力有利时（例如柱为大偏心受压时，轴力 N 可提高构件的承载力），其分项系数 γ_G 应取 1.0。

这种地震荷载效应组合再与其他规定的荷载效应组合一起进行最不利组合。显然，当地震作用效应组合引起的内力小于非抗震荷载组合时的内力时，后者应用来控制设计。

（2）柱的截面抗震验算。排架柱一般按偏心受压构件验算其截面承载力。验算的一般表达式为

$$S \leqslant \frac{R}{\gamma_{RE}} \tag{7-21}$$

式中　S——截面的作用效应；

　　　R——相应的承载力设计值；

　　　γ_{RE}——承载力抗震调整系数，可按《建筑抗震设计规范》（GB 50011—2010）表 5.4.2

　　　　　（或本书第 3 章表 3 - 13）取用。

两个主轴方向柱距均不小于 12m、无桥式吊车且无柱间支撑的大柱网厂房，柱截面验算时应同时考虑两个主轴方向的水平地震作用，并应考虑位移引起的附加弯矩。

8 度和 9 度时，高大山墙的抗风柱应进行平面外的截面抗震验算。

柱的截面抗震验算可按前述框架柱的方法进行，且应符合本章 7.5 节的构造要求。

（3）支撑低跨屋盖牛腿的水平受拉钢筋抗震验算。为防止高低跨交接处支撑低跨屋盖的牛腿在地震中竖向拉裂（图 7.17），应按下式确定牛腿的水平受拉钢筋截面面积 A_s：

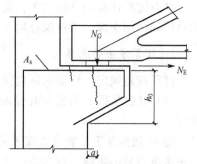

图 7.17　支撑低跨屋盖的柱牛腿

$$A_s = \left(\frac{N_G a}{0.85 h_0 f_y} + 1.2 \frac{N_E}{f_y} \right) \gamma_{RE} \tag{7-22}$$

式中　N_G——柱牛腿面上重力荷载代表值产生的压力设计值；

　　　　a——牛腿面上重力作用点至下柱近侧边缘的距离，当小于 $0.3 h_0$ 时采用 $0.3 h_0$；

　　　　h_0——牛腿根部截面(最大竖向截面)的有效高度；

　　　　N_E——柱牛腿面上地震组合的水平拉力设计值；

　　　　γ_{RE}——承载力抗震调整系数，其值可采用1.0；

　　　　f_y——受拉钢筋抗拉强度设计值。

(4) 其他部位的抗震验算。当抗风柱与屋架下弦相连接时，连接点应设在下弦横向支撑的节点处，并且应对下弦横向支撑杆件的截面和连接节点进行抗震承载力验算。

当工作平台和刚性内隔墙与厂房主体结构连接时，应采用与厂房实际受力相适应的计算简图，以考虑工作平台和刚性内隔墙对厂房的附加地震作用影响。

8. 突出屋面的天窗架的横向抗震计算

实际震害表明，突出屋面的钢筋混凝土天窗架，其横向的损坏并不明显，计算分析表明，常用的钢筋混凝土带斜撑杆的三铰拱式天窗架的横向刚度很大，其位移与屋盖基本相同，故可把天窗架和屋盖作为一个质点(其重力为 $G_{屋盖}$，其中包括天窗架质点的重力 $G_{天窗}$)按底部剪力法计算。设计算得到的作用在 $G_{屋盖}$ 上的地震作用为 $F_{屋盖}$，则天窗架所受的地震作用 $F_{天窗}$ 为

$$F_{天窗} = \frac{G_{天窗}}{G_{屋盖}} F_{屋盖} \tag{7-23}$$

然而，当9度时或天窗架跨度大于9m时，天窗架部分的惯性力将有所增大。这时若仍把天窗架和屋盖作为一个质点按底部剪力法计算，则天窗架的横向地震作用效应宜乘以增大系数1.5，以考虑高阶振型的影响。

对钢天窗架的横向抗震计算也可采用底部剪力法。

对其他情况下的天窗架，可采用振型分解反应谱法计算其横向水平地震作用。

7.3.2　纵向抗震计算

前面已经提及，单层厂房受纵向地震作用冲击时的震害是较严重的。因此，必须对单层厂房的纵向进行抗震计算。

纵向抗震计算的目的在于：确定厂房纵向的动力特性和地震作用，验算厂房纵向抗侧力构件如柱间支撑、天窗架纵向支撑等，在纵向水平地震作用冲击下的承载能力。

1. 计算方法的选择

抗震规范规定，厂房的纵向抗震计算应采用下列方法。

(1) 钢筋混凝土无檩和有檩屋盖及有较完整支撑系统的轻型屋盖厂房，可采用下列方法：

① 一般情况下，宜考虑屋盖的纵向弹性变形、围护墙与隔墙的有效刚度，不对称时应该考虑扭转的影响，按多质点体系进行空间结构分析；

② 柱顶标高不大于15m、平均跨度不大于30m的单跨或等高多跨的钢筋混凝土柱厂

房，宜采用修正刚度法计算。

（2）纵墙对称布置的单跨厂房和轻型屋盖的多跨厂房，可按柱列分片独立计算。

下面分别介绍空间分析法、修正刚度法和柱列法。

2. 空间分析法

空间分析法适用于任何类型的厂房。屋盖模型化为有限刚度的水平剪切梁，各质量均堆聚成质点，堆聚的程度视结构的复杂程度以及需要计算的内容而定。一般需用计算机进行数值计算。

同一柱列的柱顶纵向水平位移相同，且仅关心纵向水平位移时，则可对每一纵向柱列只取一个自由度，把厂房连续分布的质量分别按周期等效原则（计算自振周期时）和内力等效原则（计算地震作用时）集中至各柱列柱顶处，并考虑柱、柱间支撑、纵墙等抗侧力构件的纵向刚度和屋盖的弹性变形，形成"并联多质点体系"的简化的空间结构计算模型，如图7.18所示。

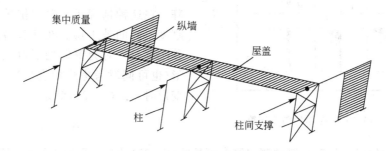

图7.18 简化的空间结构计算模型

一般的空间结构模型，其结构特性由质量矩阵 $[M]$、代表各自由度处位移的位移列向量 $\{x\}$ 和相应的刚度矩阵 $[K]$ 完全表示。可用前面讲过的振型分解法求解其地震作用。

下面对图7.18所示的简化的空间结构计算模型，给出其用振型分解法求解的步骤。

1）柱列的侧移刚度和屋盖的剪切刚度

由图7.18的计算简图，可得柱列的侧移刚度为

$$K_i = \sum_{j=1}^{m} K_{cij} + \sum_{j=1}^{n} K_{bij} + \psi_k \sum_{j=1}^{q} K_{wij} \tag{7-24}$$

式中　K_i——第 i 柱列的柱顶纵向侧移刚度；

K_{cij}——第 i 柱列第 j 柱的纵向侧移刚度；

K_{bij}——第 i 柱列第 j 片柱间支撑的侧移刚度；

K_{wij}——第 i 柱列第 j 柱间纵墙的纵向侧移刚度；

ψ_k——贴砌砖墙的刚度降低系数，对地震烈度为7度、8度和9度时，ψ_k 的值可分别取0.6、0.4和0.2；

m、n、q——分别为第 i 柱列中柱、柱间支撑、柱间纵墙的数目。

（1）柱的侧移刚度。等截面柱的侧移刚度 K_c 为

$$K_c = \mu \frac{3E_c I_c}{H^3} \tag{7-25}$$

式中　E_c——柱混凝土的弹性模量；

　　　I_c——柱在所考虑方向的截面惯性矩；

　　　H——柱的高度；

　　　μ——屋盖、吊车梁等纵向构件对柱侧移刚度的影响系数，无吊车梁时，$\mu=1.1$，有吊车梁时，$\mu=1.5$。

变截面柱侧移刚度的计算公式参见有关设计手册，但需注意考虑 μ 的影响。

（2）纵墙的侧移刚度。对于砌体墙，若弹性模量为 E，厚度为 t，墙的高度为 H，墙的宽度为 B，并有 $\rho=H/B$，同时考虑弯曲和剪切变形，则对其顶部作用水平力的情况，相应的刚度为

$$K_w=\frac{Et}{\rho^3+3\rho} \tag{7-26}$$

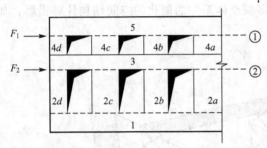

图 7.19　开洞砖墙的刚度计算

根据此公式，可对如图 7.19 所示的受两个水平力作用的开洞砖墙计算其刚度矩阵。在这种情况下，洞口把砖墙分为侧移刚度不同的若干层。在计算各层墙体的侧移刚度时，对无窗洞的层可只考虑剪切变形（也可同时考虑弯曲变形）。只考虑剪切变形时，式（7-26）变为

$$K_w=\frac{Et}{3\rho} \tag{7-27}$$

对有窗洞的层，各窗间墙的侧移刚度可按式（7-27）计算，即第 i 层第 j 段窗间墙的侧移刚度为

$$K_{wij}=\frac{Et_{ij}}{\rho_{ij}^3+3\rho_{ij}} \tag{7-28}$$

式中　t_{ij}、ρ_{ij}——分别为相应墙的厚度和高宽比。

第 i 层墙的刚度为 $K_{wi}=\sum_j K_{wij}$，该层在单位水平力作用下的相对侧移为 $\delta_i=1/K_{wi}$。因此，墙体在单位水平力作用下的侧移等于有关各层砖墙的侧移之和。从而可得（以图 7.19 为例）：

$$\delta_{11}=\sum_{i=1}^{4}\delta_i \tag{7-29}$$

$$\delta_{22}=\delta_{21}=\delta_{12}=\sum_{i=1}^{2}\delta_i \tag{7-30}$$

对此柔度矩阵求逆，即可得相应的刚度矩阵。

（3）柱间支撑的侧移刚度。柱间支撑桁架系统是由型钢斜杆和钢筋混凝土柱和吊车梁等组成，是超静定结构。为了简化计算，通常假定各杆相交处均为铰接，从而得到静定铰接桁架的计算简图，同时略去截面应力较小的竖杆和水平杆的变形，只考虑型钢斜杆的轴向变形。

在同一高度的两根交叉斜杆中一根受拉、另一根受压，受压斜杆与受拉斜杆的应力比值因斜杆的长细比不同而不同。当斜杆的长细比 $\lambda>200$ 时，压杆将较早地受压失稳而退出工作，所以此时可仅考虑拉杆的作用。当 $\lambda<200$ 时，压杆与拉杆的应力比值将是 λ 的

函数；显然，λ 越小，压杆参加工作的程度就越大。

因此，在计算上可认为：$\lambda>150$ 时为柔性支撑，此时不计压杆的作用；$40\leqslant\lambda\leqslant150$ 时为半刚性支撑，此时可以认为压杆的作用是使拉杆的面积增大为原来的 $(1+\varphi)$ 倍，并且除此之外不再计及压杆的其他影响，其中 φ 为压杆的稳定系数；$\lambda<40$ 时为刚性支撑，此时压杆与拉杆的应力相同。据此，考虑柱间支撑有 n 层（图 7.20 示出了三层的情况），设柱间支撑所在柱间的净距为 L，从上面数起第 i 层的斜杆长度为 L_i，斜杆面积为 A_i，斜杆的弹性模量为 E，斜压杆的稳定系数为 φ，则可得出如下的柱间支撑系统的柔度和刚度的计算公式。

① 柔性支撑的柔度和刚度（$\lambda>150$）。如图 7.20 所示，此时斜压杆不起作用。相应于力 F_1 和 F_2 作用处的坐标（F_1 和 F_2 分别作用在顶层和第二层的顶面），第 i 层拉杆的力为 $P_{il}=L_i/L$，从而可得支撑系统的柔度矩阵的各元素为

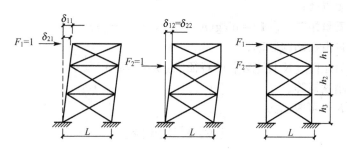

图 7.20 柱间支撑的柔度和刚度

$$\delta_{11}=\frac{1}{EL^2}\sum_{i=1}^{n}\frac{L_i^3}{A_i} \tag{7-31}$$

$$\delta_{22}=\delta_{12}=\delta_{21}=\frac{1}{EL^2}\sum_{i=2}^{n}\frac{L_i^3}{A_i} \tag{7-32}$$

相应的刚度矩阵可由此柔度矩阵求逆而得。

② 半刚性支撑（$40\leqslant\lambda\leqslant150$）。此时斜拉杆等效面积为 $(1+\varphi_i)A_i$，除此之外，表观上不再计算斜压杆的影响。在顶部单位水平力作用下，显然有

$$\delta_{11}=\frac{1}{EL^2}\sum_{i=1}^{n}\frac{L_i^3}{(1+\varphi_i)A_i} \tag{7-33}$$

$$\delta_{22}=\delta_{12}=\delta_{21}=\frac{1}{EL^2}\sum_{i=2}^{n}\frac{L_i^3}{(1+\varphi_i)A_i} \tag{7-34}$$

③ 刚性支撑（$\lambda<40$）。此时有 $\varphi=1$，故一个柱间支撑系统的柔度矩阵的元素为

$$\delta_{11}=\frac{1}{2EL^2}\sum_{i=1}^{n}\frac{L_i^3}{A_i} \tag{7-35}$$

$$\delta_{22}=\delta_{12}=\delta_{21}=\frac{1}{2EL^2}\sum_{i=2}^{n}\frac{L_i^3}{A_i} \tag{7-36}$$

④ 屋盖的纵向水平剪切刚度。屋盖的纵向水平剪切刚度为

$$k_i=k_0\frac{L_i}{l_i} \tag{7-37}$$

式中 k_i——第 i 跨屋盖的纵向水平剪切刚度；

k_0——单位面积($1\mathrm{m}^2$)屋盖沿厂房纵向的水平等效剪切刚度基本值，当无可靠数据时，对钢筋混凝土无檩屋盖可取 $2\times10^4\,\mathrm{kN/m}$，对钢筋混凝土有檩屋盖可取 $6\times10^3\,\mathrm{kN/m}$；

L_i——厂房第 i 跨部分的纵向长度或防震缝区段长度；

l_i——第 i 跨屋盖的跨度。

2）结构的自振周期和振型

结构按某一振型振动时，其振动方程为

$$-\omega^2[M]\{X\}+[K]\{X\}=0 \tag{7-38}$$

或写成下列形式：

$$[K]^{-1}[M]\{X\}=\lambda\{X\} \tag{7-39}$$

式中 $\{X\}$——质点纵向相对位移幅值列向量，$\{X\}=(X_1,\ X_2,\ \cdots,\ X_n)^{\mathrm{T}}$；

n——质点数；

$[M]$——质量矩阵，$[M]=\mathrm{diag}(m_1,\ m_2,\ \cdots,\ m_n)$；

ω——自由振动圆频率；

λ——为矩阵 $[K]^{-1}[M]$ 的特征值，$\lambda=1/\omega^2$；

$[K]$——刚度矩阵。

刚度矩阵 $[K]$ 可表示为

$$[K]=[\overline{K}]+[k] \tag{7-40}$$

$$[\overline{K}]=\mathrm{diag}(K_1,\ K_2,\ \cdots,\ K_n) \tag{7-41}$$

$$[K]=\begin{pmatrix} k_1 & -k_1 & & & 0 \\ -k_1 & k_1+k_2 & -k_2 & & \\ & \cdots & \cdots & \cdots & \\ & & -k_{n-2} & k_{n-2}+k_{n-1} & -k_{n-1} \\ 0 & & & -k_{n-1} & k_{n-1} \end{pmatrix} \tag{7-42}$$

式中 K_i——第 i 柱列（与第 j 质点相应的）所有柱的纵向侧移刚度之和；

$[\overline{K}]$——为由柱列侧移刚度 K_i 组成的刚度矩阵；

$[k]$——为由屋盖纵向水平剪切刚度 k_i 组成的刚度矩阵。

求解式(7-39)即可得自振周期列向量 $\{T\}$ 和振型矩阵 $[X]$：

$$\{T\}=2\pi(\sqrt{\lambda_1},\ \sqrt{\lambda_2},\ \cdots,\ \sqrt{\lambda_n})^{\mathrm{T}} \tag{7-43}$$

$$[X]=(\{X_1\},\ \{X_2\},\ \cdots,\ \{X_n\})=\begin{pmatrix} X_{11} & X_{21} & \cdots & X_{n1} \\ X_{12} & X_{22} & \cdots & X_{n2} \\ \cdots & \cdots & \cdots & \cdots \\ X_{1n} & X_{2n} & \cdots & X_{nn} \end{pmatrix} \tag{7-44}$$

3）各阶振型的质点水平地震作用

各阶振型的质点水平地震作用可用一个矩阵 $[F]$ 表示：

$$[F]=g[M][X][a][\gamma] \tag{7-45}$$

式中 g——重力加速度；

α_i——相应于自振周期 T_i 的地震影响系数，$[\alpha]=\mathrm{diag}(\alpha_1,\ \alpha_2,\ \cdots,\ \alpha_s)$；

s——需要组合的振型数；

γ_j——各阶振型的振型参与系数，$[\gamma]=\mathrm{diag}(\gamma_1,\gamma_2,\cdots,\gamma_s)$，对 γ_j 的计算方法为

$$\gamma_j = \frac{\sum_{i=1}^{n} m_i X_{ji}}{\sum_{i=1}^{n} m_i X_{ji}^2} \tag{7-46}$$

在式(7-45)中，$[X]$ 的表达式为

$$[X]=(\{X_1\},\{X_2\},\cdots,\{X_s\})=\begin{pmatrix} X_{11} & X_{21} & \cdots & X_{s1} \\ X_{12} & X_{22} & \cdots & X_{s2} \\ \cdots & \cdots & \cdots & \cdots \\ X_{1n} & X_{2n} & \cdots & X_{sn} \end{pmatrix} \tag{7-47}$$

所以，$[F]$ 的第 i 个列向量为第 i 阶振型各质点的水平地震作用，$i=1,2,\cdots,s$。

4）各阶振型的质点侧移

各阶振型的质点侧移显然可表示为

$$[\Delta]=[K]^{-1}[F] \tag{7-48}$$

$[\Delta]$ 的第 i 个列向量为第 i 阶振型各质点的水平侧移，$i=l,2,\cdots,s$。

5）柱列脱离体上各阶振型的柱顶地震作用

各阶振型的质点侧移求出后，由各构件或各部分构件的刚度，就可求出该构件或该部分构件所受的地震作用。例如，各柱列中由柱所承受的地震作用 $[\bar{F}]$ 为

$$[\bar{F}]=[\bar{K}][\Delta] \tag{7-49}$$

式中 $[\bar{F}]$——其第 i 行第 j 列的元素为第 j 阶振型第 i 质点柱列中所有柱承受的水平地震作用。

6）各柱列柱顶处的水平地震作用

把所考虑的各阶振型的地震作用进行组合(用平方和开方的方法)，即得最后所求的柱列柱顶处的纵向水平地震作用。

对于常见的两跨或三跨对称厂房，可以利用结构的对称性把自由度的数目减至为 2 (图 7.21)，从而可用手算进行纵向抗震分析。

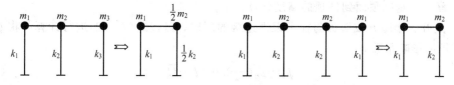

图 7.21　利用对称性减少结构的自由度数

其他基于振型分解法的计算方法，与上述基本相似。

3. 修正刚度法

此法是把厂房纵向视为一个单自由度体系，求出总地震作用后，再按各柱列的修正刚度，把总地震作用分配到各柱列。此法适用于单跨或等高多跨钢筋混凝土无檩和有檩屋盖厂房。

1）厂房纵向的基本自振周期

(1) 按单质点系确定。把所有的重力荷载代表值按周期等效原则集中到柱顶得到结构

的总质量。把所有的纵向抗侧力构件的刚度加在一起得到厂房纵向的总侧向刚度。再考虑屋盖的变形，引入修正系数 ψ_T，得到计算纵向基本自振周期 T_1 的公式为

$$T_1 = 2\pi\psi_T\sqrt{\frac{\sum G_i}{g\sum K_i}} \approx 2\psi_T\sqrt{\frac{\sum G_i}{\sum K_i}} \qquad (7-50)$$

式中　i——柱列序号；

　　G_i——第 i 柱列集中到柱顶标高处的等效重力荷载代表值；

　　K_i——第 i 柱列的侧移刚度，可按式(7-24)计算；

　　ψ_T——厂房的自振周期修正系数，按表7-7采用。

G_i 的表达式为

$$G_i = 1.0G_{屋盖} + 0.25(G_{柱} + G_{山墙}) + 0.35G_{纵墙} + 0.5(G_{吊车梁} + G_{吊车桥}) \qquad (7-51)$$

表7-7　钢筋混凝土屋盖厂房的纵向自振周期修正系数 ψ_T

屋盖 纵向围护墙	无 檩 屋 盖		有 檩 屋 盖	
	边跨无天窗	边跨有天窗	边跨无天窗	边跨有天窗
砖　墙	1.45	1.50	1.60	1.65
无墙、石棉瓦、挂板	1.0	1.0	1.0	1.0

　　(2) 按抗震规范方法确定。抗震规范规定，在计算单跨或等高多跨的钢筋混凝土柱厂房纵向地震作用时，在柱顶标高不大于15m且平均跨度不大于30m时，纵向基本周期 T_1 可按下列公式确定。

　　① 砖围护墙厂房，可按下式计算：

$$T_1 = 0.23 + 0.00025\psi_1 l\sqrt{H^3} \qquad (7-52)$$

式中　ψ_1——屋盖类型系数，对大型屋面板钢筋混凝土屋架可取 1.0，对钢屋架可取 0.85；

　　l——厂房跨度(m)，多跨厂房可取各跨的平均值；

　　H——基础顶面到柱顶的高度(m)。

　　② 敞开、半敞开或墙板与柱子柔性连接的厂房，可按式(7-52)进行计算并将 ψ_1 改为下列围护墙影响系数 ψ_2：

$$\psi_2 = 2.6 - 0.002l\sqrt{H^3} \qquad (7-53)$$

当算出的 ψ_2 小于 1.0 时应采用 1.0。

　　2) 柱列地震作用的计算

　　自振周期算出后，即可按底部剪力法求出总地震作用 F_{Ek}：

$$F_{Ek} = \alpha_1 G_{eq} \qquad (7-54)$$

　　然后，把 F_{Ek} 按各柱列的刚度分配给各柱列。这时，为考虑屋盖变形的影响，需将侧移大的中柱列的刚度乘以大于1的调整系数，将侧移较小的边柱列的刚度乘以小于1的调整系数。

　　这些调整系数是根据对多种屋盖、跨度、跨数、有无砖墙等大量工况的对比计算结果确定的；并且在大致保持原结构总刚度不变的前提下，对中柱列偏于安全地加大了刚度调

整系数，对边柱列则考虑到砖围护墙的潜力较大，适当减小了刚度调整系数。因此，对等高多跨钢筋混凝土屋盖的厂房，各纵向柱列的柱顶标高处的地震作用标准值为

$$F_i = F_{Ek} \frac{K_{ai}}{\sum K_{ai}} \tag{7-55}$$

$$K_{ai} = \psi_3 \psi_4 K_i \tag{7-56}$$

式中　F_i——第 i 柱列柱顶标高处的纵向地震作用标准值；

　　　　α_1——相应于厂房纵向基本自振周期的水平地震影响系数；

　　　　G_{eq}——为厂房单元柱列总等效重力荷载代表值；

　　　　K_i——第 i 柱列柱顶的总侧移刚度，按式（7-24）计算；

　　　　K_{ai}——为第 i 柱列柱顶的调整侧移刚度；

　　　　ψ_3——柱列侧移刚度的围护墙影响系数，可按表 7-8 采用，有纵向砖围护墙的四跨或五跨厂房，由边柱列数起的第三柱列可按表内相应数值的 1.5 倍采用；

　　　　ψ_4——柱列侧移刚度的柱间支撑影响系数，纵向为砖围护墙时，边柱列可采用1.0，中柱列可按表 7-9 采用。

厂房单元柱列总等效重力荷载代表值 G_{eq}，应包括屋盖的重力荷载代表值、70%纵墙自重、50%横墙与山墙自重及折算的柱自重（有吊车时采用 10%柱自重，无吊车时采用 50%柱自重）。用公式表示时，即为

对无吊车厂房　　　$G_{eq} = 1.0G_{屋盖} + 0.5G_{柱} + 0.7G_{纵墙} + 0.5(G_{山墙} + G_{横墙})$ 　　(7-57)

对有吊车厂房　　　$G_{eq} = 1.0G_{屋盖} + 0.1G_{柱} + 0.7G_{纵墙} + 0.5(G_{山墙} + G_{横墙})$ 　　(7-58)

表 7-8　柱列侧移刚度的围护墙影响系数 ψ_3

围护墙类别和烈度		柱列和屋盖类别				
			中　列　柱			
240 砖墙	370 砖墙	边列柱	无檩屋盖		有檩屋盖	
			边跨无天窗	边跨有天窗	边跨无天窗	边跨有天窗
—	7 度	0.85	1.7	1.8	1.8	1.9
7 度	8 度	0.85	1.5	1.6	1.6	1.7
8 度	9 度	0.85	1.3	1.4	1.4	1.5
9 度	—	0.85	1.2	1.3	1.3	1.4
无墙、石棉瓦或挂板		0.90	1.1	1.1	1.1	1.2

表 7-9　纵向采用砖围护墙的中柱列柱间支撑影响系数 ψ_4

厂房单元内设置下柱支撑的柱间数	中柱列下柱支撑斜杆的长细比					中柱列无支撑
	≤40	40~80	81~120	121~150	>150	
一柱间	0.9	0.95	1.0	1.1	1.25	1.4
二柱间	—	—	0.9	0.95	1.0	—

有吊车的等高多跨钢筋混凝土屋盖厂房，根据地震作用沿厂房高度呈倒三角分布的假定，柱列各吊车梁顶标高处的纵向地震作用标准值，可按下式确定：

$$F_{ci} = \alpha_1 G_{ci} \frac{H_{ci}}{H_i} \qquad (7-59)$$

式中　F_{ci}——第 i 柱列吊车梁顶标高处的纵向地震作用标准值；

　　　H_{ci}——第 i 柱列柱顶高度；

　　　H_i——第 i 柱列吊车梁顶高度；

　　　G_{ci}——集中于第 i 柱列吊车梁顶标高处的等效重力荷载代表值，其计算式为

$$G_{ci} = 0.4G_{柱} + (G_{吊车梁} + G_{吊车桥}) \qquad (7-60)$$

3）构件地震作用的计算

柱列的地震作用算出后，就可将此地震作用按刚度比例分配给柱列中的各个构件。

（1）作用在柱列柱顶高度处水平地震作用的分配。按式（7-55）算出的第 i 柱列柱顶高度处的水平地震作用 F_i，可按刚度分配给该柱列中的各柱、支撑和砖墙。前面已算出柱列 i 的总刚度为 K_i，则可得如下公式。

在第 i 柱列中，刚度为 K_{cij} 的柱 j 所受的地震作用 F_{cij} 为

$$F_{cij} = \frac{K_{cij}}{K_i} F_i \qquad (7-61)$$

刚度为 K_{bij} 的第 j 柱间支撑所受的地震作用 F_{bij} 为

$$F_{bij} = \frac{K_{bij}}{K_i} F_i \qquad (7-62)$$

刚度为 K_{wij} 的第 j 纵墙所受的地震作用 F_{wij} 为

$$F_{wij} = \frac{\psi_k K_{wij}}{K_i} F_i \qquad (7-63)$$

式中　ψ_k——贴砌砖墙的刚度降低系数。

（2）柱列吊车梁顶标高处的纵向水平地震作用的分配。第 i 柱列作用于吊车梁顶标高处的纵向水平地震作用 F_{ci}，因偏离砖墙较远，故不计砖墙的贡献，并认为主要由柱间支撑承担。为简化计算，对中小型厂房，可近似取相应的柱刚度之和等于 0.1 倍柱间支撑刚度之和。由此可得如下公式。

对于第 i 柱列，一根柱子所分担的吊车梁顶标高处的纵向水平地震作用 F_{cil} 为（n 为柱子的根数，并且认为各柱所分得的值相同）

$$F_{cil} = \frac{1}{11n} F_{ci} \qquad (7-64)$$

刚度为 K_{bj} 的一片柱间支撑所分担的吊车梁顶标高处的纵向水平地震作用 F_{bil} 为

$$F_{bil} = \frac{K_{bj}}{1.1 \sum K_{bj} F_{ci}} \qquad (7-65)$$

式中　$\sum K_{bj}$——第 i 柱列所有柱间支撑的刚度之和。

4．柱列法

对纵墙对称布置的单跨厂房和采用轻型屋盖的多跨厂房，可用柱列法计算。此法以跨度中线划界，取各柱列独立进行分析，使计算得到简化。

第 i 柱列沿厂房纵向的基本自振周期为

$$T_{i1} = 2\psi_{\text{T}} \sqrt{\frac{C_i}{K_i}} \tag{7-66}$$

式中 ψ_{T} ——考虑厂房空间作用的周期修正系数,对单跨厂房,取 $\psi_{\text{T}}=1.0$,对多跨厂房按表 7-10 采用;

G_i、K_i——定义与前述相同,即 G_i 可按式(7-51)计算,K_i 可按式(7-24)计算。

表 7-10 柱列法自振周期修正系数 ψ_{T}

围 护 墙	天 窗 或 支 撑		边 柱 列	中 柱 列
石棉瓦、挂板或无墙	有支撑	边跨无天窗	1.3	0.9
		边跨有天窗	1.4	0.9
	无柱间支撑		1.15	0.85
砖 墙	有支撑	边跨无天窗	1.60	0.9
		边跨有天窗	1.65	0.9
	无柱间支撑		2	0.85

作用于第 i 柱列柱顶的纵向水平地震作用标准值 F_i,可按底部剪力法计算:

$$F_i = \alpha_1 \overline{G}_i \tag{7-67}$$

式中 α_1 ——相应于 T_{i1} 的地震影响系数;

$\overline{G}_i$ ——按内力等效原则而集中于第 i 柱列柱顶的重力荷载代表值,其计算式为

$$\overline{G}_i = 1.0 G_{\text{屋盖}} + 0.5(G_{\text{柱}} + G_{\text{山墙}}) + 0.7 G_{\text{纵墙}} + 0.75(G_{\text{吊车梁}} + G_{\text{吊车桥}}) \tag{7-68}$$

F_i 算出后,即可按该柱列各抗侧力构件的刚度比例,把 F_i 分配到各构件,相应的计算方法参见式(7-64)或式(7-65)。

5. 柱间支撑的抗震验算及设计

柱间支撑的截面验算是单层厂房纵向抗震计算的主要目的。《建筑抗震设计规范》(GB 50011—2010)规定,斜杆长细比不大于 200 的柱间支撑在单位侧向力作用下的水平位移,可按下式确定:

$$\mu = \sum \frac{1}{1+\varphi_i} \mu_{\text{t}i} \tag{7-69}$$

式中 μ ——单位侧向力作用下的侧向位移;

φ_i ——第 i 节间斜杆的轴心受压稳定系数[按《钢结构设计规范》(GB 50017—2003)采用];

$\mu_{\text{t}i}$ ——在单位侧向力作用下第 i 节间仅考虑拉杆受力的相对位移。

对于长细比小于 200 的斜杆截面,可仅按抗拉要求验算,但应考虑压杆的卸载影响。验算公式为

$$N_{\text{b}i} \leqslant A_i f / \gamma_{\text{RE}} \tag{7-70}$$

$$N_{\text{b}i} = \frac{l_i}{(1+\varphi_i \psi_{\text{c}})L} V_{\text{b}i} \tag{7-71}$$

式中 $N_{\text{b}i}$ ——第 i 节间支撑斜杆抗拉验算时的轴向拉力设计值;

l_i ——第 i 节间斜杆的全长;

ψ_{c} ——压杆卸载系数(压杆长细比为 60、100 和 200 时,可分别采用 0.7、0.6 和 0.5);

V_{bi}——第 i 节间支撑承受的地震剪力设计值；

L——支撑所在柱间的净距；

其余参数含义同前。

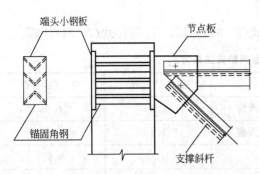

端头小钢板　节点板

锚固角钢　　支撑斜杆

图 7.22　支撑与柱的连接

无贴砌墙的纵向柱列，上柱支撑与同列下柱支撑宜等强设计。

柱间支撑端节点预埋板的锚件宜采用角钢加端板（图 7.22）。此时，其截面抗震承载力宜按下列公式验算：

$$N \leqslant \frac{0.7}{\gamma_{RE}\left(\dfrac{\sin\theta}{V_{u0}} + \dfrac{\cos\theta}{\psi N_{u0}}\right)} \qquad (7-72)$$

$$V_{u0} = 3n\zeta_r \sqrt{W_{min} b f_a f_c} \qquad (7-73)$$

$$N_{u0} = 0.8 n f_a A_s \qquad (7-74)$$

式中　N——预埋板的斜向拉力，可采用按全截面屈服强度计算的支撑斜杆轴向力的 1.05 倍；

γ_{RE}——承载力抗震调整系数，可采用 1.0；

θ——斜向拉力与其水平投影的夹角；

n——角钢根数；

b——角钢肢宽；

W_{min}——与剪力方向垂直的角钢最小截面模量；

A_s——一根角钢的截面面积；

f_a——角钢抗拉强度设计值；

f_c——混凝土轴心抗压强度设计值；

ζ_r——验算方向锚筋排数的影响参数，2、3 和 4 排可分别采用 1.0、0.9 和 0.85；

V_{u0}——名义剪力；

N_{u0}——名义轴力。

柱间支撑端节点预埋板的锚件也可采用锚筋。此时，其截面抗震承载力宜按下列公式验算：

$$N \leqslant \frac{0.8 f_y A_s}{\gamma_{RE}\left(\dfrac{\sin\theta}{0.8\zeta_m\psi} + \dfrac{\cos\theta}{\zeta_r\zeta_v}\right)} \qquad (7-75)$$

$$\psi = \frac{1}{1 + \dfrac{0.6e_0}{\zeta_r s}} \qquad (7-76)$$

$$\zeta_m = 0.6 + 0.25\frac{t}{d} \qquad (7-77)$$

$$\zeta_r = (4 - 0.08d)\sqrt{\frac{f_c}{f_y}} \qquad (7-78)$$

式中　A_s——锚筋总截面面积；

f_y——锚筋抗拉强度设计值；

e_0——斜向拉力对锚筋合力作用线的偏心距（mm），应小于外排锚筋之间距离的 20%；

ψ——偏心影响系数；

s——外排锚筋之间的距离（mm）；

ζ_m——预埋板弯曲变形影响系数；

t——预埋板厚度（mm）；

d——锚筋直径（mm）；

ζ_r——验算方向锚筋排数的影响系数，2、3和4排可分别采用1.0、0.9和0.85；

ζ_v——锚筋的受剪影响系数，大于0.7时应采用0.7；

其余参数含义同前。

6. 突出屋面天窗架的纵向抗震计算

突出屋面的天窗架的纵向抗震计算，一般情况下可采用空间结构分析法，并考虑屋盖平面弹性变形和纵墙的有效刚度。

对柱高不超过15m的单跨和等高多跨钢筋混凝土无檩屋盖厂房的突出屋面的天窗架，可采用底部剪力法计算其地震作用，但此地震作用效应应乘以效应增大系数。效应增大系数 η 的取值为：

（1）对单跨、边跨屋盖或有纵向内隔墙的中跨屋盖，取

$$\eta = 1 + 0.5n \tag{7-79}$$

式中　n——厂房跨数，超过四跨时取四跨。

（2）对其他中跨屋盖，取

$$\eta = 0.5n \tag{7-80}$$

7.3.3　厂房设计实例

某双跨不等高钢筋混凝土柱厂房横剖面如图7.23所示，求此不等高排架在多遇烈度下的横向水平地震作用、地震作用效应，并对地震作用效应进行调整。

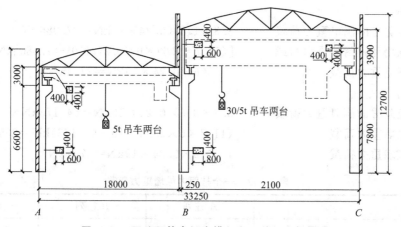

图7.23　双跨不等高厂房横剖面（单位为mm）

厂房的基本数据如下：厂房柱距6m，纵向10个开间，总长60m；A 柱列开洞尺寸为 $3.6m \times 3.9m$，B 柱列开洞尺寸为 $3.3m \times 1.8m$，C 柱列开洞尺寸为 $3.3m \times 3.6m$。在 AB 跨内设有5t中级工作制吊车两台，每台吊车总重为144kN，吊车轮距为3.5m，BC 跨内

设有 30/5t 中级工作制吊车两台,每台吊车总重为 350kN,吊车轮距为 4.4m。高跨吊车梁梁高为 1m,重力荷载为 51.3kN/根,低跨吊车梁梁高为 0.8m,重力荷载为 35.6kN/根。屋盖为大型钢筋混凝土屋面板、钢筋混凝土折线型屋架,低跨屋盖自重 2.6kN/m,高跨屋盖自重 3.2kN/m;柱子混凝土强度等级为 C30,截面尺寸如图 7.23 所示;围护墙为 240 砖墙,采用 MU7.5 黏土砖和 M5.0 混合砂浆;柱间支撑采用 A3 型钢;设防烈度 7 度,设计基本地震加速度为 0.15g,Ⅱ类场地,设计地震分组为第一组,结构阻尼比可取为 0.05。

荷载与材料数据分列如下(混凝土的体积重度取 25kN/m³,围护墙的体积重度取 19kN/m³)。

(1)屋盖数据如表 7-11 所示。

表 7-11 一个柱距内屋盖及吊车重力荷载

	AB 跨	BC 跨
屋盖重力荷载/kN	18×6×2.6=280.8	21×6×3.2=403.2
雪荷载/kN	18×6×0.3=32.4	21×6×0.3=37.8
积灰荷载/kN	18×6×0.75=81	21×6×0.75=94.5
吊车梁(1 根)/kN	35.6	51.3
吊车桥架/kN	144	350

(2)纵墙数据如表 7-12 所示。

A 柱列:
  应除去的洞口重力荷载   3.6×3.9×0.24×19kN=64.022kN
  纵墙重力荷载   (9.6×6×0.24×19−64.022)kN=198.634kN
  檐墙重力荷载   1.0×6×0.24×19kN=27.4kN

B 柱列:
  应除去的洞口重力荷载   3.3×1.8×0.24×19kN=27.086kN
  纵墙高跨封墙重力荷载   [(11.7−9.6)×6×0.24×19−27.086]kN=30.37kN
  檐墙重力荷载   1.0×6×0.24×19kN=27.4kN

C 柱列:
  应除去的洞口重力荷载   3.3×3.6×0.24×19kN=54.173kN
  纵墙重力荷载   (11.7×6×0.24×19−54.173)kN=265.94kN
  檐墙重力荷载   1.0×6×0.24×19kN=27.4kN

表 7-12 一个柱距内纵墙重力荷载

		A 柱列	B 柱列	C 柱列
几何尺寸/m	开洞尺寸	3.6×3.9	3.3×1.8	3.3×3.6
	厚度	0.24	0.24	0.24
	纵墙高度	9.6	2.1	11.7
	檐墙高度	1.0	1.0	1.0

（续）

	A 柱列	B 柱列	C 柱列
檐墙重力荷载/kN	27.4	27.4	27.4
纵墙重力荷载/kN	198.634	—	265.94
高跨封墙重力荷载/kN	—	30.37	—
总重力荷载/kN	226.034	57.77	293.34

（3）柱子数据如表 7 - 13 所示。

表 7 - 13　柱子重力荷载

		A 柱		B 柱		C 柱	
		截面	长度	截面	长度	截面	长度
几何尺寸 /mm	上柱	400×400	3000	400×600	3900	400×400	3900
	下柱	400×600	6600	400×800	7800	400×700	7800
上柱重力荷载/kN		12		23.4		15.6	
下柱重力荷载/kN		39.6		62.4		54.6	
总重力荷载/kN		51.6		25.5		70.2	

（4）支撑重力略。

（5）材料性能统计如表 7 - 14 所示。

表 7 - 14　材料性能统计表

材料类型	弹性模量/MPa	抗拉强度/MPa	抗压强度/MPa
C30 混凝土	3.0×10^4	—	14.3
砖砌体墙	2192（即 1600f）	0.11（抗剪强度）	1.37
柱间支撑	2.06×10^5	215	

有关计算解答步骤分述如下。

1. 横向基本周期

1）质点重力荷载的计算

$$G_1 = 1.0(G_{低跨屋盖} + 0.5G_{低跨雪} + 0.5G_{低跨积灰} + G_{低跨檐墙}) + 0.25G_{低跨边柱} +$$
$$0.25G_{低跨外纵墙} + 0.5G_{低跨吊车梁} + 0.25G_{中柱下柱} +$$
$$0.5G_{中柱上柱} + 0.5G_{高跨封墙} + 1.0G_{中柱高跨吊车梁}$$
$$= [1.0 \times (280.8 + 0.5 \times 32.4 + 0.5 \times 81 + 27.4) + 0.25 \times 51.6 +$$
$$0.25 \times 198.634 + 0.5 \times 35.6 + 0.25 \times 62.4 +$$
$$0.5 \times 23.4 + 0.5 \times 30.37 + 1.0 \times 51.3] \text{kN} = 539.04 \text{kN}$$

$$G_2 = 1.0(G_{高跨屋盖} + 0.5G_{高跨雪} + 0.5G_{高跨积灰} + G_{高跨檐墙}) + 0.25G_{高跨边柱} +$$
$$0.25G_{高跨外纵墙} + 0.5G_{高跨边柱吊车梁} + 0.5G_{中柱下柱} + 0.5G_{高跨封墙} +$$
$$1.0G_{高跨封墙檐墙}$$

$$=[1.0\times(403.2+0.5\times37.8+0.5\times94.5+27.4)+0.25\times70.2+$$
$$0.25\times265.94+0.5\times51.3+0.5\times23.4+0.5\times30.37+$$
$$1.0\times27.4]kN=660.72kN$$

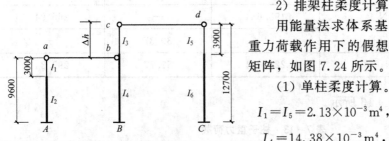

图 7.24　柔度矩阵计算简图

2) 排架柱柔度计算

用能量法求体系基本周期。先求出体系在重力荷载作用下的假想水平位移，并先求柔度矩阵，如图 7.24 所示。

(1) 单柱柔度计算。

$$I_1=I_5=2.13\times10^{-3}\,m^4,\quad I_2=I_3=7.2\times10^{-3}\,m^4$$
$$I_4=14.38\times10^{-3}\,m^4,\quad I_6=11.43\times10^{-3}\,m^4$$

根据有关排架计算手册，可求出各柱柔度为

$$\delta_a=\frac{H_1^3}{3EI_1}+\frac{H_2^3-H_1^3}{3EI_2}$$
$$=\frac{1}{3\times3\times10^7}\left(\frac{3.0^3}{2.13\times10^{-3}}+\frac{9.6^3-3.0^3}{7.2\times10^{-3}}\right)m/kN=1.465\times10^{-3}\,m/kN$$

$$\delta_c=\frac{H_3^3}{3EI_3}+\frac{H_4^3-H_3^3}{3EI_4}$$
$$=\frac{1}{3\times3\times10^7}\left(\frac{3.9^3}{7.2\times10^{-3}}+\frac{11.7^3-3.9^3}{14.38\times10^{-3}}\right)m/kN=1.283\times10^{-3}\,m/kN$$

$$\delta_b=\frac{H_3^3}{3EI_3}+\frac{H_2^3-H_3^3}{3EI_4}$$
$$=\frac{1}{3\times3\times10^7}\left(\frac{3.9^3}{7.2\times10^{-3}}+\frac{9.6^3-3.9^3}{14.38\times10^{-3}}\right)m/kN=0.729\times10^{-3}\,m/kN$$

$$\delta_{bc}=\delta_{cb}=\frac{1}{3E}\left[\frac{H_3^3-\Delta h^3}{I_3}-\frac{\Delta h(H_3^2-\Delta h^2)}{0.67I_3}+\frac{H_4^3-H_3^3}{I_4}-\frac{\Delta h(H_4^2-H_3^2)}{0.67I_4}\right]$$
$$=\frac{1}{3\times3\times10^7}\left[\frac{3.9^3-2.1^3}{7.2\times10^{-3}}-\frac{2.1\times(3.9^2-2.1^2)}{0.67\times7.2\times10^{-3}}+\frac{11.7^3-3.9^3}{14.38\times10^{-3}}-\frac{2.1\times(11.7^2-3.9^2)}{0.67\times14.38\times10^{-3}}\right]m/kN$$
$$=0.922\times10^{-3}\,m/kN$$

$$\delta_d=\frac{H_3^3}{3EI_5}+\frac{H_4^3-H_3^3}{3EI_6}=\left(\frac{3.9^3}{3\times3\times10^7\times2.13\times10^{-3}}+\frac{11.7^3-3.9^3}{3\times3\times10^7\times11.43\times10^{-3}}\right)m/kN$$
$$=1.809\times10^{-3}\,m/kN$$

(2) 排架横梁内力计算。横梁内力计算简图如图 7.25 所示。

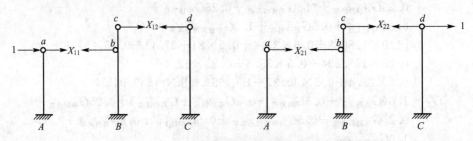

图 7.25　横梁内力计算简图

当单位力作用于左边屋盖时，横梁内力为

$$X_{11}=\frac{\delta_a}{K_1}, \quad X_{21}=K_3 X_{11}$$

当单位力作用于右边屋盖时，横梁内力为

$$X_{22}=\frac{\delta_d}{K_2}, \quad X_{12}=K_4 X_{22}$$

$K_1 \sim K_4$ 按下式计算：

$$K_4=\frac{\delta_{bc}}{\delta_a+\delta_b}=\frac{0.922}{1.465+0.729}=0.420$$

$$K_3=\frac{\delta_{bc}}{\delta_c+\delta_d}=\frac{0.922}{1.283+1.809}=0.298$$

$$K_1=\delta_a+\delta_b-\delta_{bc}K_3=(1.465+0.729-0.922\times0.298)\times10^{-3}=1.919\times10^{-3}$$

$$K_2=\delta_c+\delta_d+\delta_{bc}K_4=(1.283+1.809+0.922\times0.420)\times10^{-3}=3.479\times10^{-3}$$

由此可得

$$X_{11}=\frac{\delta_a}{K_1}=\frac{1.465}{1.919}=0.763$$

$$X_{21}=K_3 X_{11}=0.298\times0.763=0.227$$

$$X_{22}=\frac{\delta_d}{K_2}=\frac{1.809}{3.479}=0.520$$

$$X_{12}=K_4 X_{22}=0.420\times0.520=0.218$$

排架在单位力作用下的位移计算如下：

$$\delta_{11}=(1-X_{11})\delta_a=(1-0.763)\times1.465\times10^{-3}\text{m/kN}=0.000347\text{m/kN}$$

$$\delta_{21}=X_{21}\delta_d=0.227\times1.809\times10^{-3}\text{m/kN}=0.000411\text{m/kN}$$

$$\delta_{12}=X_{12}\delta_a=0.218\times1.465\times10^{-3}\text{m/kN}=0.000319\text{m/kN}$$

$$\delta_{22}=(1-X_{22})\delta_d=(1-0.520)\times1.809\times10^{-3}\text{m/kN}=0.000868\text{m/kN}$$

（3）基本自振周期。考虑纵墙作用对上述计算值的修正，取 $\psi_T=0.8$。双质点体系结构自振周期计算公式为

$$T_1=1.4\psi_T\sqrt{\frac{\sum_{i=1}^{n}m_i u_i^2}{\sum_{i=1}^{n}m_i u_i}}=1.4\psi_T\sqrt{\frac{\sum_{i=1}^{n}G_i u_i^2}{\sum_{i=1}^{n}G_i u_i}}$$

$$u_1=G_1\delta_{11}+G_2\delta_{12}=(539.04\times0.000347+660.72\times0.000319)\text{m}=0.40\text{m}$$

$$u_2=G_1\delta_{21}+G_2\delta_{22}=(539.04\times0.000411+660.72\times0.000868)\text{m}=0.80\text{m}$$

$$T_1=1.4\times0.8\times\sqrt{\frac{539.04\times0.40^2+660.72\times0.8^2}{539.04\times0.40+660.72\times0.8}}\text{s}=0.93\text{s}$$

2. 横向地震作用计算

1）质点重力荷载代表值

集中于屋盖处的重力荷载代表值为

$G_1=1.0(G_{低跨屋盖}+0.5G_{低跨雪}+0.5G_{低跨积灰}+G_{低跨檐墙})+0.5G_{低跨边柱}+0.5G_{低跨外纵墙}+$

$\quad 0.75G_{低跨吊车梁}+0.5G_{中柱下柱}+0.5G_{中柱上柱}+0.5G_{高跨封墙}+1.0G_{中柱高跨吊车梁}$

$$= [1.0 \times (280.8 + 0.5 \times 32.4 + 0.5 \times 81 + 27.4) + 0.5 \times 51.6 + 0.5 \times 198.63 +$$
$$0.75 \times 35.6 + 0.5 \times 62.4 + 0.5 \times 23.4 + 0.5 \times 30.37 + 1.0 \times 51.3] \text{kN}$$
$$= 626.1 \text{kN}$$

$$G_2 = 1.0(G_{\text{高跨屋盖}} + 0.5G_{\text{高跨雪}} + 0.5G_{\text{高跨积灰}} + G_{\text{高跨檐墙}}) + 0.5G_{\text{高跨边柱}} + 0.5G_{\text{高跨外纵墙}} +$$
$$0.75G_{\text{高跨边柱吊车梁}} + 0.5G_{\text{中柱上柱}} + 0.5G_{\text{高跨封墙}} + 1.0G_{\text{高跨封墙檐墙}}$$
$$= [1.0 \times (403.2 + 0.5 \times 37.8 + 0.5 \times 94.5 + 27.4) + 0.5 \times 70.2 + 0.5 \times 265.94 +$$
$$0.75 \times 51.3 + 0.5 \times 23.4 + 0.5 \times 30.37 + 1.0 \times 27.4] \text{kN}$$
$$= 757.58 \text{kN}$$

2) 水平地震作用标准值

下面用底部剪力法计算水平地震作用标准值。

根据《建筑抗震设计规范》(GB 50011—2010),设防烈度 7 度,设计基本地震加速度为 $0.15g$ 时,$\alpha_{\max} = 0.12$;Ⅱ类场地,设计地震分组为第一组,$T_g = 0.35\text{s}$。地震影响系数为

$$\alpha_1 = \left(\frac{T_g}{T_1}\right)^{0.9} \alpha_{\max} = \left(\frac{0.35}{0.93}\right)^{0.9} \times 0.12 = 0.0498$$

等效重力荷载代表值为

$$G_{\text{eq}} = 0.85 \left(\sum_{i=1}^{4} G_i\right) = 0.85 \times (626.1 + 757.58)\text{kN} = 1176.128\text{kN}$$

底部剪力为

$$F_{\text{Ek}} = \alpha_1 G_{\text{eq}} = 0.0498 \times 1176.128\text{kN} = 58.57\text{kN}$$

各质点地震作用标准值的详细计算过程可见表 7-15。

表 7-15 地震作用计算表

质点	G_i/kN	H_i/m	$G_i H_i$	$\eta_i = \dfrac{G_i H_i}{\sum\limits_{j=1}^{4} G_j H_j}$	$F_i = \eta_i F_{\text{Ek}}/\text{kN}$
1	626.1	9.6	6010.56	0.404	23.66
2	757.58	11.7	8863.69	0.596	34.91
$\sum$	—	—	14874.25	1	58.57

3) 横杆内力计算

$$X_1 = -X_{11}F_1 + X_{12}F_2 = (-0.763 \times 23.66 + 0.218 \times 34.91)\text{kN} = -10.44\text{kN}$$
$$X_2 = -X_{21}F_1 + X_{22}F_2 = (-0.227 \times 23.66 + 0.520 \times 34.91)\text{kN} = 12.78\text{kN}$$

3. 排架地震作用效应的计算和调整

根据题意,本例厂房符合空间作用条件,故按底部剪力法计算的平面排架地震内力应乘以相应的调整系数。查表 7-4 钢筋混凝土无檩屋盖厂房(两端有山墙不等高厂房),屋盖长度为 60m,则调整系数为 $\eta_1 = 0.9$。将上述地震作用效应乘以调整系数 η_1。高低跨交界处混凝土柱牛腿截面以上部分地震作用效应的调整查表 7-5 可知:$\zeta = 0.88$,$n_b = 2$,$G_{\text{EL}} = 626.1$,$G_{\text{Eh}} = 757.58$,代入式(7-18),得 $\eta_2 = 2.12$。将高低跨交界处牛腿截面以上各截面的剪力和弯矩乘以调整系数 η_2,从而可得各柱控制截面的内力如下。

（1）柱 A。

上柱底：

剪力 $\qquad V_1' = (F_1 + X_1)\eta_1 = (23.66 - 10.44) \times 0.9\text{kN} = 11.9\text{kN}$

弯矩 $\qquad M_1' = 11.9 \times 3.0\text{kN} \cdot \text{m} = 35.7\text{kN} \cdot \text{m}$

下柱底：

剪力 $\qquad V_1 = 11.9\text{kN}$

弯矩 $\qquad M_1 = 11.9 \times 9.6\text{kN} \cdot \text{m} = 114.24\text{kN} \cdot \text{m}$

（2）柱 B。

上柱底：

剪力 $\qquad V_2' = X_2\eta_2 = 12.78 \times 2.12\text{kN} = 27.09\text{kN}$

弯矩 $\qquad M_2' = 27.09 \times 3.9\text{kN} \cdot \text{m} = 105.65\text{kN} \cdot \text{m}$

下柱底：

剪力 $\qquad V_2 = (X_2 - X_1)\eta_1 = (12.78 + 10.44) \times 0.9\text{kN} = 20.90\text{kN}$

弯矩 $\quad M_2 = (27.09 \times 11.7 - 10.44 \times 9.6) \times 0.9\text{kN} \cdot \text{m} = 195.06\text{kN} \cdot \text{m}$

（3）柱 C。

上柱底：

剪力 $\qquad V_3' = (F_2 - X_2)\eta_1 = (34.91 - 12.78) \times 0.9\text{kN} = 19.92\text{kN}$

弯矩 $\qquad M_1' = 19.92 \times 3.9\text{kN} \cdot \text{m} = 77.69\text{kN} \cdot \text{m}$

下柱底：

剪力 $\qquad V_1 = 19.92\text{kN}$

弯矩 $\qquad M_1 = 19.92 \times 11.7\text{kN} \cdot \text{m} = 233.06\text{kN} \cdot \text{m}$

各截面内力图如图 7.26 所示。

吊车桥自重所引起的水平地震作用与内力计算
如下：

① 一台吊车对一根柱产生的最大重力荷载为

低跨 $\quad G_{c1} = \dfrac{144}{4} \times \left(1 + \dfrac{6 - 3.5}{6}\right)\text{kN} = 51\text{kN}$

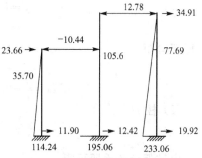

图 7.26　各截面内力图

高跨 $G_{c2} = \dfrac{350}{4} \times \left(1 + \dfrac{6 - 4.4}{6}\right)\text{kN} = 110.833\text{kN}$

② 一台吊车对一根柱产生的水平地震作用为

低跨 $\quad F_{c1} = \alpha_1 G_{c1} \dfrac{h_2}{H_2} = 0.0498 \times 51 \times \dfrac{9.6 - 3.0 + 0.8}{9.6}\text{kN} = 1.958\text{kN}$

高跨 $\quad F_{c2} = \alpha_1 G_{c2} \dfrac{h_3}{H_4} = 0.0498 \times 110.833 \times \dfrac{11.7 - 3.9 + 1.0}{11.7}\text{kN} = 4.151\text{kN}$

③ 吊车水平地震作用产生的地震内力。根据表 7-6，对吊车梁顶标高处上柱截面，由吊车桥架引起的地震作用效应增大系数 η_3 如表 7-16 所示。

表 7-16　吊车桥架引起上柱截面地震作用效应增大系数 η_3

A 柱	B 柱	C 柱
2.0	2.5	2.0

吊车水平地震作用是局部荷载，故可以假定屋盖为柱的不动铰支座，计算简图如图 7.27 所示。

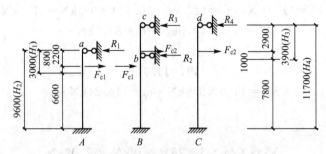

图 7.27 吊车架地震作用效应计算简图

（1）柱 A。

图中支座反力 $\qquad R_1 = \xi_R F_{c1}$

计算 ξ_R 如下：

$$n = \frac{I_{上柱}}{I_{下柱}} = \frac{2.13}{7.2} = 0.2958, \quad \lambda = \frac{H_1}{H_2} = \frac{3.0}{9.6} = 0.3125$$

由排架计算手册可得 $\xi_R = 0.6379$，则

$$R_1 = 1.2490 \text{kN}$$

乘以增大系数后，柱 A 由吊车桥引起的各控制截面的弯矩为

集中水平力作用处弯矩 $\quad M'_{1F} = -R_1 y \eta_c = -1.2490 \times 2.2 \times 2.0 \text{kN·m} = -5.4956 \text{kN·m}$

上柱底部的弯矩 $\quad M'_{1c} = [-R_1 H_1 + F_{c1}(H_1 - y)] \eta_3$
$$= [-1.2490 \times 3.0 + 1.958 \times (3.0 - 2.2)] \times 2.0 \text{kN·m}$$
$$= -4.3612 \text{kN·m}$$

柱底部弯矩 $\quad M_{1c} = -R_1 H_2 + F_{c1}(H_2 - y)$
$$= [-1.2490 \times 9.6 + 1.958 \times (9.6 - 2.2)] \text{kN·m}$$
$$= -2.4988 \text{kN·m}$$

（2）柱 B。

由排架计算手册可得
$$\begin{cases} R_2 = \dfrac{\delta_b u_c - \delta_{bc} u_b}{\delta_b \delta_c - \delta_{bc}^2} \\ R_3 = \dfrac{\delta_c u_b - \delta_{bc} u_c}{\delta_b \delta_c - \delta_{bc}^2} \end{cases}$$

式中 δ_b——单柱 b 点作用单位力时在 b 点产生的位移；

δ_c——单柱 c 点作用单位力时在 c 点产生的位移；

δ_{bc}——单柱 c 点作用单位力时在 b 点产生的位移；

u_b——单柱在外荷载 F_{c1}、F_{c2} 作用下在 b 点产生的位移；

u_c——单柱在外荷载 F_{c1}、F_{c2} 作用下在 c 点产生的位移。

注意：F_{c1} 和 F_{c2} 作用下的支座反力 R_2 和 R_3 应分别进行计算，再进行叠加。

由前面的排架柔度计算可知：

$\delta_b = 0.729 \times 10^{-3} \text{m/kN}$, $\delta_c = 1.283 \times 10^{-3} \text{m/kN}$, $\delta_{bc} = 0.922 \times 10^{-3} \text{m/kN}$

在 F_{c1} 作用下通过计算可得

$$u_b = 1.039\text{mm}, \quad u_c = 0.864\text{mm}$$

则 $R_2' = -3.85\text{kN}$，$R_3' = 6.294\text{kN}$。

在 F_{c2} 作用下通过计算可得

$$u_b = 2.282\text{mm}, \quad u_c = 3.039\text{mm}$$

则 $R_2'' = 1.307\text{kN}$；$R_3'' = 1.477\text{kN}$。

由此可得支座反力：$R_2 = R_2' + R_2'' = -2.543\text{kN}$，$R_3 = R_3' + R_3'' = 7.771\text{kN}$。

乘以增大系数后，柱 B 由吊车桥引起的各控制截面的弯矩为

集中水平力 F_{c2} 作用处弯矩　$M_{2F2}' = -R_3 y \eta_3 = -7.771 \times 2.9 \times 2.5\text{kN} \cdot \text{m} = -56.34\text{kN} \cdot \text{m}$

屋架 b 处弯矩　　$M_{2F2b}' = -R_3 \Delta h \eta_3 + F_{c2}(H_4 - y - H_2)$

$$= [-7.771 \times 2.1 \times 2.5 + 4.151 \times (11.7 - 2.9 - 9.6)]\text{kN} \cdot \text{m}$$

$$= -44.12\text{kN} \cdot \text{m}$$

上柱底部的弯矩　　$M_{2c}' = [-R_3 H_3 + F_{c2} \times 1.0 - R_2(H_3 - \Delta h)]\eta_3$

$$= [-7.771 \times 3.9 + 4.151 \times 1.0 + 2.543 \times 1.8] \times 2.5\text{kN} \cdot \text{m}$$

$$= -53.95\text{kN} \cdot \text{m}$$

集中水平力 F_{c1} 作用处弯矩　$M_{2F1}' = [-R_3 \times 4.3 + F_{c2} \times 1.4 - R_2 \times 2.2]\eta_3 = -55.023\text{kN} \cdot \text{m}$

柱底部弯矩　　$M_{2c} = -R_3 H_4 + F_{c2}(H_4 - 2.9) + F_{c1} \times 7.4 - R_2 \times H_2$

$$= [-7.771 \times 11.7 + 4.151 \times 8.8 + 1.958 \times 7.4 + 2.543 \times 9.6]\text{kN} \cdot \text{m}$$

$$= -15.490\text{kN} \cdot \text{m}$$

（3）柱 C。

支座反力　　　　　　　　　$R_4 = \xi_R F_{c2}$

计算 ξ_R 如下：

$$n = \frac{I_{上柱}}{I_{下柱}} = \frac{2.13}{11.43} = 0.1864, \quad \lambda = \frac{H_3}{H_4} = \frac{3.9}{11.7} = 0.3333$$

由排架计算手册可得 $\xi_R = 0.6014$，则 $R_4 = 2.455\text{kN}$。

乘以增大系数后，柱 C 由吊车桥引起的各控制截面的弯矩为

集中水平力作用处弯矩　$M_{3F}' = -R_4 y \eta_3 = -2.455 \times 2.9 \times 2.0\text{kN} \cdot \text{m} = -14.239\text{kN} \cdot \text{m}$

上柱底部的弯矩　　$M_{3c}' = [-R_4 H_3 + F_{c2} \times 1.0]\eta_3$

$$= [-2.455 \times 3.9 + 4.151 \times 1.0] \times 2.0\text{kN} \cdot \text{m}$$

$$= -10.847\text{kN} \cdot \text{m}$$

柱底部弯矩　　　$M_{3c} = -R_4 H_4 + F_{c2} \times (7.8 + 1.0) = 7.805\text{kN} \cdot \text{m}$

至此，在地震作用下的全部地震作用效应已求出。按规定的方式进行内力组合即可进行截面设计。

7.4 钢结构单层厂房抗震计算

7.4.1 结构计算模型和地震作用计算方法的选择

这里介绍的单层钢结构厂房的抗震计算，只适合于钢柱和钢屋架承重的单跨或多跨钢

结构厂房。一般而言，这种厂房的抗震计算方法和计算步骤与单层钢筋混凝土柱厂房基本相同，但在结构计算模型的选取（排架体系、刚架体系）、计算模型的基本假定和计算参数等方面与混凝土柱厂房则有所不同。

1. 结构计算模型

钢结构厂房属于空间结构体系，原则上应使用空间结构模型计算地震作用。空间结构模型的建立要以构件为计算单元，考虑水平结构、竖向结构及其连接构造的实际情况建立几何模型和物理模型。一般要借助于规模较大的有限元分析程序。对于有些典型的工程问题，根据以往的经验，可以采用简化的结构计算模型进行结构抗震计算。例如：

对于不设吊车的单跨或多跨等高排架结构厂房，可使用单质点悬臂柱模型。

对于不设吊车的单跨或多跨等高刚架结构厂房，也可将其简化为单质点悬臂柱模型，但在计算模型柱侧移刚度时，需要考虑柱顶刚接结构对柱顶约束的影响。

对设有吊车的厂房，由于吊车所在位置具有较大重力荷载，地震作用也较大，一般可按双质点模型计算地震作用。

带有高低跨的钢结构厂房，应该使用双（多）质点计算模型。

具体计算时，可沿结构平面主轴方向分别建立结构计算模型，详细情况见后面的横向、纵向结构计算简图的相关内容。

2. 地震作用计算

对不等高厂房，不能采用底部剪力法计算地震作用，只能使用振型分解反应谱法计算地震作用。特别应注意不能在使用平面排架的计算模型进行地震作用和地震作用效应计算之后，使用钢筋混凝土柱厂房的内力调整方法考虑空间作用。

3. 围护墙的自重和刚度

对轻质墙板或与柱柔性连接的预制混凝土墙板，应考虑墙体的全部自重，但不考虑刚度影响；与柱贴砌且与柱拉结的砌体围护墙，应计入全部自重，在平行于墙体所在平面方向计算时可计入等效刚度，其刚度折减系数取 0.4。

7.4.2 抗震计算要点

1. 横向抗震计算

根据结构横梁或屋架与柱子的连接情况以及屋盖空间刚度的特点，单层钢结构厂房的横向抗震计算（含地震作用和地震作用效应的计算）可以采用空间结构模型或铰接排架（刚架）模型，具体可有下列两种情况。

（1）采用轻型屋盖时，单跨或多跨厂房可按平面排架或平面刚架结构简图计算。

（2）除上述情况之外，一般宜计入屋盖变形，采用空间分析方法。

2. 纵向抗震计算

一般应采用空间结构分析方法，考虑屋盖的纵向弹性变形、围护墙和支撑的刚度，建立空间计算模型。但对于下列情况，可根据围护墙构造和屋盖结构特点，参照柱列刚度的计算原理选取相应计算方法。

（1）采用轻质墙板或与柱柔性连接的大型墙板厂房，可按单质点模型计算，各柱列地震作用的分配可参照下列原则进行。

① 钢筋混凝土无檩屋盖可按柱列刚度比例分配，作用于第 i 柱列顶点处的水平地震作用为

$$F_i = \alpha_1 G_{eq} \frac{K_i}{\sum\limits_{j=1}^{m} K_j} \tag{7-81}$$

式中　α_1——相应于厂房纵向基本周期 T_1 的水平地震影响系数，按本书第3章计算；

G_{eq}——厂房各柱列的等效重力荷载代表值，$G_{eq} = \sum\limits_{i=1}^{m} G_i$（$G_i$ 是按厂房跨度中线划分的换算集中到第 i 柱列柱顶标高处的等效重力荷载：屋盖自重取100%，雪荷载和积灰荷载各取50%，柱自重取40%，山墙自重取50%，纵墙取70%）；

m——纵向柱列数；

K_i——第 i 柱列的纵向侧移刚度，包括柱子和柱间支撑的刚度。

② 轻型屋盖可按柱列承受的重力荷载代表值的比例分配，各柱列地震作用计算公式如下：

$$F_i = \alpha_i G_i \tag{7-82}$$

式中　α_i——相应于第 i 柱列纵向基本周期 T_i 的水平地震影响系数，按本书第3章计算。

由于按上述方法计算所得中柱列纵向基本周期偏长，故应乘以近似修正系数0.8。

③ 钢筋混凝土有檩屋盖可取上述两种分配比例的平均值进行分配。

④ 各柱列内柱子、支撑的地震作用效应计算可按该柱列内侧移刚度比例确定。

（2）采用与柱紧密贴砌的烧结黏土砖围护墙的厂房，可采用与钢筋混凝土柱厂房相类似的方法进行抗震计算。

① 对混凝土无檩和有檩及有较完整支撑系统的轻型屋盖厂房，可选用下列方法：

a. 一般情况下，宜计及屋盖的纵向弹性变形、围护墙与隔墙的有效刚度，不对称时尚宜计及扭转的影响，按多质点进行空间结构分析。

b. 对柱顶标高不大于15m且平均跨度不大于30m的单跨或多跨厂房，按修正刚度法计算各柱列侧移刚度（包括柱子、围护墙和支撑体系的侧移刚度），进行地震作用和地震作用效应的计算。

② 纵墙对称布置的单跨厂房和轻型屋盖厂房，可按柱列分片独立计算地震作用及效应。

3. 竖向地震作用计算

对于跨度大于24m的钢屋架应计算竖向地震作用。竖向地震作用系数取值详见第3章。

4. 吊车地震作用

关于参与地震作用效应计算和荷载效应组合计算时吊车台数、吊物重力荷载及组合值等，与前述方法相同。

7.4.3 构件截面抗震验算

1. 梁、柱构件的截面抗震验算

梁、柱构件的截面抗震验算包括截面强度验算和稳定验算。根据上述地震效应的计算方法得到的梁、柱构件内力，可参照本书第 6 章的方法进行截面抗震验算，此不赘述。

2. 柱间支撑的抗震验算

柱间支撑的截面验算可参照 7.3 节的有关规定进行。

7.5 单层工业厂房的抗震构造措施

7.5.1 钢筋混凝土厂房

1. 屋盖

有檩屋盖构件的连接应符合下列要求。

(1) 檩条应与混凝土屋架(屋面梁)焊牢，并应有足够的支撑长度。

(2) 双脊檩应在跨度 1/3 处相互拉结。

(3) 压型钢板应与檩条可靠连接，瓦楞铁、石棉瓦等应与檩条拉结。

无檩屋盖构件的连接，应符合下列要求。

(1) 大型屋面板应与混凝土屋架(屋面梁)焊牢，靠柱列的屋面板与屋架(屋面梁)的连接焊缝长度不宜小于 80mm，焊缝厚度不宜小于 6mm。

(2) 6 度和 7 度时，有天窗厂房单元的端开间，或 8 度和 9 度时各开间，宜将垂直屋架方向两侧相邻的大型屋面板的顶面彼此焊牢。

(3) 8 度和 9 度时，大型屋面板端头底面的预埋件宜采用带槽口的角钢并与主筋焊牢(图 7.28)。

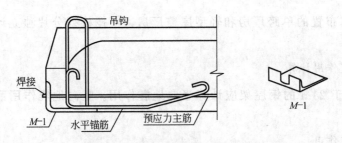

图 7.28 大型屋面板主肋端部构造

(4) 非标准屋面板宜采用装配整体式接头，或将板四角切掉后与混凝土屋架(屋面梁)

焊牢。

（5）屋架（屋面梁）端部顶面预埋件的锚筋，8 度时不宜少于 4Φ10，9 度时不宜少于 4Φ12。

屋盖支撑还应符合下列要求。

（1）天窗开洞范围内，在屋架脊点处应设上弦通长水平压杆。

（2）屋架跨中竖向支撑在跨度方向的间距，6～8 度时不大于 15m，9 度时不大于 12m；当仅在跨中设一道时，应设在跨中屋架屋脊处；当设两道时，应在跨度方向均匀布置。

（3）屋架上、下弦通长水平系杆与竖向支撑宜配合设置。

（4）柱距不小于 12m 且屋架间距 6m 的厂房，托架（梁）区段及其相邻开间应设下弦纵向水平支撑。

（5）屋盖支撑杆件宜用型钢。

屋盖支撑桁架的腹杆与弦杆连接的承载力，不宜小于腹杆的承载力。屋架竖向支撑桁架应能传递和承受屋盖的水平地震作用。

突出屋面的钢筋混凝土天窗架，其两侧墙板与天窗立柱宜采用螺栓连接（图 7.29）。采用焊接等刚性连接方式时，由于缺乏延性，会造成应力集中而加重震害。

钢筋混凝土屋架的截面和配筋，应符合下列要求。

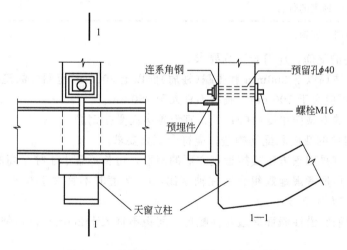

图 7.29 侧板与天窗立柱的螺栓柔性连接

（1）屋架上弦第一节间和梯形屋架端竖杆的配筋，6 度和 7 度时不宜少于 4Φ12，8 度和 9 度时不宜少于 4Φ14。

（2）梯形屋架的端竖杆截面宽度宜与上弦宽度相同。

（3）屋架上弦端部支撑屋面板的小立柱的截面不宜小于 200mm×200mm，高度不宜大于 500mm，主筋宜采用Ⅱ形，6 度和 7 度时不宜少于 4Φ12，8 度和 9 度时不宜少于 4Φ14；箍筋可采用Φ6，间距宜为 100mm。

2. 柱

厂房柱子的箍筋，应符合下列要求。

(1) 下列范围内柱的箍筋应加密。

① 柱头，到柱顶以下500mm并不小于柱截面长边尺寸。

② 上柱，取阶形柱自牛腿面至吊车梁顶面以上300mm高度范围内。

③ 牛腿(柱肩)，取全高。

④ 柱根，取下柱柱底至室内地坪以上500mm。

⑤ 柱间支撑与柱连接节点，到节点上、下各300mm。

(2) 加密区箍筋间距应不大于100mm，箍筋肢距和最小直径应符合表7-17的规定。

表7-17 柱加密区箍筋最大肢距和最小箍筋直径

烈度和场地类别		6度和7度 I、II 类场地	7度III、IV类场地 和8度I、II类场地	8度III、IV 类场地和9度
箍筋最大肢距/mm		300	250	200
箍筋最小直径	一般柱头和柱根	Φ6	Φ8	Φ8(Φ10)
	角柱柱头	Φ8	Φ10	Φ10
	上柱、牛腿和 有支撑的柱根	Φ8	Φ8	Φ10
	有支撑的柱头和柱 变位受约束的部位	Φ8	Φ10	Φ10

注：括号内数值用于柱根。

山墙抗风柱的配筋，应符合下列要求。

(1) 抗风柱柱顶以下300mm和牛腿(柱肩)面以上300mm范围内的箍筋，直径不宜小于6mm，间距不应大于100mm，肢距不宜大于250mm。

(2) 抗风柱的变截面牛腿(柱肩)处，宜设置纵向受拉钢筋。

大柱网厂房柱的截面和配筋构造，应符合下列要求。

(1) 柱截面宜采用正方形或接近正方形的矩形，边长不宜小于柱全高的1/18～1/16。

(2) 重屋盖厂房考虑地震组合的柱轴压比，6、7度时不宜大于0.8，8度时不宜大于0.7，9度时不宜大于0.6。

(3) 纵向钢筋宜沿柱截面周边对称配置，间距不宜大于200mm，角部宜配置直径较大的钢筋。

(4) 柱头和柱根的箍筋应加密，并应符合下列要求。加密范围，柱根取基础顶面至室内地坪以上1m，且不小于柱全高的1/6；柱头取柱顶以下500mm，且不小于柱截面长边尺寸。

(5) 箍筋末端应设135°弯钩，且平直段的长度不应小于箍筋直径的10倍。

当铰接排架侧向受约束，且约束点至柱顶的长度l不大于柱截面在该方向边长的两倍(排架平面：$l \leqslant 2h$；垂直排架平面：$l \leqslant 2b$)时，柱顶预埋钢板和柱顶箍筋加密区的构造尚应符合下列要求：

(1) 柱顶预埋钢板沿排架平面方向的长度，宜取柱顶的截面高度h，且在任何情况下不得小于$h/2$及300mm。

(2) 柱顶轴向力在排架平面内的偏心距e_0在$h/6$～$h/4$范围内时，柱顶箍筋加密区的箍筋体积配筋率不宜小于下列规定：一级抗震等级为 1.2%；二级抗震等级为 1.0%；三、四级抗震等级为 0.8%。

3. 柱间支撑

厂房柱间支撑的构造，应符合下列要求。

（1）柱间支撑应采用型钢，支撑形式宜采用交叉式，其斜杆与水平面的交角不宜大于 55°。

（2）支撑杆件的长细比，不宜超过表 7-18 的规定。

表 7-18 交叉支撑斜杆的最大长细比

位　　置	烈　　度			
	6 度和 7 度 I、II 类场地	7 度 III、IV 类场地和 8 度 I、II 类场地	8 度 III、IV 类场地和 9 度 I、II 类场地	9 度 III、IV 类场地
上柱支撑	250	250	200	150
下柱支撑	200	200	150	150

（3）下柱支撑的下节点位置和构造措施，应保证将地震作用直接传给基础（图 7.30）；当 6 度和 7 度不能直接传给基础时，应考虑支撑对柱和基础的不利影响。

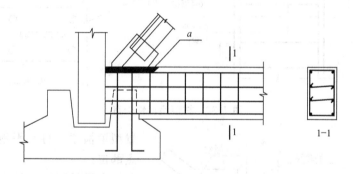

图 7.30 支撑下节点设在基础顶系梁上

（4）交叉支撑在交叉点应设置节点板，其厚度应不小于 10mm，斜杆与交叉节点板应焊接，与端节点板宜焊接。

4. 连接节点

（1）屋架（屋面梁）与柱顶的连接有焊接、螺栓连接和钢板铰连接三种形式。焊接连接[图 7.31(a)]的构造接近刚性，变形能力差。故 8 度时宜采用螺栓连接[图 7.31(b)]，9 度时宜采用钢板铰连接[图 7.31(c)]，亦可采用螺栓连接；屋架（屋面梁）端部支撑垫板的厚度不宜小于 16mm。

（2）柱顶预埋件的锚筋，8 度时不宜小于 $4\phi14$，9 度时不宜少于 $4\phi16$，有柱间支撑的柱子，柱顶预埋件尚应增设抗剪钢板（图 7.32）。

（3）山墙抗风柱的柱顶，应设置预埋板，使柱顶与端屋架上弦（屋面梁上翼缘）可靠连接。连接部位应在上弦横向支撑与屋架的连接点处，不符合时可在支撑中增设次腹杆或设

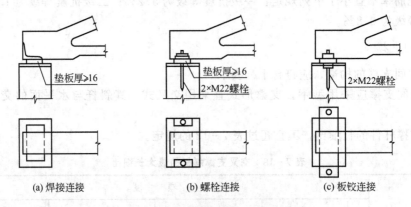

(a) 焊接连接　　(b) 螺栓连接　　(c) 板铰连接

图 7.31　屋架与柱的连接构造

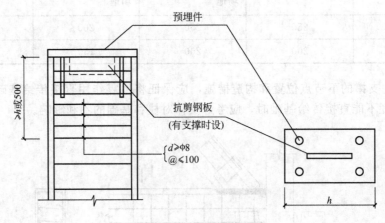

图 7.32　柱顶预埋件构造

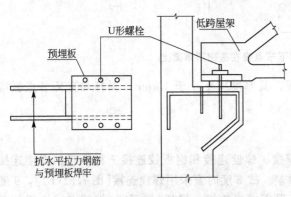

图 7.33　低跨屋盖与柱牛腿的连接

置型钢横梁,将水平地震作用传至节点部位。

支承低跨屋盖的中柱牛腿(柱肩)的构造应符合下列要求。

(1) 牛腿顶面的预埋件,应与牛腿(柱肩)中按计算承受水平拉力部分的纵向钢筋焊接,且焊接的钢筋,6 度和 7 度时(或三、四级抗震等级时)应不少于 2Φ12,8 度时(或二级抗震等级时)应不少于 2Φ14,9 度时(或一级抗震等级时)应不少于 2Φ16 (图 7.33)。

(2) 牛腿中的纵向受拉钢筋和锚筋的锚固长度应符合第 5 章中框架梁伸入端节点内的锚固要求。

(3) 牛腿水平箍筋的最小直径为 8mm,最大间距为 100mm。

柱间支撑与柱连接节点预埋件的锚接,8 度Ⅲ、Ⅳ类场地和 9 度时,宜采用角钢加端板，其他情况可采用Ⅱ级钢筋，但锚固长度应不小于30倍锚筋直径或增设端板。

柱间支撑端部的连接，对单角钢支撑应考虑强度折减，8、9度时不得采用单面偏心连接；交叉支撑有一杆中断时，交叉节点板应予以加强，使其承载力不小于1.1倍杆件承载力。

厂房中的吊车走道板、端屋架与山墙间的填充小屋面板、天沟板、天窗端壁板和天窗侧板下的填充砌体等构件应与支承构件有可靠的连接。

基础梁的稳定性较好，一般不需采用连接措施。但在8度Ⅲ、Ⅳ类场地和9度时，相邻基础梁之间应采用现浇接头，以提高基础梁的整体稳定性。

5. 隔墙和围护墙

单层钢筋混凝土柱厂房的砌体隔墙和围护墙应符合下列要求。

（1）内嵌式砌体隔墙与柱宜脱开或柔性连接，并应采取措施使墙体稳定，隔墙顶部应设现浇钢筋混凝土压顶梁。

（2）厂房的砌体围护墙宜采用外贴式并与柱（包括抗风柱）可靠拉结，一般墙体应沿墙高每隔500mm与柱内伸出的2ϕ6水平钢筋拉结，柱顶以上墙体应与屋架端部、屋面板和天沟板等可靠拉结，厂房角部的砖墙应沿纵横两个方向与柱拉结；不等高厂房的高跨封墙和纵横向厂房交接处的悬墙采用砌体时，不应直接砌在低跨屋盖上。

（3）砌体围护墙在下列部位应设置现浇钢筋混凝土圈梁。

① 梯形屋架端部上弦和柱顶标高处应各设一道，但屋架端部高度不大于900mm时可合并设置。

② 8度和9度时，应按上密下稀的原则每隔4m左右在窗顶增设一道圈梁，不等高厂房的高低跨封墙和纵横跨交接处的悬墙，圈梁的竖向间距不应大于3m。

③ 山墙沿屋面应设钢筋混凝土卧梁，并应与屋架端部上弦标高处的圈梁连接。圈梁宜闭合，其截面宽度宜与墙厚相同，截面高度应不小于180mm；圈梁的纵筋，6~8度时应不少于4ϕ12，9度时应不少于4ϕ14。特殊部位的圈梁的构造详见现行抗震规范。

围护砖墙上的墙梁应尽可能采用现浇。当采用预制墙梁时，除墙梁应与柱可靠锚拉外，梁底还应与砖墙顶牢固拉结，以避免梁下墙体由于处于悬臂状态而在地震时倾倒。厂房转角处相邻的墙梁应相互可靠连接。

7.5.2 钢结构厂房

钢结构厂房构件在可能产生塑性铰的最大应力区内，应避免焊接接头。对于厚度较大无法采用螺栓连接的构件，可采用对接焊缝等强度连接。屋盖横梁与柱顶铰接时，宜采用螺栓连接。刚接框架的屋架上弦与柱相连的连接板，不应出现塑性变形。梁横梁为实腹梁时，梁与柱的连接及梁拼接的受弯、受剪极限承载力，应能分别承受梁全截面屈服时受弯、受剪承载力的1.2倍。

框架柱的长细比应不大于$120\sqrt{235/f_{ay}}$，其中f_{ay}为钢材的屈服强度。

框架柱、梁截面板件的宽厚比的限值应符合下列要求。

（1）当截面受地震作用效应组合控制时，板件宽厚比限值应符合表7-19的规定。

（2）设置纵向加劲肋时，构件腹板的宽厚比可相应地减小。

表 7-19　单层钢结构厂房板件宽厚比限值

构件	板件名称	7 度	8 度	9 度
柱	工字形截面翼缘外伸部分	13	11	10
	箱形截面两腹板间翼缘	38	36	36
	箱形截面腹板$[N_c/(Af)<0.25]$	70	65	60
	箱形截面腹板$[N_c/(Af)\geqslant0.25]$	58	52	48
	圆管外径与壁厚比	60	55	50
梁	工字形截面翼缘外伸部分	11	10	9
	箱形截面两腹板间翼缘	36	32	30
	箱形截面腹板$[N_b/(Af)<0.37]$	$(85\sim120)\rho$	$(80\sim110)\rho$	$(72\sim100)\rho$
	箱形截面腹板$[N_b/(Af)\geqslant0.37]$	40	39	35

注：1. 表列数值适用于 Q235 钢，当材料为其他钢号时，应乘以 $\sqrt{235/f_{ay}}$。

2. N_c、N_b 分别为柱、梁轴向力，A 为相应构件截面面积，f 为钢材抗拉强度设计值。

3. ρ 指 $N_b/(Af_{ay})$。

钢柱柱脚应采取适当构造措施以保证能传递柱身屈服时的承载力。格构式钢柱不超过8 度时可采用外露式刚性柱脚；格构式钢柱超过 8 度时和实腹式柱均宜采用直埋式柱脚或预制杯口插入式柱脚。

实腹式钢柱采用插入式柱脚的埋入深度 d，应不小于钢柱截面高度的 5 倍，同时应满足下式要求：

$$d \geqslant \sqrt{\frac{6M}{b_f f_c}} \tag{7-83}$$

式中　M——柱脚全截面屈服时的极限弯矩；

　　　　b_f——柱在受弯方向截面的翼缘宽度；

　　　　f_c——基础混凝土轴心抗压强度设计值。

有吊车时，应在厂房单元中部设置上下柱间支撑，并应在厂房单元两端增设上柱支撑；7 度时结构单元长度大于 120m，8、9 度时结构单元长度大于 90m，均宜在单元中部1/3 区段内设置两道上下柱间支撑。有条件时，可采用消能支撑。

其他有关构造要求与混凝土柱厂房相同。

背 景 知 识

单层工业厂房属于工业建筑。震害表明，不等高多跨厂房有高阶振型反应，不等长多跨厂房有扭转效应，两者因而破坏较重，均对抗震不利，因此单层多跨厂房宜采用等高和等长。防震缝附近不宜布置比邻建筑，厂房的一个结构单元内，不宜采用不同的结构形式。

一般情况下，厂房纵横向抗震分析采用多质点空间结构分析方法。在一定条件下可以采用平面排架简化方法，但计算的地震内力应考虑各种效应的调整。抗震规范在计算分析和震害总结的基础上提出了厂房纵向抗震计算的原则和简化方法。钢筋混凝土屋盖厂房的纵向抗震计算，要考虑围护墙有效刚度、强度和屋盖的变形，采用空间分析模型。

对于单层钢筋混凝土柱厂房，有檩屋盖（波形瓦、石棉瓦及槽瓦屋盖）和无檩屋盖的各构件相互间连接成整体是厂房抗震的重要保证。大型屋面板与屋架（梁）之间、各屋面板之间都应保证其焊连强度。设置屋盖支撑系统是保证屋盖整体性的重要抗震措施。

本 章 小 结

本章主要介绍了单层厂房横纵向的震害、单层厂房的概念设计方法及横纵向的计算方法，其中横向计算时单层厂房的质量集中，针对不同情况要选取不同的质量集中系数，采用平面排架法计算地震作用要注意进行空间作用等的调整。纵向计算时针对不同的单层厂房形式要注意选择不同的计算方法。抗震计算后要注意符合构造措施。本章针对地性介绍了单层工业厂房的构造措施。

思考题及习题

7.1 单层厂房主要有哪些地震破坏现象？

7.2 在什么情况下考虑吊车桥架的质量？为什么？

7.3 什么情况下可不进行厂房横向和纵向的截面抗震验算？

7.4 单层厂房横向抗震计算应考虑哪些因素进行内力调整？

7.5 柱列的刚度如何计算？其中用到哪些假定？

7.6 简述厂房柱间支撑的抗震设置要求。

7.7 为什么要控制柱间支撑交叉斜杆的最大长细比？

7.8 屋架（屋面梁）与柱顶的连接有哪些形式？各有何特点？

7.9 墙与柱如何连接？其中考虑了哪些因素？

7.10 确定单层厂房的质量集中系数的原则是（   ）。

A. 计算结构的地震作用时，对于排架柱应根据柱底"剪力相等"的原则

B. 计算结构的动力特性时，应根据"周期等效"的原则

C. 对于刚性剪力墙应根据墙底"弯矩相等"的原则

D. 计算高低跨交接柱的高跨吊车梁的质量应集中到高跨屋盖

7.11 轻型屋盖（屋面为压型钢板、楞铁、石棉瓦等有檩屋盖）厂房，柱距相等时，应采用的计算方法为（   ）。

A. 平面排架

B. 多质点空间结构分析

C. 平面排架法，且要进行考虑空间作用和扭转影响的调整

D. 修正刚度法

7.12 单层厂房的纵向抗震计算中，对于柱顶高度不超过 15m 且平均跨度不超过 30m 的单跨或多跨的钢筋混凝土柱砖围护墙厂房，应采用的计算方法为（   ）。

A. 修正刚度法   B. 拟能量法

C. 柱列分片独立计算   D. 按多质点进行空间结构分析

第**8**章
结构隔震及减震设计

教学目标与要求：了解结构减震控制技术的基本概念，了解基础隔震设计原理和方法，了解消能减震设计原理和方法。

导入案例：北京故宫博物院是明成祖永乐帝从 1406 年起历时 14 年建造的一座皇城，城内数百个大小不同的建筑物排列成一个巨大的建筑群。这座现存的中世纪木结构建筑群虽然在地震区内，但受到的地震灾害却很少。为什么呢？在 1975 年开始的故宫设备配管工程中，从中枢部位地下 5～6m 处挖掘出略带黏性的物质，检查结果是一层煮过的糯米拌石灰。故宫的主要建筑都建在大理石高台之上，下面有这样一层柔软的糯米层，就能够在一定程度上把建筑物与地震隔离开来，使建筑物免遭震害。

▋ **8.1** 结构隔震及减震概述

地震发生时，对于基础固结于地面的建筑结构，其地震反应沿着高度从下到上逐层放大(图 8.1)。由于建筑结构某部分的地震反应(加速度、速度或位移)过大，使主体承重结构严重破坏，甚至倒塌。在抗震设计的早期，人们曾试图将建筑结构设计为"刚性结构体系"(图 8.2)，要求其不发生强度破坏。但该种结构体系不经济，且较难实现；人们还设想了"柔性结构体系"(图 8.3)，即通过减小结构的刚性来避免结构与地面运动发生共振，从而减小地震作用。但该种结构体系层间位移较大，在很多情况下不能满足设计和使用要求。

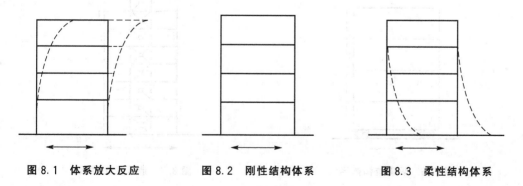

图 8.1　体系放大反应　　　图 8.2　刚性结构体系　　　图 8.3　柔性结构体系

震害表明，将建筑结构设计为"延性结构体系"(图 8.4)是较适宜的，对抗震是较有利的。

延性结构的抗震途径是利用结构自身的承载力和塑性变形能力来抵御地震作用。当地震作用超过承载力极限时，结构抗震能力的大小将主要决定于其塑性变形能力和在往复地震作用下的滞回耗能能力大小。但这一能量耗散过程必然导致结构的损伤、破坏，甚至倒塌。于是各国地震工程学家一直在寻求新的结构抗震设计途径，隔震、减震与振动控制体系应运而生，其目的是减小和控制建筑结构的地震反应，这就是"工程结构减震控制"新体系。

工程结构减震控制是指在工程结构的特定部位，装设某种装置(如隔震垫等)，或某种机构(如消能支撑、消能剪力墙、消能节点、消能器等)，或某种子结构(如调频质量等)，或施加外力(外部能量输入)，以改变或调整结构的动力特性或动力作用。工程结构减震控制按技术方法分类，可分为隔震技术、消能减震技术、被动调谐减震技术、主动控制技术和混合控制技术(图 8.5)。

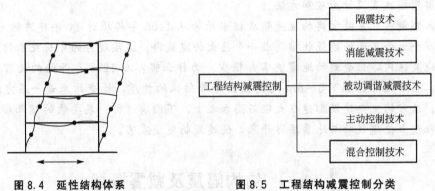

图 8.4　延性结构体系　　　　图 8.5　工程结构减震控制分类

基础隔震技术是在基础与上部结构之间安装某种隔离装置将地震动与结构隔开(图 8.6)，以减小地震对结构的破坏影响。

消能减震技术是把结构中的某些构件(如支撑、剪力墙、连接件等)设计成消能杆件，或装设消能装置(图 8.7)。中、大地震时，消能构件或消能装置首先进入非弹性状态，产生较大阻尼，大量消耗输入结构的地震能量，使主体结构避免出现明显的非弹性状态，并且迅速衰减结构的地震反应，从而保护主体结构及构件在地震中免遭破坏。

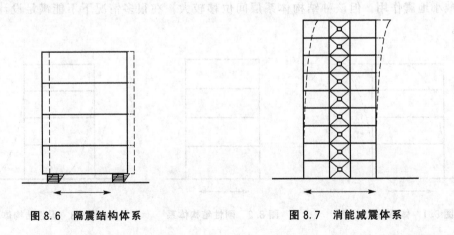

图 8.6　隔震结构体系　　　　图 8.7　消能减震体系

被动调谐减震技术由主结构和附加在主结构上的子结构组成，附加的子结构具有质量、刚度和阻尼，可以调整子结构的自振频率，使其尽量接近主结构的基本频率或激振频率，子结构就会产生一个与主结构振动方向相反的惯性力作用在主结构上，使主结构的振动反应衰减并受到控制。由于这种减震控制不是通过提供外部能量，只是通过调整结构的频率特性来实现的，故称为"被动调谐减震控制"。子结构可以是固体质量，它在调谐减震过程中，发挥类似阻尼器的消能减震作用，故把子结构称为"调谐质量阻尼器"TMD(Tuned Mass Damper)(图 8.8)。子结构的质量也可以是储存在某种容器中的液体质量，它的调谐减震作用是通过容器中的液体振荡产生的动压力和黏性阻尼能来实现的，也类似阻尼器的消振作用，故把这种子结构称为"调谐液体阻尼器"TLD(Tuned Liquid Damper)。

主动控制技术就是应用现代控制技术，对输入地震动和结构反应实现联机实时跟踪和预测，并根据分析计算结果通过伺服加载装置(作动器或执行器)对结构施加控制力，实现自动调节，使结构在地震过程中始终定位在初始状态附近，达到保护结构免遭损伤的目的。主动控制系统由传感器、运算器和施力作动器三部分组成。结构中常用作动器拖动附加质量阻尼器 AMD(Active Mass Damper)的方法来实现主动控制(图 8.9)。

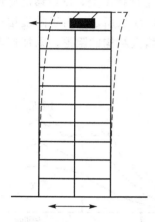

图 8.8　TMD 被动控制体系

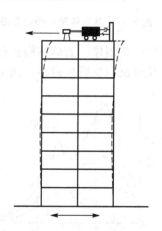

图 8.9　AMD 主动控制体系

混合控制技术是在一个结构上同时采用被动控制和主动控制系统。被动控制简单可靠，不需外部能源，经济易行，但控制范围及控制效果受到限制。主动控制的减震控制效果明显，控制目标明确，但需要外部能源，系统设置要求较高，造价较高。把两种系统混合使用，可达到更加合理、安全、经济的目的。如采用作动器拖动调频质量阻尼器、基础隔震与竖向调频质量阻尼器的联合运用等。

目前，结构隔震技术已基本进入实用阶段，消能减震技术已成功应用于高层建筑、桥梁、塔架的抗震抗风，其他控制技术则正处于研究、探索并部分应用于工程实践的时期。《建筑抗震设计规范》(GB 50011—2010)中加入了一章"隔震和消能减震设计"。

8.2 基础隔震设计原理及方法

8.2.1 基础隔震原理

结构隔震是工程结构减震控制技术之一。基础隔震设计的基本思想是在结构物地面以上部分的底部设置隔震层，使之与固结于地基中的基础顶面分离开，从而限制地震动向结

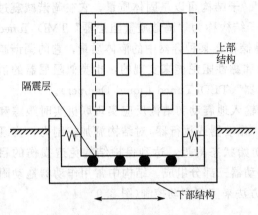

图 8.10　基础隔震结构示意图

构的传递(图 8.10)。

　　基础隔震的原理可以用图 8.11 来说明。建筑物的地震反应取决于自振周期和阻尼特性两个因素。普通的中低层建筑物刚度大、周期短，基本周期正好与地震动的卓越周期相近，所以，建筑物的加速度反应比地面运动的加速度放大若干倍，而位移反应较小，如图 8.11 中 A 点所示。采用隔震措施后，建筑物的基本周期大大延长，避开了地面运动的卓越周期，使建筑物的加速度大大降低，若阻尼保持不变，则位移反应增加，如图 8.11 中 B 点所示。由于隔震结构的整个上部结构像一个刚体，上部结构自身相对位移很小。若增大结构的阻尼，则加速度反应继续减少，位移反应也明显减小，如图 8.11 中 C 点所示。

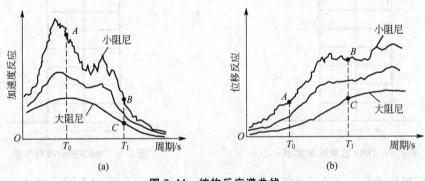

图 8.11　结构反应谱曲线

(a) 加速度反应谱；(b) 位移反应谱

　　综上所述，基础隔震的原理就是通过设置隔震层，延长结构的自振周期，增加结构的阻尼，有效减小结构的地震加速度反应，使地震引起的位移反应得到明显抑制，同时使结构的位移集中于隔震层，上部结构像刚体一样，自身相对位移很小，结构基本上处于弹性工作状态，从而使建筑物不产生破坏或倒塌。

　　建筑结构采用隔震设计时应符合下列各项要求。

　　(1) 建筑结构隔震设计确定设计方案时，除满足《建筑抗震设计规范》(GB 50011—2010)第 3.5.1 条的规定外，尚应与采用抗震设计的方案进行对比分析。

　　(2) 结构高宽比宜小于 4，且应不大于相关规范规程对非隔震结构的具体规定，其变形特征接近剪切变形，最大高度应满足现行《建筑抗震设计规范》(GB 50011—2010)非隔震结构的要求。

　　(3) 建筑场地宜为Ⅰ、Ⅱ、Ⅲ类，并应选用稳定性较好的基础类型。

　　(4) 风荷载和其他非地震作用的水平荷载标准值产生的总水平力不宜超过结构总重力的 10%。

　　(5) 隔震层应提供必要的竖向承载力、侧向刚度和阻尼；穿过隔震层的设备配管、配线，应采用柔性连接或其他有效措施以适应隔震层的罕遇地震水平位移。

　　现阶段对隔震技术的采用，应该按照积极稳妥推广的方针，首先在使用功能有特殊要求和8、9度地震区的多层砌体、混凝土框架和抗震墙房屋中试用。

8.2.2　常用隔震方法

1. 橡胶垫隔震

　　夹层橡胶垫是最常见的隔震装置，基本构造如图8.12所示，由薄橡胶片与钢板分层交替叠合，经高温硫化黏结而成。薄钢板可限制橡胶片的横向变形，但对橡胶片的剪切变形影响很小，因此，支座的竖向刚度很大，而水平刚度却很小。多层橡胶中心为空心孔。从多层橡胶的承载机构(应力分布状态)来考虑，最好没有该中心孔，但在多层橡胶制造时的加硫过程中为使从外部加热时热分布均匀，保证产品质量，设置该中心孔是必要的，特别在多层橡胶的尺寸较大时，仅从外部加热，热的传递很不充分。为使多层橡胶适应气候变化，在多层橡胶外部设置保护层，该保护层是采用耐候性好的材料制作。普通夹层橡胶由天然或氯丁二烯橡胶制造，它只具有弹性性质，本身并无显著的阻尼性能，因此，它通常总是和阻尼器一起并行使用。

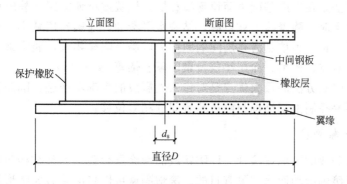

图 8.12　夹层橡胶垫

　　确定多层橡胶形状的主要参数有直径 D、每层橡胶厚度 t 和橡胶层数 m。由这些参数可以求得1次形状系数和2次形状系数。1次形状系数 S_1 为1层橡胶的约束面积与自由表面积(侧面积)之比，2次形状系数 S_2 为多层橡胶直径与橡胶各层总厚度之比。S_1 和 S_2 按式(8-1)和式(8-2)计算：

$$S_1 = \frac{\frac{\pi}{4}(D^2 - d_s^2)}{\pi(D + d_s)t} = \frac{D - d_s}{4t} \tag{8-1}$$

$$S_2 = \frac{D}{mt} \tag{8-2}$$

式中　S_1——与竖向刚度和转动刚度有关的参数，S_1 越大，相对直径来说橡胶片的厚度越薄，竖向刚度和弯曲刚度越大；

　　　S_2——与承载能力和水平刚度有关的参数，S_2 越大，多层橡胶越扁平，越不容易压屈；

　　　d_s——是橡胶层中间开孔的直径。

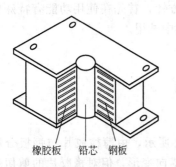

图 8.13　铅芯橡胶隔震器

为了提高夹层橡胶垫的阻尼，在普通夹层橡胶垫中灌入铅棒，形成铅芯橡胶垫，其构造如图 8.13 所示。灌入铅棒的目的：一是提高支座的吸能效果，确保支座有适度的阻尼；二是增加支座的早期刚度，对控制风反应和抵抗地基的微震动有利；三是由于阻尼器与夹层橡胶形成一体，可以节省空间，在施工上也较为有利。此外还有高阻尼夹层橡胶垫和内包阻尼体夹层橡胶垫等类型。

橡胶垫应具备以下功能：

(1) 具有足够的竖向刚度和竖向承载能力，能够稳定地支撑建筑物；

(2) 具有足够柔的水平刚度，保证建筑物的基本周期延长到 1.5~3.0s；

(3) 具有足够大的水平变形能力储备，以确保在强震作用下不会出现失稳现象；

(4) 水平刚度受垂直压缩荷载的影响较小；

(5) 具有足够的耐久性，至少大于建筑物的设计周期。

2. 滑移隔震

这种隔震方法是在房屋基础顶面设置滑移层。风载或小地震时，静摩擦力使结构固结于基础之上，大震时，静摩擦力被克服，结构水平滑动，地震作用减小，滑移层间摩擦阻尼同时消耗地震能量。为控制滑移层间的摩擦力以满足隔震要求，通常采用的滑移层材料为钢摩擦滑板、石墨、砂料、涂层垫层及聚四氟乙烯等(图 8.14)。

纯滑移摩擦隔震方法的最大优点是对输入地震波的频率不敏感，隔震范围较广泛，但这种隔震方法不易控制上部结构与隔震装置间的相对位移。

3. 滚珠及滚轴隔震

用高强合金制成的滚珠或滚轴涂以防锈或润滑涂层后置于上部结构与基础之间，地震作用下，滚珠或滚轴滚动而达到隔震目的。滚珠隔震可以将滚珠做成圆形置于平板或凹板上，也可将滚珠做成椭圆形以形成恢复力；而滚轴隔震通常做成上、下两层彼此垂直的滚轴，以保证能在两个方向上滑动。滚珠或滚轴能把地面运动几乎全部隔开，具有明显的隔震效果(图 8.15)。

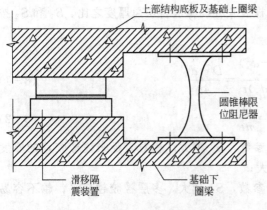

图 8.14　滑移摩擦隔震构造示意图

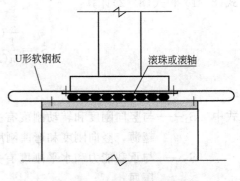

图 8.15　滚动隔震示意图

一般说来，采用滚动隔震装置时，应注意安装有效的限位、复位机构，以保证被隔震的结构物不致在地震作用下出现永久性变形。

8.2.3 结构隔震设计要点

1. 动力分析模型

隔震结构体系的动力分析模型可根据具体情况选用单质点模型、多质点模型，甚至空间分析模型。当上部结构侧移刚度远大于隔震层的水平等效刚度时，可以近似认为上部结构是一个刚体，从而将隔震结构简化为单质点模型进行分析，其动力平衡方程形式为

$$M\ddot{x} + C\dot{x} + K_h x = -M\ddot{x}_g \tag{8-3}$$

式中　　　M——结构的总质量；

C, K_h——隔震层的阻尼系数和水平等效刚度；

$\ddot{x}, \dot{x}, x$——上部简化刚体相对于地面的加速度、速度与位移；

$\ddot{x}_g$——地面加速度。

当要求分析上部结构的细部地震反应时，可以采用多质点模型或空间分析模型。这些模型可视为在常规结构分析模型底部加入隔震层简化模型的结果。例如，对于多质点模型，隔震层可以简化为一个水平等效刚度为 K_h，阻尼系数为 C 的结构层（图 8.16）。

其中，水平等效刚度计算式为

$$K_h = \sum_{i=1}^{n} K_i \tag{8-4}$$

式中　　n——隔震支座数量；

K_i——第 i 个隔震支座由试验确定的水平等效刚度。

等效黏滞阻尼比计算式为

$$\zeta_{eq} = \frac{\sum_{i=1}^{n} K_i \zeta_i}{K_h} \tag{8-5}$$

式中　　ζ_i——第 i 个隔震支座的等效黏滞阻尼比。

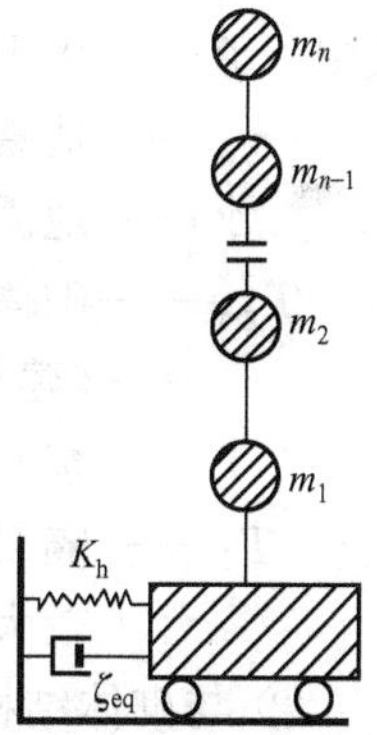

图 8.16　隔震结构

当隔震层有单独设置的阻尼器时，式（8-4）、式（8-5）中应包括阻尼器的等效刚度和相应的阻尼比。

当上部结构的质心与隔震层的刚度中心不重合时，应计入扭转变形的影响。隔震层顶部的梁板结构，对钢筋混凝土结构应作为其上部结构的一部分进行计算和设计。

这样，就可以采用本书第 3 章所述的时程分析方法进行隔震结构系统的地震反应分析。显然，也可以采用反应谱方法进行隔震结构的地震反应分析，但这时采用的反应谱应是经过阻尼比调整后的反应谱曲线。

2. 隔震层上部结构的地震作用计算

（1）对多层结构，水平地震作用沿高度可按重力荷载代表值分布。

（2）隔震后水平地震作用计算的水平地震影响系数可抗震设计规范相关条文确定，其中水平地震影响系数最大值按下式计算。

$$\alpha_{\max 1} = \beta \alpha_{\max} / \psi \tag{8-6}$$

式中　$\alpha_{\max 1}$——隔震后水平地震影响系数最大值。

　　　$\alpha_{\max}$——非隔震的水平地震影响系数最大值。

　　　β——水平向减震系数；对多层建筑结构，为按弹性计算所得的隔震与非隔震各层层间剪力的最大比值；对高层建筑结构，尚应计算隔震与非隔震各层倾覆力矩的最大比值，并与层间剪力的最大比值相比较，取二者较大值。

　　　ψ——调整系数，一般橡胶支座，取 0.80；支座剪切性能偏差为 S-A 类，取 0.85；隔震装置带有阻尼器时，相应减少 0.05。

　　（3）隔震层以上结构的水平地震作用应根据水平向减震系数确定；其竖向地震作用标准值，8 度（0.2g）、8 度（0.3g）和 9 度时分别应不小于隔震层以上结构总重力荷载代表值的 20%、30% 和 40%。

　　9 度和 8 度且水平向减震系数不大于 0.3 时，隔震层以上结构应进行竖向地震作用的计算。隔震层以上结构的竖向地震作用标准值计算时，各楼层可视为质点，计算竖向地震作用标准值沿高度的分布。

　　（4）对于砌体及与其基本周期相当的结构，水平向减震系数可采用下述方法计算。

　　① 砌体结构的水平向减震系数宜根据隔震后整个体系的基本周期按下式确定。

$$\beta = 1.2\eta_2\left(\frac{T_{gm}}{T_1}\right)^\gamma \tag{8-7}$$

式中　β——水平向减震系数；

　　　η_2——地震影响系数的阻尼调整系数，根据隔震层等效阻尼确定；

　　　γ——地震影响系数的曲线下降段衰减指数，根据隔震层等效阻尼确定；

　　　T_{gm}——砌体结构采用隔震方案时的特征周期，根据本地区所属的设计地震分组按《建筑抗震设计规范》（GB 50011—2010）第 5.1.4 条确定，但小于 0.4s 时应按 0.4s 采用；

　　　T_1——隔震后体系的基本周期：对砌体结构，应不大于 2.0s 和 5 倍特征周期值的较大值。

　　② 与砌体结构周期相当的结构，其水平向减震系数可根据隔震后整个体系的基本周期按下式确定。

$$\beta = 1.2\eta_2\left(\frac{T_g}{T_1}\right)^\gamma \left(\frac{T_0}{T_g}\right)^{0.9} \tag{8-8}$$

式中　T_g——特征周期；

　　　T_0——非隔震结构的计算周期，当小于特征周期时应采用特征周期的数值；

　　　其他符号同上式。

　　砌体结构及与其基本周期相当的结构，隔震后体系的基本周期可按下式计算。

$$T_1 = 2\pi\sqrt{\frac{G}{K_h g}} \tag{8-9}$$

式中　T_1——隔震体系的基本周期；

　　　G——隔震层以上结构的重力荷载代表值；

　　　K_h——隔震层的水平等效刚度，按式(8-4)确定；

　　　g——重力加速度。

3. 隔震层的设计与计算

(1) 设计要求。

隔震层宜设置在结构的底部或下部，其橡胶隔震支座应设置在受力较大的位置，间距不宜过大，其规格、数量和分布应根据竖向承载力、侧向刚度和阻尼的要求通过计算确定。隔震层在罕遇地震下应保持稳定，不宜出现不可恢复的变形。其橡胶支座在罕遇地震的水平和竖向地震同时作用下，拉应力应不大于 1MPa。

(2) 隔震支座设计参数的确定要求。

隔震支座由试验确定设计参数时，竖向荷载应保持表 8-1 的压应力限值；对水平向减震系数计算，应取剪切变形 100% 时的等效刚度和等效黏滞阻尼比；对罕遇地震验算取剪切变形 250% 时的等效刚度和等效黏滞阻尼比；当隔震支座直径较大时可采用剪切变形 100% 时的等效刚度和等效黏滞阻尼比；当采用时程分析时，应以试验所得滞回曲线作为计算依据。

表 8-1 橡胶隔震支座平均压应力限值

建筑类别	甲类建筑	乙类建筑	丙类建筑
平均压应力限值	10	12	15

注：1. 压应力设计值应按永久荷载和可变荷载的组合计算；其中，楼面活荷载应按现行国家标准《建筑结构荷载规范》(GB 50009—2012) 的规定乘以折减系数。

2. 结构倾覆验算时应包括水平地震作用效应组合；对需进行竖向地震作用计算的结构，尚应包括竖向地震作用效应组合。

3. 当橡胶支座的第二形状系数（有效直径与橡胶层总厚度之比）小于 5.0 时应降低压应力限值；小于 5 不小于 4 时降低 20%，小于 4 不小于 3 时降低 40%。

4. 外径小于 300mm 的橡胶支座，丙类建筑的压应力限值为 10MPa。

(3) 隔震支座在罕遇地震作用下的水平位移验算。

隔震支座对应于罕遇地震水平剪力的水平位移，应符合下列要求：

$$u_i \leqslant [u_i] \tag{8-10}$$

$$u_i = \eta_i u_c \tag{8-11}$$

式中　u_i——罕遇地震下，第 i 个隔震支座考虑扭转时的水平位移；

$[u_i]$——第 i 个隔震支座的水平位移限值，对橡胶支座，不应超过该支座有效直径的 0.55 倍和支座各橡胶层总厚度 3.0 倍二者的较小值；

u_c——罕遇地震下隔震层质心处或不考虑扭转的水平位移，计算方法参见建筑抗震设计规范附录 L；

η_i——第 i 个隔震支座扭转影响系数，应取考虑扭转和不考虑扭转时第 i 支座计算位移的比值，当隔震层以上结构的质心与隔震层刚度中心在两个主轴方向均无偏心时，边支座的扭转影响系数应不小于 1.15；仅考虑单向地震作用的扭转时，扭转影响系数可按下式估算（图 8.17）：

$$\eta = 1 + 12es_i/(a^2 + b^2) \tag{8-12}$$

式中　e——上部结构质心与隔震层刚度中心在垂直于地震作用方向的偏心距；

s_i——第 i 个隔震支座与隔震层刚度中心在垂直于地震作用方向的距离；

a、b——隔震层平面的两个边长。

对边支座，其扭转影响系数不宜小于 1.15；当隔震层和上部结构采取有效的抗扭措施后或扭转周期小于平动周期的 70% 时，扭转影响系数可取 1.15。

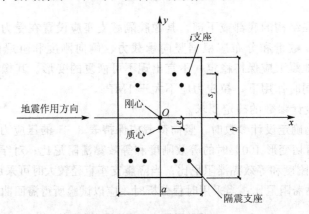

图 8.17　扭转计算示意图

同时考虑双向地震作用的扭转时，可仍按式(8-12)计算，但其中的偏心距值 e 应采用下面公式中的较大值代替：

$$e = \sqrt{e_x^2 + (0.85e_y)^2} \qquad (8-13)$$

$$e = \sqrt{e_y^2 + (0.85e_x)^2} \qquad (8-14)$$

式中　　e_x——考虑 y 方向地震作用时的偏心距；

　　　　e_y——考虑 x 方向地震作用时的偏心距；

对边支座，其扭转影响系数不宜小于 1.2。

4. 基础及隔震层以下结构的设计

基础设计时不考虑隔震产生的减震效应，按原设防烈度进行抗震设计。当隔震层以下有墙、柱等结构时，其地震作用和抗震验算，应采用罕遇地震下隔震支座底部的竖向力、水平力和力矩进行计算。

8.2.4　结构隔震构造措施

1. 隔震结构应采取不阻碍隔震层在罕遇地震下发生大变形的构造措施

(1) 上部结构的周边应设置竖向隔离缝，缝宽不宜小于各隔震支座在罕遇地震下的最大水平位移值的 1.2 倍且不小于 200mm。对两相邻隔震结构，其缝宽取最大水平位移值之和，且不小于 400mm。

(2) 上部结构与下部结构之间，应设置完全贯通的水平隔离缝，缝高可取 20mm，并用柔性材料填充；当设置水平隔离缝确有困难时，应设置可靠的水平滑移垫层。

(3) 穿越隔震层的门廊、楼梯、电梯、车道等部位，应防止可能的碰撞。

2. 隔震层以上结构的抗震措施

当水平向减震系数大于 0.4 时（设置阻尼器时为 0.38）不应降低非隔震时的有关要求；水平向减震系数不大于 0.4 时（设置阻尼器时为 0.38），可适当降低抗震规范对非隔震建筑的要求，但烈度降低不得超过 1 度，与抵抗竖向地震作用有关的抗震构造措施不应降低。

3. 隔震层与上部结构的连接构造措施

（1）隔震层顶部应设置梁板式楼盖的构造措施。

① 隔震支座的相关部位应采用现浇混凝土梁板结构，现浇板厚度应不小于 160mm。

② 隔震层顶部梁、板的刚度和承载力，宜大于一般楼盖梁板的刚度和承载力。

③ 隔震支座附近的梁、柱应计算冲切和局部承压，加密箍筋并根据需要配置网状钢筋。

（2）隔震支座和阻尼装置的连接构造措施。

① 隔震支座和阻尼装置应安装在便于维护人员接近的部位。

② 隔震支座与上部结构、下部结构之间的连接件，应能传递罕遇地震下支座的最大水平剪力和弯矩。

③ 外露的预埋件应有可靠的防锈措施。预埋件的锚固钢筋与钢板牢固连接，锚固钢筋的锚固长度宜大于 20 倍锚固钢筋直径，且应不小于 250mm。

8.3 消能减震设计原理及方法

8.3.1 消能减震原理

结构消能减震技术的实质是在结构的某些部位设置消能装置（或构件），通过消能装置（或构件）来大量消散或吸收地震输入结构中的能量，有效减小主体结构的地震反应。装有消能装置的结构称为消能减震结构。

结构消能减震技术的研究来源于对结构在地震发生时的能量转换的认识，下面以一般的能量表达式来分别说明地震时传统抗震结构和消能减震结构的能量转换过程（图 8.18）：

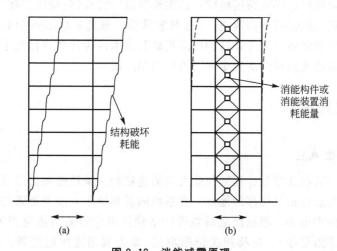

图 8.18 消能减震原理

（a）传统抗震结构；（b）消能减震结构

传统抗震结构 $\qquad\qquad E_{in}=E_R+E_D+E_S \qquad\qquad\qquad$ (8-17)

消能减震结构 $\qquad\qquad E_{in}=E_R+E_D+E_S+E_A \qquad\qquad$ (8-18)

式中 E_{in}——地震时输入结构物的地震能量；

$\qquad E_R$——结构物地震反应的能量，即结构物振动的动能和势能；

$\qquad E_D$——结构阻尼消耗的能量(一般不超过5%)；

$\qquad E_S$——主体结构及承重构件非弹性变形(或损坏)消耗的能量；

$\qquad E_A$——消能构件或消能装置消耗的能量。

对于传统结构，从式(8-17)看出，E_D忽略不计(只占5%左右)，为了终止结构地震反应($E_R\rightarrow0$)，必然导致主体结构及承重构件的损坏、严重破坏或者倒塌[$E_S\rightarrow E_{in}$，如图8.18(a)所示]，以消耗输入结构的地震能量；而对于消能减震结构，从式(8-18)看出，如果E_D忽略不计，消能装置率先进入消能工作状态，大量消耗输入结构的地震能量[$E_A\rightarrow E_{in}$，如图8.18(b)所示]，这样，既能保护主体结构及承重构件免遭破坏($E_S\rightarrow0$)，又能迅速地衰减结构的地震反应($E_S\rightarrow0$)，确保结构在地震中的安全。从能量的观点看，地震输入给结构的能量E_{in}是一定的，因此，消能装置耗散的能量越多，则结构本身需要消耗的能量就越小，这意味着结构地震反应的降低。另一方面，从动力学的观点看，消能装置的作用，相当于增大结构的阻尼，而结构阻尼的增大，必将使结构地震反应减小。

在强烈地震作用时，消能装置应率先进入非弹性状态，并大量消耗地震能量。试验表明，消能装置可做到消耗地震总输入能量的90%以上。在风和小震作用下，消能装置应具有较大的刚度，以保证结构的使用性能。

结构消能减震技术是一种结构控制技术，一种积极的、主动的抗震对策，不仅改变了结构抗震设计的传统概念、方法和手段，而且使得结构的抗震(风)舒适度、抗震(风)能力、抗震(风)可靠性和灾害防御水平等大幅度提高。消能减震技术适用于结构的地震和风振控制，结构的层数越多、高度越高，跨度越大、变形越大、场地的烈度越高，消能减震效果越明显。其可广泛应用于下述工程结构的减震(抗风)：①高层建筑、超高层建筑；②高柔结构、高耸塔架；③大跨度桥梁；④柔性管道、管线(生命线工程)；⑤旧有高柔建筑或结构物的抗震(或抗风)加固改造。《建筑抗震设计规范》(GB 50011—2010)首次以国家标准的形式对房屋消能减震设计这种抗震设防新技术的设计要点做出了规定，标志着消能减震技术在我国已经由科学研究走向了推广应用阶段。

8.3.2 消能减震方法

1. 阻尼器消能减震

阻尼器通常安装在支撑处、框架与剪力墙的连接处、梁柱连接处以及上部结构与基础连接处等有相对变形或相对位移的地方。在基底隔震系统中，阻尼器常与隔震装置相配合使用。阻尼器的种类很多，根据阻尼器耗能的依赖性可主要分为速度相关型阻尼器(如黏弹性阻尼器、黏滞阻尼器)、位移相关型阻尼器(如金属型屈服阻尼器、摩擦阻尼器)等。常用的阻尼器有以下几种。

(1)摩擦阻尼器。将几块钢板用高强螺栓连接在一起，可做成摩擦阻尼器，通过调节高强螺栓的预应力，可调整钢板间摩擦力的大小。通过对钢板表面进行处理或加垫特殊摩擦材料，可以改善阻尼器的往复动摩擦性能。

目前研究开发的摩擦阻尼器主要有 Pall 型摩擦阻尼器（图 8.19）、限位摩擦阻尼器、摩擦滑动螺栓节点等。摩擦阻尼器存在的问题是长期的可靠性与维修。两种材料在恒定的正压力作用下，保持长期的静接触会产生冷黏结或冷凝固，所期望的摩擦系数不能保证。在地震作用时，滑动面产生滑动而使摩擦装置产生退化，地震后会产生永久性偏位，需要进行维修和保护。

摩擦阻尼器具有很好的滞回性能，滞回环近似呈矩形且形状饱满，耗能能力强，计算分析一般采用图 8.20 所示滞回模型。同时荷载大小、频率和循环次数对其性能没有很大的影响，且构造简单，取材容易，造价低廉，因而有很好的应用前景。

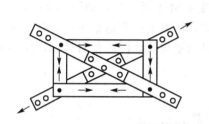

图 8.19　Pall 型摩擦阻尼器

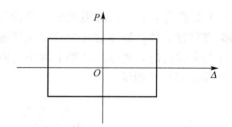

图 8.20　摩擦阻尼器的滞回模型

（2）金属屈服型阻尼器。金属屈服型阻尼器是用软钢或其他软金属材料做成的各种形式的阻尼器，对结构进行振动控制的机理是由于金属材料进入弹塑性范围以后具有很好的滞回性能，可以将结构振动的部分能量耗散掉，从而达到减小结构反应的目的。比较典型的金属屈服型阻尼器有三角形金属屈服型阻尼器（图 8.21）。

研究表明，金属屈服型阻尼器具有滞回性能稳定、耗能能力强、低周疲劳性能好、长期性能可靠、对环境和温度的适应性强等优点，因此是一种很有发展前景的阻尼器。图 8.22所示为一般计算分析所用的双线性模型。

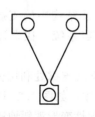

图 8.21　三角形金属屈服型阻尼器

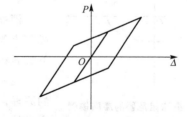

图 8.22　金属屈服型阻尼器的双线性滞回模型

（3）黏弹性阻尼器。黏弹性阻尼器是由黏弹性材料和约束钢板制成的阻尼器，由黏弹性材料滞回剪切变形耗散振动能量。典型的黏弹性阻尼器如图 8.23 所示。

黏弹性阻尼材料具有较强的消能能力，黏弹性阻尼器的性能受到温度、频率和应变幅值的影响，有关研究表明，其耗能能力随着频率的减小而减弱，在某一温度时耗能能力最大，超出此温度则随温度升高或降低，耗能能力都会减弱。黏弹性阻尼材料的性能稳定，可经多次反复加载和卸载，但对于大应变下的重复循环，刚度会产生一定程度的退化。

黏弹性阻尼器的典型滞回模型如图 8.24 所示。

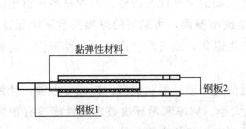

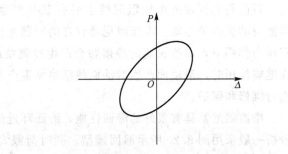

图 8.23 黏弹性阻尼器   图 8.24 黏弹性阻尼器的滞回模型

（4）黏滞阻尼器。黏滞阻尼器一般由缸体、活塞和流体所组成，如图 8.25 所示。缸体内装有黏性液体，液体通常为硅油或其他黏性液体，活塞上开有适量小孔，当活塞在缸筒内作往复运行时，液体从活塞上的小孔内通过，对活塞与筒体间的相对运动产生显著阻尼，从而消耗振动能量。

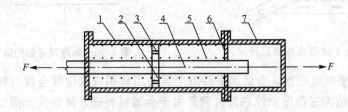

图 8.25 黏滞阻尼器

1—油缸；2—活塞；3—阻尼孔；4—导杆；5—液压油；6—油缸盖；7—副缸

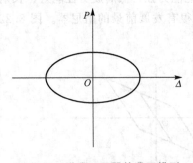

图 8.26 黏滞阻尼器的滞回模型

黏滞阻尼器为速度相关型阻尼器，其滞回曲线近似为椭圆，其滞回模型如图 8.26 所示。

2. 消能部件

消能部件是由消能装置及结构中的支撑、墙体、梁或节点等构件组成的消能减震系统。在设计中可采用如下方式构成消能部件。

（1）消能交叉支撑。在交叉支撑处利用弹塑性阻尼器的原理，可做成消能交叉支撑，如图 8.27 所示。在支撑交叉处，通过钢框或钢环的塑性变形消耗地震能量。

（2）摩擦消能支撑。将高强度螺栓-钢板摩擦阻尼器用于支撑构件，可做成摩擦消能支撑。图 8.28 所示为在支撑杆或节点板上开长圆孔的简单摩擦消能支撑的节点做法。摩擦消能支撑在风载或小震下不滑动，能像一般支撑一样提供很大的刚度。而在大震下支撑滑动，降低结构刚度，减小地震作用，同时通过支撑滑动摩擦消耗地震能量。

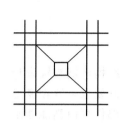 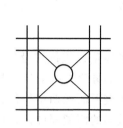 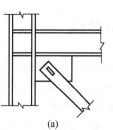 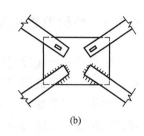

图 8.27　消能交叉支撑　　　　　　　　　图 8.28　摩擦消能支撑节点

（3）消能偏心支撑。偏心支撑结构的工作原理是通过支撑与梁段的塑性变形消耗地震能量。在风载或小震作用下，支撑不屈服，偏心支撑能提供很大的侧向刚度。在大震下，支撑及部分梁段屈服消能，衰减地震反应。各类偏心支撑结构见如图 8.29 所示。

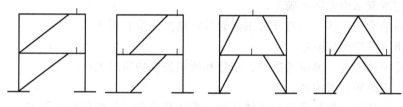

图 8.29　偏心支撑框架

（4）消能隔撑。消能隔撑是在消能偏心支撑的基础上发展出来的（图 8.30）。隔撑两端刚接在梁、柱或基础上，普通支撑简支在隔撑的中部。与消能偏心支撑相比，消能隔撑有两个优点：其一，隔撑截面小，不是结构的主要构件，破坏后更换方便；其二，隔撑框架不限于梁柱刚接，梁柱可以铰接或半铰接。

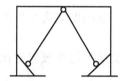 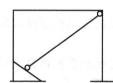 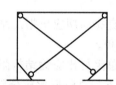 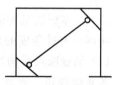

图 8.30　隔撑结构

3. 消能墙减震

消能墙实质上是将阻尼器或消能材料用于墙体所形成的消能构件或消能子结构。

（1）周边消能墙。在墙与框架连接的周边，可填黏性材料（图 8.31）。强烈地震时，墙周边出现非弹性缝并错动，消耗地震能量。

（2）摩擦消能墙。预应力摩擦剪力墙以竖向预应力为手段，在墙顶面与梁底部接缝处做一条摩擦缝。地震作用时，通过摩擦缝的反复水平滑动消耗地震能量。

在竖缝剪力墙的竖缝中填以摩擦材料，也可形成摩擦消能墙体。

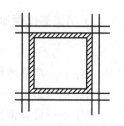

图 8.31　周边消能墙

8.3.3　结构消能减震设计要点

建筑结构消能减震设计确定设计方案时，除满足建筑抗震设计
规范第 3.5.1 条的规定外，尚应与采用抗震设计的方案进行对比分析。结构消能减震设计
时，应根据多遇地震下的预期减震要求及罕遇地震下的预期结构位移控制要求，宜在变形
较大的位置，沿结构的两个主轴方向分别设置适当的消能部件。并消能部件可由消能器及
斜撑、墙体、梁等支承构件组成。消能器可以采用速度相关型（黏滞消能器和黏弹性消能
器等）、位移相关型（金属屈服消能器和摩擦消能器等）或其他类型。消能减震设计可用
于钢结构、混凝土结构及钢-混凝土混合结构。

1. 结构消能减震设计计算的基本内容和步骤

(1) 消能减震结构方案的确定。

(2) 预估结构的位移，并与未采用消能减震结构的位移相比。

(3) 求出所需的附加阻尼。

(4) 选择消能装置，确定其数量、布置和所能提供的阻尼大小。

(5) 设计相应的消能构件。

(6) 对消能减震结构体系进行整体分析，确认其是否满足位移控制要求。

2. 结构消能减震设计计算要求

(1) 当主体结构基本处于弹性工作阶段时，可采用线性方法简化估算，并根据结构的
变形特征和高度等，按建筑抗震设计规范的规定分别采用底部剪力法、振型分解反应谱法
和时程分析法。其地震影响系数可根据消能减震结构的总阻尼比按建筑抗震设计规范有关
规定采用。

(2) 消能减震结构的自振周期应根据总刚度应为结构刚度确定，总刚度应为结构刚度
和消能部件有效刚度的总和。

(3) 消能减震结构的总阻尼比应为结构阻尼比和消能部件附加给结构的有效阻尼比的
和。多遇地震和罕遇地震下的总阻尼比应分别计算。

(4) 主体结构进入弹塑性阶段的情况，应根据主体结构体系特征，采用静力非线性分
析方法或非线性时程分析法。非线性分析时，消能减震结构的恢复力模型应包括结构恢复
力模型和消能部件的恢复力模型。

3. 消能部件附加给结构的有效阻尼比计算

(1) 消能部件附加的有效阻尼比可按下式估算。

$$\xi_a = \sum_j W_{cj} / (4\pi W_s) \tag{8-19}$$

式中　ξ_a——消能减震结构的附加有效阻尼比；

W_{cj}——第 j 个消能部件在结构预期位移 Δu_j 下往复循环一周所消耗的能量；

W_s——设置消能部件的结构在预期位移下的总应变能。

(2) 不计扭转影响时，消能减震结构在水平地震作用下的总应变能，可按下式估算。

$$W_s = (1/2) \sum F_i u_i \tag{8-20}$$

式中 F_i ——质点 i 的水平地震作用标准值;

u_i ——质点 i 对应于水平地震作用标准值的位移。

（3）速度线性相关型消能器在水平地震作用下往复循环一周所消耗的能量,可按下式估算。

$$W_c = (2\pi^2/T_1) \sum_j c_j \cos^2\theta_j \Delta u_j \qquad (8-21)$$

式中 T_1 ——为消能减震结构的基本自振周期;

c_j ——为第 j 个消能器由试验确定的线性阻尼系数;

θ_j ——为第 j 个消能器的消能方向与水平面的夹角;

Δu_j ——为第 j 个消能器两端的相对水平位移。

当消能器的阻尼系数和有效刚度与结构振动周期有关时,可取相应于消能减震结构基本自振周期的值。

（4）位移相关型、速度非线性相关型和其他类型消能器在水平地震作用下所消耗的能量,可按下式估算。

$$W_{cj} = A_j \qquad (8-22)$$

式中 A_j ——第 j 个消能器的恢复力滞回环在相对水平位移 Δu_j 时的面积。

消能器的有效刚度可取消能器的恢复力滞回环在相对水平位移 Δu_j 时的割线刚度。

（5）消能部件附加给结构的有效阻尼比超过 25% 时,宜按 25% 计算。

（6）在消能器施加给主结构最大阻尼力作用下,消能器与主结构之间的连接部件应在弹性范围内工作。

背 景 知 识

工程结构减震控制包括隔震、消能减震和各种被动控制、主动控制、混合控制等内容。传统的抗震结构体系是通过"加强结构"的途径来提高结构的抗震能力,但结构减震控制体系则是通过调整结构动力特性的途径,大大减小了结构在地震(或强风)中的振动反应,从而保护结构以及结构内部的设备、仪器、网络和装饰物等不受任何损害。这是一种采用新概念、新机理的抗震抗风的新结构体系、新理论和新技术方法。在很多情况下,它更加安全和经济,为工程结构的地震防护、减振抗风提供了一条崭新的途径,日益引起国内外学术界、工程界的重视。目前,这个领域仍处于不断发展和完善的阶段,随着技术的成熟和社会现代化的发展,工程结构减震控制技术将会越来越广泛地得到应用,将取得显著的社会效益和经济效益。

本 章 小 结

本章主要介绍了基础隔震、消能减震体系的减震机理、工作特性和适用范围,以及基础隔震设计的水平向减震系数的确定方法和构造措施,还介绍了消能减震结构的设计要点和设计步骤。

思考题及习题

8.1 试述工程结构减震控制技术的演变与发展。

8.2 为什么硬土地基采用隔震措施较软土地基效果好？

8.3 试述基础隔震结构的设计要求和构造措施。

8.4 试述消能减震装置的类型和滞回特性。

8.5 试分析消能减震设计中主要计算分析参数的确定。

第**9**章
混凝土结构梁式桥抗震设计

教学目标与要求：了解公路钢筋混凝土梁式桥的震害特征及主要原因，掌握桥梁抗震设计计算原理，熟悉桥梁延性抗震设计要求，了解桥梁减隔震设计原理，熟悉桥梁抗震构造措施。

导入案例：1976 年唐山市发生 7.8 级大地震，解放军战士星夜驰奔，赶赴灾区抢救，但蓟运河、滦河上的两座大型公路桥梁因地震而塌落，切断了唐山与天津和关外的公路交通，严重影响了救援工作的迅速开展。可见地震不仅会造成房屋建筑的破坏，而且也会给桥梁结构造成损坏。因此，桥梁结构也需要抗震设计，那么对桥梁如何进行抗震设计？其与房屋抗震设计又有何异同？我们通过本章学习可以得到了解。

9.1 混凝土结构梁式桥震害特征及其原因

从历次破坏性地震中，人们通过调查总结发现，混凝土桥梁常见的破坏有以下几种形式。

1. 桥墩弯曲破坏

对于钢筋混凝土桥墩，高柔的桥墩多为弯曲型破坏，粗矮的桥墩多为剪切型破坏，长细比介于两者之间的则呈现弯剪型破坏。常出现桥墩轻微开裂、保护层混凝土剥落的现象，严重的则受压区混凝土崩溃、钢筋裸露屈曲，从而导致变形过大而破坏。对于桥墩弯曲型破坏，如图 9.1 所示，整个破坏过程可以用四个阶段来描述。

(1) 当弯矩达到开裂强度时，截面出现水平弯曲裂缝，如图 9.1(a)所示。

(2) 随着裂缝的发展和荷载强度的提高，受拉侧的纵筋达到屈服强度，如图 9.1(b)所示。

(3) 随着变形量的增大，混凝土保护层脱落、塑性铰范围扩大，如图 9.1 (c) 所示。

(4) 钢筋压屈(或拉断)和内部混凝土压碎、崩裂，如图 9.1 (d) 所示。

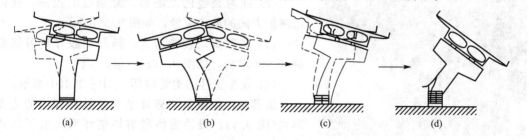

图 9.1 桥墩的弯曲破坏过程
(a) 出现水平弯曲裂缝；(b) 纵筋达到屈服；(c) 塑性铰形成；(d) 钢筋压屈 (或拉断)

如前所述，钢筋混凝土结构弯曲破坏时具有比较良好的变形能力，在损伤发生后由于塑性变形吸收地震能量和刚度下降而能够减轻地震荷载的强度，因此，这种形式的破坏通常可以避免桥梁在地震中发生倒塌破坏。图 9.2 所示为弯曲破坏的实例，其中前一例损伤发生在桥墩中间纵向钢筋截断位置，后一例则发生在刚架桥墩变截面弯矩最大处，两者在地震中均维持支撑上部结构的机能，没有发生桥梁倒塌破坏。

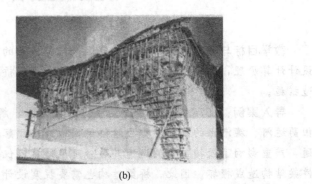

(a)   (b)

图 9.2　桥墩弯曲破坏
(a) 桥墩中部破坏；(b) 桥墩顶部破坏

2. 桥墩剪切破坏

如图 9.3 所示，在水平地震荷载作用下，当结构受到的剪切力超过截面剪切强度时即发生剪切破坏，整个破坏过程可以用 4 个阶段来描述。

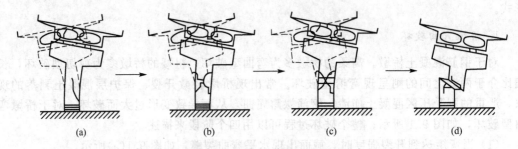

(a)   (b)   (c)   (d)

图 9.3　桥墩的剪切破坏过程
(a) 出现斜向裂缝；(b) 出现交叉斜裂缝；(c) 交叉裂缝发展；(d) 脆性的剪切破坏

图 9.4　桥墩剪切破坏

(1) 截面弯矩达到开裂强度时，截面出现水平弯曲裂缝，如图 9.3(a) 所示。

(2) 随着裂缝的发展和荷载强度的提高，柱内出现斜方向的剪切裂缝，如图 9.3(b) 所示。

(3) 局部剪切裂缝增大，箍筋屈服导致剪切裂缝进一步增长，如图 9.3(c) 所示。

(4) 发生脆性的剪切破坏，如图 9.3(d) 所示。

地震时，桥墩剪切破坏是导致桥梁破坏的主要形式 (图 9.4)，梁桥因桥墩剪切破坏而失去了承载能力。

3. 落梁破坏

当梁体的水平位移超过梁端支撑长度时发生落梁破坏。落梁破坏的主要原因是由于梁与桥墩（台）的相对位移过大，支座丧失约束能力后引起破坏，发生在桥墩之间地震相对位移过大、梁的支撑长度不够、支座破坏、梁间地震碰撞等情况。其中墩台位移使梁体由于预留搁置长度偏少或支座处抗剪强度不足，使得桥跨的纵向位移超出支座长度而引起落梁破坏，是最为常见的桥梁震害之一。从梁体下落的形式看，有顺桥向的，也有横桥向的扭转滑移，但统计数字表明，顺桥向的落梁占绝大多数。梁在顺桥向发生坠落时，有时梁端撞击桥墩侧壁，给下部结构带来很大的破坏。因此，顺桥向的落梁震害有的是墩倒梁落，也有的是梁落而毁墩。图 9.5 所示为日本兵库县南部地震中西宫大桥和阪神高速公路桥梁发生的落梁破坏以及其破坏机理，其中西宫大桥主要由于软弱地基中不同墩间相对位移过大引起支座破损，最终导致落梁破坏，而阪神高速公路高架桥的落梁破坏则由于其中的一个支座损坏后梁间追尾碰撞所引起。

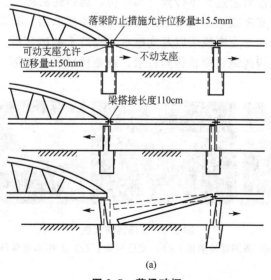

(a)

图 9.5 落梁破坏

（a）西宫大桥；（b）阪神高速公路桥梁

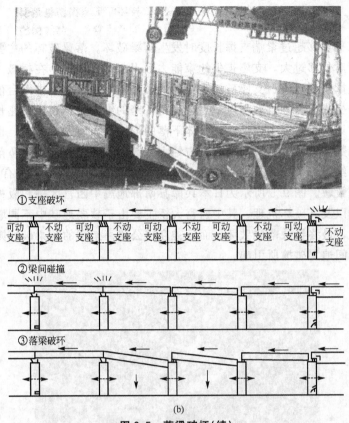

① 支座破坏

| 可动支座 | 不动支座 | 可动支座 | 不动支座 | 可动支座 | 不动支座 | 可动支座 | 不动支座 | 可动支座 | 不动支座 |

② 梁间碰撞

③ 落梁破坏

(b)

图 9.5 落梁破坏(续)

(a) 西宫大桥;(b) 阪神高速公路桥梁

4. 支座破坏

上部结构的地震惯性力通过支座传到下部结构,当传递荷载超过支座的设计强度时支座即发生损伤、破坏。支座破坏也是引起落梁破坏的主要原因,破坏的形式主要表现为支座锚固螺栓拔出剪断、活动支座脱落以及支座本身构造上的破坏等。对下部结构而言,支座损伤可以避免上部结构的地震荷载传到桥墩,避免桥墩发生破坏。图 9.6 所示为支座地震破坏的实例。

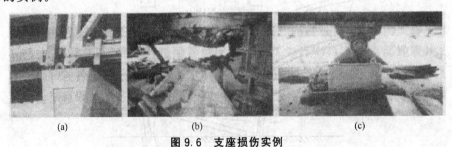

(a) (b) (c)

图 9.6 支座损伤实例

(a) 锚固螺栓剪断;(b) 支座脱落;(c) 支座本身破坏

5. 桥台破坏

桥台震害是由于受到较大的水平地震荷载所致,严重的破坏现象包括桥台的倒塌、断裂和倾斜，如台墙因配筋不足被梁体撞穿或承受过大的动土压力而倾倒。

6. 基础破坏

扩大基础自身的震害现象较少，其破坏的主要原因在于不良地质条件，如砂土液化、地基下沉、岸坡滑移或开裂等。桩基础的承台由于体积、强度和刚度都很大，因此也极少发生破坏，但桩基的破坏现象时有发生，尤其是深桩基础。因不良地质条件引起的基础严重破坏很难采用加强它们的抗震能力来避免，一般应在选择桥址、桥型、结构布置上加以注意。

此外，配筋设计不当还会引起盖梁和桥墩节点部位的破坏。如在唐山地震中，位于宁河县境内的于家岭桥，其墩柱震害就明显表现出受横向地震荷载作用破坏的特征，其中较高的中墩结构普遍发生盖梁和桥墩节点部位的损坏。

9.2 桥梁抗震设计原理

9.2.1 桥梁抗震设防分类及设防目标和标准

国家标准《公路桥梁抗震设计细则》(JTG/T B02—01—2008)(以下简称《细则》)，根据公路桥梁的重要性和修复(抢修)的难易程度，将桥梁抗震设防分为 A 类、B 类、C 类和 D 类四个抗震设防类别，分别对应不同的抗震设防标准和设防目标。A 类桥梁的抗震设防目标是 E1 地震作用(重现期约为 475 年)下不应发生损伤，E2 地震作用(重现期约为 2000 年)下可产生有限损伤，但地震后应能立即维持正常交通通行；B，C 类桥梁的抗震设防目标是 E1 地震作用(重现期约为 50~100 年)下不应发生损伤，E2 地震作用(重现期约为 475~2000 年)下不致倒塌或产生严重结构损伤，经临时加固后可供维持应急交通使用；D 类桥梁的抗震设防目标是 E1 地震作用(重现期约为 25 年)下不应发生损伤。因此，《细则》实质上是采用"两水平设防、两阶段设计"，仅对 D 类桥梁采用"一水平设防、一阶段设计"。

A 类、B 类和 C 类桥梁必须进行 E1 地震作用和 E2 地震作用下的抗震设计，D 类桥梁只需进行 E1 地震作用下的抗震设计。抗震设防烈度为 6 度地区的 B 类、C 类、D 类桥梁，可只进行抗震措施设计。

一般情况下，桥梁抗震设防分类应根据桥梁抗震设防各类别的适用范围按表 9-1 的规定确定。但对抗震救灾以及在经济、国防上具有重要意义的桥梁或破坏后修复(抢修)困难的桥梁，可按国家批准权限，报请批准后，提高设防类别。

表 9-1 桥梁抗震设防各类别的适用范围

桥梁抗震设防类别	适 用 范 围
A 类	单跨跨径超过 150m 的特大桥
B 类	单跨跨径不超过 150m 的高速公路、一级公路上的桥梁，单跨跨径不超过 150m 的二级公路上的特大桥、大桥
C 类	二级公路上的中桥、小桥，单跨跨径不超过 150m 的三、四级公路上的特大桥、大桥
D 类	三、四级公路上的中桥、小桥

各抗震设防类别的桥梁的抗震设防目标应符合表9-2的规定。

表9-2 各抗震设防类别的桥梁的抗震设防目标

桥梁抗震设防类别	设 防 目 标	
	E1 地震作用	E2 地震作用
A 类	一般不受损坏或不需修复可继续使用	可发生局部轻微损伤，不需修复或经简单修复可继续使用
B 类	一般不受损坏或不需修复可继续使用	应保证不致倒塌或产生严重结构损伤，经临时加固后可供维持应急交通使用
C 类	一般不受损坏或不需修复可继续使用	应保证不致倒塌或产生严重结构损伤，经临时加固后可供维持应急交通使用
D 类	一般不受损坏或不需修复可继续使用	

各类桥梁的抗震设防标准，应符合下列规定。

各类桥梁在不同抗震设防烈度下的抗震设防措施等级按表9-3确定。

表9-3 各类桥梁抗震设防措施等级

抗震设防烈度 桥梁分类	6 度	7 度		8 度		9 度
	0.05g	0.1g	0.15g	0.2g	0.3g	0.4g
A 类	7	8	9	9	更高，须专门研究	
B 类	7	8	8	9	9	≥9
C 类	6	7	7	8	8	9
D 类	6	7	7	8	8	9

各类桥梁的抗震重要性系数 C_i，按表9-4确定。

表9-4 各类桥梁的抗震重要性系数 C_i

桥梁分类	E1 地震作用	E2 地震作用
A 类	1.0	1.7
B 类	0.43(0.5)	1.3(1.7)
C 类	0.34	1.0
D 类	0.23	—

注：高速公路和一级公路上的大桥、特大桥，其抗震重要性系数取 B 类括号内的数值。

9.2.2 地震作用分量选取与组合

《细则》规定各类桥梁结构的地震作用，应按下列原则考虑。

（1）一般情况下，公路桥梁可只考虑水平向地震作用，直线桥可分别考虑顺桥向 x 和横桥向 y 的地震作用；抗震设防烈度为 8 度和 9 度的拱式结构、长悬臂桥梁结构和大跨度结构，以及竖向作用引起的地震效应很重要时，应同时考虑顺桥向 x、横桥向 y 和竖向 z 的地震作用。

（2）地震作用分量组合。采用反应谱法或功率谱法同时考虑三个正交方向（水平向 x、y 和竖向 z）的地震作用时，可分别单独计算 x 向地震作用产生的最大效应 E_x，y 向地震作用产生的最大效应 E_y 与 z 向地震作用产生的最大效应 E_z。总的设计最大地震作用效应 E 按下式求取：

$$E = \sqrt{E_x^2 + E_y^2 + E_z^2} \qquad (9-1)$$

（3）当采用时程分析法时，应同时输入三个方向分量的一组地震动时程计算地震作用效应。

对于桥梁抗震设计地震作用的计算方法，一般情况下，桥墩可采用设计加速度反应谱、设计地震动时程和设计地震动功率谱计算，桥台台身地震惯性力可采用静力法计算。

9.2.3　桥梁地震作用的计算

1. 水平设计加速度反应谱

阻尼比 ξ 为 0.05 的水平设计加速度反应谱 S（图 9.7）由下式确定：

$$S = \begin{cases} S_{max}(5.5T + 0.45) & (T < 0.1\text{s}) \\ S_{max} & (0.1\text{s} \leqslant T < T_g) \\ S_{max}(T_g/T) & (T \geqslant T_g) \end{cases}$$

$$(9-2)$$

式中　T_g——特征周期（s）；

　　　T——结构自振周期（s）；

　　　S_{max}——水平设计加速度反应谱最大值。

水平设计加速度反应谱最大值 S_{max} 由下式确定：

$$S_{max} = 2.25 C_i C_s C_d A \qquad (9-3)$$

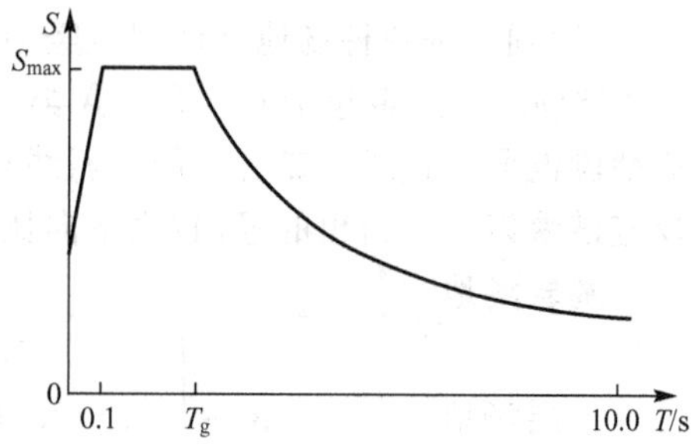

图 9.7　水平设计加速度反应谱

式中　C_i——抗震重要性系数，按表 9-4 取值；

　　　C_s——场地系数，按表 9-5 取值；

　　　C_d——阻尼调整系数，当结构的阻尼比 ξ 取值 0.05 时，阻尼调整系数 C_d 取值 1.0，当结构的阻尼比按有关规定取值不等于 0.05 时，阻尼调整系数 C_d 应按下式取值：

$$C_d = 1 + \frac{0.05 - \xi}{0.06 + 1.7\xi} \geqslant 0.55 \qquad (9-4)$$

　　　A——水平向设计基本地震动加速度峰值，按表 9-6 取值。

表 9-5　场地系数 C_s

抗震设防烈度 桥梁分类	6 度	7 度		8 度		9 度
	$0.05g$	$0.1g$	$0.15g$	$0.2g$	$0.3g$	$0.4g$
I	1.2	1.0	0.9	0.9	0.9	0.9
II	1.0	1.0	1.0	1.0	1.0	1.0
III	1.1	1.3	1.2	1.2	1.0	1.0
IV	1.2	1.4	1.3	1.3	1.0	1.0

表 9-6 抗震设防烈度和水平向设计基本地震动加速度峰值 A

抗震设防烈度	6 度	7 度	8 度	9 度
A	0.05g	0.10(0.15)g	0.20(0.30)g	0.40g

注：括号内数值对应于设计基本地震加速度为 0.15g 和 0.30g 的地区。

特征周期 T_g 按桥址位置在《中国地震动反应谱特征周期区划图》上查取，并根据场地类型，按表 9-7 调整取值。

表 9-7 设计加速度反应谱特征周期 T_g 调整表

区划图上的特征周期	按场地类型的调整值			
	I	II	III	IV
0.35	0.25	0.35	0.45	0.65
0.40	0.30	0.40	0.55	0.75
0.45	0.35	0.45	0.65	0.90

2. 竖向设计加速度反应谱

《细则》按两种场地条件规定竖向/水平反应谱比函数，即基岩和土层场地，前者对应于I类场地，后者包括II、III、IV类场地。谱比曲线用三段表示，短周期段取一直线，长周期段也取一直线，二者之间以斜线相连，即竖向设计加速度反应谱由水平向设计加速度反应谱乘以下式给出的竖向/水平向比函数 R 而得到：

基岩场地 $\qquad\qquad\qquad\qquad R=0.65$ $\qquad\qquad\qquad\qquad$ (9-5)

土层场地 $\qquad R=\begin{cases} 1.0 & (T<0.1\text{s}) \\ 1.0-2.5(T-0.1) & (0.1\text{s}\leqslant T<0.3\text{s}) \\ 0.5 & (T\geqslant 0.3\text{s}) \end{cases}$ $\qquad\qquad$ (9-6)

式中 T——结构自振周期(s)。

9.2.4 抗震计算方法

《细则》从桥梁抗震设计角度把单跨跨径不超过 150m 的梁桥、圬工或混凝土拱桥定义为常规桥梁，根据在地震作用下动力响应特性的复杂程度，常规桥梁分为规则桥梁和非规则桥梁两类。表 9-8 限定范围内的梁桥属于规则桥梁，不在此表限定范围内的梁桥属于非规则桥梁，如拱桥为非规则桥梁。对于墩高超过 40m，墩身第一阶振型有效质量低于 60%，且结构进入塑性的高墩桥梁应作专项研究。

表 9-8 规则桥梁的定义

参 数	参 数 值
单跨最大跨径	≤90m
墩高	≤30m
单墩高度与直径或宽度比	大于 2.5 且小于 10

（续）

参 数	参 数 值					
跨数	2	3	4	5	6	7
曲线桥梁圆心角 φ 及半径 R	单跨 $\varphi<30°$ 且一联累计 $\varphi<90°$，同时曲梁半径 $R\geqslant20b$（b 为桥宽）					
跨与跨间最大跨长比	3	2	2	1.5	1.5	1.5
轴压比	<0.3					
跨与跨间桥墩最大刚度比	—	4	4	3	3	2
支座类型	普通板式橡胶支座、盆式支座（铰接约束）等。使用滑板支座、减隔震支座等属于非规则桥梁					
下部结构类型	桥墩为单柱墩、双柱框架墩、多柱排架墩					
地基条件	不易液化、侧向滑移或遭冲刷的场地，远离断层					

各类桥梁的抗震分析计算方法可参见表9-9。反应谱法包括单振型反应谱法和多振型反应谱法，用多振型反应谱法计算时，所考虑的振型阶数应在计算方向获得90%以上的有效质量。地震作用效应应按下列规定计算：

表9-9 桥梁抗震分析可采用的计算方法

桥梁分类 地震作用	B类		C类		D类	
	规则	非规则	规则	非规则	规则	非规则
E1	SM/MM	MM/TH	SM/MM	MM/TH	SM/MM	MM
E2	SM/MM	TH	SM/MM	TH	—	—

注：TH 为线性或非线性时程计算方法；SM 为单振型反应谱或功率谱方法；MM 为多振型反应谱或功率谱方法。

（1）单一方向的地震作用效应（内力、位移），一般可采用 SRSS 方法，按式（9-7）确定：

$$F = \sqrt{\sum_i S_i^2} \qquad (9-7)$$

式中　F——结构的地震作用效应；

　　　S_i——结构第 i 阶振型地震作用效应。

（2）当结构相邻两阶振型的自振周期 T_i 和 T_j（$T_j \leqslant T_i$）接近时，即 T_i 和 T_j 之比 ρ_T 如果满足式（9-8），则应采用 CQC 方法按式（9-9）计算地震作用效应。

$$\rho_T = \frac{T_j}{T_i} \geqslant \frac{0.1}{0.1+\xi} \qquad (9-8)$$

式中　ξ——阻尼比；

　　　ρ_T——周期比。

$$F = \sqrt{\sum_j \sum_i S_i r_{ij} S_j} \qquad (9-9)$$

式中　r_{ij}——相关系数，按下式确定：

$$r_{ij} = \frac{8\xi^2(1+\rho_T)\rho_T^{3/2}}{(1+\rho_T^2)^2 + 4\xi^2\rho_T(1+\rho_T)^2} \qquad (9-10)$$

式中各符号意义同前。

在进行桥梁抗震分析时，E1 地震作用下，常规桥梁的所有构件抗弯刚度均按毛截面计算；E2 地震作用下，延性构件的有效截面抗弯刚度应按式(9-11)计算，但其他构件抗弯刚度仍按毛截面计算。

$$E_c \times I_{eff} = \frac{M_y}{\phi_y} \qquad\qquad (9-11)$$

式中　E_c——桥墩的弹性模量(kN/m^2)；

　　　　I_{eff}——桥墩有效截面抗弯惯性矩(m^4)；

　　　　M_y——桥墩的屈服弯矩($kN \cdot m$)；

　　　　ϕ_y——桥墩的等效屈服曲率($1/m$)。

9.2.5　规则桥梁地震作用的计算

根据地震震害调查，桥梁上部结构直接受震破坏的情况很少，主要的破坏在墩台部位，因此，桥梁抗震的重点在于墩台的抗震设计。

1. 桥墩抗震计算简图

当应用反应谱理论对桥梁进行抗震分析时，首先要确定结构的计算简图，然后才能通过动力学的分析方法求出结构的基本周期及振型，从而确定其地震力。因此，结构计算简图的确定，对于桥梁抗震验算有着十分重要的意义。众所周知，梁桥的下部构造是与上部构造互相连接的，在微幅振动的情况下，由于活动支座的摩擦阻力未被克服，上部构造对墩身的振动具有一定的约束作用，从而使桥墩刚度加大、周期变短。但上部构造的质量却又使桥墩周期加大。实测资料表明，在脉动试验或汽车通过等微幅振动情况下，这种上部构造的约束作用比较明显。但是，在强震作用下，桥墩上部构造的约束作用又将如何呢？由于缺乏大振幅试验的资料和强震观察数据，目前还不十分清楚，这是一个值得进一步研究解决的问题。但从国内几次强震的桥梁震害情况来看，支座均有不同程度的破坏，梁也有较大的纵、横向位移，似乎说明这种约束作用并不很大。日本《道路桥抗震设计规范》计算桥墩地震力时，均按单墩考虑，不考虑上部结构对下部结构的约束作用。因此，《细则》在确定桥墩的结构计算简图时，均按单墩考虑，分析模型中考虑上部结构、支座、桥墩及基础等刚度的影响。

(1) 柔性墩。《细则》在确定柔性桥墩的基本周期和地震作用时，均按单墩模型考虑。其理由如下：一是桥墩所支承的上部构造质量远较墩本身的质量为大，两者比值一般为5：1～8：1；二是它们均属柔性结构；三是计算简单，可满足工程上所要求的精度。

(2) 多排桩基础上的桥墩及实体墩。由于公路桥梁墩身一般不高，因此在确定地震作用时一般只考虑第一阶振型，而将高阶振型贡献略去不计。考虑到墩身在横桥向和顺桥向的刚度不同，在计算时两个方向分别采用不同的振型。在确定了振型曲线 X_{1i} 之后（一般采用静力挠曲线），就可以应用能量法或代替质量法将墩身各分段质量核算到墩顶上。这样，在确定基本周期时，仍可以简化为单质点处理，避免了多质点体系基本周期计算十分繁杂的缺点。对于多排桩基础上的桥墩也可根据桥墩形式的不同情况处理，如属柔性墩时，也可按柔性墩处理。实体墩的结构计算简图也可采用自由端等代刚度的悬臂杆，其基本周期可简化为单质点体系求得。在确定地震作用时，将墩身分为若干分段按多质点体系计算。

2. 重力式桥墩水平地震作用计算

采用固定支座和活动支座的简支梁桥和连续梁桥，上部结构的质量顺桥向产生的地震力主要由设置固定支座的桥墩承受，其余桥墩只承受摩擦力；横桥向产生的地震力则由设置固定支座和活动支座的桥墩共同承受。重力式桥墩计算简图如图9.8所示，其顺桥向和横桥向水平地震作用按下式计算：

$$E_{ihp} = S_{h1} \gamma_1 X_{1i} G_i / g \tag{9-12}$$

式中　E_{ihp}——作用于桥墩质点 i 的水平地震作用（kN）；

　　　S_{h1}——相应水平方向的加速度反应谱值；

　　　γ_1——桥墩顺桥向或横桥向的基本振型参与系数，按下式计算：

$$\gamma_1 = \frac{\sum\limits_{i=1}^{n} X_{1i} G_i}{\sum\limits_{i=0}^{n} X_{1i}^2 G_i} \tag{9-13}$$

　　　X_{1i}——桥墩基本振型在第 i 分段重心处的相对水平位移，对于实体桥墩，当 $H/B>5$ 时 $X_{1i} = X_f + (1-X_f)H_i/H$（一般适用于顺桥向），当 $H/B<5$ 时 $X_{1i} = X_f + (H_i/H)^{1/3}(1-X_f)$（一般适用于横桥向）；

　　　X_f——考虑地基变形时，顺桥向作用于支座顶面或横桥向作用于上部结构质心上的单位水平力在一般冲刷线或基础顶面引起的水平位移与支座顶面或上部结构质心处的水平位移之比值；

　　　H_i——冲刷线或基础顶面至墩身各分段质心处的垂直距离（m）；

　　　H——桥墩计算高度，即一般冲刷线或基础顶面至支座顶面或上部结构质心的垂直距离（m）；

　　　B——顺桥向或横桥向的墩身最大宽度（m）（图9.9）；

　　$G_{i=0}$——桥梁上部结构重力（kN），对于简支梁桥，计算顺桥向地震力时为相应于墩顶固定支座的一孔梁的重力，计算横桥向地震力时为相邻两孔梁重力的一半；

$G_i(i=1,2,3,\cdots)$——桥墩墩身各分段的重力（kN）。

　　　g——重力加速度。

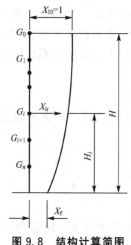

图9.8　结构计算简图

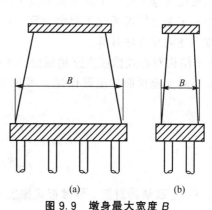

图9.9　墩身最大宽度 B
（a）横桥向；（b）顺桥向

3. 柱式墩顺桥向水平地震作用计算

柱式墩计算简图如图 9.10 所示，顺桥向水平地震荷载可采用下列简化公式计算：

$$E_{htp} = S_{h1} G_t / g \qquad (9-14)$$

式中　E_{htp}——作用于支座顶面处的水平地震力(kN)；

G_t——支座顶面处的换算质点重力(kN)，按下式计算：

$$G_t = G_{sp} + G_{cp} + \eta G_p$$

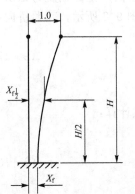

图 9.10　柱式墩计算简图

G_{sp}——桥梁上部结构的重力(kN)，对于简支梁桥，为相应于墩顶固定支座的一孔梁的重力；

G_{cp}——盖梁的重力(kN)；

G_p——墩身重力(kN)，对于扩大基础，为基础顶面以上墩身的重力，对于桩基础，为一般冲刷线以上墩身的重力；

η——墩身重力换算系数，按下式计算：

$$\eta = 0.16(X_f^2 \times 2X_{f\frac{1}{2}}^2 + X_f X_{f\frac{1}{2}} + X_{f\frac{1}{2}} + 1)$$

$X_{f\frac{1}{2}}$——考虑地基变形时，顺桥向作用于支座顶面上的单位水平力在墩身计算高度 $H/2$ 处引起的水平位移与支座顶面处的水平位移之比值；其余参数含义同前。

4. 采用板式橡胶支座的梁桥水平地震作用计算

板式橡胶支座一般分为无固定支座和活动支座两种。所有纵向水平力由各个支座均匀分配，必要时可采用不同的橡胶板来调节各支座传递的水平力。同时，为防止地震时主梁坠落河中，往往把相邻桥孔上部结构连接在一起称为一联上部结构。当桥梁孔数很多时，往往分成几联上部结构，每联一般是 3~5 跨的连续梁。对板式橡胶支座的梁桥顺桥向水平地震荷载计算，一般有三种计算模型。

1) 全联简化模型

全联均采用板式橡胶支座的连续梁桥或桥面连续、顺桥向具有足够强度的抗震联结措施(即顺桥向联结措施的强度大于支座抗剪极限强度)的简支梁，全联简化模型假定地震时各墩墩顶的振动位移相等，上部结构的重力产生的水平地震荷载可以按桥墩的组合刚度分配到支座上，于是全桥可简化为单墩计算，计算简图为两个质点的体系(图 9.12)，其水平地震力可按下述简化方法计算。

(1) 上部结构对板式橡胶支座顶面处产生的水平地震力。

上部结构对支座顶面的地震作用，可仅取第一阶振型计算，并按刚度分配到各墩多座，即

$$E_{ihs} = \frac{k_{itp}}{\sum\limits_{i=1}^{n} k_{itp}} S_{h1} G_{sp} / g \qquad (9-15)$$

式中　E_{ihs}——上部结构对第 i 号墩板式橡胶支座顶面处产生的水平地震力(kN)；

k_{itp}——第 i 号墩组合抗推刚度(kN/m)，$k_{itp} = \dfrac{k_{is} k_{ip}}{k_{is} + k_{ip}}$；

k_{is}——第 i 号墩板式橡胶支座抗推刚度(kN/m)，$k_{is} = \sum\limits_{j=1}^{n_s} \dfrac{G_d A_r}{\sum t}$；

n_s——第 i 号墩上板式橡胶支座数量；

G_d——板式橡胶支座动剪切模量(kN/m²)，一般取 1200kN/m²；

A_r——板式橡胶支座面积(m²)；

$\sum t$——板式橡胶支座橡胶层总厚度(m)；

n——相应于一联上部结构的桥墩个数；

k_{ip}——第 i 号桥墩墩顶抗推刚度(kN/m)；

G_{sp}——一联上部结构的总重力(kN)；

其余参数含义同前。

(2) 墩身水平地震力。

桥墩墩身自重产生的水平地震力计算可以根据桥墩具体情况分为实体墩和柱式墩，按式(9-16)或式(9-17)计算，但计算时不再计入上部结构的重力。

① 实体墩由墩身自重在墩身质点 i 处产生的水平地震力为

$$E_{ihp} = S_{h1} \gamma_1 X_{1i} G_i / g \qquad (9-16)$$

② 柱式墩由墩身自重在板式橡胶支座顶面产生的水平地震力为

$$E_{hp} = S_{h1} G_{tp} / g \qquad (9-17)$$

式中 G_{tp}——桥墩对板式橡胶支座顶面处的换算质点重力(kN)，按下式计算：

$$G_{tp} = G_{cp} + \eta G_p$$

其余参数含义同前。

2) 单墩单梁模型

采用板式橡胶支座的多跨简支梁桥，当桥墩为刚性墩时，可以按单墩单梁模型计算。

3) 耦联模型

采用板式橡胶支座的多跨简支梁桥，采用柔性墩时应考虑支座与上下部的耦联作用(一般情况可考虑 3～5 孔)，按图 9.11 所示的多质点模型计算。

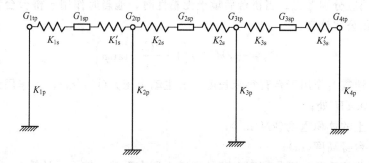

图 9.11 板式橡胶支座简支梁桥计算简图

梁桥的横桥向一般不控制设计，因为结构在横向的刚度比纵向刚度大得多。但对于独柱墩身的梁式桥，亦须重视结构横向抗震强度与稳定性的验算。关于横桥向水平地震力计算，《细则》规定如下：采用板式橡胶支座的简支梁和连续梁桥，当横桥向设置有限制横桥向位移的抗震措施(如挡块)时，可按一般支座考虑，按单墩模型的式(9-12)计算；如不设限制位移的措施，则应按橡胶支座的受力特性考虑，类似于顺桥向计算。

5. 桥台水平地震作用计算

梁桥桥台的地震作用与土体在地震时的压力有关，这是一个结构与地基和基础与填土之间的相互作用问题。公路桥台一般具有截面大而高度低的特点，对于轻型桥台因缺少动力特性的观测和试验研究资料，故采用静力法按下式计算：

$$E_{hau} = C_i C_s C_d A G_{au} / g \qquad (9-18)$$

式中　C_i、C_s、C_d——分别为抗震重要性系数、场地系数和阻尼调整系数，各按表9-4、表9-5、式(9-4)取值；

$\qquad\quad A$——水平向设计基本地震动加速度峰值，按表9-6取值；

$\qquad\quad E_{hau}$——作用于台身质心处的水平地震作用(kN)；

$\qquad\quad G_{au}$——基础顶面以上台身的重力(kN)。

对于修建在基岩上的桥台，其水平地震作用可按式(9-18)计算值的80%采用。验算设有固定支座的梁桥桥台时，还应计入由上部结构所产生的水平地震力，其值按式(9-18)计算，但G_{au}取一孔梁的重力。

6. 地震主动土压力和动水压力

《细则》规定，E1地震作用抗震设计阶段，应考虑地震时动水压力和主动土压力的影响，在E2地震作用抗震设计阶段，一般不须考虑。

地震时，由于土体自身运动也会产生惯性力，从而导致作用在桥台台背的地震土压力有所增大。另一方面，桥台伴随台后填土(岸坡)整体向河心滑移的震害现象也比较普遍。大量的浅埋重力式桥台(包括一些桩基桥台)与台后土体的整体滑坡具有以下三个特点：①滑坡都发生在严重液化地段，震害工点附近均有地震液化引起的喷水冒砂现象；②桥台滑移主要是沿台底向河心的水平位移，伴随有台身的沉降和向后倾斜；③台后路面及河岸出现2~3条主要的顺河向长大裂缝，主裂缝的位置在台后5~15m范围内，这些裂缝向下延伸，其方向接近铅垂向，直达液化层。这些特点表明桥台滑移与地震液化有关，滑移是沿着液化层的上表面开始的，滑块大致是一矩形。因此在计算台背地震主动土压力时，根据地质情况不同应分别考虑。当桥台后填土无黏性时，地震时作用于桥台台背的主动土压力可按下列简化公式计算：

$$E_{ea} = \frac{1}{2} \gamma H^2 K_A \left(1 + \frac{3 C_i A}{g} \tan\varphi \right) \qquad (9-19)$$

式中　E_{ea}——地震时作用于台背每米长度上的主动土压力(kN/m)，其作用点位于距台底0.4H处；

$\qquad\quad \gamma$——土的体积重度(kN/m³)；

$\qquad\quad H$——台身高度(m)；

$\qquad\quad K_A$——非地震条件下作用于台背的主动土压力系数，按下式计算：

$$K_A = \frac{\cos^2\varphi}{(1 + \sin\varphi)^2}$$

$\qquad\quad \varphi$——台背土的内摩擦角(°)；

$\qquad\quad C_i$——抗震重要性系数；

其余参数含义同前。

当判定桥台地表以下 10m 内有液化土层或软土层时，桥台基础应穿过液化土层或软土层；当液化土层或软土层超过 10m 时，桥台基础应埋深至地表以下 10m 处。其作用于桥台台背的主动土压力应按下式计算：

$$E_{ea}=\frac{1}{2}\gamma H^2(K_A+2C_iA/g) \qquad (9-20)$$

抗震设防烈度为 9 度地区的液化区，桥台宜采用桩基。其作用于台背的主动土压力可按式(9-20)计算。

地震动水压力问题，实质上是结构与水的相互作用问题，因而十分复杂。目前各国规范所列的动水压力计算公式，大部分是以水中刚性圆柱体在正弦地震运动作用下的理论解作为编制规范公式的基础。根据桥墩迎水面宽度和浸水深度的比值，动水压力可分别按以下各式计算：

$b/h<2.0$ 时
$$E_w=0.15\left(1-\frac{b}{4h}\right)C_iA\xi_h\gamma_w b^2h/g \qquad (9-21)$$

$2.0\leqslant b/h\leqslant3.1$ 时
$$E_w=0.075C_i\xi_h\gamma_w b^2h/g \qquad (9-22)$$

$b/h>3.1$ 时
$$E_w=0.24C_iA\xi_h\gamma_w b^2h/g \qquad (9-23)$$

式中 E_w——地震时在 $h/2$ 处作用于桥墩的总动水压力(kN)；

ξ_h——断面形状系数，对矩形墩取 1，圆形墩取 0.8，圆端形墩顺桥向取 0.9~1.0，横桥向取 0.8；

γ_w——水的体积重度(kN/m³)；

h——从一般冲刷线算起的水深(m)；

b——桥墩宽度(m)，可取 $h/2$ 处的截面宽度，矩形墩取长边边长，圆形墩取直径；

其余参数含义同前。

7. 梁桥结构基本周期的近似计算

1) 梁桥桥墩基本周期的近似公式

梁桥桥墩的基本周期可通过实测、试验或理论计算确定。一般情况下，可按下列近似公式计算各类桥墩的基本周期：

$$T_1=2\pi\left(\frac{G_t\delta_s}{g}\right)^{\frac{1}{2}} \qquad (9-24)$$

式中 T_1——各类梁桥桥墩的基本周期(s)。

G_t——支座顶面或上部结构质心处的换算质点重力(kN)，对于柔性墩 $G_t=G_{sp}+G_{cp}+\eta G_p$，对于实体墩顺桥向 $G_t=G_{sp}+[X_f+(1-X_f)^{2/3}]G_p$，对于实体墩横桥向或多排桩基础上的桥墩 $G_t=\sum_{i=0}^{n}G_iX_{1i}^2$。

δ_s——在顺桥向或横桥向作用于支座顶面或上部结构质心上单位水平力在该点引起的水平位移(m/kN)，顺桥和横桥方向应分别计算，对于实体墩，计算横桥方向的基本周期时，一般应考虑剪切变形的影响；对于变截面桥墩，可按式(9-25)式计算等效截面惯性矩；对于扩大基础、多排桩基础和沉井基础，当考虑地基变形时，可按《公路桥涵地基与基础设计规范》(JTG D63—2007)的有关规定计算支座顶面或上部结构质心的水平位移。

g——重力加速度(m/s^2)。

变截面桥墩等效截面惯性矩可按下式计算：

$$I_e = \frac{H^3}{2\displaystyle\int_0^H \frac{x^2}{I(x)}\mathrm{d}x} \tag{9-25}$$

式中 I_e——桥墩等效截面惯性矩(m^4)；

    H——桥墩计算高度(m)；

    x——以墩顶为坐标原点的坐标变量(m)；

  $I(x)$——坐标 x 处墩身惯性矩(m^4)，对有代表性的断面可按表 9-10 采用。

表 9-10 换算截面惯性矩 $I(x)$

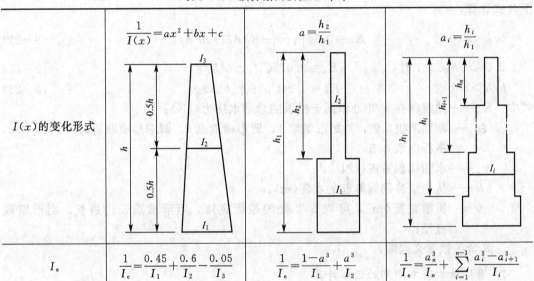

$I(x)$的变化形式	$\dfrac{1}{I(x)} = ax^2 + bx + c$	$a = \dfrac{h_2}{h_1}$	$a_i = \dfrac{h_i}{h_1}$
I_e	$\dfrac{1}{I_e} = \dfrac{0.45}{I_1} + \dfrac{0.6}{I_2} - \dfrac{0.05}{I_3}$	$\dfrac{1}{I_e} = \dfrac{1-a^3}{I_1} + \dfrac{a^3}{I_2}$	$\dfrac{1}{I_e} = \dfrac{a_n^3}{I_n} + \displaystyle\sum_{i=1}^{n-1} \dfrac{a_i^3 - a_{i+1}^3}{I_i}$

2）采用板式橡胶支座的梁桥基本周期近似计算

采用板式橡胶支座的梁桥，桥墩基本周期可按两个质点体系的公式计算，计算简图如图 9.12 所示，图中 G_{sp} 为一联上部结构的总重力；G_{tp} 为与一联上部结构相对应的各桥墩重力对支座顶面换算重力之和。计算公式如下：

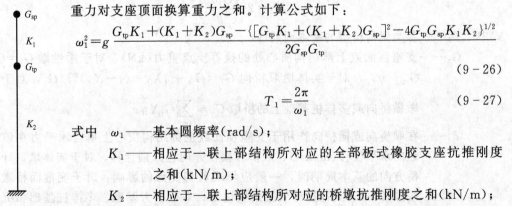

$$\omega_1^2 = g\frac{G_{tp}K_1 + (K_1 + K_2)G_{sp} - \{[G_{tp}K_1 + (K_1 + K_2)G_{sp}]^2 - 4G_{tp}G_{sp}K_1K_2\}^{1/2}}{2G_{sp}G_{tp}} \tag{9-26}$$

$$T_1 = \frac{2\pi}{\omega_1} \tag{9-27}$$

式中 ω_1——基本圆频率(rad/s)；

    K_1——相应于一联上部结构所对应的全部板式橡胶支座抗推刚度之和(kN/m)；

    K_2——相应于一联上部结构所对应的桥墩抗推刚度之和(kN/m)；

    T_1——基本周期(s)；

图 9.12 自振特性计算简图   其余参数含义同前。

9.3 桥梁延性抗震设计

9.3.1 延性抗震设计原则

延性抗震设计是指允许桥梁结构发生塑性变形，不仅用构件的强度作为衡量结构性能的指标，同时要校核构件的延性能力是否满足要求。延性抗震设计时，允许发生塑性变形的构件叫延性构件。能力设计是指为确保延性抗震设计桥梁可能出现塑性铰的桥墩的非塑性铰区、基础和上部结构构件不发生塑性变形和剪切破坏，必须对上述部位、构件进行加强设计，以保证非塑性铰区的弹性能力高于塑性铰区。采用能力保护设计原则设计的构件叫能力保护构件。

能力保护设计原则的基本思想在于：通过设计，使结构体系中的延性构件和能力保护构件形成强度等级差异，确保结构构件不发生脆性的破坏模式。基于能力保护设计原则的结构抗震设计过程，一般都具有以下特征。

（1）选择合理的结构布局。

（2）选择地震中预期出现的弯曲塑性铰的合理位置，保证结构能形成一个适当的塑性耗能机制；通过强度和延性设计，确保潜在塑性铰区域截面的延性能力。

（3）确立适当的强度等级，确保预期出现弯曲塑性铰的构件不发生脆性破坏模式（如剪切破坏、黏结破坏等），并确保脆性构件和不宜用于耗能的构件（能力保护构件）处于弹性反应范围。

具体到梁桥，按能力保护设计原则，应考虑以下几方面。

（1）塑性铰的位置一般选择出现在墩柱上，墩柱作为延性构件设计，可以发生弹塑性变形，耗散地震能量。《细则》规定沿顺桥向，连续梁桥和简支梁桥墩柱的底部区域、连续刚构桥墩柱的端部区域为塑性铰区域；沿横桥向，单柱墩的底部区域、双柱墩或多柱墩的端部区域为塑性铰区域。典型墩柱塑性铰区域如图 9.13 所示。

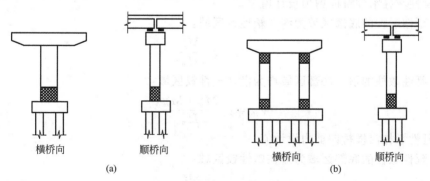

图 9.13 墩柱塑性铰区域

（a）单柱墩；（b）双柱墩

▨—塑性铰区域

（2）墩柱的设计剪力值按能力设计方法计算，应为与柱的极限弯矩（考虑超强系数）所对应的剪力。在计算设计剪力值时应考虑所有潜在的塑性铰位置，以确定最大的设计剪力。

（3）盖梁、结点及基础按能力保护构件设计，其设计弯矩、设计剪力和设计轴力应为与柱的极限弯矩（考虑超强系数）所对应的弯矩、剪力和轴力；在计算盖梁、结点和基础的设计弯矩、设计剪力和轴力值时，应考虑所有潜在的塑性铰位置，以确定最大的设计弯矩、剪力和轴力。

9.3.2 能力保护构件计算

钢筋混凝土构件的剪切破坏属于脆性破坏，是一种危险的破坏模式；对于抗震结构来说，墩柱剪切破坏还会大大降低结构的延性能力。因此，为了保证钢筋混凝土墩柱不发生剪切破坏，应采用能力保护设计原则进行延性墩柱的抗剪设计。根据能力保护设计原则，墩柱的剪切强度应大于墩柱可能在地震中承受的最大剪力（对应于墩柱塑性铰处截面可能达到的最大弯矩承载能力）。因此，进行钢筋混凝土延性墩柱的抗剪验算时，墩柱的纵向和横向剪力设计值 V_{c0} 应根据可能出现塑性铰处按实配钢筋，并采用材料强度标准值和轴压力计算出的弯矩承载能力，再考虑超强系数 ϕ_0 来计算。

通过对大量震害和试验结果的观察发现，墩柱的实际抗弯承载能力要大于其设计承载能力，这种现象称为墩柱抗弯超强现象。引起墩柱抗弯超强的原因很多，但最主要的原因是钢筋在屈服后的极限强度比其屈服强度大很多和钢筋实际屈服强度又比设计强度大很多。如果墩柱塑性铰的抗弯承载能力出现很大的超强，其所能承受的地震力超过了能力保护构件，则将导致能力保护构件先失效，预设的塑性铰不能产生，导致桥梁发生脆性破坏。

为了保证预期出现弯曲塑性铰的构件不发生脆性的破坏模式（如剪切破坏、黏结破坏等），并保证脆性构件和不宜用于耗能的构件（能力保护构件）处于弹性反应范围，在确定它们的弯矩、剪力设计值时，应采用墩柱抗弯超强系数 ϕ_0 来考虑超强现象。研究表明：当轴压比大于 0.2 时，超强系数随轴压比的增加而增加，当轴压比小于 0.2 时，超强系数在 1.1～1.3 之间。《细则》建议 ϕ_0 取 1.2。

《细则》规定：延性墩柱沿顺桥向和横桥向的剪力设计值 V_{c0} 可按下列规定计算。

1）延性墩柱沿顺桥向剪力设计值 V_{c0}

（1）延性墩柱的底部区域为潜在塑性铰区域：

$$V_{c0} = \phi_0 \frac{M_{zc}^x}{H_n} \tag{9-28}$$

（2）延性墩柱的顶、底部区域均为潜在塑性铰区域：

$$V_{c0} = \phi_0 \frac{M_{zc}^x + M_{zc}^s}{H_n} \tag{9-29}$$

2）延性墩柱沿横桥向剪力设计值

（1）延性墩柱的底部区域为潜在塑性铰区域：

$$V_{c0} = \phi_0 \frac{M_{hc}^x}{H_n} \tag{9-30}$$

（2）延性墩柱的顶、底部区域均为潜在塑性铰区域：

$$V_{c0} = \phi_0 \frac{M_{hc}^x + M_{hc}^s}{H_n} \tag{9-31}$$

式中 M_{zc}^s、M_{zc}^x——分别为墩柱上、下端截面按实配钢筋，采用材料强度标准值和最不利
轴力计算的沿顺桥向正截面抗弯承载力所对应的弯矩值（kN·m）；

M_{hc}^s、M_{hc}^x——分别为墩柱上、下端截面按实配钢筋，采用材料强度标准值和最不利
轴力计算的沿横桥向正截面抗弯承载力所对应的弯矩值（kN·m）；

H_n——一般取为墩柱的净长度，但是对于单柱墩横桥向计算时应取梁体截面形
心到墩柱底截面的垂直距离（m）；

ϕ_0——桥墩正截面抗弯承载能力超强系数，$\phi_0=1.2$。

对于截面尺寸较大的桥墩，在 E2 地震作用下可能不会发生屈服，这样采用能力保护
方法计算过于保守，可直接采用 E2 地震作用计算结果。故《细则》规定：在 E2 地震作用
下，如结构未进入塑性工作范围，桥梁墩柱的剪力设计值、桥梁基础和盖梁的内力设计值
可用 E2 地震作用的计算结果。

在双柱墩和多柱墩桥的抗震设计中，钢筋混凝土墩柱作为延性构件产生弹塑性变形耗散
地震能量，而盖梁、基础等作为能力保护构件保持弹性。因此，应采用能力保护设计原则进
行横梁的设计。根据能力保护设计原则，盖梁的抗弯强度应大于盖梁可能在地震中承受的最
大、最小弯矩（对应于墩柱塑性铰处截面可能达到的正、负弯矩承载能力）。进行盖梁验算
时，首先要计算出盖梁可能承受的最大、最小弯矩作为设计弯矩（图 9.14），然后进行验算。

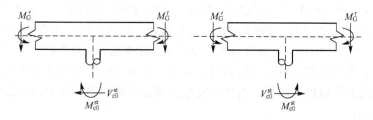

图 9.14 盖梁设计弯矩计算示意图

图 9.14 中 $M_{c0}^{st}=\phi_0 M_{hc}^{st}$，$M_{hc}^{st}$ 为墩柱顶截面按实配钢筋、采用材料强度标准值和轴压
力计算出的正截面抗弯承载力所对应的弯矩值。

延性桥墩盖梁的弯矩设计值 M_{p0} 和剪力设计值 V_{c0} 可分别按下式计算：

$$M_{p0}=\phi_0 M_{hc}^s+M_G \tag{9-32}$$

$$V_{c0}=\phi_0 \frac{M_{pc}^R+M_{pc}^L}{L_0} \tag{9-33}$$

式中 M_G——由结构重力产生的弯矩（kN·m）；

M_{pc}^L、M_{pc}^R——分别为盖梁左、右端截面按实配钢筋，采用材料强度标准值计算的正截面
抗弯承载力所对应的弯矩值（kN·m）；

L_0——盖梁的净跨度（m）；其余参数含义同前。

由于在地震过程中，如基础发生损伤，将难以发现并且维修困难，因此要求采用能力
保护设计原则进行基础计算和设计，以保证基础在达到它预期的强度之前，墩柱已超过其
弹性反应范围。梁桥基础沿横桥向、顺桥向的弯矩、剪力和轴力设计值应根据墩柱底部可
能出现塑性铰处的弯矩承载能力（考虑超强系数 ϕ_0）、剪力设计值和相应的墩柱最不利轴
力来计算（图 9.15），在计算这些设计值时应和自重产生的内力组合。

图 9.15 中，$M_{c0}=\phi_0 M_{hc}^x$，$M_{c0}^l=\phi_0 M_{zc}^x$，M_{zc}^x、M_{hc}^x 分别为墩柱底截面按实配钢筋，采

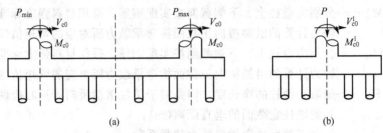

图 9.15 基础设计力计算示意图

(a) 沿横桥向；(b) 沿顺桥向

用材料强度标准值和轴压力计算出沿顺桥向和横桥向的正截面抗弯承载力所对应的弯矩值；V_{c0}、V_{c0}^1分别为墩柱底部塑性铰沿横桥向和顺桥向的剪力设计值；P_{max}、P_{min}为沿横桥向相应墩柱下端截面出现塑性铰时墩柱的最大和最小轴力。

9.3.3 墩柱强度验算

对于 B 类、C 类桥梁，顺桥向和横桥向的 E1 地震作用效应和永久作用效应组合后，应按现行的公路桥涵设计规范有关偏心受压构件的规定验算桥墩的强度。对于计算长度与矩形截面计算方向的尺寸之比小于 2.5(或墩柱的计算长度与圆形截面直径之比小于 2.5)的矮墩，其主要破坏模式为剪切破坏，为脆性破坏，没有延性，因此顺桥向和横桥向的 E2 地震作用效应和永久作用效应组合后，应按现行的公路桥涵设计规范相关规定验算桥墩的强度。

地震中大量钢筋混凝土墩柱的剪切破坏表明：在墩柱塑性铰区域由于弯曲延性增加会使混凝土所提供的抗剪强度降低，墩柱塑性铰区域沿顺桥向和横桥向的斜截面抗剪强度应按下列公式验算：

$$V_{c0} \leqslant \phi(0.0023\sqrt{f_c'}A_e + V_s) \tag{9-34}$$

式中 V_{c0}——剪力设计值(kN)；

f_c'——混凝土抗压强度标准值(MPa)；

V_s——箍筋提供的抗剪能力(kN)，按下式计算和验算：

$$V_s = 0.1\frac{A_k b}{S_k}f_{yh} \leqslant 0.067\sqrt{f_c'}A_e$$

A_e——核心混凝土面积(cm^2)；

A_k——同一截面上箍筋的总面积(cm^2)；

S_k——箍筋的间距(cm)；

f_{yh}——箍筋抗拉强度设计值(MPa)；

b——沿计算方向墩柱的宽度(cm)；

ϕ——抗剪强度折减系数，此处取 0.85。

桥梁基础、盖梁以及梁体为能力保护构件，墩柱的抗剪按能力保护原则设计。为了保证其抗震安全，要求其在 E2 地震作用下基本不发生损伤。《细则》规定：桥梁基础根据计算出的弯矩、剪力和轴力设计值和永久作用效应组合后，按现行《公路桥涵地基与基础设计规范》验算承载能力，盖梁根据计算出的弯矩设计值、剪力设计值和永久作用效应组合后，按国家标准《公路钢筋混凝土及预应力混凝土桥涵设计规范》(JTG D62—2004)验算正截面抗弯强度和斜截面抗剪强度，桥台根据计算出桥台的地震作用效应和永久作用效应组合后，按现行公路桥涵设计规范相关规定验算承载能力。

对于 D 类桥梁、重力式桥墩和桥台，只考虑进行 E1 地震作用下的抗震验算，E1 地震作用效应和自重荷载效应组合后，按现行的公路桥涵设计规范有关规定进行强度验算。

9.3.4 墩柱变形验算

对于 B 类、C 类桥梁，在 E2 地震作用下，一般情况应按式(9-36)验算潜在塑性铰区域沿顺桥向和横桥向的塑性转动能力，但对于规则桥梁，可按式(9-38)验算桥墩墩顶的位移；对于高宽比小于 2.5 的矮墩，可不验算桥墩的变形，但应验算强度。

1) 桥墩潜在塑性铰区域转动能力验算

在 E2 地震作用下，应按下式验算桥墩潜在塑性铰区域沿顺桥向和横桥向的塑性转动能力：

$$\theta_p \leqslant \theta_u \tag{9-35}$$

式中 θ_p——在 E2 地震作用下，潜在塑性铰区域的塑性转角；

θ_u——塑性铰区域的最大容许转角。

塑性铰区域的最大容许转角 θ_u 应根据极限破坏状态的曲率能力，按下式计算：

$$\theta_u = L_p(\phi_u - \phi_y)/K \tag{9-36}$$

式中 ϕ_y——理想弹塑性轴力-弯矩-曲率($P-M-\phi$)曲线的等效屈服曲率，一般情况下，可根据图 9.16 中两个阴影面积相等求得，计算中应考虑最不利轴力组合；

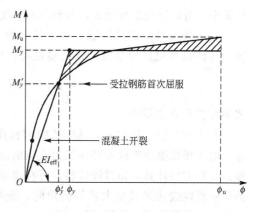

ϕ_u——极限破坏状态的曲率，一般情况下，应通过考虑最不利轴力组合的 $P-M-\phi$ 曲线确定，为混凝土应变达到极限压应变 ε_{cu}，或约束钢筋达到折减极限应变 ε_{cu}^R，或纵筋达到折减极限应变 ε_{lu} 时相应的曲率；

K——延性安全系数，此处取 2.0；

图 9.16 等效屈服曲率

L_p——等效塑性铰长度(cm)，可取以下两式计算结果的较小值：

$$L_p = 0.08H + 0.022f_y d_s \geqslant 0.044f_y d_s \quad \text{或} \quad L_p = \frac{2}{3}b$$

H——悬臂墩的高度或塑性铰截面到反弯点的距离(cm)；

b——矩形截面的短边尺寸或圆形截面直径(cm)；

f_y——纵向钢筋抗拉强度标准值(MPa)；

d_s——纵向钢筋的直径(cm)。

混凝土的极限压应变 ε_{cu}，可按下式计算：

$$\varepsilon_{cu} = 0.004 + \frac{1.4\rho_s f_{kh} \varepsilon_{su}^R}{f_{cc}'} \tag{9-37}$$

式中 ρ_s——约束钢筋的体积含筋率，对于矩形箍筋为

$$\rho_s = \rho_x + \rho_y$$

ρ_x、ρ_y——分别为顺桥向与横桥向箍筋体积含筋率；

f_{kh}——箍筋抗拉强度标准值(MPa)；

f'_{cc}——约束混凝土的峰值应力(MPa)，一般情况下可取 1.25 倍的混凝土抗压强度标准值；

ε_{su}^R——约束钢筋的折减极限应变，此处取 0.09；

2）桥墩墩顶的位移验算

对于规则桥梁，在 E2 地震作用下，可只按下式验算桥墩墩顶的位移：

$$\Delta_d \leqslant \Delta_u \tag{9-38}$$

式中 Δ_d——在 E2 地震作用下墩顶的位移(cm)，按式(9-39)计算；

Δ_u——桥墩容许位移(cm)，按式(9-40)或图 9.17 所示含义计算。

在 E2 地震作用下，可按下式计算墩顶的顺桥向和横桥向水平位移 Δ_d：

$$\Delta_d = c\delta \tag{9-39}$$

式中 δ——在 E2 地震作用下，采用截面有效刚度计算的墩顶水平位移；

c——考虑结构周期的调整系数。

国内外大量的理论分析表明：当结构的自振周期大于反应谱的特征周期后，对于规则桥梁可采用等位移原理，即对于相同边界条件，地震作用下，按弹性分析与弹塑性分析(非线性分析)得出的位移近似相等。但当结构的自振周期较短时，采用等位移原理得到的位移偏小，可以通过系数修正，调整系数 c 按表 9-11 取值。

对于规则桥梁的单柱墩，由于其响应主要由第一阶振型控制，在 E2 地震作用下，墩顶的容许位移可以根据塑性铰的塑性转动能力，按式(9-40)计算得出：

$$\Delta_u = \frac{1}{3}H^2\phi_y + \left(H - \frac{L_p}{2}\right)\theta_u \tag{9-40}$$

式中各符号含义同前。

对于双柱墩、排架墩，其顺桥向的容许位移可按式(9-40)计算；对于横桥向的容许位移，由于很难根据塑性铰转动能力直接给出计算墩顶容许位移的计算公式，建议采用非线性静力分析方法计算墩顶容许位移。可在盖梁处施加水平力 F，进行非线性静力分析，当墩柱的任一塑性铰达到其最大容许转角时，盖梁处的横向水平位移即为容许位移(图 9.17)。

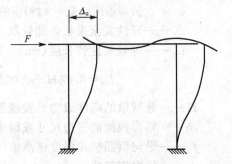

图 9.17 双柱墩的容许位移

表 9-11 调整系数 c

结构周期	c
$T \leqslant 0.1s$	1.5
$T \geqslant T_g$	1.0
$0.1 < T < T_g$ 时	按线性插值求得

注：T 为结构的自振周期，T_g 为特征周期。

9.3.5 支座抗震验算

1）板式橡胶支座的抗震验算

板式橡胶支座进行抗震验算时，容许压应力不起控制作用。因进行抗震强度验算时，地震荷载不与车辆荷载进行组合，故地震时支座反力比正常情况下支座反力小。当地震水平力较大时，橡胶支座产生较大水平变形，有可能超过容许变形值，因此需要验算支座厚度，以控制水平变形不超过容许值，即容许剪切角正切值不超过1.0。当跨径比较小，地震水平力比较大时，有可能使支座产生滑动，因此还需要验算支座抗滑稳定性。

对于 B 类、C 类桥梁，在 E2 地震作用下，按下列要求进行板式橡胶支座的抗震验算：

（1）支座厚度验算。

$$\sum t \geqslant \frac{X_0}{\tan\gamma} = X_0 \tag{9-41}$$

式中　$\sum t$——橡胶层的总厚度（m）；

　　　$\tan\gamma$——橡胶片剪切角正切值，此处可取1.0；

　　　X_0——E2 地震作用效应和永久作用效应组合后橡胶支座顶面相对于底面的水平位移（m）。

（2）支座抗滑稳定性验算。

$$\mu_d R_b \geqslant E_{hzb} \tag{9-42}$$

式中　μ_d——支座的动摩阻系数，橡胶支座与混凝土表面的动摩阻系数采用0.15，与钢板的动摩阻系数采用0.10；

　　　R_b——上部结构重力在支座上产生的反力（kN）；

　　　E_{hzb}——E2 地震作用效应和永久作用效应组合后橡胶支座的水平地震力（kN）。

对于 D 类桥梁、重力式桥墩和桥台只要求进行 E1 地震作用下的地震验算，但对于支座如只进行 E1 地震作用下的验算，可能导致在 E2 地震作用下支座破坏、造成落梁，因此，对于支座需要考虑其 E2 地震作用下不破坏。为了简化计算，在进行 D 类桥梁和重力式桥墩桥梁支座抗震能力验算时，虽然只进行 E1 地震作用下的地震反应分析，但可采用一个支座调整系数 α_d 来考虑 E2 地震作用效应，通过大量分析，建议取 $\alpha_d = 2.3$。具体验算如下。

（1）支座厚度验算。

$$\sum t \geqslant \frac{X_E}{\tan\gamma} = X_E \tag{9-43}$$

$$X_E = \alpha_d X_D + X_H \tag{9-44}$$

式中　$\sum t$——橡胶层的总厚度（m）；

　　　$\tan\gamma$——橡胶片剪切角正切值，此处取1.0；

　　　X_D——在 E1 地震作用下，支座顶面相对于底面的水平位移（m）；

　　　X_H——永久作用产生的支座顶面相对于底面的水平位移（m）；

　　　α_d——支座调整系数，一般取2.3。

（2）支座抗滑稳定性验算。

$$\mu_d R_b \geqslant E_{hzh} \tag{9-45}$$

$$E_{hzh} = \alpha_d E_{hze} + E_{hzd} \tag{9-46}$$

式中　μ_d——支座的动摩阻系数，橡胶支座与混凝土表面的动摩阻系数采用0.15，与钢板的动摩阻系数采用0.10；

　　　E_{hzh}——支座水平组合地震力（kN）；

　　　R_b——上部结构重力在支座上产生的反力（kN）；

E_{hze}——在 E1 地震作用下，橡胶支座的水平地震力(kN)；

E_{hzd}——永久作用产生的橡胶支座水平力(kN)；

α_d——支座调整系数，一般取 2.3。

2）盆式支座的抗震验算

对于 B 类、C 类桥梁，在 E2 地震作用下，应按下列要求进行盆式支座的抗震验算：

(1) 活动盆式支座。

$$X_0 \leqslant X_{max} \qquad (9-47)$$

(2) 固定盆式支座。

$$E_{hzd} \leqslant E_{max} \qquad (9-48)$$

式中 X_0——E2 地震作用效应和永久作用效应组合得到的活动盆式支座滑动的水平位移(m)；

X_{max}——活动盆式支座容许滑动的水平位移(m)；

E_{hzd}——E2 地震作用效应和永久作用效应组合得到的固定盆式支座水平力设计值(kN)；

E_{max}——固定盆式支座容许承受的最大水平力(kN)。

对于 D 类桥梁和重力式桥墩桥梁盆式支座的抗震验算如下。

(1) 活动盆式支座。

$$X_E \leqslant X_{max} \qquad (9-49)$$
$$X_3 = \alpha_d X_D + X_H \qquad (9-50)$$

(2) 固定盆式支座。

$$E_{hzh} \leqslant E_{max} \qquad (9-51)$$
$$E_{hzh} = \alpha_d E_{hze} + E_{hzd} \qquad (9-52)$$

式中 X_{max}——活动盆式支座容许滑动的水平位移(m)；

E_{max}——固定盆式支座容许承受的最大水平力(kN)；

其余参数含义同前。

9.4 桥梁减隔震设计

9.4.1 减隔震技术应用范围

在桥梁抗震设计中，引入隔震技术的目的就是利用隔震装置在满足正常使用功能要求的前提下，达到延长结构周期、消耗地震能量、降低结构响应的目的。因此，对于桥梁的隔震设计，最重要的方面就是设计合理、可靠的隔震装置并使其在结构抗震中充分发挥作用，即桥梁结构的大部分耗能、塑性变形应集中于这些装置，允许这些装置在 E2 地震作用下发生大的塑性变形和存在一定的残余位移，而结构其他构件的响应基本为弹性或有限塑性。

但是，隔震技术的应用并不是在任何情况下均适用。对于基础土层不稳定、易于发生液化的场地，下部结构刚度小、桥梁结构本身的基本振动周期比较长，所处场地特征周期比较长、延长周期可能引起地基与桥梁结构共振及支座中出现较大负反力等情况，就不宜采用隔震技术。现有研究表明，在场地条件比较稳定的情况下，可使用隔震技术。

故《细则》规定，当桥梁满足下列条件之一时，可采用减隔震设计。

（1）桥墩为刚性墩，桥梁的基本周期比较短。

（2）桥墩高度相差较大。

（3）桥址区的预期地面运动特性比较明确，主要能量集中在高频段。

当存在以下情况之一时，不宜采用减隔震设计。

（1）地震作用下，场地可能失效。

（2）下部结构刚度小，桥梁的基本周期比较长。

（3）位于软弱场地，延长周期可能引起地基和桥梁共振。

（4）支座中可能出现负反力。

9.4.2 减隔震桥梁设计原则

当采用隔震技术时，应保证设计的结构抗震性能高于不采用隔震技术的抗震性能，这可通过在相同设防水准下，提高结构的性能目标要求来实现。因此，应对 E1 地震作用和 E2 地震作用分别进行设计和计算。

桥梁减隔震设计是通过延长结构的基本周期，避开地震能量集中的范围，从而降低结构的地震力。但延长结构周期的同时，必然使得结构比较柔，从而可能导致结构在正常使用荷载作用下发生有害振动，因此要求隔震结构应具有一定的刚度和屈服强度，保证在正常使用荷载(如风、制动力等)下结构不发生有害屈服和振动。同时，采用减隔震设计的桥梁通常结构的变形比不采用减隔震技术的桥梁大，为了确保隔震桥梁在地震作用下的预期性能，在相邻上部结构之间应设置足够的间隙，且必须对伸缩缝装置、相邻梁间限位装置、防落梁装置等进行合理的设计，以满足位移需求，并对施工质量给予明确规定。

采用减隔震设计的桥梁，在地震作用下应以隔震装置抗震为主，非弹性变形和耗能宜主要集中于这些装置，而其他构件(如桥墩等)的抗震为辅。为了使大部分变形集中于隔震装置，就必须使隔震装置的水平刚度远低于桥墩、桥台、基础等的刚度。因此《细则》规定采用隔震设计的桥梁，其隔震周期至少应为非隔震周期的 2 倍以上。

对减隔震桥梁作抗震分析时，可分别考虑顺桥向和横桥向的地震作用，位于抗震设防烈度 8 度、9 度区的桥梁，应考虑竖向地震效应和水平地震效应的不利组合。

从桥梁减隔震设计的原理知，减隔震桥梁抗震的主要构件是减隔震装置，而且，在地震中允许这些构件发生损伤。这就要求减隔震装置性能可靠，且震后可对这些构件进行维护。此外，为了确保减隔震装置在地震中能够发挥应有的作用，也必须对其进行定期的检查和维护，且应考虑减隔震系统的可更换性要求。

计算减隔震桥梁地震作用效应时，宜取全桥模型进行分析，并考虑伸缩装置、桩土相互作用等因素。减隔震桥梁抗震分析可采用反应谱法、动力时程法和功率谱法，由于存在隔震装置的非线性特性及其桥墩非线性特性的相互影响以及隔震桥响应对伸缩装置、挡块等防落梁装置的敏感性等因素，如果需要合理地考虑这些因素的影响时，一般情况下宜采用非线性动力时程分析方法。

隔震桥梁的抗震设计，一方面应满足设防水准地震作用下的性能要求，同时应对发生超过设防水准地震作用下结构可能的破坏形式也给予充分考虑，使其破坏情况朝向损失最低的方式发生，且结构的整个反应特性是延性的。这就要求通过使构件具有不同的强度等级，控制结构在地震作用下构件发生屈服的部位和先后顺序，通过设计使构件具有足够的延性变形能力来实现结构预期的屈服顺序和抗震所需的必要变形能力和耗能能力。一般情况下，桥墩、桥台、基础等应依据能力保护设计原则进行设计与验算。

9.4.3 减隔震装置及抗震验算

采用减隔震技术设计的桥梁是要通过在桥梁中安装必要的装置而达到减隔震的目的。减隔震系统是由减隔震支座、减隔震用伸缩装置、撞落结构和连梁装置三大部分构成的。这三类装置的功能相互关联，不可缺失。常用的减隔震装置分为整体型和分离型两类。目前常用的整体型减隔震装置有：①铅芯橡胶支座；②高阻尼橡胶支座；③摩擦摆式减隔震支座。分离型减隔震装置有：①橡胶支座＋金属阻尼器；②橡胶支座＋摩擦阻尼器；③橡胶支座＋黏性材料阻尼器。

减隔震装置进行验算的内容有：①对于橡胶型减隔震装置，在 E1 地震作用下产生的剪切应变应小于 100%，在 E2 地震作用下产生的剪切应变应小于 250%，并验算其稳定性；②非橡胶型减隔震装置，应根据具体的产品指标进行验算；③应对减隔震装置在正常使用条件下的性能进行验算。

由于减隔震装置是减隔震桥梁中的重要组成部分，必须具有设计要求的预期性能，因此，《细则》要求在实际采用减隔震装置前，必须对减隔震装置的性能和特性进行严格的检测试验。原则上必须由原形测试结果来确认减隔震系统在地震时的性能与设计相符。检测试验包括减隔震装置在动力荷载下、静力荷载下的试验，并依据相关的检测试验规程进行，试验得到的力学参数值应在设计值的±10%以内。

9.5 桥梁抗震构造措施

9.5.1 一般抗震构造措施

各类桥梁抗震措施等级的选择，按表 9-3 确定。抗震措施除满足本烈度区的规定外，还要同时满足低烈度区的规定。

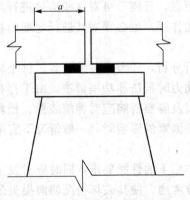

图 9.18 梁端至墩、台帽或盖梁
边缘的最小距离 a

1) 6 度区抗震措施规定

(1) 简支梁梁端至墩、台帽或盖梁边缘应有一定的距离(图 9.18)，其最小值 a(cm)按下式计算：

$$a \geqslant 70 + 0.5L \qquad (9-53)$$

式中 L——梁的计算跨径(m)。

(2) 当满足式(9-54)的条件时，斜桥梁(板)端至墩、台帽或盖梁边缘的最小距离 a(cm)(图 9.19)应按式(9-53)和式(9-55)计算，取两者中之较大值。

$$\frac{\sin 2\theta}{2} > \frac{b}{L_\theta} \qquad (9-54)$$

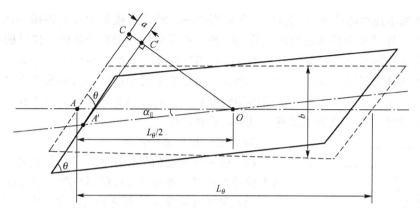

图 9.19 斜桥梁(板)端至墩、台帽或盖梁边缘的最小距离 a

$$a \geqslant 50 L_\theta \left[\sin\theta - \sin(\theta - \alpha_E) \right] \qquad (9-55)$$

式中 L_θ——上部结构总长度(m),对简支梁桥取其跨径 L;

　　 b——上部结构总宽度(m);

　　 θ——斜交角(°);

　　 α_E——极限脱落转角(°),一般取 5°。

（3）当满足式(9-56)的条件时,曲线桥梁端至墩、台帽或盖梁边缘的最小距离 a(cm)(图 9.20)应按式(9-57)和式(9-53)计算,取两者中之较大值。

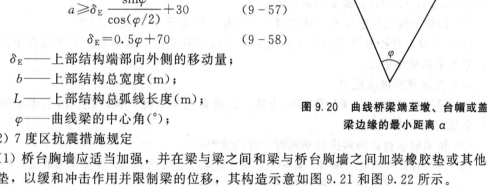

$$\frac{115}{\varphi} \cdot \frac{1-\cos\varphi}{1+\cos\varphi} > \frac{b}{L} \qquad (9-56)$$

$$a \geqslant \delta_E \frac{\sin\varphi}{\cos(\varphi/2)} + 30 \qquad (9-57)$$

$$\delta_E = 0.5\varphi + 70 \qquad (9-58)$$

式中 δ_E——上部结构端部向外侧的移动量;

　　 b——上部结构总宽度(m);

　　 L——上部结构总弧线长度(m);

　　 φ——曲线梁的中心角(°);

图 9.20 曲线桥梁端至墩、台帽或盖梁边缘的最小距离 a

2）7度区抗震措施规定

（1）桥台胸墙应适当加强,并在梁与梁之间和梁与桥台胸墙之间加装橡胶垫或其他弹性衬垫,以缓和冲击作用并限制梁的位移,其构造示意如图 9.21 和图 9.22 所示。

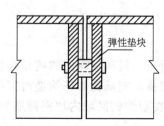

图 9.21 梁与梁之间的缓冲设施

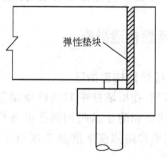

图 9.22 梁与桥台之间的缓冲设施

（2）桥面不连续的简支梁（板）桥，宜采用挡块、螺栓连接和钢夹板连接等防止纵横向落梁的措施。连续梁和桥面连续简支梁（板）桥，应采取防止横向产生较大位移的措施。

（3）在软弱黏性土层、液化土层和不稳定的河岸处建桥时，对于大、中桥，可适当增加桥长，合理布置桥孔，使墩、台避开地震时可能发生滑动的岸坡或地形突变的不稳定地段。否则，应采取措施增强基础抗侧移的刚度和加大基础埋置深度；对于小桥，可在两桥台基础之间设置支撑梁或采用浆砌片（块）石满铺河床。

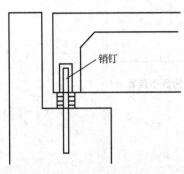

销钉

图 9.23　锚杆或销钉式限位装置

3）8 度区抗震措施规定

（1）应采用合理的限位装置，防止结构相邻构件产生过大的相对位移，限位装置可使用与图 9.23 类似的结构。

（2）梁桥活动支座，不应采用摆柱支座；当采用辊轴支座时，应采取限位措施。

（3）连续梁桥宜采取使上部构造所产生的水平地震荷载能由各个墩、台共同承担的措施，以免固定支座墩受力过大。

（4）连续曲梁的边墩和上部构造之间宜采用锚栓连接，防止边墩与梁脱离。

（5）高度大于 7m 的柱式桥墩和排架桩墩应设置横系梁。

（6）石砌或混凝土墩（台）的墩（台）帽与墩（台）身连接处、墩（台）身与基础连接处、截面突变处、施工接缝处均应采取提高抗剪能力的措施。

（7）桥台宜采用整体性强的结构形式。

（8）石砌或混凝土墩、台和拱圈的最低砂浆强度等级，应按《公路圬工桥涵设计规范》（JTG D61—2005）的要求提高一级采用。

（9）桥梁下部为钢筋混凝土结构时，其混凝土强度等级应不低于 C25。

（10）基础宜置于基岩或坚硬土层上。基础底面宜采用平面形式。当基础置于基岩上时，方可采用阶梯形式。

4）9 度区抗震措施规定

（1）梁桥各片梁间必须加强横向连接，以提高上部结构的整体性。当采用桁架体系时，必须加强横向稳定性。

（2）桥梁墩、台采用多排桩基础时，宜设置斜桩。

（3）桥台台背和锥坡的填料不宜采用砂类土，填土应逐层夯实，并注意采取排水措施。

（4）梁桥活动支座应采取限制其竖向位移的措施。

9.5.2　延性构造措施

1）墩柱结构构造措施

横向钢筋在桥墩柱中起到约束塑性铰区域内混凝土、提高混凝土的抗压强度和延性、提供抗剪能力和防止纵向钢筋压曲等作用，故在处理横向钢筋的细部构造时需特别注意。《细则》规定设防烈度 7 度及 7 度以上地区，墩柱潜在塑性铰区域内加密箍筋的配置应符合下列要求：

（1）加密区的长度不应小于墩柱弯曲方向截面宽度的 1.0 倍或墩柱上弯矩超过最大弯

矩 80% 的范围；当墩柱的高度与横截面高度之比小于 2.5 时，墩柱加密区的长度应取全高。

（2）加密箍筋的最大间距应不大于 10cm 或 $6d_s$，或大于 $b/4$；其中，d_s 为纵向钢筋的直径，b 为墩柱弯曲方向的截面宽度。

（3）箍筋的直径应不小于 10mm。

（4）螺旋式箍筋的接头必须采用对接，矩形箍筋应有 135° 弯钩，并伸入核心混凝土之内 $6d_s$ 以上。

（5）加密区箍筋肢距不宜大于 25cm。

（6）加密区外箍筋量应逐渐减少。

对于抗震设防烈度 7 度、8 度地区，圆形、矩形墩柱潜在塑性铰区域内加密箍筋的最小体积含箍率 $\rho_{s,min}$ 按式（9-59）和式（9-60）计算。9 度及 9 度以上地区，最小体积含箍率 $\rho_{s,min}$ 应比抗震设防烈度 7 度、8 度地区适当增加，以提高其延性能力。墩柱潜在塑性铰区域以外箍筋的体积配箍率应不小于塑性铰区域加密箍筋体积配箍率的 50%。塑性铰加密区域配置的箍筋应延续到盖梁和承台内，延伸到盖梁和承台的距离应不小于墩柱长边尺寸的 1/2，并应不小于 50cm。

圆形截面：

$$\rho_{s,min}=\left[0.14\eta_k+5.84(\eta_k-0.1)(\rho_t-0.01)+0.028\right]\frac{f'_c}{f_{yh}}\geqslant 0.004 \qquad (9-59)$$

矩形截面：

$$\rho_{s,min}=\left[0.1\eta_k+4.17(\eta_k-0.1)(\rho_t-0.01)+0.02\right]\frac{f'_c}{f_{yh}}\geqslant 0.004 \qquad (9-60)$$

式中 η_k——轴压比，指结构的最不利组合下的轴向压力与柱的全截面面积和混凝土轴心抗压强度设计值的乘积之比值；

       ρ_t——纵向配筋率；

       f'_c——混凝土抗压强度设计值（MPa）；

       f_{yh}——箍筋抗拉强度设计值（MPa）。

当采用空心截面墩柱时，潜在塑性铰区域内应配置内外两层环形箍筋，在内外两层环形箍筋之间应配置足够的拉筋，如图 9.24 所示，加密箍筋的配置和最小体积含箍率应满足前面所述规定。

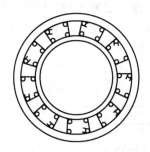 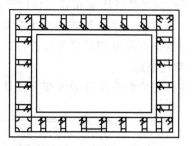

图 9.24 常用空心截面类型

试验研究表明：沿截面布置若干适当分布的纵筋，纵筋和箍筋形成一体骨架（图 9.25），当混凝土纵向受压、横向膨胀时，纵向钢筋也会受到混凝土的压力，这时箍筋给予纵向钢筋以约束作用。因此，为了确保对核心混凝土的约束作用，墩柱的纵向配筋宜对称配置，纵向钢筋之间的距离不应超过20cm，至少每隔一根宜用箍筋或拉筋固定。纵向钢筋对约束混凝土墩柱的延性有较大影响，因此，延性墩柱中纵向钢筋含量不应太低。大量理论计算和试验研究表明，如果纵向钢筋含量低，即使箍筋含量较低，墩柱也会表现出良好的延性能力，但此时结构在地震作用下对延性的需求也会很大，因此，这种情况对结构抗震也是不利的。但纵向钢筋的含量太高则不利施工，另外，纵向钢筋含量过高还会影响墩柱的延性，所以纵向钢筋的含量应有一上限。《细则》规定纵向钢筋的面积不宜小于 $0.006A_h$，不应超过 $0.04A_h$，其中 A_h 为墩柱截面面积。

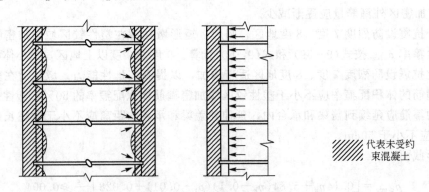

图 9.25　柱中横向和纵向钢筋的约束作用

　　为了保证在地震荷载作用下，纵向钢筋不发生黏结破坏，墩柱的纵筋应尽可能地延伸至盖梁和承台的另一侧面，纵向钢筋的锚固和搭接长度应在《公路钢筋混凝土及预应力混凝土桥涵设计规范》要求的基础上增加 $10d_s$（d_s 为纵向钢筋的直径），不应在塑性铰区域进行纵筋的搭接。

　　柱式桥墩和排架桩墩的柱(桩)与盖梁、承台连接处的配筋不应少于柱(桩)身最大配筋。柱式桥墩和排架桩墩的截面变化部位，宜做成坡度为(2∶1)～(3∶1)的喇叭形渐变截面或在截面变化处适当增加配筋。

　　排架桩墩加密区段箍筋布设应符合以下要求：

　　(1) 扩大基础的柱式桥墩和排架桩墩应布置在柱(桩)的顶部和底部，其布置高度取柱(桩)的最大横截面尺寸或 1/6 柱(桩)高，并不小于 50cm。

　　(2) 桩基础的排架桩墩应布置在柱(桩)的顶部(布置高度同上)和柱(桩)在地面或一般冲刷线以上 1 倍柱(桩)径处延伸到最大弯矩以下 3 倍柱(桩)径处，并不小于 50cm。排架桩墩加密区段箍筋配置及箍筋接头应符合前面所述要求。

　　2) 节点构造措施

　　节点的主拉应力和主压应力可按下式计算：

$$\sigma_c(或 \sigma_t)=\frac{f_v+f_h}{2}+\sqrt{\left(\frac{f_y-f_h}{2}\right)^2+\upsilon_{jh}^2} \tag{9-61}$$

式中　σ_c、σ_t——分别为节点的名义主压应力和名义主拉应力；

　　　　υ_{jh}^2——节点的名义剪应力，按下式计算：

$$\upsilon_{jh}=\upsilon_{jv}=\frac{V_{jh}}{b_{je}h_b}$$

$$V_{jh}=T_c^t+C_c^b$$

V_{jh}——节点的名义剪力，如图 9.26 所示；

T_c^t——考虑超强系数 ϕ_0($\phi_0=1.2$)的混凝土墩柱纵筋拉力，如图 9.26 所示；

C_c^b——考虑超强系数 ϕ_0($\phi_0=1.2$)的混凝土墩柱受压区压应力合力，如图 9.26 所示；

f_v、f_h——分别为节点沿垂直方向和水平方向的正应力，各按下式计算：

$$f_v=\frac{P_c^b+P_c^t}{2b_bh_c}, \quad f_h=\frac{P_b}{b_{je}h_b}$$

b_{je}、h_b——分别为横梁横截面的宽度和高度；

b_b、h_c——分别为上立柱横截面的宽度和高度；

P_c^b、P_c^t——分别为上下立柱的轴力；

P_b——横梁的轴力（包括预应力产生的轴力）。

当主拉应力 $\sigma_t \leqslant 0.275\sqrt{f_c'}$(MPa)，节点的水平和竖向箍筋配置可按下式计算：

$$\rho_{s,min}=\rho_x+\rho_y=\frac{0.275\sqrt{f_c'}}{f_{yh}} \tag{9-62}$$

当主拉应力 $\sigma_t > 0.275\sqrt{f_c'}$(MPa)，应按以下要求进行节点的水平和竖向箍筋配置：

（1）节点中的横向含箍率不应小于对于塑性铰加密区域含箍率的要求，横向箍筋的配置如图 9.27 所示；

（2）在距柱侧面 $h_b/2$ 的盖梁范围内配置竖向箍筋，h_b 为盖梁的高度，竖向箍筋的配置如图 9.27 所示，竖向箍筋面积 $A_v=0.174A_s$(A_s 为立柱纵筋面积)；

（3）节点中的竖向箍筋可取 $A_v/2$。

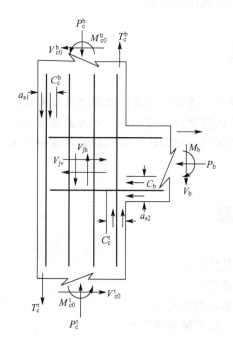

图 9.26 节点受力图

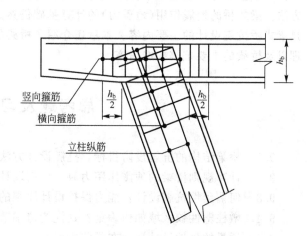

图 9.27 节点配筋示意图

背 景 知 识

1998 年 3 月 1 日《中华人民共和国防震减灾法》颁布实施，对我国的防震减灾工作提出了更为明确的要求和相应的具体规定。原《公路工程抗震设计规范》是 1990 年 1 月 1 日颁布施行的，至今已长达 10 多年，在许多方面已显得落后，不能满足我国公路桥梁快速发展和建设的需要。在此期间，国内外公路桥梁抗震技术有了长足进步，我国在广泛吸收、消化国内外先进的公路桥梁抗震设计成熟新技术的基础上，将公路桥梁抗震设计的要求和规定单独成册，制定了《公路桥梁抗震设计细则》，以供公路桥梁设计部门进行抗震设计时遵循。

一个多世纪以来，随着地震损伤和破坏资料的积累，桥梁抗震设计理念和计算方法发生了较大的变化，国内外在许多方面已经取得了不少共识，设计思想正趋向于统一。如提高桥梁结构的延性防止结构损伤以后发生倒塌性破坏；验算结构损伤以后的变形性能避免结构在强震时发生致命性破坏；桥梁抗震设计从过去单一设计地震作用向多阶段设计地震作用方向变化，实行多阶设计计算方法；桥梁地震响应计算从静力学算法向动力学算法变化，更加真实地模拟结构在地震过程中的力学行为；利用结构的振动周期特性和阻尼特性减轻地震作用的减隔震设计方法的应用等。

抗震设计标准的确定不单是安全要求的问题，而是包含着设计理念、经济指标和安全等级的平衡、民众的期待、地震的综合防灾机能等许多复杂的因素，因此需要根据风险评估、危机管理等综合地震防灾系统的要求来确定桥梁抗震设计体系。

本 章 小 结

本章主要介绍混凝土结构梁式桥的震害特征和原因、桥梁的抗震计算原理及抗震设计方法。梁式桥的地震作用（地震力）的计算基础仍然是加速度反应谱理论，桥墩的抗震设计是梁式桥抗震设计的主要内容。本章还介绍了桥梁的延性设计方法、桥梁的减隔震设计原理以及桥梁的主要抗震构造措施。

思考题及习题

9.1 桥梁结构的抗震设防目标、抗震设计方法是什么？
9.2 计算规则桥梁的地震作用力时，如何取计算模型？
9.3 何谓延性抗震设计？能力保护设计原则的基本思想是什么？
9.4 墩柱塑性铰区域如何确定？延性构造细节设计有哪些要求？
9.5 桥梁的延性设计反映在哪些方面？
9.6 桥梁抗震能力保护设计原则的基本思想是什么？

9.7 混凝土结构梁式桥墩柱塑性铰区域如何确定?

9.8 混凝土结构梁式桥延性构造细节设计有哪些要求?

9.9 ( )在采取抗震措施后,可不进行抗震强度和变形的验算。

A. 抗震设防烈度为 6 度地区的 B 类桥梁

B. 抗震设防烈度为 6 度地区的 A 类桥梁

C. 抗震设防烈度为 7 度地区的 C 类桥梁

D. 抗震设防烈度为 7 度地区的 D 类桥梁

9.10 某高速公路上的单跨跨径为 100m 的混凝土梁式桥,一般情况下,该桥梁的抗震设防类别应为( )。

A. A 类   B. B 类   C. C 类   D. D 类

9.11 对于桥梁地震作用表征,下列表述正确的是( )。

A. 只能用设计加速度反应谱表征

B. 只能用设计地震动时程表征

C. 只能用设计地震动功率谱表征

D. 可以用设计加速度反应谱、设计地震动时程和设计地震动功率谱表征

9.12 在进行桥梁抗震分析时,E2 地震作用下,延性构件的有效截面抗弯刚度取开裂后等效截面刚度,而不取毛截面计算是因为( )。

A. E2 地震作用下,结构在弹性范围工作,取毛截面计算出的变形偏小,偏于不安全

B. E2 地震作用下,结构在弹性范围工作,取毛截面计算出的变形偏大,偏于不安全

C. E2 地震作用下,容许结构进入弹塑性工作状态,取毛截面计算出的变形偏小,偏于不安全

D. E2 地震作用下,容许结构进入弹塑性工作状态,取毛截面计算出的变形偏大,偏于不安全

9.13 下列关于墩柱潜在塑性铰区域内加密箍筋的配置要求,表述正确的是( )。

A. 箍筋的直径不应小于 6mm

B. 加密区箍筋肢距不宜大于 30cm

C. 加密箍筋的最大间距不应大于 10cm

D. 加密区外箍筋量应逐渐减少

附录 A 中国地震烈度表(2008)

地震烈度	人的感觉	房屋震害			其他震害现象	水平向地震动	
		类型	震害程度	平均震害指数		峰值加速度/(m/s²)	峰值速度/(m/s)
Ⅰ	无感觉	—	—	—			
Ⅱ	室内个别静止中的人有感觉	—	—	—	—		
Ⅲ	室内少数静止中的人有感觉	—	门、窗轻微作响	—	悬挂物微动		
Ⅳ	室内多数人、室外少数人有感觉,少数人梦中惊醒	—	门、窗作响	—	悬挂物明显摆动,器皿作响	—	—
Ⅴ	室内绝大多数、室外多数人有感觉,多数人梦中惊醒	—	门窗、屋顶、屋架颤动作响,灰土掉落,个别房屋墙体抹灰出现细微裂缝,个别屋顶烟囱掉砖	—	悬挂物大幅度晃动,不稳定器物摇动或翻倒	0.31 (0.22~0.44)	0.03 (0.02~0.04)
Ⅵ	多数人站立不稳,少数人惊逃户外	A	少数中等破坏,多数轻微破坏和/或基本完好	0.00~0.11	家具和物品移动;河岸和松软土出现裂缝,饱和砂层出现喷砂冒水;个别独立砖烟囱轻度裂缝	0.63 (0.45~0.89)	0.06 (0.05~0.09)
		B	个别中等破坏,少数轻微破坏,多数基本完好				
		C	个别轻微破坏,大多数基本完好	0.00~0.08			
Ⅶ	大多数人惊逃户外,骑自行车的人有感觉,行驶中的汽车驾乘人员有感觉	A	少数毁坏和/或严重破坏,多数中等破坏和/或轻微破坏	0.09~0.31	物体从架子上掉落;河岸出现塌方,饱和砂层常见喷砂冒水,松软土地上地裂缝较多;大多数独立砖烟囱中等破坏	1.25 (0.90~1.77)	0.13 (0.10~0.18)
		B	少数中等破坏,多数轻微破坏和/或基本完好				
		C	少数中等和/或轻微破坏,多数基本完好	0.07~0.22			

272

(续)

地震烈度	人的感觉	房屋震害			其他震害现象	水平向地震动	
		类型	震害程度	平均震害指数		峰值加速度/(m/s²)	峰值速度/(m/s)
Ⅷ	多数人摇晃颠簸,行走困难	A	少数毁坏,多数严重和/或中等破坏	0.29~0.51	干硬土上亦出现裂缝,饱和砂层绝大多数喷砂冒水;大多数独立砖烟囱严重破坏	2.50 (1.78~3.53)	0.25 (0.19~0.35)
		B	个别毁坏,少数严重破坏,多数中等和/或轻微破坏				
		C	少数严重和/或中等破坏,多数轻微破坏	0.20~0.40			
Ⅸ	行走的人摔倒	A	多数严重破坏和/或毁坏	0.49~0.71	干硬土上多处出现裂缝,可见基岩裂缝、错动,滑坡、塌方常见;独立砖烟囱多数倒塌	5.00 (3.54~7.07)	0.50 (0.36~0.71)
		B	少数毁坏,多数严重和/或中等破坏				
		C	少数毁坏和/或严重破坏,多数中等和/或轻微破坏	0.38~0.60			
Ⅹ	骑自行车的人会摔倒,处不稳状态的人会摔离原地,有抛起感	A	绝大多数毁坏	0.69~0.91	山崩和地震断裂出现,基岩上拱桥破坏;大多数独立砖烟囱从根部破坏或倒毁	10.00 (7.08~14.14)	1.00 (0.72~1.41)
		B	大多数毁坏				
		C	多数毁坏和/或严重破坏	0.58~0.80			
Ⅺ	—	A	绝大多数毁坏	0.89~1.00	地震断裂延续很长;大量山崩滑坡	—	—
		B					
		C		0.78~1.00			
Ⅻ	—	A	几乎全部毁坏	1.00	地面剧烈变化,山河改观	—	—
		B					
		C					

注: 表中给出的"峰值加速度"和"峰值速度"是参考值,括弧内给出的是变动范围。

附录B 我国部分主要城市和地区的抗震设防烈度及设计地震分组

【完整内容可扫描二维码阅读，或查询抗震规范附录A】

城市名	抗震设防烈度	设计基本地震加速度	设计地震分组	城市名	抗震设防烈度	设计基本地震加速度	设计地震分组
首都和直辖市							
北京	8度	0.20g	第二组	上海	7度	0.10g	第二组
天津	8度	0.20g	第二组	重庆	7度	0.10g	第一组
	7度	0.15g	第二组		6度	0.05g	第一组
河北省							
廊坊	8度	0.20g	第二组	张家口	7度	0.10g	第三组
	7度	0.15g	第二组		7度	0.10g	第二组
	7度	0.15g	第一组		6度	0.05g	第三组
	7度	0.10g	第二组		6度	0.05g	第二组
唐山	8度	0.30g	第二组	沧州	7度	0.15g	第二组
	8度	0.20g	第二组		7度	0.15g	第一组
	7度	0.15g	第三组		7度	0.10g	第三组
	7度	0.15g	第二组		7度	0.10g	第二组
	7度	0.10g	第三组		6度	0.05g	第三组
邯郸	8度	0.20g	第二组	衡水	7度	0.15g	第一组
	7度	0.15g	第二组		7度	0.10g	第二组
	7度	0.15g	第一组		7度	0.10g	第一组
	7度	0.10g	第三组		6度	0.05g	第三组
	7度	0.10g	第二组		6度	0.05g	第二组
石家庄	7度	0.15g	第一组	邢台	7度	0.15g	第一组
	7度	0.10g	第一组		7度	0.10g	第二组
	7度	0.10g	第二组		6度	0.05g	第三组
	7度	0.10g	第三组	秦皇岛	7度	0.15g	第二组
	6度	0.05g	第三组		7度	0.10g	第三组
保定	7度	0.15g	第二组		7度	0.10g	第二组
	7度	0.10g	第二组		6度	0.05g	第三组
	7度	0.10g	第三组	承德	7度	0.10g	第三组
	6度	0.05g	第三组		6度	0.05g	第三组
张家口	8度	0.20g	第二组		6度	0.05g	第一组
	7度	0.15g	第二组				
山西省							
太原	8度	0.20g	第二组	临汾	8度	0.30g	第二组
	7度	0.15g	第二组		8度	0.20g	第二组
	7度	0.10g	第三组		7度	0.15g	第二组

（续）

城市名	抗震设防烈度	设计基本地震加速度	设计地震分组	城市名	抗震设防烈度	设计基本地震加速度	设计地震分组
临汾	7 度	0.10g	第三组	运城	7 度	0.15g	第二组
	6 度	0.05g	第三组		7 度	0.10g	第二组
大同	8 度	0.20g	第二组	长治	7 度	0.10g	第三组
	7 度	0.15g	第三组		7 度	0.10g	第二组
	7 度	0.15g	第二组		6 度	0.05g	第三组
朔州	8 度	0.20g	第二组	阳泉	7 度	0.10g	第三组
	7 度	0.15g	第二组		7 度	0.10g	第二组
运城	8 度	0.20g	第三组	晋城	7 度	0.10g	第三组
	7 度	0.15g	第三组		6 度	0.05g	第三组
内蒙古自治区							
包头	8 度	0.30g	第二组	呼和浩特	8 度	0.20g	第二组
	8 度	0.20g	第二组		7 度	0.15g	第二组
	7 度	0.15g	第二组		7 度	0.10g	第二组
	6 度	0.05g	第三组	乌海	8	0.20g	第二组
辽宁省							
沈阳	7 度	0.10g	第一组	辽阳	7 度	0.10g	第一组
	6 度	0.05g	第一组	抚顺	7 度	0.10g	第一组
鞍山	8 度	0.20g	第二组		6 度	0.05g	第一组
	7 度	0.10g	第二组	营口	8 度	0.20g	第二组
	7 度	0.10g	第一组		7 度	0.15g	第二组
大连	8 度	0.20g	第一组	丹东	8 度	0.20g	第二组
	7 度	0.15g	第一组		7 度	0.15g	第一组
	7 度	0.10g	第二组		6 度	0.05g	第二组
	6 度	0.05g	第二组		6 度	0.05g	第一组
	6 度	0.05g	第一组		7 度	0.10g	第二组
朝阳	7 度	0.10g	第二组	本溪	7 度	0.10g	第一组
	7 度	0.10g	第一组		6 度	0.05g	第一组
	6 度	0.05g	第二组	锦州	6 度	0.05g	第二组
辽阳	7 度	0.10g	第二组		6 度	0.05g	第一组
吉林省							
松原	8 度	0.20g	第一组	吉林	6 度	0.05g	第一组
	7 度	0.10g	第一组		7 度	0.15g	第一组
	6 度	0.05g	第一组	白城	7 度	0.10g	第一组
长春	7 度	0.10g	第一组		6 度	0.05g	第一组
	6 度	0.05g	第一组	四平	7 度	0.10g	第一组
吉林	8 度	0.20g	第一组		6 度	0.05g	第一组
	7 度	0.10g	第一组				
黑龙江省							
绥化	7 度	0.10g	第一组	哈尔滨	7 度	0.15g	第一组
	6 度	0.05g	第一组		7 度	0.10g	第一组
哈尔滨	8 度	0.20g	第一组		6 度	0.05g	第一组

（续）

城市名	抗震设防烈度	设计基本地震加速度	设计地震分组	城市名	抗震设防烈度	设计基本地震加速度	设计地震分组
齐齐哈尔	7度	0.10g	第一组	鹤岗	7度	0.10g	第一组
齐齐哈尔	6度	0.05g	第一组	鹤岗	6度	0.05g	第一组
大庆	7度	0.10g	第一组	佳木斯	7度	0.10g	第一组
大庆	6度	0.05g	第一组	佳木斯	6度	0.05g	第一组
江苏省							
宿迁	8度	0.30g	第二组	徐州	8度	0.20g	第二组
宿迁	8度	0.20g	第二组	徐州	7度	0.10g	第三组
宿迁	7度	0.15g	第三组	徐州	7度	0.10g	第二组
宿迁	7度	0.10g	第三组	徐州	6度	0.05g	第二组
扬州	7度	0.15g	第二组	泰州	7度	0.10g	第二组
扬州	7度	0.15g	第一组	泰州	6度	0.05g	第二组
扬州	7度	0.10g	第二组	泰州	6度	0.05g	第一组
扬州	6度	0.05g	第三组	连云港	7度	0.15g	第三组
镇江	7度	0.15g	第一组	连云港	7度	0.10g	第三组
镇江	7度	0.10g	第一组	连云港	6度	0.05g	第三组
南京	7度	0.10g	第二组	南通	7度	0.10g	第二组
南京	7度	0.10g	第一组	南通	6度	0.05g	第二组
南京	6度	0.05g	第一组	无锡	7度	0.10g	第一组
淮安	7度	0.10g	第三组	无锡	6度	0.05g	第二组
淮安	7度	0.10g	第二组	苏州	7度	0.10g	第一组
淮安	6度	0.05g	第三组	苏州	6度	0.05g	第二组
浙江省							
舟山	7度	0.10g	第一组	湖州	6	0.05g	第一组
舟山	6度	0.05g	第一组	嘉兴	7度	0.10g	第一组
杭州	7度	0.10g	第一组	嘉兴	6度	0.05g	第一组
杭州	6度	0.05g	第一组	温州	6度	0.05g	第二组
宁波	7度	0.10g	第一组	温州	6度	0.05g	第一组
宁波	6度	0.05g	第一组				
安徽省							
蚌埠	7度	0.15g	第二组	阜阳	7度	0.10g	第一组
蚌埠	7度	0.10g	第二组	阜阳	6度	0.05g	第一组
蚌埠	7度	0.10g	第一组				
山东省							
临沂	8度	0.20g	第二组	菏泽	7度	0.10g	第三组
临沂	7度	0.15g	第二组	菏泽	7度	0.10g	第二组
临沂	7度	0.10g	第三组	烟台	7度	0.15g	第三组
潍坊	8度	0.20g	第二组	烟台	7度	0.15g	第二组
潍坊	7度	0.15g	第三组	烟台	7度	0.10g	第三组
潍坊	7度	0.15g	第二组	烟台	7度	0.10g	第二组
潍坊	7度	0.10g	第三组	烟台	7度	0.10g	第一组
菏泽	8度	0.20g	第二组	烟台	6度	0.05g	第三组
菏泽	7度	0.15g	第二组				

（续）

城市名	抗震设防烈度	设计基本地震加速度	设计地震分组	城市名	抗震设防烈度	设计基本地震加速度	设计地震分组
威海	7 度	0.10g	第一组	济南	6 度	0.05g	第三组
	6 度	0.05g	第二组		7 度	0.10g	第三组
日照	8 度	0.20g	第二组	青岛	7 度	0.10g	第二组
	7 度	0.15g	第三组		6 度	0.05g	第三组
	7 度	0.10g	第三组		7 度	0.10g	第三组
德州	7 度	0.15g	第二组	泰安	7 度	0.10g	第二组
	7 度	0.10g	第三组		6 度	0.05g	第三组
	7 度	0.10g	第二组		7 度	0.10g	第三组
	6 度	0.05g	第三组	济宁	7 度	0.10g	第二组
济南	7 度	0.10g	第三组		6 度	0.05g	第三组
	7 度	0.10g	第二组		6 度	0.05g	第二组
河南省							
新乡	8 度	0.20g	第二组	焦作	7 度	0.10g	第二组
	7 度	0.15g	第二组		7 度	0.15g	第二组
鹤壁	8 度	0.20g	第二组	开封	7 度	0.10g	第二组
	7 度	0.15g	第二组		6 度	0.05g	第二组
郑州	7 度	0.15g	第二组		7 度	0.10g	第二组
	7 度	0.10g	第二组	商丘	6 度	0.05g	第三组
濮阳	8 度	0.20g	第二组		6 度	0.05g	第二组
	7 度	0.15g	第二组	信阳	7 度	0.10g	第一组
	7 度	0.10g	第二组		6 度	0.05g	第一组
洛阳	6 度	0.05g	第三组	漯河	7 度	0.10g	第一组
	6 度	0.05g	第二组		6 度	0.05g	第一组
	6 度	0.05g	第一组	平顶山	6 度	0.05g	第一组
焦作	7 度	0.15g	第二组		6 度	0.05g	第二组
湖北省							
武汉	7 度	0.10g	第一组	黄冈	7 度	0.10g	第一组
	6 度	0.05g	第一组		6 度	0.05g	第一组
湖南省							
常德	7 度	0.15g	第一组		7 度	0.10g	第二组
	7 度	0.10g	第一组	岳阳	7 度	0.10g	第一组
	6 度	0.05g	第一组		6 度	0.05g	第一组
广东省							
汕头	8 度	0.20g	第二组	湛江	8 度	0.20g	第二组
	7 度	0.15g	第二组		7 度	0.10g	第一组
潮州	8 度	0.20g	第二组	茂名	7 度	0.10g	第一组
	7 度	0.15g	第二组		6 度	0.05g	第一组
广州	7 度	0.10g	第一组	东莞	7 度	0.10g	第一组
	6 度	0.05g	第一组				
广西自治区							
玉林	7 度	0.10g	第一组		7 度	0.15g	第一组
	6 度	0.05g	第一组	南宁	7 度	0.10g	第一组
	7 度	0.15g	第一组		6 度	0.05g	第一组
百色	7 度	0.10g	第一组		7 度	0.10g	第一组
	6 度	0.05g	第二组	北海	6 度	0.05g	第一组
	6 度	0.05g	第一组				
海南省							
海口	8 度	0.30g	第二组	三沙市	7 度	0.10g	第一组
四川省							
成都	8 度	0.20g	第二组	成都	7 度	0.10g	第三组
	7 度	0.15g	第二组				

附录 C　D 值法计算用表

表 C1　规则框架承受均布水平力作用时标准反弯点的高度比 y_0 值

m	n \ $\overline{K}$	0.1	0.2	0.3	0.4	0.5	0.6	0.7	0.8	0.9	1.0	2.0	3.0	4.0	5.0
1	1	0.80	0.75	0.70	0.65	0.65	0.60	0.60	0.60	0.60	0.55	0.55	0.55	0.55	0.55
2	2	0.45	0.40	0.35	0.35	0.35	0.35	0.40	0.40	0.40	0.40	0.45	0.45	0.45	0.45
	1	0.95	0.80	0.75	0.70	0.65	0.65	0.65	0.60	0.60	0.60	0.55	0.55	0.55	0.50
3	3	0.15	0.20	0.20	0.25	0.30	0.30	0.30	0.35	0.35	0.35	0.40	0.45	0.45	0.45
	2	0.55	0.50	0.45	0.45	0.45	0.45	0.45	0.45	0.45	0.45	0.50	0.50	0.50	0.50
	1	1.00	0.85	0.80	0.75	0.70	0.70	0.65	0.65	0.65	0.60	0.55	0.55	0.55	0.55
4	4	−0.05	0.05	0.15	0.20	0.25	0.30	0.30	0.35	0.35	0.35	0.40	0.45	0.45	0.45
	3	0.25	0.30	0.30	0.35	0.35	0.40	0.40	0.40	0.40	0.45	0.45	0.50	0.50	0.50
	2	0.65	0.55	0.50	0.50	0.45	0.45	0.45	0.45	0.45	0.45	0.50	0.50	0.50	0.50
	1	1.10	0.90	0.80	0.75	0.70	0.70	0.65	0.65	0.65	0.60	0.55	0.55	0.55	0.55
5	5	−0.20	0.00	0.15	0.20	0.25	0.30	0.30	0.30	0.35	0.35	0.45	0.45	0.45	0.45
	4	0.10	0.20	0.25	0.30	0.35	0.35	0.40	0.40	0.40	0.40	0.45	0.45	0.50	0.50
	3	0.40	0.40	0.40	0.40	0.40	0.45	0.45	0.45	0.45	0.45	0.50	0.50	0.50	0.50
	2	0.65	0.55	0.50	0.50	0.50	0.50	0.50	0.50	0.50	0.50	0.50	0.50	0.50	0.50
	1	1.20	0.95	0.80	0.75	0.75	0.70	0.70	0.65	0.65	0.65	0.55	0.55	0.55	0.55
6	6	−0.30	0.00	0.10	0.20	0.25	0.25	0.30	0.30	0.35	0.35	0.40	0.45	0.45	0.45
	5	0.00	0.20	0.25	0.30	0.35	0.35	0.40	0.40	0.40	0.45	0.45	0.45	0.50	0.50
	4	0.20	0.30	0.35	0.35	0.40	0.40	0.40	0.45	0.45	0.45	0.50	0.50	0.50	0.50
	3	0.40	0.40	0.40	0.45	0.45	0.45	0.45	0.45	0.45	0.45	0.50	0.50	0.50	0.50
	2	0.70	0.60	0.55	0.50	0.50	0.50	0.50	0.50	0.50	0.50	0.50	0.50	0.50	0.50
	1	1.20	0.95	0.85	0.80	0.75	0.70	0.70	0.65	0.65	0.65	0.55	0.55	0.55	0.55
7	7	−0.35	−0.05	0.10	0.20	0.20	0.25	0.30	0.30	0.35	0.35	0.40	0.45	0.45	0.45
	6	−0.10	0.15	0.25	0.30	0.35	0.35	0.35	0.40	0.40	0.40	0.45	0.45	0.50	0.50
	5	0.10	0.25	0.30	0.35	0.40	0.40	0.40	0.45	0.45	0.45	0.50	0.50	0.50	0.50
	4	0.30	0.35	0.40	0.40	0.40	0.45	0.45	0.45	0.45	0.45	0.50	0.50	0.50	0.50
	3	0.50	0.45	0.45	0.45	0.45	0.45	0.45	0.45	0.45	0.50	0.50	0.50	0.50	0.50
	2	0.75	0.60	0.55	0.50	0.50	0.50	0.50	0.50	0.50	0.50	0.50	0.50	0.50	0.50
	1	1.20	0.95	0.85	0.80	0.75	0.70	0.70	0.65	0.65	0.65	0.55	0.55	0.55	0.55
8	8	−0.35	−0.15	0.10	0.15	0.25	0.25	0.30	0.30	0.35	0.35	0.40	0.45	0.45	0.45
	7	−0.10	0.15	0.25	0.30	0.35	0.35	0.40	0.40	0.40	0.40	0.45	0.50	0.50	0.50
	6	0.05	0.25	0.30	0.35	0.40	0.40	0.40	0.45	0.45	0.45	0.50	0.50	0.50	0.50
	5	0.20	0.30	0.35	0.35	0.40	0.40	0.45	0.45	0.45	0.45	0.50	0.50	0.50	0.50
	4	0.35	0.40	0.40	0.45	0.45	0.45	0.45	0.45	0.45	0.45	0.50	0.50	0.50	0.50
	3	0.50	0.45	0.45	0.45	0.45	0.45	0.45	0.50	0.50	0.50	0.50	0.50	0.50	0.50
	2	0.75	0.60	0.55	0.55	0.50	0.50	0.50	0.50	0.50	0.50	0.50	0.50	0.50	0.50
	1	1.20	1.00	0.85	0.80	0.75	0.70	0.70	0.65	0.65	0.65	0.55	0.55	0.55	0.55

（续）

m	$\overline{K}$ / n	0.1	0.2	0.3	0.4	0.5	0.6	0.7	0.8	0.9	1.0	2.0	3.0	4.0	5.0
9	9	−0.40	−0.05	0.10	0.20	0.25	0.25	0.30	0.30	0.35	0.35	0.45	0.45	0.45	0.45
	8	−0.15	0.15	0.20	0.30	0.35	0.35	0.35	0.40	0.40	0.40	0.45	0.45	0.50	0.50
	7	0.05	0.25	0.30	0.35	0.40	0.40	0.40	0.45	0.45	0.45	0.45	0.50	0.50	0.50
	6	0.15	0.30	0.35	0.40	0.40	0.45	0.45	0.45	0.45	0.45	0.50	0.50	0.50	0.50
	5	0.25	0.35	0.40	0.40	0.45	0.45	0.45	0.45	0.45	0.45	0.50	0.50	0.50	0.50
	4	0.40	0.40	0.40	0.45	0.45	0.45	0.45	0.45	0.45	0.45	0.50	0.50	0.50	0.50
	3	0.55	0.45	0.45	0.45	0.45	0.45	0.45	0.45	0.50	0.50	0.50	0.50	0.50	0.50
	2	0.80	0.65	0.55	0.55	0.50	0.50	0.50	0.50	0.50	0.50	0.50	0.50	0.50	0.50
	1	1.20	1.00	0.85	0.80	0.75	0.70	0.70	0.65	0.65	0.65	0.55	0.55	0.55	0.55
10	10	−0.40	−0.05	0.10	0.20	0.25	0.30	0.30	0.30	0.35	0.35	0.40	0.45	0.45	0.45
	9	−0.15	0.15	0.25	0.30	0.35	0.35	0.40	0.40	0.40	0.40	0.45	0.45	0.50	0.50
	8	0.00	0.25	0.30	0.35	0.40	0.40	0.40	0.45	0.45	0.45	0.45	0.50	0.50	0.50
	7	0.10	0.30	0.35	0.40	0.40	0.45	0.45	0.45	0.45	0.45	0.50	0.50	0.50	0.50
	6	0.20	0.35	0.40	0.40	0.45	0.45	0.45	0.45	0.45	0.45	0.50	0.50	0.50	0.50
	5	0.30	0.40	0.40	0.45	0.45	0.45	0.45	0.45	0.45	0.50	0.50	0.50	0.50	0.50
	4	0.40	0.40	0.45	0.45	0.45	0.45	0.45	0.45	0.45	0.50	0.50	0.50	0.50	0.50
	3	0.55	0.50	0.45	0.45	0.45	0.50	0.50	0.50	0.50	0.50	0.50	0.50	0.50	0.50
	2	0.80	0.65	0.55	0.55	0.50	0.50	0.50	0.50	0.50	0.50	0.50	0.50	0.50	0.50
	1	1.30	1.00	0.85	0.80	0.75	0.70	0.70	0.65	0.65	0.65	0.60	0.55	0.55	0.55
11	11	−0.40	0.05	0.10	0.20	0.25	0.30	0.30	0.30	0.35	0.35	0.40	0.45	0.45	0.45
	10	−0.15	0.15	0.25	0.30	0.35	0.35	0.40	0.40	0.40	0.40	0.45	0.45	0.50	0.50
	9	0.00	0.25	0.30	0.35	0.40	0.40	0.40	0.45	0.45	0.45	0.45	0.50	0.50	0.50
	8	0.10	0.30	0.35	0.40	0.40	0.45	0.45	0.45	0.45	0.45	0.50	0.50	0.50	0.50
	7	0.20	0.35	0.40	0.45	0.45	0.45	0.45	0.45	0.45	0.45	0.50	0.50	0.50	0.50
	6	0.25	0.35	0.40	0.45	0.45	0.45	0.45	0.45	0.45	0.45	0.50	0.50	0.50	0.50
	5	0.35	0.40	0.40	0.45	0.45	0.45	0.45	0.45	0.45	0.50	0.50	0.50	0.50	0.50
	4	0.40	0.40	0.45	0.45	0.45	0.45	0.45	0.50	0.50	0.50	0.50	0.50	0.50	0.50
	3	0.55	0.50	0.50	0.50	0.50	0.50	0.50	0.50	0.50	0.50	0.50	0.50	0.50	0.50
	2	0.80	0.65	0.60	0.55	0.55	0.50	0.50	0.50	0.50	0.50	0.50	0.50	0.50	0.50
	1	1.30	1.00	0.85	0.80	0.75	0.70	0.70	0.65	0.65	0.65	0.60	0.55	0.55	0.55
12以上	↓1	−0.40	−0.05	0.10	0.20	0.25	0.30	0.30	0.30	0.35	0.35	0.40	0.45	0.45	0.45
	2	−0.15	0.15	0.25	0.30	0.35	0.35	0.40	0.40	0.40	0.40	0.45	0.45	0.50	0.50
	3	0.00	0.25	0.30	0.35	0.40	0.40	0.40	0.45	0.45	0.45	0.50	0.50	0.50	0.50
	4	0.10	0.30	0.35	0.40	0.40	0.45	0.45	0.45	0.45	0.45	0.50	0.50	0.50	0.50
	5	0.20	0.35	0.40	0.40	0.45	0.45	0.45	0.45	0.45	0.45	0.50	0.50	0.50	0.50
	6	0.25	0.35	0.40	0.45	0.45	0.45	0.45	0.45	0.45	0.45	0.50	0.50	0.50	0.50
	7	0.30	0.40	0.40	0.45	0.45	0.45	0.45	0.45	0.50	0.50	0.50	0.50	0.50	0.50
	8	0.35	0.40	0.45	0.45	0.45	0.45	0.45	0.50	0.50	0.50	0.50	0.50	0.50	0.50
	中间	0.40	0.40	0.45	0.45	0.45	0.45	0.50	0.50	0.50	0.50	0.50	0.50	0.50	0.50
	4	0.45	0.45	0.45	0.45	0.50	0.50	0.50	0.50	0.50	0.50	0.50	0.50	0.50	0.50
	3	0.60	0.50	0.50	0.50	0.50	0.50	0.50	0.50	0.50	0.50	0.50	0.50	0.50	0.50
	2	0.80	0.65	0.60	0.55	0.55	0.50	0.50	0.50	0.50	0.50	0.50	0.50	0.50	0.50
	↑1	1.30	1.00	0.85	0.80	0.75	0.70	0.70	0.65	0.65	0.65	0.55	0.55	0.55	0.55

表 C2　规则框架承受倒三角形分布不平力作用时标准反弯点的高度比 y_0 值

m	n	0.1	0.2	0.3	0.4	0.5	0.6	0.7	0.8	0.9	1.0	2.0	3.0	4.0	5.0
1	1	0.80	0.75	0.70	0.65	0.65	0.60	0.60	0.60	0.60	0.55	0.55	0.55	0.55	0.55
2	2	0.50	0.45	0.40	0.40	0.40	0.40	0.40	0.40	0.40	0.45	0.45	0.45	0.45	0.50
	1	1.00	0.85	0.75	0.70	0.70	0.65	0.65	0.65	0.60	0.60	0.55	0.55	0.55	0.55
3	3	0.25	0.25	0.25	0.30	0.30	0.35	0.35	0.35	0.40	0.40	0.45	0.45	0.45	0.50
	2	0.60	0.50	0.50	0.50	0.50	0.45	0.45	0.45	0.45	0.45	0.50	0.50	0.50	0.50
	1	1.15	0.90	0.80	0.75	0.75	0.70	0.70	0.65	0.65	0.65	0.60	0.55	0.55	0.55
4	4	0.10	0.15	0.20	0.25	0.30	0.30	0.35	0.35	0.35	0.40	0.45	0.45	0.45	0.45
	3	0.35	0.35	0.35	0.40	0.40	0.40	0.45	0.45	0.45	0.45	0.50	0.50	0.50	0.50
	2	0.70	0.60	0.55	0.50	0.50	0.50	0.50	0.50	0.50	0.50	0.50	0.50	0.50	0.50
	1	1.20	0.95	0.85	0.80	0.75	0.70	0.70	0.70	0.65	0.65	0.55	0.55	0.55	0.55
5	5	−0.05	0.10	0.20	0.25	0.30	0.30	0.35	0.35	0.35	0.35	0.40	0.45	0.45	0.45
	4	0.20	0.25	0.35	0.35	0.40	0.40	0.40	0.40	0.40	0.45	0.45	0.50	0.50	0.50
	3	0.45	0.40	0.45	0.45	0.45	0.45	0.45	0.45	0.45	0.45	0.50	0.50	0.50	0.50
	2	0.75	0.60	0.55	0.55	0.50	0.50	0.50	0.50	0.50	0.50	0.50	0.50	0.50	0.50
	1	1.30	1.00	0.85	0.80	0.75	0.70	0.70	0.65	0.65	0.65	0.65	0.55	0.55	0.55
6	6	−0.15	0.05	0.15	0.20	0.25	0.30	0.30	0.35	0.35	0.40	0.45	0.45	0.45	0.45
	5	0.10	0.25	0.30	0.35	0.35	0.40	0.40	0.40	0.45	0.45	0.45	0.50	0.50	0.50
	4	0.30	0.35	0.40	0.40	0.45	0.45	0.45	0.45	0.45	0.45	0.50	0.50	0.50	0.50
	3	0.50	0.45	0.45	0.45	0.45	0.45	0.45	0.45	0.45	0.50	0.50	0.50	0.50	0.50
	2	0.80	0.65	0.55	0.55	0.55	0.50	0.50	0.50	0.50	0.50	0.50	0.50	0.50	0.50
	1	1.30	1.00	0.85	0.80	0.75	0.70	0.70	0.65	0.65	0.65	0.60	0.55	0.55	0.55
7	7	−0.20	0.05	0.15	0.20	0.25	0.30	0.30	0.35	0.35	0.35	0.45	0.45	0.45	0.45
	6	0.05	0.20	0.30	0.35	0.35	0.40	0.40	0.40	0.40	0.45	0.45	0.50	0.50	0.50
	5	0.20	0.30	0.35	0.40	0.40	0.45	0.45	0.45	0.45	0.45	0.50	0.50	0.50	0.50
	4	0.35	0.40	0.40	0.45	0.45	0.45	0.45	0.45	0.45	0.45	0.50	0.50	0.50	0.50
	3	0.55	0.50	0.50	0.50	0.50	0.50	0.50	0.50	0.50	0.50	0.50	0.50	0.50	0.50
	2	0.80	0.65	0.60	0.55	0.55	0.55	0.50	0.50	0.50	0.50	0.50	0.50	0.50	0.50
	1	1.30	1.00	0.90	0.80	0.75	0.70	0.70	0.70	0.65	0.65	0.60	0.55	0.55	0.55
8	8	−0.20	0.05	0.15	0.20	0.25	0.30	0.30	0.35	0.35	0.35	0.45	0.45	0.45	0.45
	7	0.00	0.20	0.30	0.35	0.35	0.40	0.40	0.40	0.40	0.45	0.45	0.50	0.50	0.50
	6	0.15	0.30	0.35	0.40	0.40	0.45	0.45	0.45	0.45	0.45	0.50	0.50	0.50	0.50
	5	0.30	0.40	0.45	0.45	0.45	0.45	0.45	0.50	0.50	0.50	0.50	0.50	0.50	0.50
	4	0.40	0.45	0.45	0.45	0.45	0.45	0.45	0.50	0.50	0.50	0.50	0.50	0.50	0.50
	3	0.60	0.50	0.50	0.50	0.50	0.50	0.50	0.50	0.50	0.50	0.50	0.50	0.50	0.50
	2	0.85	0.65	0.60	0.55	0.55	0.55	0.50	0.50	0.50	0.50	0.50	0.50	0.50	0.50
	1	1.30	1.00	0.90	0.80	0.75	0.70	0.70	0.70	0.65	0.65	0.60	0.55	0.55	0.55

(续)

m	n \ $\overline{K}$	0.1	0.2	0.3	0.4	0.5	0.6	0.7	0.8	0.9	1.0	2.0	3.0	4.0	5.0
9	9	−0.25	−0.00	0.15	0.20	0.25	0.30	0.30	0.35	0.35	0.40	0.45	0.45	0.45	0.45
	8	0.00	0.20	0.30	0.35	0.35	0.40	0.40	0.40	0.40	0.45	0.45	0.50	0.50	0.50
	7	0.15	0.30	0.35	0.40	0.40	0.45	0.45	0.45	0.45	0.45	0.50	0.50	0.50	0.50
	6	0.25	0.35	0.40	0.40	0.45	0.45	0.45	0.45	0.45	0.50	0.50	0.50	0.50	0.50
	5	0.35	0.40	0.45	0.45	0.45	0.45	0.45	0.45	0.50	0.50	0.50	0.50	0.50	0.50
	4	0.45	0.45	0.45	0.45	0.45	0.50	0.50	0.50	0.50	0.50	0.50	0.50	0.50	0.50
	3	0.60	0.50	0.50	0.50	0.50	0.50	0.50	0.50	0.50	0.50	0.50	0.50	0.50	0.50
	2	0.85	0.65	0.60	0.55	0.55	0.55	0.55	0.50	0.50	0.50	0.50	0.50	0.50	0.50
	1	1.35	1.00	0.90	0.80	0.75	0.75	0.70	0.70	0.65	0.65	0.60	0.55	0.55	0.55
10	10	−0.25	−0.00	0.15	0.20	0.25	0.30	0.30	0.35	0.35	0.40	0.45	0.45	0.45	0.45
	9	−0.10	0.20	0.30	0.35	0.35	0.40	0.40	0.40	0.40	0.45	0.45	0.50	0.50	0.50
	8	0.10	0.30	0.35	0.40	0.40	0.40	0.45	0.45	0.45	0.45	0.50	0.50	0.50	0.50
	7	0.20	0.35	0.40	0.40	0.45	0.45	0.45	0.45	0.45	0.50	0.50	0.50	0.50	0.50
	6	0.30	0.40	0.40	0.45	0.45	0.45	0.45	0.45	0.45	0.50	0.50	0.50	0.50	0.50
	5	0.40	0.45	0.45	0.45	0.45	0.45	0.45	0.50	0.50	0.50	0.50	0.50	0.50	0.50
	4	0.50	0.45	0.45	0.45	0.50	0.50	0.50	0.50	0.50	0.50	0.50	0.50	0.50	0.50
	3	0.60	0.55	0.50	0.50	0.50	0.50	0.50	0.50	0.50	0.50	0.50	0.50	0.50	0.50
	2	0.85	0.65	0.60	0.55	0.55	0.55	0.55	0.50	0.50	0.50	0.50	0.50	0.50	0.50
	1	1.35	1.00	0.90	0.80	0.75	0.75	0.70	0.70	0.65	0.65	0.60	0.55	0.55	0.55
11	11	−0.25	0.00	0.15	0.20	0.25	0.30	0.30	0.30	0.35	0.35	0.45	0.45	0.45	0.45
	10	−0.05	0.20	0.25	0.30	0.35	0.40	0.40	0.40	0.40	0.45	0.45	0.50	0.50	0.50
	9	0.10	0.30	0.35	0.40	0.40	0.40	0.45	0.45	0.45	0.45	0.50	0.50	0.50	0.50
	8	0.20	0.35	0.40	0.40	0.45	0.45	0.45	0.45	0.45	0.45	0.50	0.50	0.50	0.50
	7	0.25	0.40	0.40	0.45	0.45	0.45	0.45	0.45	0.45	0.50	0.50	0.50	0.50	0.50
	6	0.35	0.40	0.45	0.45	0.45	0.45	0.45	0.50	0.50	0.50	0.50	0.50	0.50	0.50
	5	0.40	0.45	0.45	0.45	0.45	0.50	0.50	0.50	0.50	0.50	0.50	0.50	0.50	0.50
	4	0.50	0.50	0.50	0.50	0.50	0.50	0.50	0.50	0.50	0.50	0.50	0.50	0.50	0.50
	3	0.65	0.55	0.50	0.50	0.50	0.50	0.50	0.50	0.50	0.50	0.50	0.50	0.50	0.50
	2	0.85	0.65	0.60	0.55	0.55	0.55	0.55	0.50	0.50	0.50	0.50	0.50	0.50	0.50
	1	1.35	1.05	0.90	0.80	0.75	0.75	0.70	0.70	0.65	0.65	0.60	0.55	0.55	0.55
12以上	↓1	−0.30	0.00	0.15	0.20	0.25	0.30	0.30	0.30	0.35	0.35	0.40	0.45	0.45	0.45
	2	−0.10	0.20	0.25	0.30	0.35	0.40	0.40	0.40	0.40	0.40	0.45	0.45	0.45	0.50
	3	0.05	0.25	0.35	0.40	0.40	0.40	0.45	0.45	0.45	0.45	0.45	0.50	0.50	0.50
	4	0.15	0.30	0.40	0.40	0.45	0.45	0.45	0.45	0.45	0.45	0.45	0.50	0.50	0.50
	5	0.25	0.35	0.50	0.45	0.45	0.45	0.45	0.45	0.45	0.45	0.50	0.50	0.50	0.50
	6	0.30	0.40	0.50	0.45	0.45	0.45	0.45	0.50	0.50	0.50	0.50	0.50	0.50	0.50
	7	0.35	0.40	0.55	0.45	0.45	0.45	0.50	0.50	0.50	0.50	0.50	0.50	0.50	0.50
	8	0.35	0.45	0.55	0.45	0.50	0.50	0.50	0.50	0.50	0.50	0.50	0.50	0.50	0.50
	中间	0.45	0.45	0.55	0.45	0.50	0.50	0.50	0.50	0.50	0.50	0.50	0.50	0.50	0.50
	4	0.55	0.50	0.50	0.50	0.50	0.50	0.50	0.50	0.50	0.50	0.50	0.50	0.50	0.50
	3	0.65	0.55	0.50	0.50	0.50	0.50	0.50	0.50	0.50	0.50	0.50	0.50	0.50	0.50
	2	0.70	0.70	0.60	0.55	0.55	0.55	0.55	0.50	0.50	0.50	0.50	0.50	0.50	0.50
	↑1	1.35	1.05	0.90	0.80	0.75	0.70	0.70	0.70	0.65	0.65	0.60	0.55	0.55	0.55

表 C3 上下层横梁线刚度比对 y_0 的修正值 y_1

α_1 \ $\overline{K}$	0.1	0.2	0.3	0.4	0.5	0.6	0.7	0.8	0.9	1.0	2.0	3.0	4.0	5.0
0.4	0.55	0.40	0.30	0.25	0.20	0.20	0.20	0.15	0.15	0.15	0.05	0.05	0.05	0.05
0.4	0.45	0.30	0.20	0.20	0.15	0.15	0.15	0.10	0.10	0.10	0.05	0.05	0.05	0.05
0.6	0.30	0.20	0.15	0.15	0.10	0.10	0.10	0.10	0.05	0.05	0.05	0.05	0	0
0.7	0.20	0.15	0.10	0.10	0.10	0.05	0.05	0.05	0.05	0.05	0	0	0	0
0.8	0.15	0.10	0.05	0.05	0.05	0.05	0.05	0.05	0.05	0	0	0	0	0
0.9	0.05	0.05	0.05	0.05	0	0	0	0	0	0	0	0	0	0

表 C4 上下层高变化对 y_0 的修正值 y_2 和 y_3

α_2	α_3 \ $\overline{K}$	0.2	0.2	0.3	0.4	0.5	0.6	0.7	0.8	0.9	1.0	2.0	3.0	4.0	5.0
2.0	—	0.25	0.15	0.15	0.10	0.10	0.10	0.10	0.10	0.05	0.05	0.05	0.05	0.0	0.0
1.8	—	0.20	0.15	0.10	0.10	0.10	0.05	0.05	0.05	0.05	0.05	0.05	0.0	0.0	0.0
1.6	0.4	0.15	0.10	0.10	0.05	0.05	0.05	0.05	0.05	0.05	0.0	0.0	0.0	0.0	0.0
1.4	0.6	0.10	0.05	0.05	0.05	0.05	0.05	0.05	0.05	0.0	0.0	0.0	0.0	0.0	0.0
1.2	0.8	0.05	0.05	0.05	0.0	0.0	0.0	0.0	0.0	0.0	0.0	0.0	0.0	0.0	0.0
1.0	1.0	0.0	0.0	0.0	0.0	0.0	0.0	0.0	0.0	0.0	0.0	0.0	0.0	0.0	0.0
0.8	1.2	−0.05	−0.05	−0.05	0.0	0.0	0.0	0.0	0.0	0.0	0.0	0.0	0.0	0.0	0.0
0.6	1.4	−0.10	−0.05	−0.05	−0.05	−0.05	−0.05	−0.05	−0.05	−0.05	0.0	0.0	0.0	0.0	0.0
0.4	1.6	−0.15	−0.10	−0.10	−0.05	−0.05	−0.05	−0.05	−0.05	−0.05	−0.05	0.0	0.0	0.0	0.0
—	1.8	−0.20	−0.15	−0.10	−0.10	−0.05	−0.05	−0.05	−0.05	−0.05	−0.05	0.0	0.0	0.0	0.0
—	2.0	−0.25	−0.15	−0.15	−0.10	−0.10	−0.10	−0.10	−0.10	−0.05	−0.05	−0.05	−0.05	0.0	0.0

附录 D 习题参考答案

第 1 章

1.8 C；1.9 A、B、C、E；1.10 C；1.11 D；1.12 B；1.13 B；1.14 C；1.15 B、D

第 2 章

2.10 Ⅱ类；2.11 A；2.12 A；2.13 C

第 3 章

3.13　$\omega_1 = 17.73\text{rad/s}$，$\omega_2 = 30.69\text{rad/s}$，

$T_1 = 0.085\text{s}$，$T_2 = 0.033\text{s}$，$\{x\}_1 = \begin{bmatrix} 1 \\ 1.62 \end{bmatrix}$，$\{x\}_2 = \begin{bmatrix} 1 \\ -0.62 \end{bmatrix}$；

3.14　$V_1 = 59.36\text{kN}$，$V_2 = 44.97\text{kN}$，$V_3 = 25.30\text{kN}$，

$\Delta u_1 = 0.244\text{mm}$，$\Delta u_2 = 0.232\text{mm}$，$\Delta u_3 = 2.55\text{mm}$；

3.15　$V_1 = 53.30\text{kN}$，$V_2 = 44.03\text{kN}$，$V_3 = 25.45\text{kN}$，

$\Delta u_1 = 0.219\text{mm}$，$\Delta u_2 = 0.227\text{mm}$，$\Delta u_3 = 2.57\text{mm}$；

3.16　$T_1 = 0.66\text{s}$；

3.17 D；3.18 A、B、C、D、E；3.19 B；3.20 D；3.21 C、D；3.22 A、C；3.23 C；
3.24 B；3.25 D

第 4 章

4.12 B；4.13 D；4.14 B；4.15 C；4.16 C；4.17 D

第 5 章

5.7 A、B、D；5.8 C；5.9 D；5.10 C；5.11 A；5.12 C；5.13 C；5.14 C；5.15 D；
5.16 A；5.17 B；5.18 C；5.19 C

第 6 章

6.7 D；6.8 C；6.9 A；6.10 A

第 7 章

7. 10 B；7. 11 A；7. 12 A

第 9 章

9. 9 A；9. 10 B；9. 11 D；9. 12 C；9. 13 D

参 考 文 献

[1] 中国建筑科学研究院. 建筑抗震设计规范(GB 50011—2010)[S]. 北京：中国建筑工业出版社，2010.

[2] 中国建筑科学研究院. 混凝土结构设计规范(GB 50010—2010)[S]. 北京：中国建筑工业出版社，2011.

[3] 中国建筑东北设计研究院. 砌体结构设计规范(GB 50003—2011)[S]. 北京：中国建筑工业出版社，2012.

[4] 北京钢铁设计研究总院. 钢结构设计规范(GB 50017—2003)[S]. 北京：中国计划出版社，2003.

[5] 中国建筑科学研究院. 高层建筑混凝土结构技术规程(JGJ 3—2010)[S]. 北京：中国建筑工业出版社，2011.

[6] 四川省建筑科学研究院. 混凝土小型空心砌块建筑技术规程(JGJ/T 14—2004)[S]. 北京：中国计划出版社，2001.

[7] 中国建筑科学研究院. 建筑地基基础设计规范(GB 50007—2011)[S]. 北京：中国建筑工业出版社，2012.

[8] 中国建筑技术研究院. 高层民用建筑钢结构技术规程(JGJ 99—1998)[S]. 北京：中国建筑工业出版社，1998.

[9] 丰定国，王社良. 抗震结构设计[M]. 武汉：武汉工业大学出版社，2001.

[10] 吕西林，周德源，李思明. 建筑结构抗震设计理论与实例[M]. 2版. 上海：同济大学出版社，2002.

[11] 李国强，李杰，苏小卒. 建筑结构抗震设计[M]. 北京：中国建筑工业出版社，2002.

[12] 薛素铎，赵均，高向宇. 建筑抗震设计[M]. 北京：科学出版社，2003.

[13] 唐岱新，龚绍熙，周炳章. 砌体结构设计规范理解与应用[M]. 北京：中国建筑工业出版社，2002.

[14] 施楚贤，施宇红. 砌体结构疑难释义(附习题指导)[M]. 3版. 北京：中国建筑工业出版社，2004.

[15] 郭继武. 建筑抗震设计[M]. 北京：中国建筑工业出版社，2002.

[16] 方鄂华. 多层及高层建筑结构设计[M]. 北京：地震出版社，1992.

[17] 黄南翼，张锡云，姜萝香. 日本阪神大地震建筑震害分析与加固技术[M]. 北京：地震出版社，2000.

[18] 罗福午，方鄂华，叶知满. 混凝土结构及砌体结构(下册)[M]. 北京：中国建筑工业出版社，1992.

[19] 孙颙萍，唐岱新，周炳章. 混凝土小型空心砌块建筑设计[M]. 北京：中国建材工业出版社，2001.

[20] 龚思礼. 建筑抗震设计手册[M]. 2版. 北京：中国建筑工业出版社，2002.

[21] 陈绍蕃. 钢结构设计原理[M]. 北京：科学出版社，2001.

[22] 周福霖. 工程结构减震控制[M]. 北京：地震出版社，1997.

[23] 卢存恕，常伏德，吴富英. 建筑抗震设计实例[M]. 北京：中国建筑工业出版社，1999.

[24] 高小旺，龚思礼，苏经宇. 建筑抗震设计规范理解与应用[M]. 北京：中国建筑工业出版社，2002.

[25] 中国建筑科学研究院. 1976年唐山大地震房屋建筑震害图片集[M]. 北京：中国学术出版社，1986.

[26] 杨伟军. 2005 年一/二级注册结构工程师专业考试模拟试题[M]. 大连：大连理工大学出版社，2004.

[27] 李爱群，高振世. 工程结构抗震与防灾[M]. 南京：东南大学出版社，2003.

[28] 尚守平. 结构抗震设计[M]. 北京：高等教育出版社，2003.

[29] 混凝土结构设计规范算例编委会. 混凝土结构设计规范算例[M]. 北京：中国建筑工业出版社，2003.

[30] 唐家祥，刘再华. 建筑结构基础隔震[M]. 武汉：华中理工大学出版社，1993.

[31] 日本免震构造协会. 减震建筑设计与细部[M]. 慕春暖，译. 北京：中国建筑工业出版社，2002.

[32] 中华人民共和国交通运输部. 公路桥梁抗震设计细则(JTG/T B02—01—2008)[S]. 北京：人民交通出版社，2008.

[33] 中华人民共和国交通运输部. 公路工程抗震设计规范(JTG B02—2013)[S]. 北京：人民交通出版社，2014.

[34] 中华人民共和国铁道部. 铁路工程抗震设计规范(GB 50111—2006)[S]. 北京：中国铁道出版社，2009.

[35] 谢旭. 桥梁结构地震响应分析与抗震设计[M]. 北京：人民交通出版社，2006.

[36] 范立础，卓卫东. 桥梁延性抗震设计[M]. 北京：人民交通出版社，2005.

[37] 张树仁，郑绍陆，鲍卫刚. 钢筋混凝土及预应力混凝土桥梁结构设计原理[M]. 北京：人民交通出版社，2004.

[38] 邵旭东. 桥梁设计百问[M]. 北京：人民交通出版社，2005.

[39] 叶爱君. 桥梁抗震[M]. 北京：人民交通出版社，2002.

北京大学出版社土木建筑系列教材(已出版)

序号	书名	主编	定价	序号	书名	主编	定价
1	建筑设备(第2版)	刘源全 张国军	46.00	50	土木工程施工	石海均 马哲	40.00
2	土木工程测量(第2版)	陈久强 刘文生	40.00	51	土木工程制图(第2版)	张会平	45.00
3	土木工程材料(第2版)	柯国军	45.00	52	土木工程制图习题集(第2版)	张会平	28.00
4	土木工程计算机绘图	袁果 张渝生	28.00	53	土木工程材料(第2版)	王春阳	50.00
5	工程地质(第2版)	何培玲 张婷	26.00	54	结构抗震设计(第2版)	祝英杰	37.00
6	建设工程监理概论(第3版)	巩天真 张泽平	40.00	55	土木工程专业英语	霍俊芳 姜丽云	35.00
7	工程经济学(第2版)	冯为民 付晓灵	42.00	56	混凝土结构设计原理(第2版)	邵永健	52.00
8	工程项目管理(第2版)	仲景冰 王红兵	45.00	57	土木工程计量与计价	王翠琴 李春燕	35.00
9	工程造价管理	车春鹏 杜春艳	24.00	58	房地产开发与管理	刘薇	38.00
10	工程招标投标管理(第2版)	刘昌明	30.00	59	土力学	高向阳	32.00
11	工程合同管理	方俊 胡向真	23.00	60	建筑表现技法	冯柯	42.00
12	建筑工程施工组织与管理(第2版)	余群舟 宋会莲	31.00	61	工程招投标与合同管理	吴芳 冯宁	39.00
13	建设法规(第2版)	肖铭 潘安平	32.00	62	工程施工组织	周国恩	28.00
14	建设项目评估	王华	35.00	63	建筑力学	邹建奇	34.00
15	工程量清单的编制与投标报价	刘富勤 陈德方	25.00	64	土力学学习指导与考题精解	高向阳	26.00
16	土木工程概预算与投标报价(第2版)	刘薇 叶良	37.00	65	建筑概论	钱坤	28.00
17	室内装饰工程预算	陈祖建	30.00	66	岩石力学	高玮	35.00
18	力学与结构	徐吉恩 唐小弟	42.00	67	交通工程学	李杰 王富	39.00
19	理论力学(第2版)	张俊彦 赵荣国	40.00	68	房地产策划	王直民	42.00
20	材料力学	金康宁 谢群丹	27.00	69	中国传统建筑构造	李合群	35.00
21	结构力学简明教程	张系斌	20.00	70	房地产开发	石海均 王宏	34.00
22	流体力学(第2版)	章宝华	25.00	71	室内设计原理	冯柯	28.00
23	弹性力学	薛强	22.00	72	建筑结构优化及应用	朱杰江	30.00
24	工程力学(第2版)	罗迎社 喻小明	39.00	73	高层与大跨建筑结构施工	王绍君	45.00
25	土力学(第2版)	肖仁成 俞晓	25.00	74	工程造价管理	周国恩	42.00
26	基础工程	王协群 章宝华	32.00	75	土建工程制图	张黎骅	29.00
27	有限单元法(第2版)	丁科 殷水平	30.00	76	土建工程制图习题集	张黎骅	26.00
28	土木工程施工	邓寿昌 李晓目	42.00	77	材料力学	章宝华	36.00
29	房屋建筑学(第2版)	聂洪达 郡恩田	48.00	78	土力学教程	孟祥波	30.00
30	混凝土结构设计原理	许成祥 何培玲	28.00	79	土力学	曹卫平	34.00
31	混凝土结构设计	彭刚 蔡江勇	28.00	80	土木工程项目管理	郑文新	41.00
32	钢结构设计原理	石建军 姜袁	32.00	81	工程力学	王明斌 庞永平	37.00
33	结构抗震设计	马成松 苏原	25.00	82	建筑工程造价	郑文新	39.00
34	高层建筑施工	张厚先 陈德方	32.00	83	土力学(中英双语)	郎煜华	38.00
35	高层建筑结构设计	张仲先 王海波	23.00	84	土木建筑CAD实用教程	王文达	30.00
36	工程事故分析与工程安全(第2版)	谢征勋 罗章	38.00	85	工程管理概论	郑文新 李献涛	26.00
37	砌体结构(第2版)	何培玲 尹维新	26.00	86	景观设计	陈玲玲	49.00
38	荷载与结构设计方法(第2版)	许成祥 何培玲	30.00	87	色彩景观基础教程	阮正仪	42.00
39	工程结构检测	周详 刘益虹	20.00	88	工程力学	杨云芳	42.00
40	土木工程课程设计指南	许明 孟苗超	25.00	89	工程设计软件应用	孙香红	39.00
41	桥梁工程(第2版)	周先雁 王解军	37.00	90	城市轨道交通工程建设风险与保险	吴宏建 刘宽亮	75.00
42	房屋建筑学(上:民用建筑)	钱坤 王若竹	32.00	91	混凝土结构设计原理	熊丹安	32.00
43	房屋建筑学(下:工业建筑)	钱坤 吴歌	26.00	92	城市详细规划原理与设计方法	姜云	36.00
44	工程管理专业英语	王竹芳	24.00	93	工程经济学	都沁军	42.00
45	建筑结构CAD教程	崔钦淑	36.00	94	结构力学	边亚东	42.00
46	建设工程招投标与合同管理实务(第2版)	崔东红	49.00	95	房地产估价	沈良峰	45.00
47	工程地质(第2版)	倪宏革 周建波	30.00	96	土木工程结构试验	叶成杰	39.00
48	工程经济学	张厚钧	36.00	97	土木工程概论	邓友生	34.00
49	工程财务管理	张学英	38.00	98	工程项目管理	邓铁军 杨亚频	48.00

序号	书名	主编	定价	序号	书名	主编	定价
99	误差理论与测量平差基础	胡圣武 肖本林	37.00	125	工程力学	杨民献	50.00
100	房地产估价理论与实务	李 龙	36.00	126	建筑工程管理专业英语	杨云会	36.00
101	混凝土结构设计	熊丹安	37.00	127	土木工程地质	陈文昭	32.00
102	钢结构设计原理	胡习兵	30.00	128	暖通空调节能运行	余晓平	30.00
103	钢结构设计	胡习兵 张再华	42.00	129	土工试验原理与操作	高向阳	25.00
104	土木工程材料	赵志曼	39.00	130	理论力学	欧阳辉	48.00
105	工程项目投资控制	曲 娜 陈顺良	32.00	131	土木工程材料习题与学习指导	鄢朝勇	35.00
106	建设项目评估	黄明知 尚华艳	38.00	132	建筑构造原理与设计(上册)	陈玲玲	34.00
107	结构力学实用教程	常伏德	47.00	133	城市生态与城市环境保护	梁彦兰 阎 利	36.00
108	道路勘测设计	刘文生	43.00	134	房地产法规	潘安平	45.00
109	大跨桥梁	王解军 周先雁	30.00	135	水泵与水泵站	张 伟 周书葵	35.00
110	工程爆破	段宝福	42.00	136	建筑工程施工	叶 良	55.00
111	地基处理	刘起霞	45.00	137	建筑学导论	裘 鞠 常 悦	32.00
112	水分析化学	宋吉娜	42.00	138	工程项目管理	王 华	42.00
113	基础工程	曹 云	43.00	139	园林工程计量与计价	温日琨 舒美英	45.00
114	建筑结构抗震分析与设计	裴星洙	35.00	140	城市与区域规划实用模型	郭志恭	45.00
115	建筑工程安全管理与技术	高向阳	40.00	141	特殊土地基处理	刘起霞	50.00
116	土木工程施工与管理	李华锋 徐 芸	65.00	142	建筑节能概论	余晓平	34.00
117	土木工程试验	王吉民	34.00	143	中国文物建筑保护及修复工程学	郭志恭	45.00
118	土质学与土力学	刘红军	36.00	144	建筑电气	李 云	45.00
119	建筑工程施工组织与概预算	钟吉湘	52.00	145	建筑美学	邓友生	36.00
120	房地产测量	魏德宏	28.00	146	空调工程	战乃岩 王建辉	45.00
121	土力学	贾彩虹	38.00	147	建筑构造	宿晓萍 隋艳娥	36.00
122	交通工程基础	王富	24.00	148	城市与区域认知实习教程	邹 君	30.00
123	房屋建筑学	宿晓萍 隋艳娥	43.00	149	幼儿园建筑设计	龚兆先	37.00
124	建筑工程计量与计价	张叶田	50.00				

相关教学资源如电子课件、电子教材、习题答案等可以登录 www.pup6.cn 下载或在线阅读。

扑六知识网(www.pup6.com)有海量的相关教学资源和电子教材供阅读及下载(包括北京大学出版社第六事业部的相关资源)，同时欢迎您将教学课件、视频、教案、素材、习题、试卷、辅导材料、课改成果、设计作品、论文等教学资源上传到 pup6.com，与全国高校师生分享您的教学成就与经验，并可自由设定价格，知识也能创造财富。具体情况请登录网站查询。

如您需要免费纸质样书用于教学，欢迎登录第六事业部门户网(www.pup6.cn)填表申请，并欢迎在线登记选题以到北京大学出版社来出版您的大作，也可下载相关表格填写后发到我们的邮箱，我们将及时与您取得联系并做好全方位的服务。

扑六知识网将打造成全国最大的教育资源共享平台，欢迎您的加入——让知识有价值，让教学无界限，让学习更轻松。

联系方式：010-62750667，donglu2004@163.com，pup_6@163.com，欢迎来电来信咨询。